刊行にあたって

科学における発見は我々の知的好奇心の高揚に寄与し，また新たな技術開発は日々の生活の向上や目の前に山積するさまざまな課題解決への道筋を照らし出す．その活動の中心にいる科学者や技術者は，実験や分析，シミュレーションを重ね，仮説を組み立てては壊し，適切なモデルを構築しようと，日々研鑽を繰り返しながら，新たな課題に取り組んでいる．

彼らの研究や技術開発の支えとなっている武器の一つが，若いときに身に着けた基礎学力であることは間違いない．科学の世界に限らず，他の学問やスポーツの世界でも同様である．基礎なくして応用なし，である．

本シリーズでは，理工系の学生が，特に大学入学後 1，2 年の間に，身に着けておくべき基礎的な事項をまとめた．シリーズの編集方針は大きく三つあげられる．第一に掲げた方針は，「一生使える教科書」を目指したことである．この本の内容を習得していればさまざまな場面に応用が効くだけではなく，行き詰ったときの備忘録としても役立つような内容を随所にちりばめたことである．

第二の方針は，通常の教科書では複数冊の書籍に分かれてしまう分野においても，1 冊にまとめたところにある．教科書として使えるだけではなく，ハンドブックや便覧のような網羅性を併せ持つことを目指した．

また，高校の授業内容や入試科目によっては，前提とする基礎学力が習得されていない場合もある．そのため，第三の方針として，講義における学生の感想やアンケート，また既存の教科書の内容などと照らし合わせながら，高校との接続教育という視点にも十分に配慮した点にある．

本シリーズの編集・執筆は，東京理科大学の各学科において，該当の講義を受け持つ教員が行った．ただし，学内の学生のためだけの教科書ではなく，広く理工系の学生に資する教科書とは何かを常に念頭に置き，上記編集方針を達成するため，議論を重ねてきた．本シリーズが国内の理工系の教育現場にて活用され，多くの優秀な人材の育成・養成につながることを願う．

2015 年 4 月

東京理科大学　学長
藤　嶋　　　昭

序　文

機械工学（mechanical engineering）は，ハードウェアの創造という「ものづくり」を通して人間生活を豊かで快適にすることにより，社会あるいは人類の発展に貢献するための学問である．また，機械工学は文明の発達とともに数千年にわたり進化し続けてきた古典的な学問であり，自動車/航空機/列車/船舶といった輸送用機械はもとより，産業/医療/家庭用ロボット，火力/原子力/水力/風力などの発電システム，MRI/CT/PET/人工心臓/内視鏡といった医療機器，コンピュータ/携帯端末/家庭用電化製品などの電気・電子機器，石油/化学/薬品/食品などのプラント，パワーショベル/クレーン/トンネル掘削機といった土木建設機械など，あらゆる機械および機械システムの設計開発に活用されている．一方で，機械工学がカバーする学問領域は日進月歩で拡大を続けており，現在も，人工知能搭載ロボット，無人航空機，3D プリンターなど新たな機械が続々と生み出されている．しかし，その本質はどのような時代においても「ものづくり」であることに変わりはなく，機械工学なくして「もの」は存在し得ないと言っても過言ではない．

機械工学は，材料力学，機械力学，熱力学，流体力学からなる 4 力学と，これに設計製図を加えた計 5 分野を学問の柱としている．材料力学は金属や非金属（プラスチック，複合材料など）の強度や破壊特性，機械力学は機械のメカニズムおよび運動特性とその制御，熱力学は熱システムの効率や物質内外の熱エネルギーの輸送・伝達特性，流体力学は流体（液体と気体）を用いる機械システムの効率や流動特性，設計製図は基本的な機械の設計方法および設計図の描き方，をそれぞれ習得することを目的としている．これらの 5 分野をバランスよく学習し，深く理解し，獲得した機械工学の知識を他の分野の知識とともに横断的に活用する能力を涵養することは，社会において機械系の技術者・研究者として活躍するための基本である．

本書は，以上のような機械工学の意義・位置づけに鑑みて，材料力学，機械力学，熱力学，流体力学という 4 力学に焦点を当て，その重要項目をまとめて解説したものである．紙数の制限のために完璧とは言えないが，機械系の学部学生が習得しておくべき内容のほとんどを網羅するように構成されており，本書を学習することによって確実に機械工学の中核がマスターできるように配慮されている．また，本書は，学部におけるさまざまな講義において予習・復習に利用できることはもちろん，社会人になった後でもハンドブック的に活用してもらえるような内容となっており，生涯にわたって愛用していただけるものと確信している．

機械系の技術者・研究者となるため，また機械系の技術者・研究者として社会で活躍するための一助として，本書を大いに活用していただければ幸いである．

最後に，本書の作成には，多くの方々のご協力をいただいた．特に，東條健氏をはじめとする丸善出版株式会社の方々には，企画から編集，出版まで一貫して大変お世話になった．ここに記して心より謝意を表したい．

2015 年 4 月

執筆者を代表して
山 本　　誠

目　次

1. 材料力学　1

2. 機械力学 51

3. 熱力学 97

1. 材料力学

1.1 応力とひずみ

材料力学とは，材料の力学的な状態を理解し，その理解に基づいて，機械部品や機械構造物の設計の指針を得るための学問である．例えば，棒に引張り荷重を負荷した場合を考えてみる．この棒が壊れることなく安全に使用できるかを考えると，棒に与えた外力の大きさのみでは判断できないことに気付くだろう．これは，棒が破断するか否かの基準を考えるうえで，棒の寸法が関係し，棒の断面積が大きいほど，この棒をより安全に使用できるためである．このように材料力学では，材料の状態を与えた外力のみによって評価するのではなく，“材料の視点”から材料の力学的な状態を理解する．材料力学において，材料の力学的な状態の理解を行うための根幹となるパラメータに応力とひずみがある．本節では，応力とひずみの定義について解説し，工業材料の基本的な特性を理解するとともに，材料力学で得られた応力とひずみを設計に応用するための基本的な考え方を学ぶ．

1.1.1 応力とひずみ

図 1-1(a)に示すような，断面積 A，長さ L の丸棒の一端が固定され，他端に引張り力 P が作用している問題について考えてみる．

この丸棒がどの程度安全な状態であるかは，引張り力 P と丸棒の断面積 A の大きさの比によって評価できる．そこで，この丸棒の力学的な状態を評価するために，“単位面積あたりの荷重”を定義する．材料力学ではこの単位面積あたりの荷重を**応力（stress）**［Pa］とよぶ．特に，図 1-1(a)に示す例では，引張り力 P と断面積 A を用いて，次のように応力を計算することができる．

$$\sigma=\frac{P}{A} \tag{1-1}$$

このように，引張り力と引張り方向に対して垂直な断面積を用いて計算した応力を**垂直応力（normal stress）**とよび，一般に σ で表す．材料力学では，垂直応力の正の値を引張り，負の値を圧縮と定義する．

次に丸棒の変形について考える．図 1-1(a)のように引張り力を与えた結果，図 1-1(b)のように丸棒が ΔL だけ伸びたとする．この ΔL は，丸棒の元の長さ L が長いほど，大きくなると容易に想像できよう．したがって，“材料の視点”から材料の伸び（変形）を評価するためには，“単位長さあたりの伸び”を用いる．材料力学では，この単位長さあたりの伸びを**ひずみ（strain）**とよぶ．ここで，ひずみは“単位長さあたりの伸び”なので，無次元量であることに注意する必要がある．図 1-1(b)の例では，ひずみを次式によって計算することができる．

$$\varepsilon=\frac{\Delta L}{L} \tag{1-2}$$

このように，引張り方向の元の長さと伸びを用いて計算したひずみを，垂直応力に対応して垂直ひずみ（normal strain）とよび，ε で表す．

材料力学で取り扱う応力とひずみには，垂直応力 σ と垂直ひずみ ε のほかに，せん断応力（shear stress）τ とせん断ひずみ（shear strain）γ がある．せん断応力とせん断ひずみについて説明するために，図 1-2 に示すような，断面積 A の長さの短い棒の一端が固定され，他端にせん断力 P が作用している問題を考える．

この材料の力学的な状態の評価は，せん断力 P の大きさとせん断力に平行な棒の断面積 A の比によっ

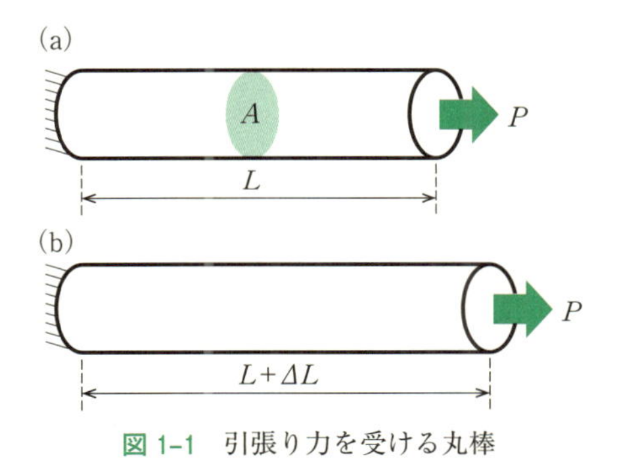

図 1-1　引張り力を受ける丸棒

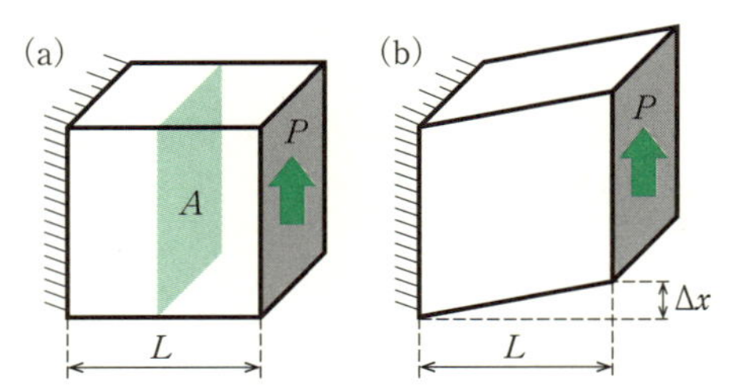

図 1-2　せん断力を受ける棒．(a)は変形前，(b)は変形後の形状．

て行われる．したがって，せん断力 P と断面積 A を用いて，次のように**せん断応力** τ を定義する．

$$\tau=\frac{P}{A} \tag{1-3}$$

一方，せん断力と平行な変形量 Δx と負荷されるせん断力の間隔 L を用いて，以下のように**せん断ひずみ** γ を定義する．

$$\gamma=\frac{\Delta x}{L} \tag{1-4}$$

これまでに取り扱ってきた応力とひずみは，外力が作用する物体の元の断面積や寸法を用いて定義してきた．このように物体の元の断面積や寸法を用いて定義した応力とひずみをそれぞれ**公称応力（nominal stress）**，**公称ひずみ（nominal strain）**とよぶ．その一方で，変形後の断面積や変形過程の寸法を用いて応力やひずみを定義することもできる．物体の変形後の断面積を用いて定義した応力を**真応力（true stress）**とよぶ．また，ひずみについては，次のように考える．長さ L_0 の丸棒が，外力を負荷された結果，長さ L_1 になったとする．この変形過程のある時刻において長さ L であった丸棒が，微小な伸び $\mathrm{d}L$ だけ伸びるとき，その時刻における微小なひずみ $\mathrm{d}\varepsilon$ を，ひずみの定義に基づいて，次のように定義する．

$$\mathrm{d}\varepsilon=\frac{\mathrm{d}L}{L}$$

さらに，この微小なひずみを変形過程に沿って積分することで，変形過程の寸法を用いたひずみを定義することができる．

$$\varepsilon=\int_{L_0}^{L_1}\frac{\mathrm{d}L}{L}=\ln\left(\frac{L_1}{L_0}\right)=\ln\left(1-\frac{L_1-L_0}{L_0}\right) \tag{1-5}$$

このひずみを**真ひずみ（true strain）**とよぶ．真ひずみは上式に示すように対数によって与えられることから，対数ひずみ（logarithmic strain）とよばれることもある．

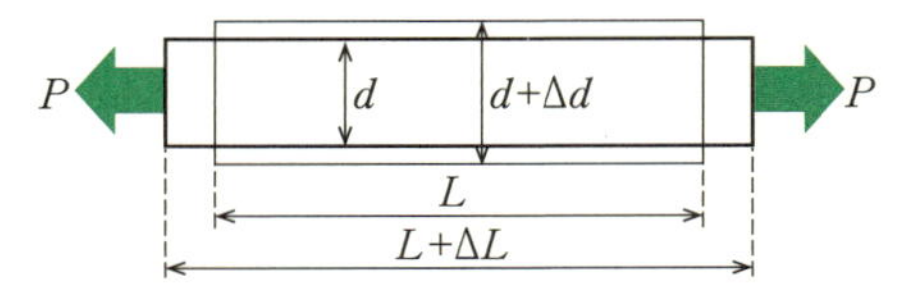

図 1-3　引張り力を受ける棒．細線が変形前，太線が変形後の形状．

1.1.2　応力とひずみの関係

ばね定数 k のばねに荷重 P を与え，その結果ばねの長さが ΔL 伸びたことを考える．このとき，荷重 P と伸び ΔL の間には，$P=k\Delta L$ という比例関係が知られている．微小な変形においては，応力とひずみの間にも，荷重とばねの伸びの間にみられるような比例関係が成立する．このような応力とひずみの間の比例関係を**フックの法則（Hooke's law）**とよぶ．図 1-3 に示すような引張り力を負荷した棒の変形について考えてみる．

この棒に生じる垂直応力 σ と垂直ひずみ ε の間には，フックの法則により次式が成立する．

$$\sigma=E\varepsilon \tag{1-6}$$

E は応力とひずみの間の比例関係における比例定数で，**ヤング率（Young's modulus）**［Pa］または**縦弾性定数**とよばれる．引張り力による棒の寸法変化は，引張り方向に伸びるだけではなく，引張り方向に対して垂直方向に縮む．棒の幅を d とし，棒の横方向の寸法変化を Δd とする場合，$\varepsilon_d=\Delta d/d$ で定義される引張り方向に垂直な垂直ひずみ ε_d と，引張り方向に平行な垂直ひずみ ε の間には，次式が成立する．

$$\varepsilon_d=-\nu\varepsilon \tag{1-7}$$

ν は**ポアソン比（Poisson's ratio）**とよばれる定数である．また，負の符号がついているのは，例えば棒が引張り方向に伸びた場合，その垂直方向に材料が縮むことを表している．一方，せん断応力とせん断ひずみの間にも同様にフックの法則に従って，次式が成立する．

ロバート・フック

英国の自然哲学者．ボイルの助手を務めた後，多くのことを発見し，科学革命に大きな影響を与えた．弾性体の法則の発見だけでなく，天文学や建築に深い造詣をもち，万有引力に関してニュートンと論争を繰り広げた．(1635-1703)

$$\tau = G\gamma \tag{1-8}$$

G は**せん断弾性定数（shear modulus）**［Pa］とよばれる定数である．ヤング率，ポアソン比，せん断弾性定数は，材料固有の定数であり，総称して**弾性定数（elastic constant）**または**材料定数（material constant）**とよばれる．材料が等方性の場合（力を材料のどの方向に負荷しても，同じ弾性定数で応力とひずみの関係を表記することができる場合），これら三つの弾性定数には，次の関係が成立する．

$$G = \frac{E}{2(1+\nu)} \tag{1-9}$$

したがって，本項で説明した三つの弾性定数のうち，二つの弾性定数がわかれば，材料の応力とひずみの関係を表すことができる．代表的な金属材料のヤング率を**表 1-1** に示す．例えば，軟鋼のヤング率はおよそ 206 GPa であり，ポアソン比はおよそ 0.3 である（多くの金属材料のポアソン比はおよそ 0.3）．軟鋼は代表的な金属材料であり，また一般的な金属材料における弾性定数の大きさ（オーダー）を理解するためにも，軟鋼のこれら二つの弾性定数は必ず覚えてほしい．また，材料力学の常識として，ポアソン比は 0.5 を超えない．材料に引張り力を負荷した場合，引張りによる変形によって，材料の体積が増える（または変化しない）ことが考えられるが，ポアソン比が 0.5 を超えると，引張り力を負荷した結果，体積が減少するという不自然な変形を表すことになる．

トマス・ヤング

英国の物理学者．弾性係数にその名を残すのみならず，二重スリットの実験による光の波動性の証明や，エネルギーの概念を定義するなど，多くの功績を残した科学者．（1773-1829）

シメオン・ドニ・ポアソン

フランスの数学者，物理学者．確率論（ポアソン分布）や熱力学（ポアソンの法則）など，多くの功績を残した科学者．エッフェル塔に名前の刻まれた科学者 72 人の一人．（1781-1840）

表 1-1　代表的な金属材料のヤング率

金属材料名	ヤング率［GPa］
軟　鋼	206
オーステナイトステンレス鋼	189
クロム鋼	201
ねずみ鋳鉄	92.1
アルミニウム	73.5
銅	110
りん青銅	103

［例題 1-1］　下図(a)に示すような棒の左端が固定され，断面積が A_1，A_2，A_3 のように異なる三つの棒がつながり，他端において引張り力 P が作用しているとき，それぞれの棒の伸びを求めよ．

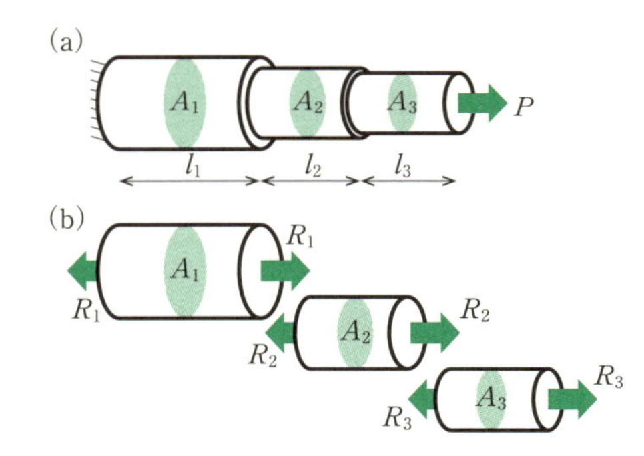

図(b)に示すように，断面積が異なる棒を三つの棒に分解して考えると，それぞれの棒に作用する力 R_1，R_2，R_3 は，棒の接続部においてつり合っている必要があるので，以下のように各棒の反力が求まる．

$$R_3 = P$$
$$R_2 = R_3 = P$$
$$R_1 = R_2 = P$$

したがって，それぞれの棒には等しい引張り力が作用しているので，それぞれの棒に生じる応力は，以下のように計算できる．

$$\sigma_1 = \frac{P}{A_1},\quad \sigma_2 = \frac{P}{A_2},\quad \sigma_3 = \frac{P}{A_3}$$

さらに，応力とひずみの関係からひずみを計算することができる．

$$\varepsilon_1 = \frac{\sigma_1}{E} = \frac{P}{A_1E},\quad \varepsilon_2 = \frac{P}{A_2E},\quad \varepsilon_3 = \frac{P}{A_3E}$$

各棒の伸びは，

$$\Delta l_1 = \varepsilon_1 l_1 = \frac{Pl_1}{A_1E},\quad \Delta l_2 = \frac{Pl_2}{A_2E},\quad \Delta l_3 = \frac{Pl_3}{A_3E}$$

よって，三つの棒全体の伸び Δl は次のようになる．

$$\Delta l=\Delta l_1+\Delta l_2+\Delta l_3=\frac{P}{E}\left(\frac{l_1}{A_1}+\frac{l_2}{A_2}+\frac{l_3}{A_3}\right)$$

このように異なる棒が接続された問題は，それぞれの棒に分割し，作用する力を考えることによって，応力，ひずみ，伸びを計算することができる．

次に，断面積が連続して変化する問題を考える．

［例題 1-2］　下図のように断面積が線形に変化する棒を引張るときの伸びを求めよ．

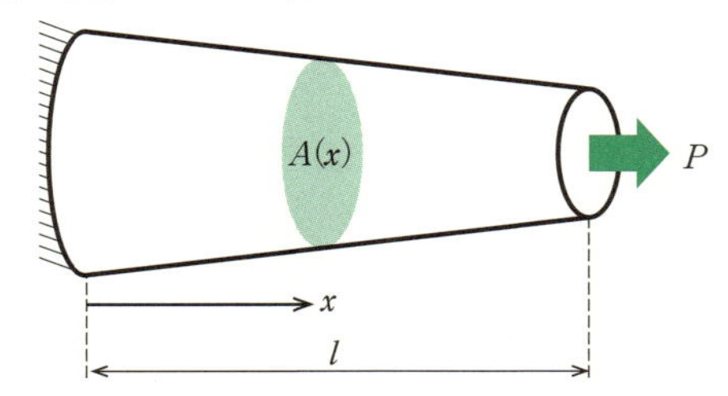

固定端を原点として軸方向に平行な x 座標を設定する．x の位置における断面積を $A(x)$ とすると，x の位置に生じる応力とひずみはそれぞれ次のようになる．

$$\sigma(x)=\frac{P}{A(x)},\quad \varepsilon(x)=\frac{\sigma(x)}{E}=\frac{P}{A(x)E}$$

つまり，ひずみは棒の軸方向に一様ではないので，棒全体の伸びは棒の長さを掛けて求めることはできない．そこで，x の位置に長さ $\mathrm{d}x$ の微小要素を考えると，この微小要素の伸びは，$\varepsilon(x)\mathrm{d}x$ となる．この伸びを棒全体で積分すると，棒の伸び Δl が以下のように求まる．

$$\Delta l=\int_0^l \varepsilon(x)\mathrm{d}x=\int_0^l \frac{P}{A(x)E}\mathrm{d}x$$

このように，棒の断面積が異なる問題では，応力とひずみが軸方向に沿って分布し，棒の長さを求めるためには，ひずみを積分する必要がある．

［例題 1-3］　棒の長手方向に断面積の変化はなく，荷重が変化する，例えば，次の図のように，断面積 A の棒が天井に固定されているときの伸びを求めよ．

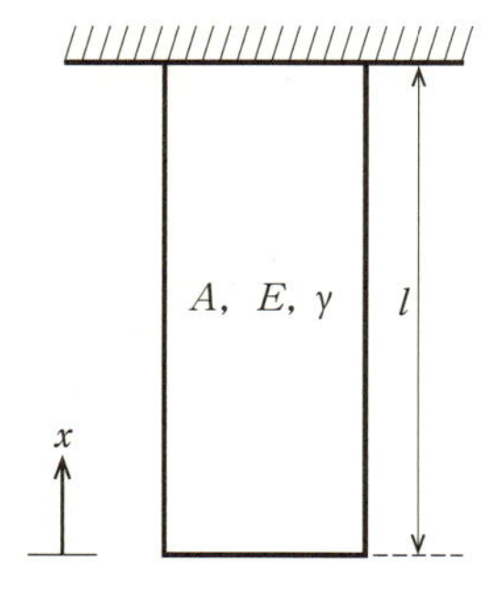

この問題では，棒の自重（密度 γ）を考慮する．棒の下端を x 座標の原点とすると，x の位置に作用する荷重 $P(x)$ は，x の位置以下の棒の部分の自重によるので，次のように表せる．

$$P(x)=\gamma Ax$$

よって，x の位置における応力とひずみは，次のように計算できる．

$$\sigma(x)=\frac{P(x)}{A}=\frac{\gamma Ax}{A}=\gamma x,\quad \varepsilon(x)=\frac{\sigma(x)}{E}=\frac{\gamma x}{E}$$

ひずみが棒の長手方向に分布しているので棒全体の伸び Δl は，ひずみを積分することによって求められる．

$$\Delta l=\int_0^l \varepsilon(x)\mathrm{d}x=\int_0^l \frac{\gamma x}{E}\mathrm{d}x=\frac{\gamma l^2}{2E}$$

次に，棒が組み合わさった構造について考える．図 1-4(a)に断面積が A_1，ヤング率が E_1 の 2 本の棒 1 と，断面が A_2，ヤング率が E_2 の 1 本の棒 2 が，剛体壁に挟まれて，荷重 P が作用している問題を示す．

すべての棒の長さは l である．この問題は図 1-4(b)に示すように，棒を一つ一つに分解し，各棒に作用する力を考えることで解く．棒 1 は左右対称に配置されているので，2 本の棒 1 に作用する力は等しく，R_1 とする．一方，棒 2 に作用する力を R_2 とすると，力のつり合いから以下の式が導かれる．

$$2R_1=R_2=P$$

この問題は，力のつり合い条件のみで，棒に作用するすべての力を求めることができない．そこで，棒に作用する力は未知のまま進める．まず，棒 1 に生じる応力 σ_1，ひずみ ε_1，棒の伸び Δl_1 は次のようになる．

$$\sigma_1=\frac{R_1}{A_1},\quad \varepsilon_1=\frac{\sigma_1}{E_1}=\frac{R_1}{A_1E_1},\quad \Delta l_1=\varepsilon_1 l=\frac{R_1 l}{A_1E_1}$$

棒 2 も同様に，応力 σ_2，ひずみ ε_2，棒の伸び Δl_2 が次のように求まる．

$$\sigma_2=\frac{R_2}{A_2},\quad \varepsilon_2=\frac{R_2}{A_2E_2},\quad \Delta l_2=\frac{R_2 l}{A_2E_2}$$

棒の変形（伸び）については，すべての棒の上下端部が剛体壁によって固定されているので，各棒の伸びが

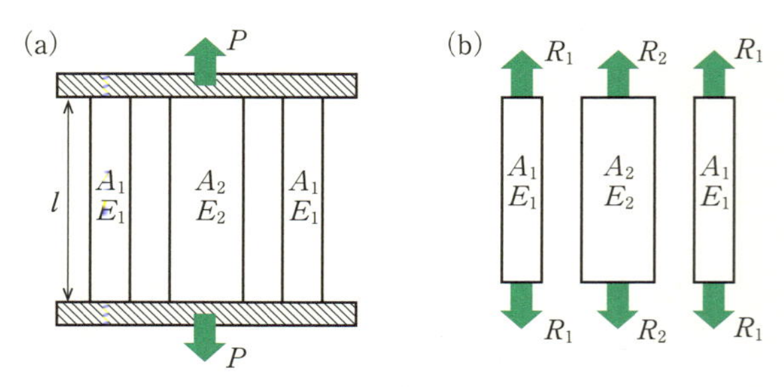

図 1-4　剛体壁に挟まれた 3 本の棒の引張り

等しくなければならない．したがって，以下のような条件式が得られる．

$$\Delta l_1 = \Delta l_2$$

$$\frac{R_1 l}{A_1 E_1} = \frac{R_2 l}{A_2 E_2}$$

$$\therefore \quad \frac{R_1}{A_1 E_1} = \frac{R_2}{A_2 E_2}$$

この条件式に加え，すでに力のつり合い条件から求めている力の条件式を用いて，R_1 と R_2 についての連立一次方程式を解くと，R_1 と R_2 が以下のように求まる．

$$R_1 = \frac{A_1 E_1}{2A_1 E_1 + A_2 E_2} P$$

$$R_2 = \frac{A_2 E_2}{2A_1 E_1 + A_2 E_2} P$$

上式を，応力，ひずみ，伸びの式に代入することによって，それぞれの量を計算することができる．例題1-1では，各棒に作用する力を力のつり合い条件のみですべて求めることができた．一方，図 1-4 の問題では，各棒に作用する力を力のつり合い条件のみでは求めることができないため，力を未知のまま計算を進め，最終的にすべての棒の伸びが等しいという棒の変形の条件を用いて各棒に作用する力を求めた．このように各棒に作用する力を，力のつり合い条件のみで求められる問題を**静定問題**とよび，力のつり合い条件のみではなく，棒の変形の条件も用いて求める問題を**不静定問題**とよぶ．

次に，材料の温度変化による影響を考える．温度が上昇すると材料が膨張することは，感覚的にも理解できるだろう．すなわち，温度が上昇すると材料中でひずみが生じる．温度上昇 ΔT とひずみには比例関係があり，線膨張率 α を用いて次式のように表す．

$$\varepsilon^T = \alpha \Delta T$$

このように温度上昇によって生じたひずみ ε^T を**熱ひずみ（thermal strain）**とよぶ．

図 1-5 に示す二つの問題を考える．図 1-5(a)では，長さ L，断面積 A の棒の左端のみが固定され，温度が ΔT 上昇したとする．温度上昇によって熱ひずみが生じるので，この棒の寸法変化（伸び）ΔL は次のように計算できる．

$$\Delta L = \varepsilon^T L = \alpha \Delta T L \qquad (1\text{-}10)$$

このように棒にひずみと伸びが生じた．次に，棒に生じる応力について考える．右端が拘束されず，温度上昇とともに自由に変形しているので，この棒には力が作用していない．その結果，棒には応力が生じない．つまり，この棒に熱ひずみは生じたが，応力が生じて

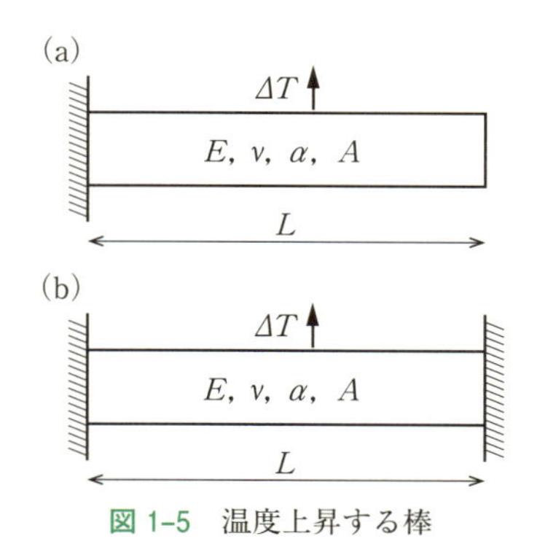

図 1-5　温度上昇する棒

表 1-2　代表的な金属材料の線膨張率

金属材料名	線膨張率
軟　鋼	1.12×10^{-5}
タングステン	0.43×10^{-5}
アルミニウム	2.39×10^{-5}
銅	1.65×10^{-5}

いないことになる．したがって，熱ひずみは，弾性定数を介して応力に寄与するひずみとは異なり，応力を生じないひずみであることがわかる．

次に，図 1-5(b)の問題について考える．この問題では，棒の右端も固定されているため，棒全体として寸法変化する（伸びる）ことができない．そこで，以下のようにひずみを，弾性ひずみ成分 ε^e と熱ひずみ成分 ε^T に分解する（次節にて説明）．

$$\varepsilon = \varepsilon^e + \varepsilon^T \qquad (1\text{-}11)$$

棒全体の伸び $\Delta L = \varepsilon L$ が 0 なので，全体のひずみ ε が 0 ということになる．したがって，温度上昇 ΔT があるとき，棒全体の伸びを 0 とするために，以下の式が導かれる．

$$\varepsilon^e = -\varepsilon^T = -\alpha \Delta T \qquad (1\text{-}12)$$

よって，棒には以下の応力が生じる．

$$\sigma = E\varepsilon^e = -E\alpha \Delta T \qquad (1\text{-}13)$$

この応力は棒に生じた熱ひずみによって直接生じたものではなく，棒の両端が固定されていることにより棒全体として伸びが生じないように，剛体壁が棒に力を作用させ，その結果生じた弾性ひずみによるものである．このように，温度上昇の結果として材料に生じた応力を**熱応力（thermal stress）**とよぶ．代表的な金属材料の線膨張率を表 1-2 に示す．

1.1.3　代表的な工業材料の機械的特性

機械部品や機械構造物の設計を行うためには，材料の力学的状態である応力やひずみを知るだけでは不十分である．材料の力学的状態を知ったうえで，応力とひずみを材料がもつ機械的特性と照らし合わせて評価する必要がある．本項では代表的な工業材料の機械的特性について解説する．材料の機械的特性として，変形開始から破断までの応力とひずみの関係を表す**応力-ひずみ線図（stress-strain diagram）**が用いられる．図 1-6 に代表的な工業材料である軟鋼の応力-ひずみ線図を示す．

まず，引張り変形を与えると，その変形の初期において応力とひずみの間に比例関係（線形関係）がみられる（図中 A）．これはフックの法則に基づいた変形を表している．このような応力とひずみの間に直線関係がみられる領域を**弾性域（elastic region）**とよび，弾性域内で生じたひずみを**弾性ひずみ（elastic strain）**，変形を**弾性変形（elastic deformation）**とよぶ．よって，弾性ひずみに弾性定数を掛けると，応力を計算することができる．弾性域内での変形過程において負荷した外力を取り除く（除荷する）と，応力とひずみの間の比例関係を維持したまま，応力-ひずみ線図における原点に戻る．すなわち，弾性ひずみは外力を取り除くことによって，材料中から完全に除去する（回復する）ことができる．弾性域において，さらに材料に引張り変形を与え，大きな応力が生じると，応力の極大値が現れ，その後，その極大値以下の応力で変形が進む．このような応力-ひずみ線図上の極大値（図中 B）を**上降伏点（upper yield point）**とよび，その後の極大値以下の応力（図中 C）を**下降伏点（lower yield point）**とよぶ．これら二つの降伏点は，弾性変形の限度（比例限度）を示し，上降伏点における応力を，弾性域の限度を表す応力として用い，その応力を**降伏応力（yield stress）**とよぶ．材料に降伏応力を超える応力が生じると，弾性域にみられた応力とひずみの間の線形的な関係はみることができず，応力とひずみの間に非線形な関係がみられるようになる（図中 D）．このような領域を**塑性域（plastic region）**とよぶ．塑性域における変形は**塑性変形（plastic deformation）**とよばれる．塑性変形中に除荷を行うと，弾性域での比例関係と同じ傾きをもって応力とひずみが減少する（図中 E）．したがって，塑性変形を開始した材料を除荷しても取り除くことのできないひずみが材料に残る（図中 F）．これは，弾性域における弾性ひずみとは異なる性質である．このような除荷した後も材料中に残るひずみを**永久ひずみ（permanent strain）**または**塑性ひずみ（plastic strain）**とよぶ．塑性域において，さらに材料を変形させようとすると，より大きな応力が必要になる．すなわち塑性変形を行うに従って材料が硬くなる．このような材料の硬化の現象を**加工硬化（work hardening）**または**ひずみ硬化（strain hardening）**とよぶ．さらに塑性変形を行うと，応力は最大値を迎える．このような材料が耐えることのできる最大の応力を**引張り強さ（tensile strength）**とよぶ（図中 G）．一般に，引張り強さを与えられた材料は局所的なくびれを生じ，材料の全体的な変形から，くびれ部の局所的な変形に遷移する．すなわち，与えられた荷重を材料全体で変形することによって受けていたのが，材料の一部（くびれ部）ですべての変形を行うことになる．このように変形が集中することにより，局所変形部の受けもつ断面積がくびれて急激に小さくなる．その結果，材料が変形するために必要な応力が低下する．その後，最終的に材料は破断する．応力-ひずみ線図における破断時の点（図中 H）を**破断点（breaking point）**とよび，そのときのひずみを**破断ひずみ（breaking strain）**とよぶ．

図 1-7 に銅やアルミニウム材料にみられる応力-ひずみ線図を示す．

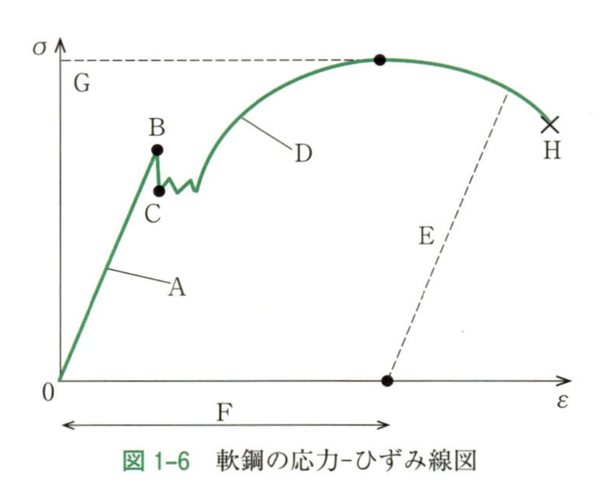

図 1-6　軟鋼の応力-ひずみ線図

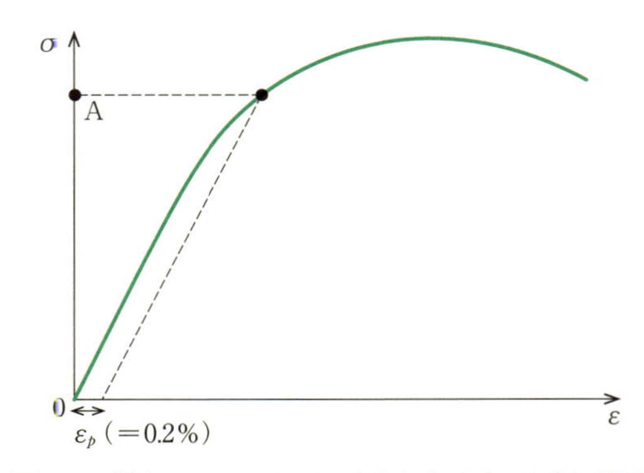

図 1-7　銅やアルミニウムにみられる応力-ひずみ線図

図 1-6 の軟鋼の応力-ひずみ線図と比較すると，明確な上降伏点と下降伏点がみられず，弾性域から塑性域に滑らかに遷移していることに気付くだろう．機械部品や機械構造物の設計において弾性限度である降伏応力を知ることは重要である．このような滑らかに塑性域へ遷移する材料の降伏応力は，塑性ひずみが 0.2% のときの応力の値（図中 A）を用いる．この応力を **0.2% 耐力（0.2% proof stress）** とよぶ．

図 1-6 や図 1-7 に示した応力-ひずみ線図のような機械的特性を有する材料は，弾性変形に比べて大きな塑性変形をする．このような大きな塑性変形の後に破断する材料を **延性材料（ductile material）** とよぶ．延性材料に対して，塑性変形をほとんど行うことなく，弾性限度を超えると，ただちに破断する材料もある．このような材料は **脆性材料（brittle material）** とよばれる．

このような機械的特性を表す応力-ひずみ線図は，一般に引張り試験を用いて測定される．引張り試験に用いるための標準試験片は日本工業規格（JIS 規格）により規格化されている（JIS Z 2201）．図 1-8 に丸棒の試験片の例を示す．

図に示すように丸棒の長手方向中央にあたる長さ L の部分（ab 部）は，その外側の部分に比べて細くなっている．この外側の太い部分は，試験機に取り付ける掴み部で，ab 部が材料の変形を測定する試験部となる．図 1-9 に引張り試験に用いる試験機の概略図を示す．

試験機に取り付けられた試験片（図中 A）は，試験機のクロスヘッド（図中 B）が下方に移動することによって，引張り荷重が与えられる．試験片に作用する荷重は，ロードセル（図中 C）によって測定される．試験片の伸びの測定は，試験部に標点 cd を設定し，標点間の伸びをエクステンソメータ（図中 D）によって測定する．このとき，クロスヘッドの変位は掴み部の伸びや，掴み部の滑りなど，さまざまな誤差要因が含まれているため，材料の伸びの測定に用いることはできない．このような引張り試験によって，試験片に作用する荷重 P と，標点間の伸び δ を測定する．試験前の試験部の断面積 A と標点間の距離 L を用いて，公称応力と公称ひずみを得る．

$$\sigma=\frac{P}{A} \tag{1-14}$$

$$\varepsilon=\frac{\delta}{L} \tag{1-15}$$

この公称応力と公称ひずみを用いて応力-ひずみ線図を描き，材料の機械的特性を知ることができる．

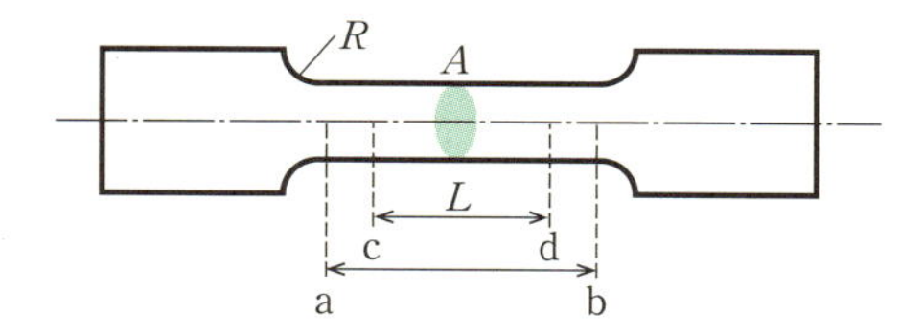

図 1-8　引張り試験に用いられる試験片の例（丸棒）

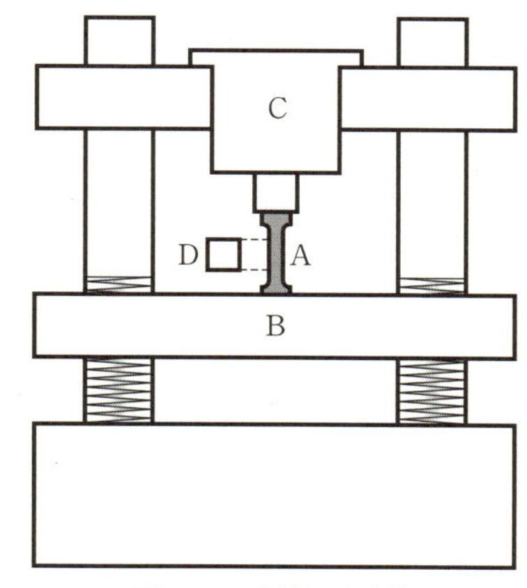

図 1-9　引張り試験機

1.1.4　許容応力と安全率

外力を受ける機械構造物中の応力やひずみを計算し，構造物を構成する材料の機械的特性を用いて材料の変形や安全性を評価することによって，設計の指針を得ることができる．しかし，実際の機械部品や機械構造物は，使用環境や形状，材料について，さまざまな不確定な要素をもっている．例えば，機械部品の寸法はある程度の許容寸法以内の精度で製作されるため，すべての機械部品が 100% の精度で同様の形状ではない．また，材料の微視的な構造（例えば結晶粒や介在物の分布）は，必ず非均質性をもつため，材料の機械的特性も材料の場所によって異なる．機械構造物に負荷される外力の大きさも不確定な要素ということができる．このように機械部品や機械構造物は必ず不確定な要素を含むため，実際の応力とひずみが，計算された応力とひずみと同じではありえない．また，材料の機械的特性についても，同様のことがいえる．したがって，機械部品や機械構造物を設計する場合，これらの不確定な要素が含まれていることを前提として，不確定な要素があっても安全に使用できる設計を行うことが必要となる．すなわち，不確定な要素があっても安全に使用するために，設計における材料の基準となる強さ（基準強さ）に余裕をもたせるのである．余裕をもたせた基準強さを**許容応力（allowable stress）**とよび，設計における基準の応力として用いる．その余裕の大きさを**安全率（safety factor）**とよぶ．安全率は1より大きな値で，許容応力，基準強さと安全率には以下のような関係がある．

許容応力＝基準強さ/安全率

設計時には，計算される機械部品や機械構造物を構成する材料に生じる応力が，許容応力を超えないように，形状や材料を決定する必要がある．

1.1 節のまとめ

- **垂直応力と垂直ひずみ：** $\sigma=\dfrac{P}{A}$，$\varepsilon=\dfrac{\Delta L}{L}$
- **せん断応力とせん断ひずみ：** $\tau=\dfrac{P}{A}$，$\gamma=\dfrac{\Delta x}{L}$
- **公称応力・公称ひずみ：変形前の材料の寸法を元に計算する応力とひずみ．**
- **真応力・真ひずみ：変形後や変形過程の材料の寸法を元に計算する応力とひずみ．**
- **応力とひずみの間にはフックの法則が成り立つ：** $\sigma=E\varepsilon$，$\varepsilon_d=-\nu\varepsilon$，$\tau=G\gamma$
- **静定問題：力のつり合いのみで外力を求めることができる問題．**
- **不静定問題：力のつり合いのみでは外力を求めることができず材料の変形も条件として求める問題．**
- **温度上昇によるひずみ：熱ひずみ** $\varepsilon^T=\alpha\Delta T$
- **材料の機械的特性は，応力-ひずみ線図で示す．**
- **応力-ひずみ線図は，引張り試験により測定することができる．**
- **許容応力：機械部品や機械構造物の設計における不確定要素を考慮し，安全な設計の基準となる応力**

許容応力＝基準強さ/安全率

1.2 はりの曲げ

高速道路の橋を思い浮かべてほしい．高速道路の橋は，脚によって支持され，多くの自動車が走行している．すなわち，自動車の重さによる荷重が橋の長手方向（軸線）に対する横方向からの外力（横荷重）として働いている．その結果，橋には応力やひずみが生じ，曲げ変形を起こす．高速道路の橋のように，長さが断面積と比較して十分に長く，横荷重やモーメントを受ける棒を**はり（beam）**とよぶ．このようなはりの曲げ問題は，機械部品や機械構造物に多くみられ，また材料力学を代表する重要な問題である．

1.2.1 せん断力線図と曲げモーメント線図

はりの曲げ問題は，横荷重やモーメントをはりが受けると同時に，はりが支持されている．まず，はりの支持の方法についてまとめる．図 1-10 にはりの支持の種類を示す．

図 1-10(a)は移動支持とよばれる支持である．移動支持では，支持される点の水平方向移動は許されるが，鉛直方向の移動はできない．また，移動支持の点において回転も許される．したがって，移動支持の点では，鉛直方向の支持による反力が生じるが，モーメントは生じない．

次に，図 1-10(b)に示すような回転支持がある．回転支持は移動支持と類似しており，移動支持は水平方向の移動を許すが，回転支持は水平方向への移動はできない．それ以外は同様の支持方法なので，回転支持の点においては，反力は生じるがモーメントは生じない．

最後に図 1-10(c)のような固定支持がある．固定支持においては，その支持点が水平方向と鉛直方向ともに移動することができず，さらに回転することもできない．したがって，固定支持の点には，反力とモーメントの両方が生じる．このように，移動支持と回転支持では支持点に反力が作用し，固定支持では反力とモーメントが作用することを整理して理解する必要があ

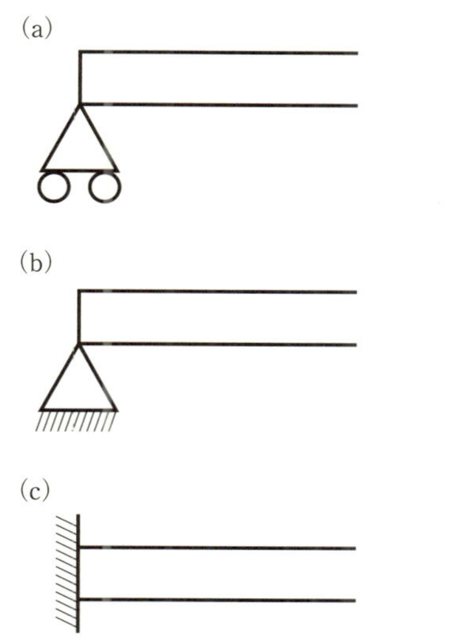

図 1-10 はりの支持の方法．(a)は移動支持，(b)は回転支持，(c)は固定支持．

る．図 1-11 に支持されたはりの例を示す．

図 1-11(a)では，はりの一端が移動支持され，他端が回転支持されている．一方，図 1-11(b)では，はりの一端が固定支持され，他端は固定されず自由になっている．この二つのはりは，材料力学の典型的なはりとして知られている．図 1-11(a)のようなはりを**単純支持はり（simply supported beam）**とよび，図 1-11(b)のようなはりを**片持ちはり（cantilever）**とよぶ．

次に，材料力学においてはりの問題を考えるときの仮定について説明する．

① 図 1-12 に横荷重を受けて曲げ変形している単純支持はりの例を示す．はりの中心を通り，長手方向に沿った軸（軸線）と，軸線に垂直な断面について考える．はりが曲げ変形をする前には，軸線と断面は垂直だが，曲げ変形後も軸線と断面は垂直とする．

② はりの変形は微小であり，弾性域における弾性変形とする．したがって，弾性定数を用いて応力とひずみの関係を記述することができる．

③ はりの長手方向（軸方向）には軸力が働かないとする．

④ はりの断面形状は軸線に垂直な方向について，対称とする．これによって，はりの変形が簡略化される．一般的な機械部品や機械構造物を考えても，この仮定のように軸線に対して対称な断面形状であることは一般的で，この仮定によって問題の一般性を損なうことはない．

図 1-11 代表的なはりの問題の例．(a)単純支持はり，(b)片持ちはり．

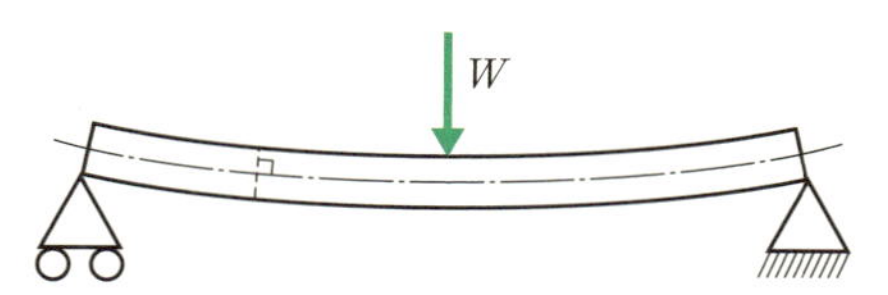

図 1-12 曲げ変形をする単純支持はり

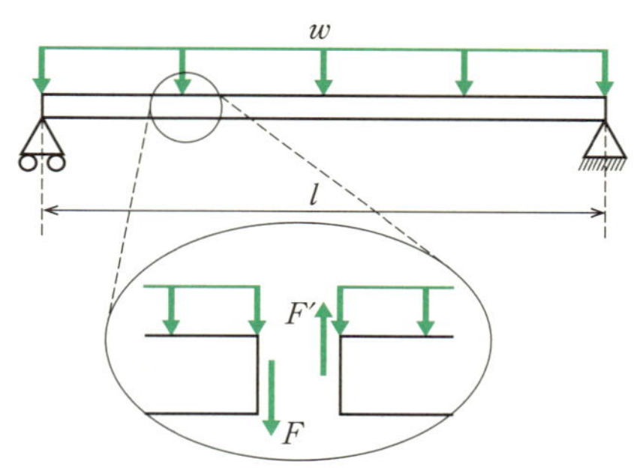

図 1-13 分布荷重を受ける単純支持はり

この仮定に基づき，はりに作用する力やモーメントについて考える．はりには軸力が作用しないので，横荷重やモーメントの作用によって，はりには**せん断力（shearing force）**と**曲げモーメント（bending moment）**のみが作用する．ここで，材料力学のはりの問題におけるせん断力とモーメントについて定義する．図 1-13 に横荷重として分布荷重 w を受ける単純支持はりを示す．

はりの一部を拡大して，そこに作用するせん断力について考える．はりの注目する位置を境として左右にはりを分割して考えると，左側のはりに作用している横荷重と反力の総和が，左側の部分の境界部のせん断力 F とつり合っていると考えられる．また，右側の境界部には，せん断力と反対向きのせん断力 F' が作用し，その右側に作用する横荷重や反力とつり合っている．このとき，左側の境界部に作用する下向きのせ

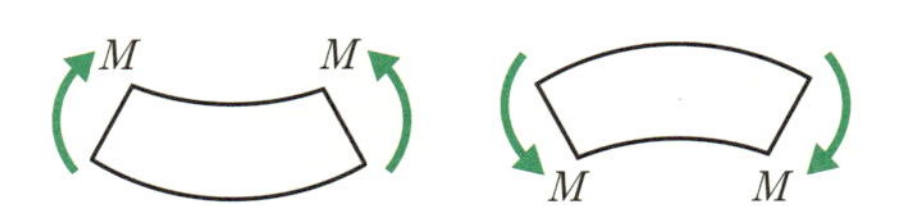

図 1-14　曲げモーメントと曲げ変形

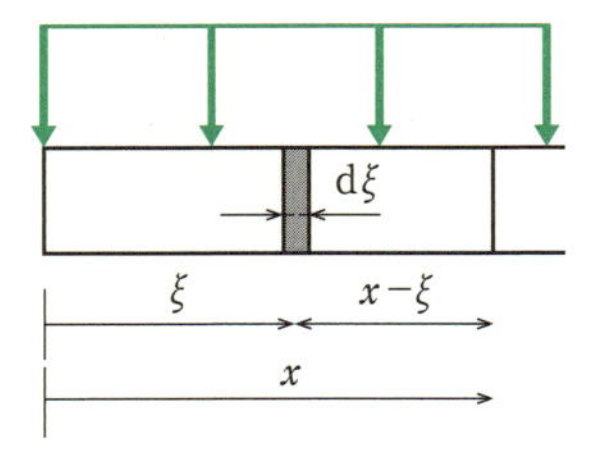

図 1-15　分布荷重による曲げモーメントの考え方

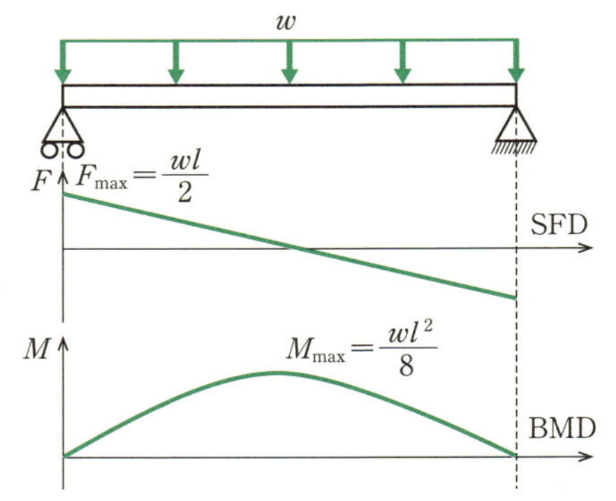

図 1-16　分布荷重を受ける単純支持はりのせん断力線図と曲げモーメント線図

ん断力を正として定義する．一方，曲げモーメントについては図 1-14 にて示す．

図に示すように曲げモーメントには，はりを下に曲げるモーメントと，上に曲げるモーメントがある．材料力学のはりの問題では，はりを下に曲げる曲げモーメントを正とし，その反対の向きの曲げモーメントを負とする．

では，具体的なはりの問題を解く．図 1-13 に示す単純支持はりに作用するせん断力と曲げモーメントをはりに沿って求める．はりの問題を解く場合，はりの左端部を原点とする x 座標を設定し，原点から左側に作用するせん断力と曲げモーメントを考えることによって，x の位置におけるせん断力と曲げモーメントを求めていく．まず，支持点における反力やモーメントを求める．ここで利用できるのが，力のつり合いとモーメントのつり合いである．図 1-13 の単純支持はりでは，左端と右端の支持点の反力をそれぞれ R_1，R_2 とし，横荷重との力のつり合いから，問題が左右対称であることを利用して，以下のように反力を求めることができる．

$$R_1 + R_2 = wl$$

$$R_1 = R_2 = \frac{wl}{2}$$

次に，x の位置におけるせん断力を求める．せん断力の定義から，上向きを正として x の位置の左側に作用する反力と横荷重の総和を考えればよいので，x の位置におけるせん断力 F は以下のように求められる．

$$F = R_1 - wx = w\left(\frac{l}{2} - x\right) \tag{1-16}$$

一方，曲げモーメントは次のように求める．図 1-13 の単純支持はりに作用する横荷重は分布荷重なので，x の位置における曲げモーメントは図 1-15 に示すような考え方で求められる．

x 座標の原点から注目する x の位置の間に任意の座標 ξ をとる．この ξ の位置に微小な幅の要素 $\mathrm{d}\xi$ を考えると，$\mathrm{d}\xi$ に作用する横荷重は $w\mathrm{d}\xi$ となる．この $\mathrm{d}\xi$ に作用する横荷重を以下のように x の位置から左側で積分することによって，x の位置における曲げモーメント M が求められる．

$$M = -\int_0^x (x-\xi)w\mathrm{d}\xi = -\frac{w}{2}x^2 \tag{1-17}$$

x の位置には，反力による曲げモーメントも作用するので，これらの和をとることにより，x の位置の曲げモーメントを求めることができる．

$$M = R_1 x - \frac{w}{2}x^2 = \frac{w}{2}(lx - x^2) \tag{1-18}$$

以上の計算によって，はり全体にわたってせん断力と曲げモーメントを求めることができた．材料力学のはりの問題では，はり全体にわたってせん断力と曲げモーメントの分布図が描かれる．せん断力の分布図を**せん断力線図（shearing force diagram : SFD）**および，曲げモーメントの分布図を**曲げモーメント線図（bending moment diagram : BMD）**とよぶ．材料力学では慣習として，それぞれ SFD，BMD と略記されることが多い．図 1-16 に SFD と BMD の例を示す．

はりの問題の下に，SFD と BMD を書く．また，それぞれの最大値（せん断力の最大値 F_{max} と曲げモーメントの最大値 M_{max}）を書き入れることが必要である．

次に図 1-17 に示す左端に集中荷重 W が作用する片持ちはりの問題について，せん断力と曲げモーメントを求める．左端に x 座標の原点をとると，右端に至るまで支持点がないので，反力を求める必要はない．x の位置におけるせん断力 F は，その位置の左側に作

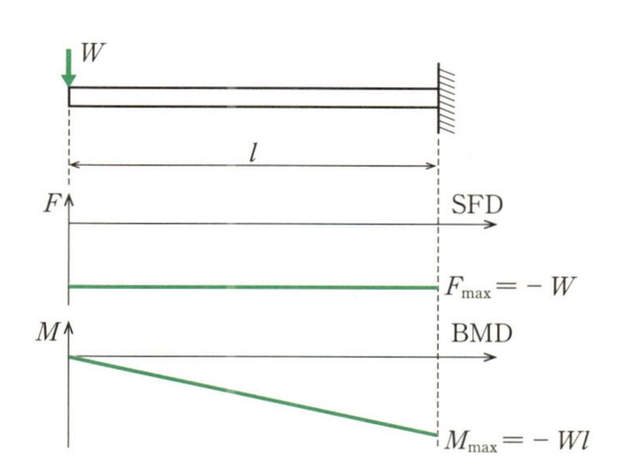

図 1-17　左端に集中荷重を受ける片持ちはりのせん断力線図と曲げモーメント線図

用する横荷重と反力の和なので，次のように求まる．

$$F=-W \tag{1-19}$$

一方，曲げモーメント M についても同様に求めることができる．

$$M=-Wx \tag{1-20}$$

図 1-17 に SFD と BMD を示す．せん断力と曲げモーメントの最大値は，ともに固定支持の位置で生じる．

ここで，片持ちはりの問題を左右反転して解く方法を示す．x 座標の原点を左端にとる．左右反転させると固定端が左端となるので，固定端における反力 R_1 とモーメント M_1 を求める必要がある．反力 R_1 は力のつり合いより，W であることがわかる．一方，モーメント M_1 は固定端におけるモーメントのつり合いより，$-Wl$ と求まる．よって，はり全体にわたるせん断力と曲げモーメントの分布は次のようになる．

$$F=R_1=W$$
$$M=M_1+R_1x=-Wl+Wx=W(x-l)$$

左右反転して求まったせん断力と曲げモーメントの解を元の問題に戻す．元の問題に戻すため，$x=l-x$ として，解の座標を変化させると，以下のように求まる．

$$F=W$$
$$M=-Wx$$

上式と，元の問題の解を比較すると，曲げモーメントについては同じ解が得られているのに対して，せん断力については，符号が反転している．このように問題の左右を反転させて問題を解く場合，せん断力の符号が反転することに注意する必要がある．

1.2.2　曲げ応力と断面 2 次モーメント

横荷重やモーメントを受けるはりは，曲げ変形をする．はりの問題の仮定に基づいて，軸力が作用しないことを考えると，軸線は曲げ変形によって長さを変え

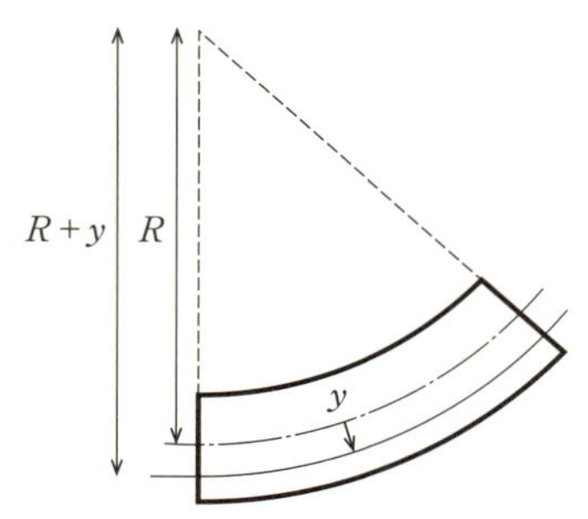

図 1-18　曲げ変形をしたはりの形状

ない（伸縮しない）ことがわかる．すなわち，軸線から凸となる側では引張り応力が作用し，反対側では圧縮応力が作用することが考えられる．本項では具体的にはりの問題において，はりに作用する応力について考える．図 1-18 に正の曲げモーメントを受け，下に凸に曲げ変形をしたはりの一部を示す．

曲げ変形によって変化しない面（図中では線だが，奥行きがあるので面となる）を**中立面（neutral surface）**とよぶ．中立面に微小な長さ $\mathrm{d}x$ をとり，中立面から y だけ離れた位置の中立面に平行な面の曲げ変形後の長さ $\mathrm{d}X$ を考える．y だけ離れた位置のひずみを ε とすると，次式が成立する．

$$\mathrm{d}X=(1+\varepsilon)\mathrm{d}x \tag{1-21}$$

中立面の曲げ変形における曲率半径を R とすると，幾何学的な関係から次のような大きさの関係がわかる．

$$R:R+y=\mathrm{d}x:\mathrm{d}X$$

上式を整理すると以下の式が得られる．

$$\frac{\mathrm{d}X}{\mathrm{d}x}=\frac{R+y}{R}=1+\frac{y}{R} \tag{1-22}$$

上式と，$\mathrm{d}X=(1+\varepsilon)\mathrm{d}x$ を比較し，中立面から y だけ離れた位置のひずみを求めることができる．

$$\varepsilon=\frac{y}{R} \tag{1-23}$$

式をみると，はりの断面におけるひずみの分布は，中立面の位置を 0 として線形的に分布していることがわかる．応力は，はりの問題の仮定に従い，弾性域におけるフックの法則を用いて以下のように求めることができる．

$$\sigma=E\varepsilon=E\frac{y}{R} \tag{1-24}$$

このような曲げ変形において断面に作用する応力を**曲げ応力（bending stress）**とよぶ．曲げ応力を求めるためには曲率半径を求めることが必要となる．ここで，曲げ変形における曲率半径を求める．曲率半径を

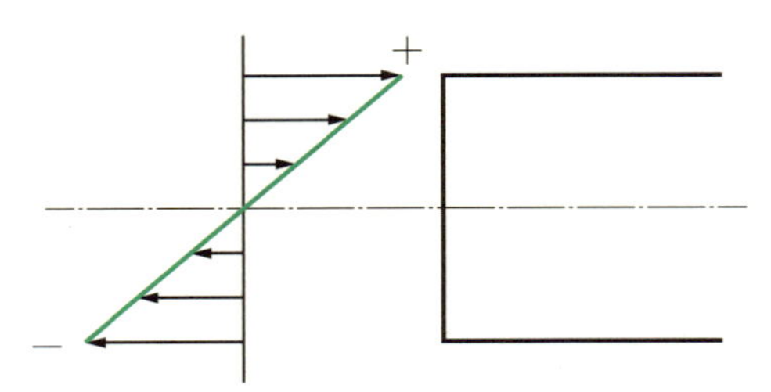

図 1-19　はりの断面における曲げ応力の分布

求めるために，断面に作用する曲げ応力 σ がつくる中立面周りのモーメントと曲げモーメント M のつり合いを考えると，以下の式が得られる．

$$\int_A \sigma y \mathrm{d}A = \frac{E}{R}\int_A y^2 \mathrm{d}A = \frac{EI}{R} = M \qquad (1\text{-}25)$$

ここで，

$$I = \int_A y^2 \mathrm{d}A \qquad (1\text{-}26)$$

とした．この I を**断面 2 次モーメント（geometrical moment of inertia）**とよぶ．また，曲げモーメント M に対する曲率半径の大きさは，EI に依存することがわかる．この EI を**曲げ剛性（flexural rigidity）**とよぶ．以上より曲げ応力は，曲げモーメントと断面 2 次モーメント，ヤング率を用いて次式で求めることができる．

$$\sigma = \frac{y}{I}M \qquad (1\text{-}27)$$

図 1-19 に断面における曲げ応力の分布の例を示す．ひずみと同様に曲げ応力は断面において中立面の位置を 0 として線形的に分布する．このような断面内における中立面の線を**中立軸（neutral axis）**とよぶ．したがって，曲げ応力の最大値は，中立軸の位置から最も離れた位置で生じる．引張り側と圧縮側の最も離れた位置における中立軸からの距離をそれぞれ e_1，e_2 とおくと，曲げ応力の最大値は次式のように与えられる．

$$\sigma_{\max}^{+} = \frac{e_1}{I}M \qquad (1\text{-}28)$$

$$\sigma_{\max}^{-} = \frac{e_2}{I}M \qquad (1\text{-}29)$$

ここで，$Z_1 = I/e_1$，$Z_2 = I/e_2$ とおいて上式に代入すると次式が得られる．

$$\sigma_{\max}^{+} = \frac{M}{Z_1} \qquad (1\text{-}30)$$

$$\sigma_{\max}^{-} = \frac{M}{Z_2} \qquad (1\text{-}31)$$

Z_1 と Z_2 は，はりの断面形状によって決定される係数

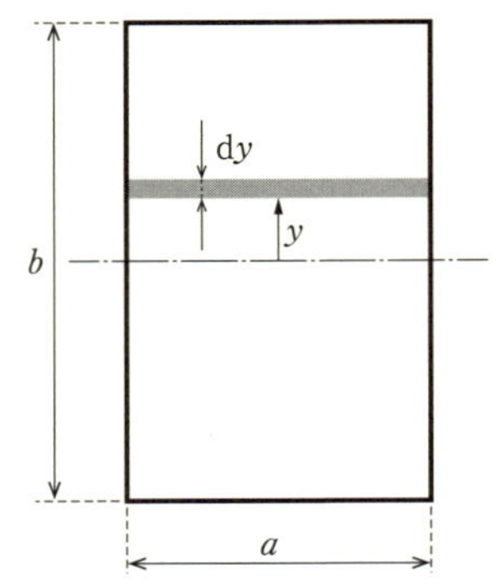

図 1-20　はりの長方形断面

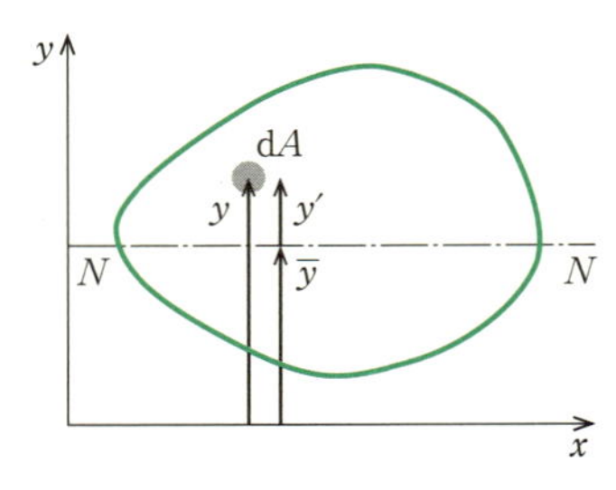

図 1-21　任意断面の断面 1 次モーメントの計算

なので，**断面係数（section modulus）**とよばれる．上式から，はりに作用する曲げ応力を制御するためには，断面係数が大きくなるように断面形状を決定すればよいことがわかる．

次に，曲げ応力や断面係数を求めるために必要な断面 2 次モーメントの求め方について考えてみる．図 1-20 にはりの断面形状が，長方形の例を示す．

断面 2 次モーメントの計算における y は，中立軸からの距離なので，断面における中立軸の位置を知ることが必要である．図 1-20 の長方形断面の断面 2 次モーメントを具体的に計算すると以下のようになる．

$$I = \int_A y^2 \mathrm{d}A = \int_{-\frac{b}{2}}^{\frac{b}{2}} y^2 a \mathrm{d}y = \frac{ab^3}{12} \qquad (1\text{-}32)$$

このように，曲げ応力を求める場合に用いる断面 2 次モーメントは，中立軸に関する断面 2 次モーメントであることに注意しなければならない．

ここで，断面内における中立軸の位置を求めることを考える．はりの問題における仮定の一つに軸力が作用しないという仮定があった．軸力が作用しないということは，はりの断面における曲げ応力の積分値が 0 である必要があり，以下の式が導かれる．

$$\int_A \sigma \mathrm{d}A = \int_A \frac{E}{R} y \mathrm{d}A = \frac{E}{R}\int_A y \mathrm{d}A = 0 \qquad (1\text{-}33)$$

よって，以下のことがわかる．

$$\int_A y \mathrm{d}A = 0 \qquad (1\text{-}34)$$

このとき，左辺の積分式を**断面 1 次モーメント（geometrical moment of area）**とよぶ．ここで，上式の y は中立軸（軸線）からの距離なので，中立軸に関する断面 1 次モーメントが 0 になることを意味している．**図 1-21** に示すような任意の断面形状において断面 1 次モーメントを計算する．

図中の x 軸から y だけ離れた位置に微小面素 $\mathrm{d}A$ をとる．x 軸から中立軸 N-N までの距離を $\bar{y}$ とし，中立軸を原点とした $\mathrm{d}A$ の位置を y' とする（$y=\bar{y}+y'$）．x 軸に関する断面 1 次モーメントを計算すると以下のようになる．

$$\int_A y \mathrm{d}A = \int_A (\bar{y}+y') \mathrm{d}A = \int_A \bar{y} \mathrm{d}A + \int_A y' \mathrm{d}A \qquad (1\text{-}35)$$

ここで，上式の最後の項は，中立軸に関する断面 1 次モーメントになっているので 0 となる．また，中立軸の位置は変化しない（一定）ので，次式が得られる．

$$\int_A y \mathrm{d}A = \int_A \bar{y} \mathrm{d}A = \bar{y} \int_A \mathrm{d}A = \bar{y} A \qquad (1\text{-}36)$$

したがって，中立軸の位置は，断面 1 次モーメントを計算し，断面積で割ることによって求まることがわかる．**表 1-3** に代表的な断面形状の断面 2 次モーメントを示す．

表 1-3 代表的な断面の断面 2 次モーメント

断面形状	断面 2 次モーメント I
h, b	$\dfrac{bh^3}{12}$
b	$\dfrac{5\sqrt{3}}{16} b^3$
b	$\dfrac{5\sqrt{3}}{16} b^3$
d	$\dfrac{\pi}{64} d^4$
d_1, d_2	$\dfrac{\pi}{64}(d_2^4 - d_1^1)$
s, s, t, a, d	$\dfrac{2sa^3 + t^3(d-2s)}{12}$
d, t, s, s, a	$\dfrac{ad^3 + h^3(a-t)}{12}$

1.2.3 はりのたわみ

ここまで，横荷重やモーメントを受けるはりに作用するせん断力や曲げモーメント，曲げ応力についてその求め方を解説してきた．本項では，はりの曲げ変形の求め方を示す．**図 1-22** は左端に集中荷重 W を受ける片持ちはりである．

集中荷重によって図に示すようにはりが曲げ変形をしたとする．このとき，曲げ変形による下方向への変位の大きさを**たわみ（deflection）**とよび，はりのたわみの傾き角を**たわみ角（deflection angle）**とよぶ．また，はりの変形を，軸線を用いて表した曲線を**たわみ曲線（deflection curve）**とよぶ．たわみ角 i は，たわみ v を微分して以下のように書くことができる．

$$\tan i = \frac{\mathrm{d}v}{\mathrm{d}x} \qquad (1\text{-}37)$$

ここで，たわみ v が十分に小さいとすると，たわみ角 i も十分に小さいことになり，$\tan i \cong i$ のように近似することができる．その結果，たわみ角 i は，以下のように求められる．

$$i = \frac{\mathrm{d}v}{\mathrm{d}x} \qquad (1\text{-}38)$$

一方，幾何学的な関係から，たわみ曲線の曲率

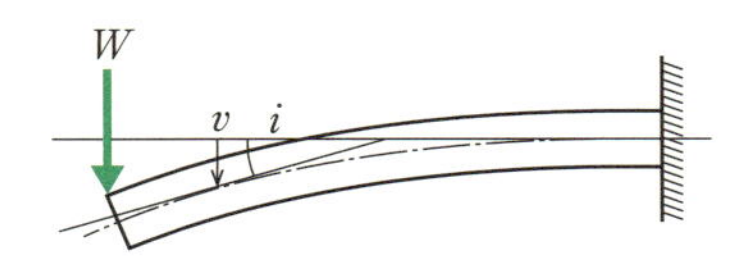

図 1-22 集中荷重を受ける片持ちはり

$1/R$ はたわみ v の2階微分と等しいため，前項の曲率半径 R と曲げモーメントの式に代入して，以下の式が得られる．

$$\frac{\mathrm{d}^2 v}{\mathrm{d}x^2} = -\frac{M}{EI} \tag{1-39}$$

ここで，右辺に負号がついているのは，曲げモーメントの符号の規則とたわみ v の方向が逆向きのためである．この式が，はりのたわみを求める基礎となる微分方程式である．この微分方程式を適切な境界条件とともに解くことによって，はりのたわみとたわみ角の解である特殊解が求められる．はりのたわみを求める問題の例として，図 1-17 に示した片持ちはりの問題のたわみとたわみ角を求める．片持ちはりの左端を原点として x 座標をとると，はりに沿って作用する曲げモーメントは，$M = -Wx$ となり，これを微分方程式に代入して，以下の式が得られる．

$$\frac{\mathrm{d}^2 v}{\mathrm{d}x^2} = \frac{W}{EI} x \tag{1-40}$$

この式を積分することによって，たわみ角とたわみの式が得られる．

$$\frac{\mathrm{d}v}{\mathrm{d}x} = i = \frac{W}{EI}\left(\frac{1}{2}x^2 + C_1\right) \tag{1-41}$$

$$v = \frac{W}{EI}\left(\frac{1}{6}x^3 + C_1 x + C_2\right) \tag{1-42}$$

このように積分すると，積分定数 C_1 と C_2 が出てくる．これらの定数を求めるためには，たわみ角とたわみに関する境界条件を考慮する．片持ちはりでは，はりの右端（$x = l$）で固定支持されているので，この位置においてたわみ角とたわみがともに0である．まず，たわみ角に関する境界条件を用いて，C_1 が求まる．

$$0 = \frac{W}{EI}\left(\frac{1}{2}l^2 + C_1\right) \tag{1-43}$$

$$C_1 = -\frac{1}{2}l^2 \tag{1-44}$$

さらに，たわみに関する境界条件を用いて C_2 を求めることができる．

$$0 = \frac{W}{EI}\left(\frac{1}{6}l^3 - \frac{1}{2}l^3 + C_2\right) \tag{1-45}$$

$$C_2 = \frac{1}{3}l^3 \tag{1-46}$$

よって，たわみ角とたわみは以下のように与えられる．

$$i = \frac{W}{EI}\left(\frac{1}{2}x^2 - \frac{1}{2}l^2\right) = \frac{W}{2EI}(x^2 - l^2) \tag{1-47}$$

$$v = \frac{W}{EI}\left(\frac{1}{6}x^3 - \frac{1}{2}l^2 x + \frac{1}{3}l^3\right) \tag{1-48}$$

たわみ角とたわみの問題を解く場合においても，それぞれの最大値を求める．片持ちはりでは，左端でたわみ角とたわみが最大となることが容易に予測できるので，$x = 0$ を代入して，以下のようにそれぞれの最大値が求まる．

$$i_{\max} = -\frac{W}{2EI}l^2 \tag{1-49}$$

$$v_{\max} = \frac{W}{3EI}l^3 \tag{1-50}$$

同様の片持ちはりの問題を左右反転させて解く．x 座標の原点は，左端にとる．この問題では左端が固定端となるので，最初に固定端での反力 R_1 とモーメント M_1 を求める必要がある．力のつり合いより，反力 $R_1 = W$ が求まる．一方，固定端におけるモーメントのつり合いより，モーメント $M_1 = -Wl$ が求まる．よって，はり全体にわたる曲げモーメントの分布は以下のようになる．

$$M = M_1 + R_1 x = -Wl + Wx = W(x - l) \tag{1-51}$$

よって，はりのたわみに関する微分方程式が得られる．

$$\frac{\mathrm{d}^2 v}{\mathrm{d}x^2} = -\frac{W}{EI}(x - l) \tag{1-52}$$

上式を積分して，たわみ角とたわみが計算できる．

$$\frac{\mathrm{d}v}{\mathrm{d}x} = i = -\frac{W}{EI}\left(\frac{1}{2}x^2 - lx + C_1\right) \tag{1-53}$$

$$v = -\frac{W}{EI}\left(\frac{1}{6}x^3 - \frac{1}{2}lx^2 + C_1 x + C_2\right) \tag{1-54}$$

左端は固定端なので，$x = 0$ において，たわみ角もたわみも0となり，$C_1 = 0$，$C_2 = 0$ となる．よって，たわみ角とたわみが以下のように求まる．

$$i = -\frac{W}{EI}\left(\frac{1}{2}x^2 - lx\right) \tag{1-55}$$

$$v = -\frac{W}{EI}\left(\frac{1}{6}x^3 - \frac{1}{2}lx^2\right) \tag{1-56}$$

それではこの問題の解を左右を反転して，元の問題の解と比較する．左右反転させるためには，$x = l - x$ とおき，以下のようになる．

$$i = -\frac{W}{2EI}(x^2 - l^2) \tag{1-57}$$

$$v = \frac{W}{EI}\left(\frac{1}{6}x^3 - \frac{1}{2}l^2 x + \frac{1}{3}l^3\right) \tag{1-58}$$

元の問題の解と比較すると，たわみについては同じ解が得られているのに対し，たわみ角の解は符号が異なる．はりの問題によって，問題を左右反転させた方が簡単に解ける場合，反転して解いた問題のたわみ角の解は，符号が反対になることに注意しなければならない．

[例題 1-4] 次の図に示すような長さ l の単純支持はりの中央に集中力 W が作用するとき，たわみ角とたわみを求めよ．

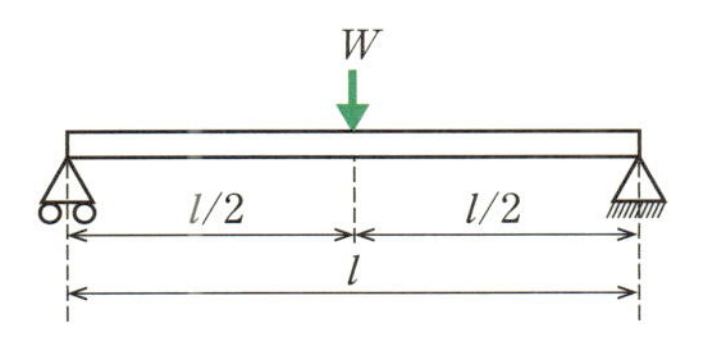

はりの両端に作用する反力は，問題の左右対称性と力のつり合いを考慮して，$W/2$ であることが求まる．まず，左端から集中力の作用点である中央にわたって（$0 \leq x \leq l/2$）分布する曲げモーメントを求めると，以下のようになる．

$$M = \frac{W}{2}x \tag{1-59}$$

したがって，はりのたわみに関する微分方程式が得られ，積分することによってたわみ角とたわみを求めることができる．

$$\frac{\mathrm{d}^2 v}{\mathrm{d}x^2} = -\frac{W}{2EI}x$$

$$\frac{\mathrm{d}v}{\mathrm{d}x} = i = -\frac{W}{2EI}\left(\frac{1}{2}x^2 + C_1\right)$$

$$v = -\frac{W}{2EI}\left(\frac{1}{6}x^3 + C_1 x + C_2\right) \tag{1-60}$$

左端は移動支持なので，左端 $x=0$ において，たわみが 0 となり，$C_2=0$ を得ることができる．一方，集中力が作用するはりの中央から右端にわたって（$l/2 \leq x \leq l$），曲げモーメントの分布は以下のようになる．

$$M = \frac{W}{2}x - W\left(x - \frac{l}{2}\right) = -\frac{W}{2}(x - l) \tag{1-61}$$

たわみ角とたわみは，以下のように求まる．

$$\frac{\mathrm{d}^2 v}{\mathrm{d}x^2} = -\frac{W}{2EI}(l - x)$$

$$\frac{\mathrm{d}v}{\mathrm{d}x} = i = -\frac{W}{2EI}\left(lx - \frac{1}{2}x^2 + C_3\right)$$

$$v = -\frac{W}{2EI}\left(\frac{1}{2}lx^2 - \frac{1}{6}x^3 + C_3 x + C_4\right) \tag{1-62}$$

右端は回転支持なので，$x=l$ においてたわみが 0 より，以下の式が得られる．

$$\frac{1}{2}l^3 - \frac{1}{6}l^3 + C_3 l + C_4 = C_3 l + C_4 + \frac{1}{3}l^3 = 0$$

以上の過程において，支持点における境界条件を用いたが，すべての定数を求められていない．そこで，はりの変形を考えると，はりの中央においても変形は連続するので，$x=l/2$ においてたわみ角とたわみが連続である（左右のたわみ角とたわみの値が等しい）ことから，次式を得ることができる．

$$\frac{1}{8}l^2 + C_1 = \frac{1}{2}l^2 - \frac{1}{8}l^2 + C_3$$

$$\therefore \quad C_1 - C_3 - \frac{1}{4}l^2 = 0$$

$$\frac{1}{48}l^3 + \frac{C_1}{2}l = \frac{1}{8}l^3 - \frac{1}{48}l^3 + \frac{C_3}{2} + C_4$$

$$\therefore \quad \frac{C_1}{2}l - \frac{C_3}{2}l - C_4 - \frac{1}{12}l^3 = 0$$

これら 3 式を連立させて解くと，定数 C_1，C_3，C_4 を求めることができる．

$$C_1 = -\frac{1}{8}l^2$$

$$C_3 = -\frac{3}{8}l^2$$

$$C_4 = -\frac{1}{24}l^3$$

よって，たわみ角とたわみは，$0 \leq x \leq l/2$ について，

$$i = -\frac{W}{2EI}\left(\frac{1}{2}x^2 - \frac{1}{8}l^2\right) \tag{1-63}$$

$$v = -\frac{W}{2EI}\left(\frac{1}{6}x^3 - \frac{1}{8}l^2 x\right) \tag{1-64}$$

$l/2 \leq x \leq l$ について，

$$i = -\frac{W}{2EI}\left(lx - \frac{1}{2}x^2 - \frac{3}{8}l^2\right) \tag{1-65}$$

$$v = -\frac{W}{2EI}\left(\frac{1}{2}lx^2 - \frac{1}{6}x^3 - \frac{3}{8}l^2 x - \frac{1}{24}l^3\right) \tag{1-66}$$

となる．たわみ角が最大となるのは両端部，たわみが最大となるのは，はりの中央部であることは容易に推測できる．

$$i_{\max} = \frac{Wl^2}{16EI} \tag{1-67}$$

$$v_{\max} = \frac{Wl^3}{48EI} \tag{1-68}$$

このように，荷重条件がはりの途中で変化する問題については，はりを端部，集中荷重部を境界として区間に分割し解く必要がある．また，区間と区間の間の連続条件（たわみ角とたわみが等しいこと）を利用して解くため，例のように計算がやや煩雑になる．

例題 1-4 は，左右対称なので，左右対称の条件を用いて問題を解くこともできる．その場合は，はりの左半分（$0 \leq x \leq l/2$）のみを考慮する．この区間におけるたわみ角とたわみはすでに求めたように，以下のように与えられる．

$$i = -\frac{W}{2EI}\left(\frac{1}{2}x^2 C_1\right) \tag{1-69}$$

$$v = -\frac{W}{2EI}\left(\frac{1}{6}x^3 + C_1 x + C_2\right) \tag{1-70}$$

また，左端での条件（たわみが0）を用いて，$C_2=0$ が得られる．ここで，左右対称性からはりの中央部での曲げ変形を考えてみる．はりの中央部でのたわみは，最大のたわみとなるが，たわみ角は0である．したがって，$x=l/2$ において，たわみ角が0の条件を用いて，定数 C_1 を以下のように求めることができる．

$$C_1=-\frac{1}{8}l^2 \qquad (1\text{-}71)$$

ここで求まった定数 C_1 と，左右対称性を用いずに求めた定数 C_1 を比較すると，同じ結果が得られていることがわかる．このように左右対称性を用いることによって，解を得るまでの過程が簡略化され，容易に問題を解くことができる．したがって，はりの問題を解く場合には，その問題がもつ特徴をよく理解し，それを条件として用いることで，問題を簡単化できる場合があることに注意するとよいだろう．

1.2.4　はりの静定問題と不静定問題

ここまで取り扱ってきたはりの問題は，支持点に作用する反力とモーメントについて，力のつり合い条件とモーメントのつり合い条件を用いて求めることができた．このように力学的条件のみで支持点に作用する反力やモーメントを求めることができる問題を静定問題とよぶ．一方，力のつり合い条件とモーメントのつり合い条件の二つの条件を用いて求めることができるのは，二つ以下の反力やモーメントである．はりの問題において三つ以上の反力やモーメントが作用する場合には，力のつり合い条件とモーメントのつり合い条件では，条件の数が不足し支持点に作用するすべての反力やモーメントを決定することができない．このような問題を不静定問題とよぶ．このような場合は，はりの変形の条件を用いることによって，支持点に作用する反力とモーメントを求める．

[例題 1-5]　具体的な不静定問題として次の図に示すような，片持ちはりの左端が移動支持によって支持され，はりの全体にわたって分布荷重 w が作用しているときのたわみとたわみ角を求めよ．

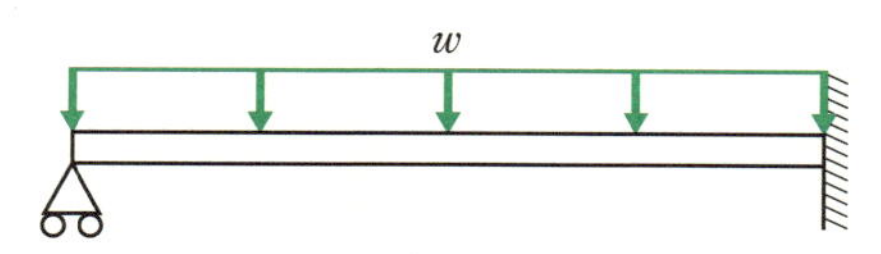

左端の支持点に作用する反力を R_1，右端の支持点に作用する反力とモーメントをそれぞれ R_2，M_0 とする．したがって，未知の反力とモーメントが合計三つあるので，この問題は不静定問題であり，力のつり合い条件とモーメントのつり合い条件で，これら三つの反力とモーメントを求めることはできない．ここでは，反力とモーメントを求めることを後回しにして，たわみ角とたわみを求めることから始める．このはりに沿って作用する曲げモーメントは次のようになる．

$$M=R_1x-\frac{1}{2}wx^2$$

上式をはりのたわみ角とたわみを求める微分方程式に代入し，積分することでたわみ角とたわみの式を得る．

$$\frac{\mathrm{d}^2v}{\mathrm{d}x^2}=-\frac{1}{EI}\left(R_1x-\frac{1}{2}wx^2\right)$$

$$\frac{\mathrm{d}v}{\mathrm{d}x}=i=\frac{1}{EI}\left(\frac{R_1}{2}x^2-\frac{1}{6}wx^3+C_1\right)$$

$$v=\frac{1}{EI}\left(\frac{R_1}{6}x^3-\frac{1}{24}wx^4+C_1x+C_2\right)$$

次に，境界条件を考慮する．左端（$x=0$）において，たわみは0なので，C_2 を求めることができる．

$$0=\frac{1}{EI}(C_2)$$

$$C_2=0$$

右端（$x=l$）においては，たわみ角とたわみがともに0であることから，次式が得られる．

$$0=\frac{1}{EI}\left(\frac{R_2}{2}l^2-\frac{1}{6}wl^3+C_1\right)=\frac{R_2}{2}l^2-\frac{1}{6}wl^3+C_1$$

$$=\frac{1}{EI}\left(\frac{R_1}{6}l^3-\frac{1}{24}wl^4+C_1l\right)$$

$$=\frac{R_2}{6}l^2-\frac{1}{24}wl^3+C_1$$

上式を連立して解くことによって，R_1 と C_1 が以下のように求まる．

$$R_1=\frac{3}{8}wl$$

$$C_1=-\frac{1}{48}wl^3$$

以上のように不静定問題では，未知な反力やモーメントを最初に求めず，それらを含む形でたわみ角とたわみを求め，たわみ角とたわみに関する境界条件を用いて，反力やモーメントを求める．このような不静定問題を比較的容易に解く方法として，**重ね合わせの原理（superposition principle）**を用いる方法がある．材料力学のはりの問題は，弾性域の変形のみを取り扱うため線形問題である．線形問題においては，解きたい問題を複数の問題に分割し，それぞれの問題の解を重ね合わせる（和をとる）ことによって，解きたい問題の解が得られる．重ね合わせの原理を用いる場合において，最も重要な注意するべき点は，問題を重ね合わせたときに，境界条件が元の問題と同じということである．それでは，例題 1-5 の不静定問題を重ね合わせの原理を用いて解く．次に重ね合わせの原理を適用するため，例題 1-5 を分割した問題を示す．

図 1-23(a)の問題は，分布荷重 w を受ける片持ちはりの問題である．この問題において，はりに沿って作用する曲げモーメントは，次のようになる．

$$M=\frac{w}{2}x^2$$

この式をはりの問題に微分方程式に代入し，積分する．

$$\frac{\mathrm{d}^2v}{\mathrm{d}x^2}=\frac{w}{2EI}x^2$$

$$\frac{\mathrm{d}v}{\mathrm{d}x}=i=\frac{w}{2EI}\left(\frac{1}{3}x^3+C_1\right)$$

$$v=\frac{w}{2EI}\left(\frac{1}{12}x^4+C_1x+C_2\right)$$

右端（$x=l$）の固定支持の点において，たわみ角とたわみが 0 であるので，以下の式を得る．

$$0=\frac{w}{2EI}\left(\frac{1}{3}l^3+C_1\right)$$

$$C_1=-\frac{1}{3}l^3$$

$$0=\frac{w}{2EI}\left(\frac{1}{12}l^4-\frac{1}{3}l^4+C_2\right)$$

$$C_2=\frac{1}{4}l^4$$

よって，たわみ角とたわみは次式となる．

$$i=\frac{w}{2EI}\left(\frac{1}{3}x^3-\frac{1}{3}l^3\right)$$

$$v=\frac{w}{2EI}\left(\frac{1}{12}x^4-\frac{1}{3}l^3x+\frac{1}{4}l^4\right)$$

次に図 1-23(b)に示す集中荷重（反力）R_1 を左端に受ける片持ちはりの問題を解く．左端に集中荷重を受ける片持ちはりの問題は，前項の最後に解いているので，その解を利用すると，$W=-R_1$ であることに注意して，たわみ角とたわみは以下のように与えることができる．

$$i=\frac{R_1}{2EI}\left(x^2-l^2\right)$$

$$v=-\frac{R_1}{2EI}\left(\frac{1}{3}x^3-l^2x+\frac{2}{3}l^3\right)$$

これら二つの問題の解であるたわみ角とたわみを重ね合わせると，与えられた問題の解を得ることができる．与えられた問題では左端（$x=0$）は移動支持されているので，たわみは生じない．すなわち，以下のような条件式が得られる．

$$\frac{w}{2EI}\left(\frac{1}{4}l^4\right)-\frac{R_1}{2EI}\left(\frac{2}{3}l^3\right)=0$$

上式を解いて，反力が求められる．

$$R_1=\frac{3}{8}wl$$

重ね合わせの原理を利用しないで求めた解を比較すると，同じ解が得られていることがわかる．

1.2.5 実用的なはりの問題

これまでは，断面が一様なはりの問題を取り扱ってきた．断面が一様ではないはりの問題の例として，図 1-24 に示すような三角形板状のはりの問題を考えてみる．

この三角形板状はりの問題では，はりの幅が，軸方向に沿って変化している．はりの長さを l，厚さを h，はりの三角形の底辺の長さを b_0 とし，三角形の頂点に集中荷重 W が作用し，他端が固定支持されている．断面 2 次モーメントは，はりの長さ方向に変化し，固定端の断面での断面 2 次モーメントを I_0 とする．はりの頂点を原点として x 座標をとり，x 座標の位置の三角形の幅を b とすると，x 座標における断面 2 次モーメントが次のように求まる．

$$I=\frac{bh^3}{12}=\frac{b_0h^3}{12}\frac{x}{l}=I_0\frac{x}{l} \tag{1-72}$$

x の位置における曲げモーメントは，$M=-Wx$ である．たわみとたわみ角は，x の関数としての断面 2 次

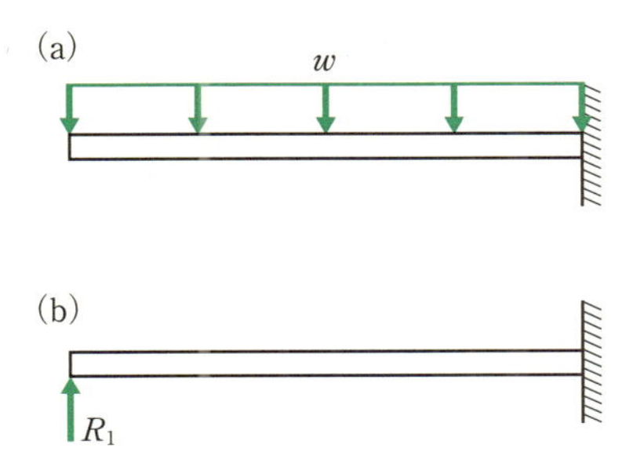

図 1-23 重ね合わせの原理の適用のための問題の分割

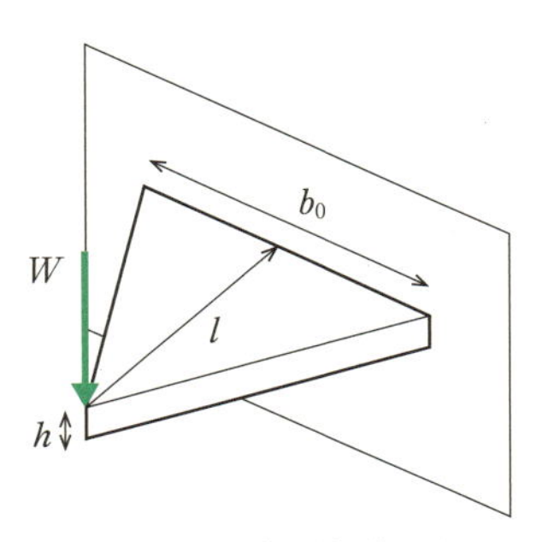

図 1-24 三角形板状はり

モーメントを用いて，次のようになる．

$$\frac{\mathrm{d}^2 v}{\mathrm{d}x^2}=-\frac{M}{EI}=\frac{Wx}{EI_0}\frac{l}{x}=\frac{Wl}{EI_0}$$

上式から，$\mathrm{d}^2v/\mathrm{d}x^2$ は x 座標によらず一定の値となることがわかる．これを積分すると，たわみ角とたわみの式を得ることができる．

$$\frac{\mathrm{d}v}{\mathrm{d}x}=i=\frac{Wl}{EI_0}(x+C_1)$$

$$v=\frac{Wl}{EI_0}\left(\frac{1}{2}x^2+C_1x+C_2\right) \quad (1\text{-}73)$$

このはりの問題では，はりの右端が固定支持されているので，右端（$x=l$）にて，たわみ角とたわみが0である．この条件を用いると定数 C_1 と C_2 が以下のように求まる．

$$\frac{Wl}{EI_0}(l+C_1)=0$$

$$C_1=-l$$

$$\frac{Wl}{EI_0}\left(\frac{1}{2}l^2-l^2+C_2\right)=0$$

$$C_2=\frac{1}{2}l^2$$

定数を代入して，たわみ角とたわみが以下のように求まる．

$$i=\frac{Wl}{EI_0}(x-l) \quad (1\text{-}74)$$

$$v=\frac{Wl}{EI_0}\left(\frac{1}{2}x^2-lx+\frac{1}{2}l^2\right) \quad (1\text{-}75)$$

左端で最大のたわみ角とたわみとなることは明らかなので，$x=0$ を代入して最大値を計算する．

$$i_{\max}=\frac{Wl^2}{EI_0}=-\frac{12Wl^2}{Eb_0h^3} \quad (1\text{-}76)$$

$$v_{\max}=\frac{Wl^3}{2EI_0}=\frac{6Wl^3}{Eb_0h^3} \quad (1\text{-}77)$$

次に断面内に作用する曲げ応力について考える．曲げ応力の最大値は，断面の上下端面で作用するので，軸線からの距離は，$\pm h/2$ となる．よって，端面での曲げ応力が以下のように求まる．

$$\sigma=\pm\frac{M}{I}\frac{h}{2}=\pm\frac{Wxh}{2I_0}\frac{l}{x}=\pm\frac{Whl}{2I_0}=\pm\frac{6Wl}{b_0h^2} \quad (1\text{-}78)$$

よって，端面での曲げ応力も断面の位置によらず一定であることがわかる．このように，はりの全長に渡って曲げ応力が一定となるはりを**平等強さのはり（beam of uniform strength）**とよぶ．したがって，三角形板状はりの問題は，固定端の最大幅における断面2次モーメントを用いることによって，たわみ角，たわみ，曲げ応力の最大値を計算することできる．

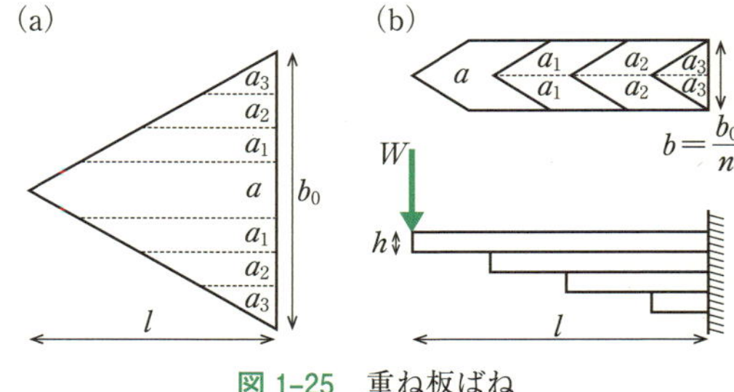

図 1-25　重ね板ばね

はりの幅は一定で，厚さが変化する問題の例として，重ね板ばねの問題を示す．重ね板ばねの問題の例を図 1-25 に示す．

重ね板ばねは，図 1-24 のような三角形板状はりを分割して構成する．重ね板ばねの幅を b，各板の厚さを h とし，板が n 層積み重なった重ね板ばねの左端に集中荷重 W が作用し，他端が固定支持されている問題を考える．この重ね板ばねは $b_0=nb$ の関係がある．重ね板ばねの問題は三角形板状はりの b_0 を nb とすればよく，これを代入してたわみ角，たわみ，曲げ応力の最大値を求めることができる．

$$i_{\max}=-\frac{12Wl^2}{Enbh^3} \quad (1\text{-}79)$$

$$v_{\max}=\frac{Wl^3}{2EI_0}=\frac{6Wl^3}{Enbh^3} \quad (1\text{-}80)$$

$$\sigma_{\max}=\pm\frac{6Wl}{nbh^2} \quad (1\text{-}81)$$

[例題 1-6]　次に示すような両端が支持された重ね板ばねに生じる最大のたわみ角，たわみ，曲げ応力を求めよ．

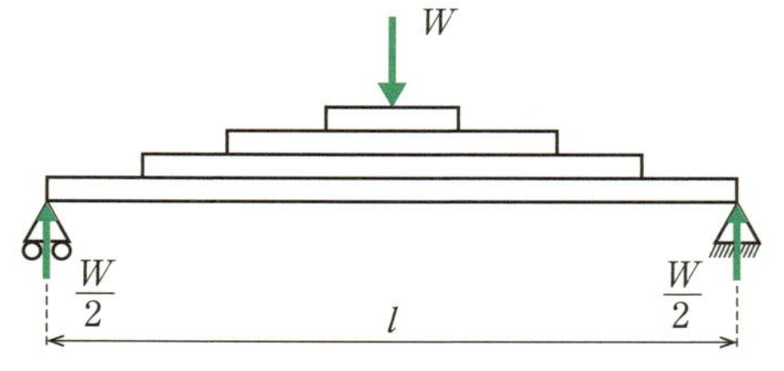

長さ l，n 層重ねられた重ね板ばねの左端と右端がそれぞれ移動支持と回転支持され，はりの長手方向中央に集中荷重 W が作用している．力のつり合いと，左右の対称性を考慮すると，両端の支持点における反力は，それぞれ $W/2$ であることがわかる．では，このはりの変形について考えてみる．このはりは左右対称なので，はりの中央部（集中荷重の作用点の位置）において，たわみ角とたわみの両方が0である．すなわち，この問題は対称性を考慮することによって，左側半分のみを取り扱い，はり

の全長の中央部において固定支持され，はりの左端で集中荷重 $W/2$ を受ける問題と等価である．よって，この問題は図 1-25 と等価であり，l と $l/2$, $-W$ を $W/2$ に置き換えることによって解くことができる．図 1-25 の問題として考えたときの左端におけるたわみの大きさが，この問題の中央部に生じるたわみの大きさである．よって，最大のたわみ角，たわみ，曲げ応力は以下のようになる．

$$i_{\max}=\frac{3Wl^2}{2Enbh^3} \tag{1-82}$$

$$v_{\max}=-\frac{3Wl^3}{8Enbh^3} \tag{1-83}$$

$$\sigma_{\max}=\pm\frac{3Wl}{2nbh^2} \tag{1-84}$$

次に，弾性定数（ヤング率）の異なる同じ長さのはりを重ね合わせた組合せはり（composite beam）を紹介する．図 1-26 に示したような複数の（n 個の）はりが重ね合わさった組合せはりを考える．

まず，中立面の位置を L-L とし，曲げ変形による中立面の曲率半径を R とすると，ひずみは単一のはりの場合と同様に，次のように書くことができる．

$$\varepsilon=\frac{y}{R} \tag{1-85}$$

フックの法則から応力はひずみに弾性定数を掛けて計算できるので，i 番目のはりにおける応力は，i 番目のはりのヤング率 E_i を用いて以下のように計算することができる．

$$\sigma_i=E_i\frac{y}{R} \tag{1-86}$$

したがって，応力の計算には，組合せはりの曲げ変形における中立面の曲率半径を求めることが必要となる．ここで，通常のはりにおいて曲率半径を求めたのと同様に，はりには軸力が作用していないことを仮定しているので，断面内における曲げ応力を積分し，軸力が作用していないことを用いる．

$$\sum_{i=1}^{n}\int_{A_i}\sigma_i \mathrm{d}A=\sum_{i=1}^{n}\int_{A_i}E_i\frac{y}{R}\mathrm{d}A=\frac{1}{R}\sum_{i=1}^{n}E_i\int_{A_i}y\mathrm{d}A$$
$$=\frac{1}{R}\sum_{i=1}^{n}E_iS_i=0$$

ここで，A_i は各はりの断面積で，S_i ははりの断面全体の中立軸に関する断面 1 次モーメントである．以上の式から，次式が導かれる．

$$\sum_{i=1}^{n}E_iS_i=0 \tag{1-87}$$

図 1-24 に示した断面 1 次モーメントの計算と同様に，$\bar{y}$ を中立軸の位置，y' を中立軸からの位置とすると，以下の式のようになる．

$$\sum_{i=1}^{n}E_iS_i=\sum_{i=1}^{n}E_i\int_{A_i}y'\mathrm{d}A=\sum_{i=1}^{n}E_i\int_{A_i}(y-\bar{y})\mathrm{d}A$$
$$=\sum_{i=1}^{n}E_i\int_{A_i}y'\mathrm{d}A-\sum_{i=1}^{n}E_i\int_{A_i}\bar{y}\mathrm{d}A$$
$$=\sum_{i=1}^{n}E_i\int_{A_i}y\mathrm{d}A-\bar{y}\sum_{i=1}^{n}E_iA_i=0$$

したがって，中立軸の位置が以下のように求まる．

$$\bar{y}=\frac{\sum_{i=1}^{n}E_i\int_{A_i}y\mathrm{d}A}{\sum_{i=1}^{n}E_iA_i} \tag{1-88}$$

次に，断面内における中立軸についてのモーメントのつり合いを考える．

$$\sum_{i=1}^{n}\int_{A_i}\sigma_i y\mathrm{d}A=\sum_{i=1}^{n}\int_{A_i}E_i\frac{y^2}{R}\mathrm{d}A=\frac{1}{R}\sum_{i=1}^{n}E_i\int_{A_i}y\mathrm{d}A$$
$$=\frac{1}{R}\sum_{i=1}^{n}E_iI_i=M$$

ここで，I_i は中立軸に関する i 番目のはりの断面の断面 2 次モーメントである．この式から，曲率半径を求める式を以下のように導くことができる．

$$\frac{1}{R}=\frac{M}{\sum_{i=1}^{n}E_iI_i} \tag{1-89}$$

はりのたわみに関する微分方程式は，$\mathrm{d}^2v/\mathrm{d}x^2=-1/R$ より，次式を得ることができる．

$$\frac{\mathrm{d}^2v}{\mathrm{d}x^2}=-\frac{M}{\sum_{i=1}^{n}E_iI_i}$$

よって，上式と単一のはりからなる通常のはりのたわみの微分方程式を比較すると，右辺の分母 EI を $\sum_{i=1}^{n}E_iI_i$ に置き換えただけの違いであることがわかる．

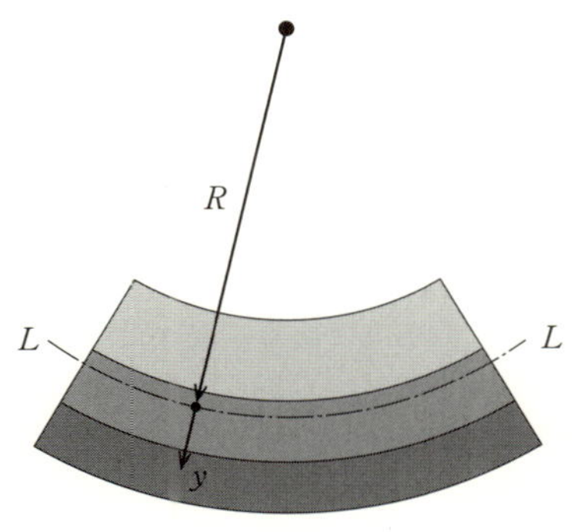

図 1-26 組合せはりの曲げ変形

1.2 節のまとめ

- **はりの問題：棒の長さが断面積と比較して十分に長く，横荷重やモーメントを受ける棒の問題．**
- **はりの支持の方法：** $\begin{cases}\text{移動支持・回転支持：支持点に反力.} \\ \text{固定支持：支持点に反力とモーメント.}\end{cases}$
- **はりにはせん断力と曲げモーメントが作用する：** $\begin{cases}\text{せん断力：SFD を描き，最大値を示す.} \\ \text{曲げモーメント：BMD を描き，最大値を示す.}\end{cases}$
- **曲げ変形による曲率半径** R**：** $\dfrac{1}{R}=\dfrac{M}{EI}$ **（**EI **は曲がり難さを表す曲げ剛性）**
- I **は中立軸に関する断面 2 次モーメント：** $I=\int_A y^2 \mathrm{d}A$
- **曲げ応力：** $\sigma=\dfrac{y}{I}M$
- **曲げ応力の最大値は断面係数を用いて評価：** $\begin{cases}\sigma_{\max}^{+}=\dfrac{M}{Z_1},\ \sigma_{\max}^{-}=\dfrac{M}{Z_2} \\ Z_1=\dfrac{I}{e_1},\ Z_2=\dfrac{I}{e_2}\end{cases}$
- **たわみに関する微分方程式：** $\dfrac{\mathrm{d}^2v}{\mathrm{d}x^2}=-\dfrac{M}{EI}$

  たわみ角 i **とたわみ** v **は微分方程式を積分し，境界条件を考慮して解いた特殊解．**

  問題の対称性などの特性を理解して，それを用いると容易に解ける場合があるので注意する．
- **はりの問題の不静定問題：未知の反力やモーメントが三つ以上ある問題．**

  不静定問題は未知数を未知のまま進め，変形の条件を加味して求める．重ね合わせの原理を用いると容易に解ける場合がある．

1.3　軸のねじり

自動車は，エンジンによって生み出された動力が，プロペラシャフトとよばれる軸を回転させることによって，車輪に伝達し，車輪が回転することによって移動する．エンジンによって生み出された動力が軸をねじり，そして回転させることによって動力を車輪に伝達することになる．したがって，軸のねじりは動力の伝達機構などにおいて重要な役割を果たすため，機械部品や機械構造物の設計において典型的な問題の一つである．本節では，単純な軸のねじり問題の例として，棒の断面形状が円形の丸棒のねじりについて取り上げる．まず，丸棒のねじり問題の考え方について説明し，その後実用的な棒のねじり問題の考え方・解き方について解説する．

1.3.1　丸棒のねじり

丸棒のねじり問題の一例として，中実丸軸のねじりについて考える．図 1-27 に左端が固定され，他端にトルクが作用する半径 r，長さ L の丸棒のねじり問題を示す．

トルクが作用することによって，図に示すように丸棒の右端の端面が，角度 $\bar{\theta}$ 回転したとする．このようにねじりによって生じた回転の量を表す角度を**ねじり角（angle of torsion）**とよぶ．ねじり角 $\bar{\theta}$ は，測定する端面の位置を固定端である左端に近づけるほど小さくなる．すなわち“材料の視点”からこのねじりによる材料の変形を評価するためには，以下の式のように，単位長さあたりのねじり角 θ を定義する．

$$\theta=\frac{\bar{\theta}}{L} \tag{1-90}$$

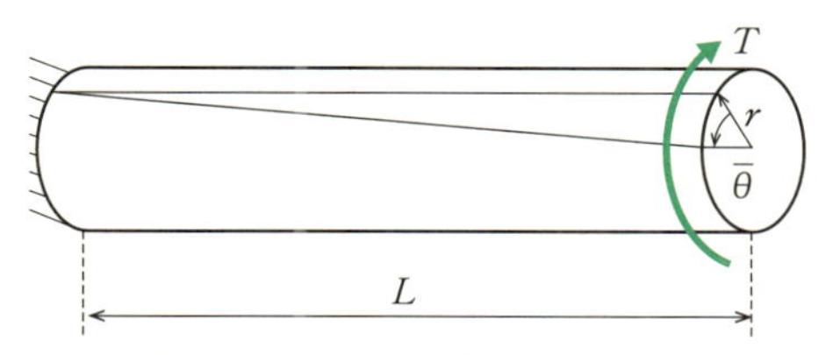

図 1-27　トルクを受ける中実丸棒

このようなねじり角を**比ねじり角（specific angle of torsion）**とよぶ．ねじりにおける右端の外側の回転量 R_r は，ねじり角と丸棒の断面を用いて，以下のように与えることができる．

$$R_r = r\bar{\theta} \tag{1-91}$$

また，右端の断面内の任意の位置（半径 ρ の位置）における回転量 R_ρ は，同様に以下のように計算できる．

$$R_\rho = \rho\bar{\theta} \tag{1-92}$$

よって，半径 ρ の位置におけるせん断ひずみ γ は以下のように計算できる．

$$\gamma = \frac{\rho\bar{\theta}}{L} = \rho\theta \tag{1-93}$$

上式のようにせん断ひずみは比ねじり角を用いて表すことができ，丸棒の軸方向に変化しない．したがって，丸棒に生じるせん断応力も丸棒の軸方向には変化せず，せん断ひずみとせん断弾性定数 G を用いて，以下のように計算できる．

$$\tau = G\rho\theta \tag{1-94}$$

上式を用いて丸棒に生じるせん断ひずみとせん断応力を具体的に求めるためには，与えられたトルクや丸棒の形状を用いて比ねじり角を求める必要がある．比ねじり角を求めるために，右端におけるトルクとせん断応力の積分値のつり合いについて考える．図 1-28 に丸棒の右端面を示す．

半径 ρ に厚さ $\mathrm{d}\rho$ の積分要素を考える．積分要素の面積は，$2\pi\rho\mathrm{d}\rho$ である．この積分要素にせん断応力 τ が作用しているとき，積分要素に作用する力が与えるトルクは $2\pi\rho\tau\rho\mathrm{d}\rho$ で与えることができる．これを断面全体について積分すると，積分されたトルクは与えられたトルク T とつり合うので，次のような関係式が得られる．

$$T = \int_0^r 2\pi\rho\tau\rho\mathrm{d}\rho \tag{1-95}$$

せん断応力の式を代入すると，以下の式が得られる．

$$T = \int_0^r 2\pi\rho G\rho\theta\rho\mathrm{d}\rho = 2\pi G\theta\int_0^r \rho^3\mathrm{d}\rho = \frac{1}{2}\pi G\theta r^4 \tag{1-96}$$

したがって，比ねじり角は以下のように計算できる．

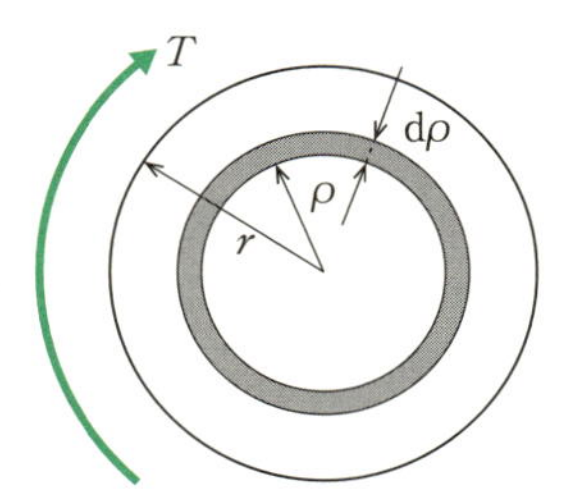

図 1-28　中実丸棒の断面

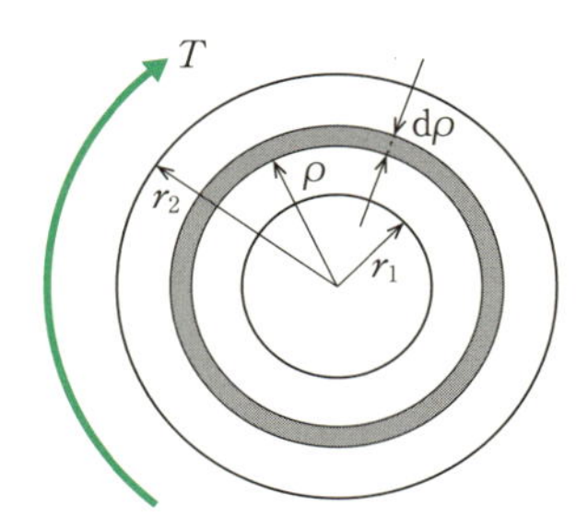

図 1-29　中空丸棒の断面

$$\theta = \frac{2}{\pi r^4 G}T$$

ここで，丸棒のねじり問題をさらに整理して理解するために，以下のような**断面 2 次極モーメント（polar moment of inertia of area）**を定義する．

$$I_p = \int_A \rho^2\mathrm{d}A = \int_0^r \rho^2 2\pi\rho\mathrm{d}\rho = \frac{\pi}{2}r^4$$

断面 2 次極モーメントを用いて，比ねじり角を整理すると以下の式を得る．

$$\theta = \frac{T}{GI_p} \tag{1-97}$$

ここで，右辺の分母の GI_p は，与えられたトルクに対する比ねじり角の大きさ（ねじれ難さ）を表すので，**ねじり剛性（torsional rigidity）**とよばれる．以上より，丸棒のねじりによって，丸棒に生じるせん断ひずみとせん断応力は，以下のようになる．

$$\gamma = \rho\theta = \rho\frac{T}{GI_p} \tag{1-98}$$

$$\tau = G\rho\theta = \rho\frac{T}{I_p} \tag{1-99}$$

次に，配管などに代表される中空丸棒について考える．内半径が r_1，外半径が r_2 の中空丸棒の左端が固定され，他端にトルク T が作用しているとすると，中実丸棒のときと同様に，トルクと断面に生じるせん断応力のつり合いを図 1-29 のように考えられる．

中実丸棒に対する断面のトルクの式における積分範囲を内径から外径までに変更し，次式を得ることができる．

$$T=\int_{r_1}^{r_2}2\pi\rho\tau\rho\mathrm{d}\rho=\int_{r_1}^{r_2}2\pi\rho^2G\rho\theta\mathrm{d}\rho$$

$$=2\pi G\theta\times\frac{1}{4}(r_2^4-r_1^4)=\frac{1}{2}\pi G\theta(r_2^4-r_1^4)$$

よって，比ねじり角は以下のように計算できる．

$$\theta=\frac{2}{\pi(r_2^4-r_1^4)G}T \tag{1-100}$$

また，断面2次極モーメントを中空丸棒の断面について計算すると，以下のようになる．

$$I_p=\int_A\rho^2\mathrm{d}A=\int_{r_1}^{r_2}\rho^2 2\pi\rho\mathrm{d}\rho=\frac{\pi}{2}(r_2^4-r_1^4) \tag{1-101}$$

よって，断面2次極モーメントを用いると，中空丸棒についても中実丸棒と同様に比ねじり角を表すことができ，さらに，せん断応力とせん断ひずみも断面2次極モーメントを用いて中実丸棒と同様に表すことができる．

1.3.2　実用的なねじりの問題

実用的な丸棒のねじりの問題の例として，コイルばねの変形問題を紹介する．図 1-30（a）に示すようなコイルばねに荷重 W が作用したことを考える．

コイルばねの半径を R，ばねの素線の半径を r とする．図 1-30（b）に示すように，荷重 W が素線に与えるトルクは，次式のように計算することができる．

$$T=WR \tag{1-102}$$

したがって，ばね断面の比ねじり角 θ は次式で計算できる．

$$\theta=\frac{T}{GI_p}=\frac{WR}{GI_p} \tag{1-103}$$

ここで，ばね一巻きに対する素線の長さは $2\pi R$ なので，ねじり角は以下のようになる．

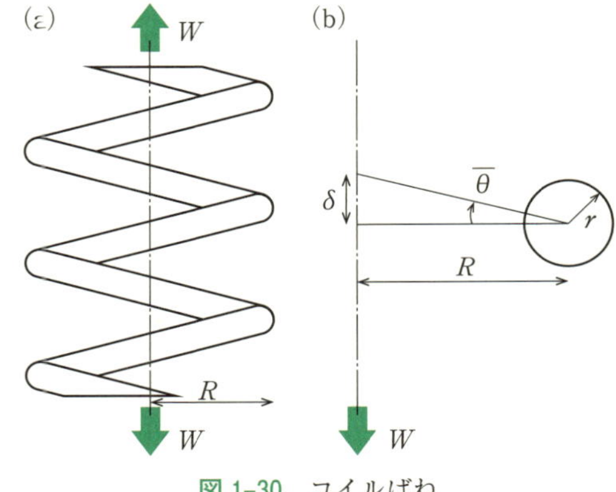

図 1-30　コイルばね

$$\bar{\theta}=2\pi R\theta=\frac{2\pi R^2W}{GI_p} \tag{1-104}$$

図 1-30（b）に示すように，ばね一巻きによる荷重方向（コイルばねの軸方向）の伸び δ は，次式で計算することができる．

$$\delta=\bar{\theta}R=\frac{2\pi R^3W}{GI_p} \tag{1-105}$$

したがって，ばねが n 巻きのときのコイルばね全体の軸方向の伸び Δ は，断面2次極モーメント $I_p=\pi r^4/2$ を代入して，以下のようになる．

$$\Delta=n\delta=\frac{4nR^3W}{r^4G} \tag{1-106}$$

コイルばね全体の伸びと，与えた荷重 W を用いて，ばね定数 k を計算することができる．

$$k=\frac{W}{\Delta}=\frac{r^4G}{4nR^3} \tag{1-107}$$

上式から，コイルばねのばね定数 k を，コイルばねの半径 R，素線の半径 r，巻き数 n を用いて設計することができる．

1.3 節のまとめ

- **比ねじり角 θ：** $\theta=\frac{\bar{\theta}}{L}$
- **比ねじり角とトルクの関係：** $\theta=\frac{T}{GI_p}$ （GI_p **はねじり難さを表すねじり剛性**）
- I_p **は断面二次極モーメント：** $I_p=\int_A\rho^2\mathrm{d}A$
- **軸の断面に生じるせん断ひずみとせん断応力：** $\gamma=\rho\frac{T}{GI_p}$，$\tau=\rho\frac{T}{I_p}$

1.4 多軸応力

これまで扱ってきた問題では，物体の形状は棒やはりに限られていた．棒の問題では，棒の軸線上に沿って引張・圧縮力が作用したときに棒に生じる垂直応力 σ を求めた．はりの問題では，はりの中立面に対して垂直な方向に作用する外力（横荷重）によりはりの断面に分布した曲げ応力 σ とせん断応力 τ を求めた．棒の問題は，軸線に沿って垂直応力が変化するために1次元問題（one dimensional problem）と考えることができる．一方，はりの問題は，中立面に沿ってはりの断面で曲げ応力が変化するために2次元問題（two dimensional problem）と考えることができる．ところで，実際の機械や構造物を構成している機械要素の形状は複雑であるとともに，その表面では引張・圧縮力，曲げモーメント，ねじりが同時に作用することになる．したがって，このような機械要素に生じる応力を求める問題は3次元問題（three dimensional problem）といわれる．本章では，このような3次元問題における応力成分（stress component），ひずみ成分（strain component）の表し方，一般化されたフックの法則（generalized Hooke's law）などの基礎事項について解説する．

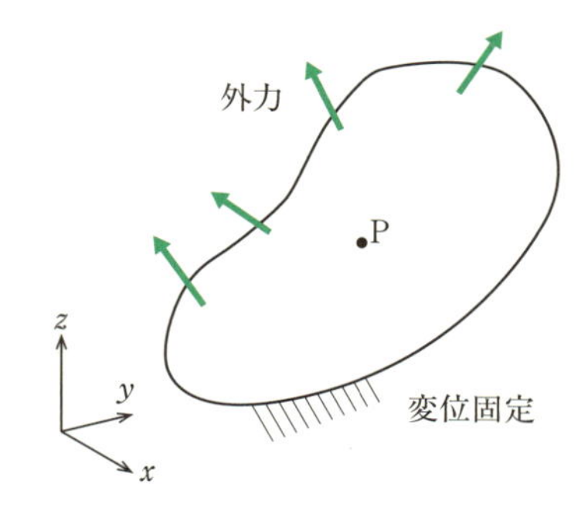

図 1-31 外力を受ける物体

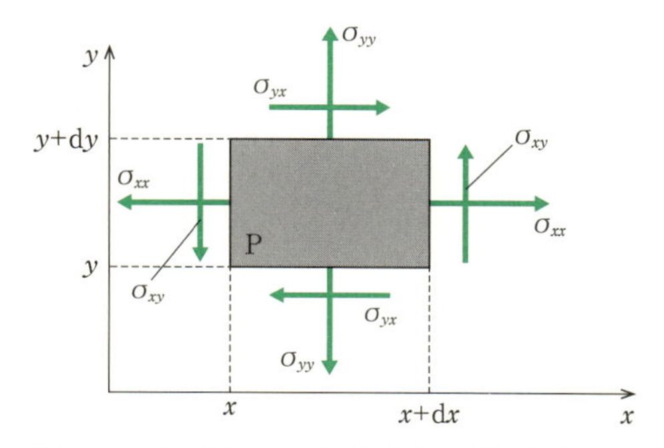

図 1-32 点P近傍での微小要素とその辺に作用する応力成分（2次元の場合）

1.4.1 応力成分

図 1-31 に示すように物体表面の一部が固定され（変位固定という），ほかの表面では外力が作用している3次元問題について考える．この物体は外力を受けるために変形し，物体内部では応力が生じることになる．このとき，発生しうる応力の種類はこれまで学習してきた垂直応力 σ（normal stress）とせん断応力 τ（shear stress）の二つのみではなくなる．それでは，どのような応力が発生するだろうか．これを考えるために，図 1-31 の物体内部におけるある点Pに注目する．この点Pに生じうる応力成分を知るために，点Pの近傍を図 1-32 に示すような微小要素にズームアップしておく．ここでは理解を容易なものにするために z 軸方向に沿って x-y 平面に微小要素を投影して考える．

ここでのポイントは，微小要素の底辺 $\mathrm{d}x$ を x 軸に，高さ $\mathrm{d}y$ を y 軸に沿うようにとることである．物体表面で外力が作用することでこの微小要素が膨張（あるいは収縮）するように，それぞれの面では応力が作用するだろう．それら応力は，各々の面に垂直な方向に作用するものといえる．これとは別に，微小要素をゆがませるように応力が作用することも考えられる．それらの応力は各々の面に平行な方向に作用するものといえる．これらのことは，"i 軸に垂直な面に対して j 軸方向に応力は作用する" とまとめていうことができる．ここで，i, j は x, y のいずれかをとるものとする．そして，応力成分を σ_{ij} で表す．結局，x-y 平面上に投影された微小要素の応力成分は，σ_{xx}, σ_{yy}, σ_{xy}, σ_{yx} となる．σ_{xx}, σ_{yy} は面に垂直に作用する応力成分であり，これらは1次元問題における垂直応力と同じ意味になる．σ_{xy}, σ_{yx} は面に平行に作用する応力成分であり，せん断応力と同じ意味となる．また，図 1-32 に示す矢印の向きを応力成分の正の方向とする．せん断応力成分 σ_{xy} と σ_{yx} の値に少しの違いがあると微小要素がその図心を中心として回転することになる．しかし，実際には微小要素が回転しないことは容易にわかるだろう．このことから，$\sigma_{xy}=\sigma_{yx}$ でなければならない．最後に，極限 $\mathrm{d}x\to 0$, $\mathrm{d}y\to 0$ をとることで微小要素は点Pに収斂することになり，前述の応力成分 σ_{ij} は点Pの状態を厳密に表すことになる．

以上のことを3次元問題にまで拡張することは簡単である．すなわち，i, j は x, y, z のいずれかをとるものと考えて，3次元問題における応力成分は，

$$\begin{matrix} \sigma_{xx} & \sigma_{xy} & \sigma_{xz} \\ \sigma_{yx} & \sigma_{yy} & \sigma_{yz} \\ \sigma_{zx} & \sigma_{zy} & \sigma_{zz} \end{matrix}$$

と表すことができる．図 1-33 にはそれらの応力成分が矢印で示されている．矢印の方向が応力の正方向となる．また，2 次元問題と同様にして，せん断応力成分においても，$\sigma_{xy}=\sigma_{yx}$，$\sigma_{yz}=\sigma_{zy}$，$\sigma_{xz}=\sigma_{zx}$ の関係が成り立たなければならない．

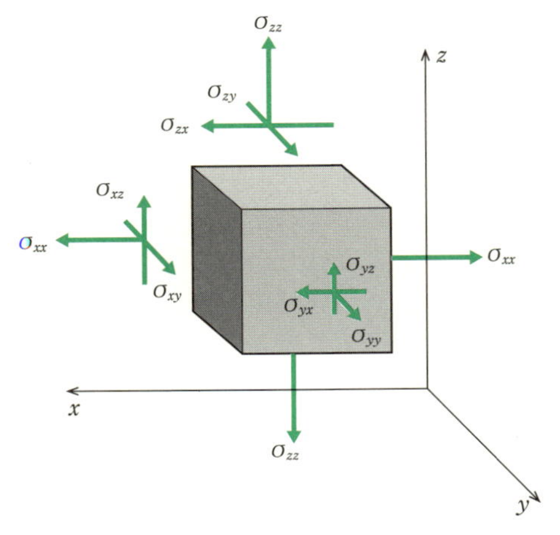

図 1-33　点 P 近傍での微小要素とその面に作用する応力成分（3 次元の場合）

1.4.2　ひずみ成分

外力を受けることで物体は変形する．ここでは，物体内部のある点 P の x 軸方向，y 軸方向，z 軸方向への移動量を u，v，w とする．一般に，この移動量を**変位（displacement）**とよぶ．この変位から物体内部に生じている**ひずみ（strain）**を求めることができる．

応力成分と同様に，ある点 P の近傍における微小要素の変形について調べる．ここでは簡単のために z 軸方向から x-y 平面に投影した微小要素（図 1-34）について考える．外力を受けて微小要素の点 P が P′ へ変位 $(u,\ v)$ したとすると，ほかの点は次のように変位したとみなせる．

$$\text{点 A}\rightarrow\text{点 A}'：\left(u+\frac{\partial u}{\partial x}\mathrm{d}x,\ v+\frac{\partial v}{\partial x}\mathrm{d}x\right)$$

$$\text{点 B}\rightarrow\text{点 B}'：\left(u+\frac{\partial u}{\partial y}\mathrm{d}y,\ v+\frac{\partial v}{\partial y}\mathrm{d}y\right)$$

ところで，垂直ひずみは元の長さに対する伸びの比によって定義されることから，線分 PA が変形後に線分 P′A′ へ移動することに対応する垂直ひずみ①は，

$$\frac{\left(u+\frac{\partial u}{\partial x}\mathrm{d}x\right)-u}{\mathrm{d}x}\rightarrow\frac{\partial u}{\partial x}$$

となり，次に線分 PB が変形後に線分 P′B′ へ移動することに対応する垂直ひずみ②は，

$$\frac{\left(v+\frac{\partial v}{\partial y}\mathrm{d}y\right)-v}{\mathrm{d}y}\rightarrow\frac{\partial v}{\partial y}$$

となる．

一方，せん断ひずみは面のずれ角によって定義されるため，線分 PA と線分 PB のなす角から，変形後の線分 P′A′ と線分 P′B′ のなす角へ変化した角度がせん断ひずみとなる．これによりせん断ひずみは，

$$\frac{\left(v+\frac{\partial v}{\partial x}\mathrm{d}x\right)-v}{\mathrm{d}x}+\frac{\left(u+\frac{\partial u}{\partial y}\mathrm{d}y\right)-u}{\mathrm{d}y}\rightarrow\frac{\partial v}{\partial x}+\frac{\partial u}{\partial y}$$

となる．ここで，垂直ひずみ①は x 軸に対して垂直な面が x 軸方向へ変位したときのひずみに対応しており，

$$\varepsilon_{xx}=\frac{\partial u}{\partial x} \tag{1-108}$$

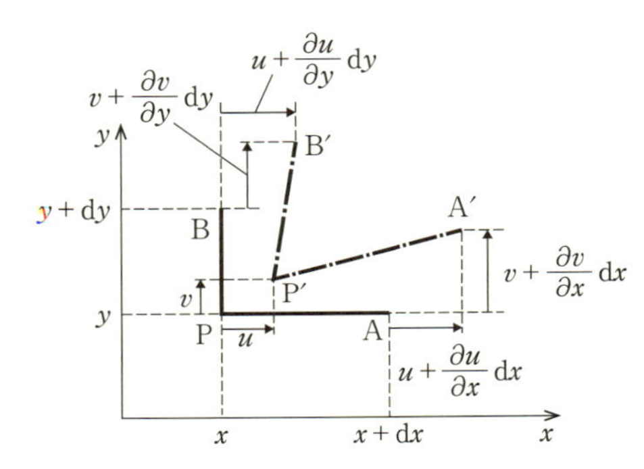

図 1-34　微小要素の変位（2 次元の場合）

また，垂直ひずみ②は y 軸に対して垂直な面が y 軸方向へ変位したときのひずみに対応し，

$$\varepsilon_{yy}=\frac{\partial v}{\partial y} \tag{1-109}$$

となる．ここで，下付き添え字の付け方は応力成分での付け方と同じとする．

また，せん断ひずみは，

$$\gamma_{xy}=\frac{\partial v}{\partial x}+\frac{\partial u}{\partial y} \tag{1-110}$$

となる．このひずみは特別に**工学的せん断ひずみ（engineering shear strain）**とよばれる．これとは区別して，

$$\varepsilon_{xy}=\frac{1}{2}\gamma_{xy}=\frac{1}{2}\left(\frac{\partial v}{\partial x}+\frac{\partial u}{\partial y}\right) \tag{1-111}$$

という式でせん断ひずみが表されることもある．

以上のことから，垂直ひずみ成分は，i 軸方向の変位成分を i 軸方向の座標で微分すれば得られることがわかる．また，せん断ひずみ成分は，i 軸方向の変位

成分を j 軸方向の座標で微分したものと，j 軸方向の変位成分を i 軸方向の座標で微分したものの和をとればよいことがわかる．このことはそのまま 3 次元問題に拡張することができる．すなわち，ひずみ成分は，

$$\varepsilon_{xx}=\frac{\partial u}{\partial x},\quad \varepsilon_{yy}=\frac{\partial v}{\partial y},\quad \varepsilon_{zz}=\frac{\partial w}{\partial z}$$

$$\gamma_{xy}=\frac{\partial u}{\partial y}+\frac{\partial v}{\partial x},\quad \gamma_{yz}=\frac{\partial v}{\partial z}+\frac{\partial w}{\partial y},\quad \gamma_{xz}=\frac{\partial u}{\partial z}+\frac{\partial w}{\partial x}$$

また，せん断ひずみ成分については，

$$\gamma_{xy}=\gamma_{yx},\quad \gamma_{yz}=\gamma_{zy},\quad \gamma_{xz}=\gamma_{zx} \qquad (1\text{-}112)$$

が成り立つ．

1.4.3 一般化されたフックの法則

物体に作用している外力を取り除いたとき，物体が元の形状に戻る性質を**弾性（elasticity）**とよび，弾性の性質を特徴づける関係式を**フックの法則（Hooke's law）**とよぶ．1 次元問題においてフックの法則は，

$$\sigma=E\varepsilon$$
$$\tau=G\gamma$$

で表されることを述べた．ここで，E は**縦弾性係数（longitudinal elastic modulus）**または**ヤング率（Young's modulus）**，G は**横弾性係数（modulus of rigidity）**とよばれる材料固有の物性値であり，これらの間には次のような関係がある．

$$G=\frac{E}{2(1+\nu)}$$

ここで，ν は**ポアソン比（Poisson's ratio）**とよばれる物性値で，棒がその軸線に沿って変形を生じたときに，横方向に縮む比率を意味する．例えば，x 軸方向に棒が変形することで生じた垂直ひずみを ε_{xx} とすれば，それと直角方向（y 軸，z 軸）の面は縮むことになり，それらは，

$$\varepsilon_{yy}=-\nu\varepsilon_{xx}$$
$$\varepsilon_{zz}=-\nu\varepsilon_{xx}$$

で表される．

以下では，図 1-33 に示した微小要素の各々の面に作用する応力成分とそれに対応したひずみ成分の間を結びつける**一般化されたフックの法則（generalized Hooke's law）**を導くことにする．このために，微小要素の x 軸に垂直な二つの面にのみ垂直応力 σ_{xx} が作用している場合について考える．この垂直応力を受けて微小要素の y 軸と z 軸にそれぞれ垂直な面は縮むことになる．すなわち，それぞれの方向のひずみ成分は次のように表される．

$$\varepsilon_{xx}=\frac{1}{E}\sigma_{xx} \qquad (\text{X-1})$$

$$\varepsilon_{yy}=-\nu\varepsilon_{xx}=-\nu\frac{1}{E}\sigma_{xx} \qquad (\text{X-2})$$

$$\varepsilon_{zz}=-\nu\varepsilon_{xx}=-\nu\frac{1}{E}\sigma_{xx} \qquad (\text{X-3})$$

次に微小要素の y 軸に垂直な二つの面のみに垂直応力 σ_{yy} が作用している場合について考えてみる．この垂直応力を受けて x 軸と z 軸にそれぞれ垂直な面は縮む．すなわち，ひずみ成分は次のように表される．

$$\varepsilon_{yy}=\frac{1}{E}\sigma_{yy} \qquad (\text{Y-1})$$

$$\varepsilon_{xx}=-\nu\varepsilon_{yy}=-\nu\frac{1}{E}\sigma_{yy} \qquad (\text{Y-2})$$

$$\varepsilon_{zz}=-\nu\varepsilon_{yy}=-\nu\frac{1}{E}\sigma_{yy} \qquad (\text{Y-3})$$

最後に微小要素の z 軸に垂直な二つの面にのみ垂直応力 σ_{zz} が作用しているとき，この垂直応力を受けて x 軸と y 軸にそれぞれ垂直な面は縮み，

$$\varepsilon_{zz}=\frac{1}{E}\sigma_{zz} \qquad (\text{Z-1})$$

$$\varepsilon_{xx}=-\nu\varepsilon_{zz}=-\nu\frac{1}{E}\sigma_{zz} \qquad (\text{Z-2})$$

$$\varepsilon_{yy}=-\nu\varepsilon_{zz}=-\nu\frac{1}{E}\sigma_{zz} \qquad (\text{Z-3})$$

となる．

さて，今度は微小要素のすべての面に垂直応力が同時に作用したときについて考えてみる．この場合には，それぞれの軸方向のひずみ成分の和をとればよい．例えば，x 軸方向の垂直ひずみ成分 ε_{xx} は，式(X-1)＋式(Y-2)＋式(Z-2)より，

$$\varepsilon_{xx}=\frac{1}{E}\sigma_{xx}-\nu\frac{1}{E}\sigma_{yy}-\nu\frac{1}{E}\sigma_{zz}$$

また，y 軸方向の垂直ひずみ成分 ε_{yy} は，式(Y-1)＋式(X-2)＋式(Z-3)より，

$$\varepsilon_{yy}=\frac{1}{E}\sigma_{yy}-\nu\frac{1}{E}\sigma_{xx}-\nu\frac{1}{E}\sigma_{zz}$$

同様に z 軸方向の垂直ひずみ成分 ε_{zz} は，式(Z-1)＋式(X-3)＋式(Y-3)より，

$$\varepsilon_{zz}=\frac{1}{E}\sigma_{zz}-\nu\frac{1}{E}\sigma_{xx}-\nu\frac{1}{E}\sigma_{yy}$$

となる．これらをまとめると，

$$\varepsilon_{xx}=\frac{1}{E}[\sigma_{xx}-\nu(\sigma_{yy}+\sigma_{zz})]$$

$$\varepsilon_{yy}=\frac{1}{E}[\sigma_{yy}-\nu(\sigma_{xx}+\sigma_{zz})] \qquad (1\text{-}113)$$

$$\varepsilon_{zz}=\frac{1}{E}[\sigma_{zz}-\nu(\sigma_{xx}+\sigma_{yy})]$$

となり，これが垂直応力と垂直ひずみを結びつけるフックの法則，すなわち一般化されたフックの法則となる．

これに対して，微小要素がせん断応力のみ受けている場合，微小要素が変形してもその体積は変化しない．このため，せん断応力がそのまま対応するせん断ひずみを生じさせることになり，

$$\gamma_{xy}=\frac{1}{G}\sigma_{xy},\quad \gamma_{yz}=\frac{1}{G}\sigma_{yz},\quad \gamma_{xz}=\frac{1}{G}\sigma_{xz} \qquad (1\text{-}114)$$

がせん断応力とせん断ひずみを結びつけるフックの法則となる．

次の二つの応力状態を仮定することで物体内部に生じている応力成分やひずみ成分を容易に計算できるようにすることがしばしば行われる．

a. 平面応力状態

平板形状の物体について考える．厚さ方向に z 軸，平板面に x 軸と y 軸をとる．もし厚さが薄い場合には平板面外方向の応力成分はすべて 0 になっているものとみなせて，

$$\sigma_{zz}=\sigma_{zx}=\sigma_{zy}=0 \qquad (1\text{-}115)$$

これにより，平板面内に生じる応力成分は，σ_{xx}，σ_{yy}，σ_{xy} の 3 成分で表すことができ，取り扱うべき問題の次元を 3 次元から 2 次元に低減できる．このような応力状態にある平板は，**平面応力状態（plane stress condition）**にあるといわれる．平面応力状態におけるフックの法則は，

$$\begin{aligned}\varepsilon_{xx}&=\frac{1}{E}(\sigma_{xx}-\nu\sigma_{yy})\\ \varepsilon_{yy}&=\frac{1}{E}(\sigma_{yy}-\nu\sigma_{xx})\\ \gamma_{xy}&=\frac{1}{G}\sigma_{xy}\end{aligned} \qquad (1\text{-}116)$$

となる．これを応力について解くと，

$$\begin{aligned}\sigma_{xx}&=\frac{E}{1-\nu^2}(\varepsilon_{xx}-\nu\varepsilon_{yy})\\ \sigma_{yy}&=\frac{E}{1-\nu^2}(\varepsilon_{yy}-\nu\varepsilon_{xx})\\ \sigma_{xy}&=G\gamma_{xy}\end{aligned}$$

b. 平面ひずみ状態

平板の厚さが十分に厚く，平板面内に沿って作用した外力によって平板が面内で変形しても，厚さ方向にはほとんど変形しないと考えてもよい場合には，この平板の面外方向のひずみ成分はすべて 0 になっているとみなすことができ，

$$\varepsilon_{zz}=\gamma_{zx}=\gamma_{zy}=0 \qquad (1\text{-}117)$$

これにより，平面応力状態と同様にして平板面内に生じる応力成分は，σ_{xx}，σ_{yy}，σ_{xy} の 3 成分で表すことができる．このような応力状態にある平板は，**平面ひずみ状態（plane strain condition）**にあるといわれる．平面ひずみ状態におけるフックの法則は，

$$\begin{aligned}\varepsilon_{xx}&=\frac{1-\nu^2}{E}\left(\sigma_{xx}-\frac{\nu}{1-\nu}\sigma_{yy}\right)\\ \varepsilon_{yy}&=\frac{1-\nu^2}{E}\left(\sigma_{yy}-\frac{\nu}{1-\nu}\sigma_{xx}\right)\\ \gamma_{xy}&=\frac{1}{G}\sigma_{xy}\end{aligned} \qquad (1\text{-}118)$$

となる．これを応力について解くと，

$$\begin{aligned}\sigma_{xx}&=\frac{(1-\nu)E}{(1+\nu)(1-2\nu)}\left(\varepsilon_{xx}+\frac{\nu}{1-\nu}\varepsilon_{yy}\right)\\ \sigma_{yy}&=\frac{(1-\nu)E}{(1+\nu)(1-2\nu)}\left(\varepsilon_{yy}+\frac{\nu}{1-\nu}\varepsilon_{xx}\right)\\ \sigma_{xy}&=G\gamma_{xy}\end{aligned}$$

1.4.4 主応力とモールの応力円

直角座標系（x, y, z）のとり方によって物体内部の点 P における応力成分は異なる．ここでは，簡単のために 2 次元問題に限定して話を進める．

図 1-35 には異なる二つの直角座標系（x', y'）と（x, y）が示されている．物体内部の点 P の応力成分を知りたいとき，点 P 近傍に微小要素を仮定する．図には微小要素として△PAB が示されているが，辺のとり方が図 1-32 とは異なる．辺 PB は x 軸に垂直にとり，辺 PA は y 軸に垂直にとっている．ここで辺 AB を x' 軸に垂直にとっていることに注意してほしい．こうすることで，辺 PB と辺 PA は直角座標系（x, y）からみた応力成分，辺 AB は直角座標系（x', y'）からみた応力成分でそれぞれ表現できることになる．それぞれの応力成分とその正の方向が図 1-35 に示されている．

それでは，x 軸と y 軸方向に対して力のつり合いを考える．ここでは，直角座標系（x, y）を，原点を中

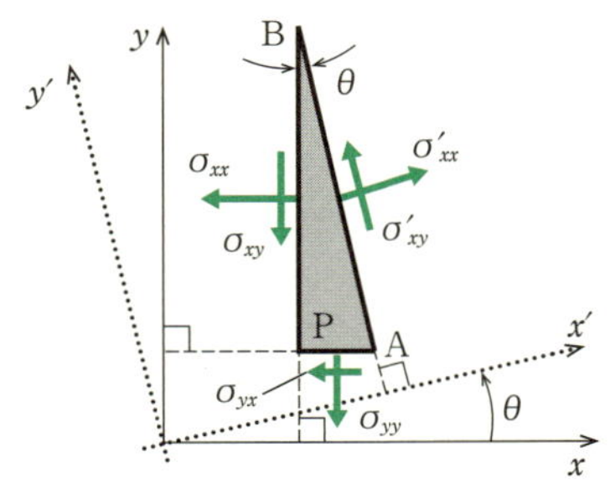

図 1-35　異なる二つの座標系からみた微小要素

心に角度θだけ反時計回りに回転させたものが別の直角座標系（x'，y'）となるように座標系をとることとする．これにより∠PBA＝θとなる．また，辺 AB＝Δs，微小要素の厚さをtとする．それぞれの軸方向の力のつり合い式は，

$$\sum X = \sigma'_{xx}\cos\theta(\Delta s\, t) - \sigma'_{xy}\sin\theta(\Delta s\, t) - \sigma_{xx}(\Delta s\cos\theta\, t) - \sigma_{yx}(\Delta s\sin\theta\, t) = 0$$

$$\sum Y = \sigma'_{xx}\sin\theta(\Delta s\, t) + \sigma'_{xy}\cos\theta(\Delta s\, t) - \sigma_{yy}(\Delta s\sin\theta\, t) - \sigma_{xy}(\Delta s\cos\theta\, t) = 0$$

これらの式を整理するとともにσ'_{xx}，σ'_{xy}について解くと，

$$\sigma'_{xx} = \sigma_{xx}\cos^2\theta + 2\sigma_{xy}\sin\theta\cos\theta + \sigma_{yy}\sin^2\theta$$

$$\sigma'_{xy} = (\sigma_{yy} - \sigma_{xx})\sin\theta\cos\theta + \sigma_{xy}(\cos^2\theta - \sin^2\theta)$$

という関係式が得られる．この関係式は，座標系が回転するにつれて応力成分がどのように変化するのかを表し，一般には**応力の座標変換式（transformation of stress）**とよばれる．

倍角の公式を利用して応力の座標変換式を書き直すと，

$$\sigma'_{xx} = \frac{\sigma_{xx} + \sigma_{yy}}{2} + \frac{\sigma_{xx} - \sigma_{yy}}{2}\cos 2\theta + \sigma_{xy}\sin 2\theta \quad (1\text{-}119)$$

$$\sigma'_{xy} = \frac{(\sigma_{yy} - \sigma_{xx})}{2}\sin 2\theta + \sigma_{xy}\cos 2\theta \quad (1\text{-}120)$$

となる．この式の方が前述の応力の座標変換式よりもシンプルに表されていることがわかる．

さて，座標系を回転させると，それに伴って垂直応力σ'_{xx}，せん断応力σ'_{xy}が大きくなったり，小さくなったりする．そこで垂直応力σ'_{xx}，せん断応力σ'_{xy}の極値を求めてみる．

はじめに垂直応力σ'_{xx}の極値について調べる．

$$\frac{d\sigma'_{xx}}{d\theta} = -(\sigma_{xx} - \sigma_{yy})\sin 2\theta + 2\sigma_{xy}\cos 2\theta = 0$$

より，

$$\tan 2\theta_n = \frac{2\sigma_{xy}}{\sigma_{xx} - \sigma_{yy}}$$

が得られる．すなわち，$\theta = \theta_n$のとき垂直応力は極値をとる．そして，これを式(1-119)に代入して，

$$\left.\begin{matrix}\sigma_1\\ \sigma_2\end{matrix}\right\} = \frac{\sigma_{xx} + \sigma_{yy}}{2} \pm \sqrt{\left(\frac{\sigma_{xx} - \sigma_{yy}}{2}\right)^2 + \sigma_{xy}^2} \quad (1\text{-}121)$$

が得られる．これを**主応力（principle stress）**とよび，主応力が生じる面を**主応力面（principle plane）**，主応力面の法線を**主軸（principle axis）**とよぶ．主応力面は二つあり，それらが直交すること，また対応するせん断応力は$\sigma'_{xy}=0$となることには注意する．

同様に，せん断応力σ'_{xy}の極値については，

$$\tan 2\theta_t = -\frac{\sigma_{xx} - \sigma_{yy}}{2\sigma_{xy}}$$

となり，$\theta = \theta_t$のときせん断応力は極値をとる．これを式(1-120)に代入して，

$$\tau_{\max} = \pm\sqrt{\left(\frac{\sigma_{xx} - \sigma_{yy}}{2}\right)^2 + \sigma_{xy}^2} \quad (1\text{-}122)$$

この$\tau_{\max}$を**最大せん断応力（maximum shear stress）**とよぶ．

次に式(1-119)の右辺第1項を左辺に移行するとともに2乗する．同様にして式(1-120)の両辺も2乗してそれらの和をとることで，

$$\left(\sigma'_{xx} - \frac{\sigma_{xx} + \sigma_{yy}}{2}\right)^2 + (\sigma'_{xy})^2 = \left(\frac{\sigma_{xx} - \sigma_{yy}}{2}\right)^2 + (\sigma_{xy})^2 \quad (1\text{-}123)$$

という関係式が得られる．そこで，横軸にσ'_{xx}，縦軸にσ'_{xy}をとり，式(1-122)をグラフにして表すと**図 1-36**のような円が得られる．この円は，座標系が回転するのに伴って応力成分（σ_{xx}，σ_{xy}）がどのように変化するのか示していて，この円を**モールの応力円（Mohr's stress circle）**とよぶ．このモールの応力円において，横軸と円との交点が主応力，そして円の半

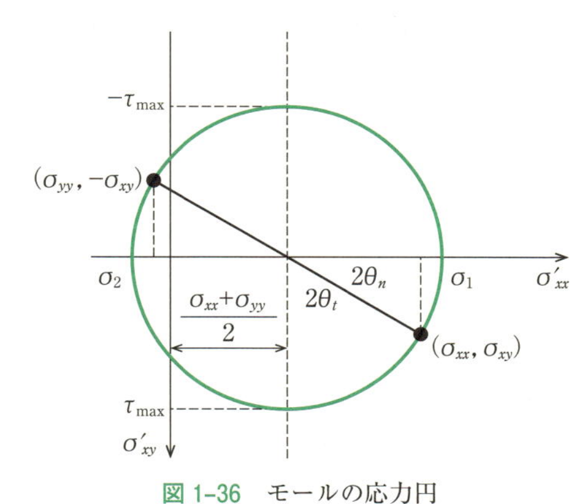

図 1-36 モールの応力円

クリスチャン・オットー・モール

ドイツの土木技術者．早くに，橋の設計に鋼トラスを用いるなどの功績がある．材料強度を視覚的に表したモールの応力円が有名．（1835-1918）

径が最大せん断応力となっていることがわかる．また，応力成分は座標系の回転に伴ってモールの円上を移動していくが，主応力や最大せん断応力は座標系の回転には無関係な量となる．

モールの応力円の理解を深めるために二つの例を挙げる．

a. 平板が垂直応力 σ を受けている場合

図 1-37 の左に示すように垂直応力 σ（引張応力）を受けている平板の主応力と主応力面を求める．座標系は引張応力が作用する方向を x 軸，それと垂直な方向を y 軸にとる（座標系をどのようにとるかは非常に重要である）．

このように座標系をとることで平板中の応力成分は，

$$\sigma_{xx}=\sigma,\quad \sigma_{yy}=0,\quad \sigma_{xy}=0$$

となる．これらを式(1-123)に代入してモールの応力円を描くと図 1-37 の右のようになる．この図から主応力は，

$$\left.\begin{matrix}\sigma_1\\ \sigma_2\end{matrix}\right\}=\left.\begin{matrix}\sigma\\ 0\end{matrix}\right\}$$

そして主応力面は，

$$2\theta_n=0,\quad \pi$$

となり，$\theta_n=0,\ \pi/2$．一方，最大せん断応力は，

$$\tau_{\max}=\pm\frac{\sigma}{2}$$

そして，最大せん断応力が生じる面は，

$$2\theta_t=\pm\frac{\pi}{2}$$

となり，$\theta_t=\pm\pi/4$．

平板の引張試験を行うとき，平板の表面をよく観察してほしい．平板が降伏点に達しはじめると同時に，平板表面で線（すべり線とよぶ）が引張軸方向に対して ±45° 方向に発生することが観察される．これと，前述の最大せん断応力が生じる面が一致することに気が付くだろう．このことから，すべりは最大せん断応力が生じる面に沿って生じるといえる．そして，この実験事実に基づいて，さまざまな方向から外力を受けた機械要素が降伏するときの条件（降伏条件）が定められているのである．これについては，1.7.2 項で詳しく説明する．

b. 平板がせん断応力 τ を受けている場合

図 1-38 の左に示すようにせん断応力のみを受けている平板の主応力と主応力面を求める．このような応力状態を**純粋せん断**とよぶことがある．

純粋せん断を受ける平板中の応力成分は，

$$\sigma_{xx}=0,\quad \sigma_{yy}=0,\quad \sigma_{xy}=\tau$$

となる．これらを式(1-123)に代入してモールの応力円を描くと図 1-38 の右のようになる．よって，主応力は，

$$\left.\begin{matrix}\sigma_1\\ \sigma_2\end{matrix}\right\}=\left.\begin{matrix}\tau\\ -\tau\end{matrix}\right\}$$

主応力面は，

$$2\theta_n=\pm\frac{\pi}{2}$$

となり，$\theta_n=\pm\pi/4$．一方，最大せん断応力は，

$$\tau_{\max}=\pm\tau$$

そして，最大せん断応力が生じる面は，

$$2\theta_t=0,\quad \pi$$

となり，$\theta_t=0,\ \pi/2$．

少し寄り道して，平板に生じている静水圧 p を考える．平板は薄く，平面応力状態にあるものとする．すると，静水圧は，

$$p=\frac{\sigma_{xx}+\sigma_{yy}+\sigma_{zz}}{3}=\frac{\tau-\tau+0}{3}=0$$

となり，純粋せん断状態にある場合には静水圧が 0 となることがわかるだろう．すなわち，純粋せん断下にある物体は体積膨張しない．このことは，“一般化されたフックの法則において，せん断応力成分については体積変化を生じない”ことを証明している．

次にひずみ成分の座標変換式について考える．これは簡単で，式(1-119)と式(1-120)に対して，

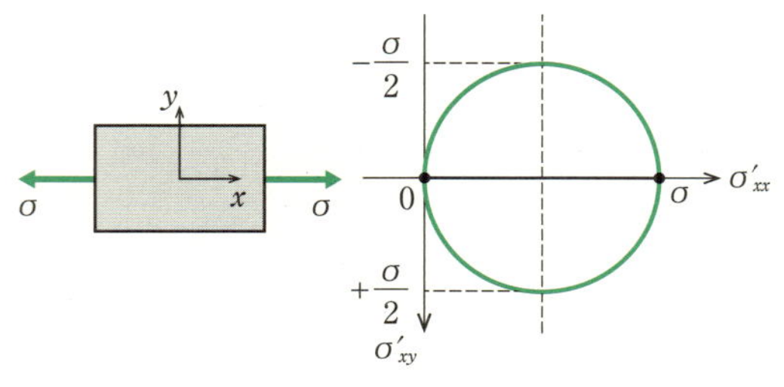

図 1-37　単純引張りに対するモールの応力円

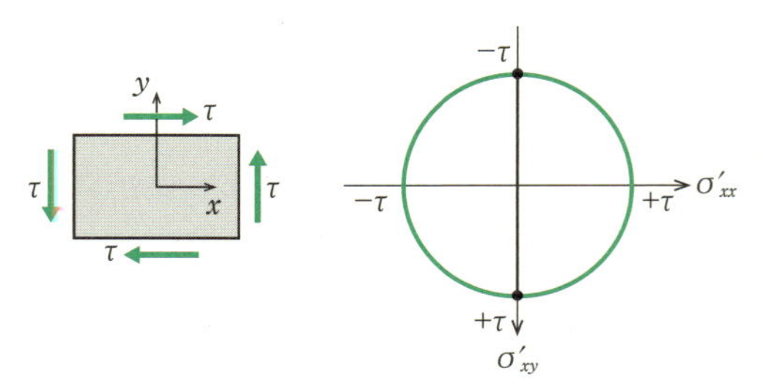

図 1-38　純粋せん断に対するモールの応力円

$$\sigma'_{xx}\to\varepsilon'_{xx},\quad \sigma'_{yy}\to\varepsilon'_{yy},\quad \sigma'_{xy}\to\varepsilon'_{xy}=\frac{1}{2}\gamma'_{xy}$$

$$\sigma_{xx}\to\varepsilon_{xx},\quad \sigma_{yy}\to\varepsilon_{yy},\quad \sigma_{xy}\to\varepsilon_{xy}=\frac{1}{2}\gamma_{xy}$$

と単純に置き換えればよいのである．すると，次のようなひずみ成分に関する座標変換式が得られる．

$$\varepsilon'_{xx}=\frac{\varepsilon_{xx}+\varepsilon_{yy}}{2}+\frac{\varepsilon_{xx}-\varepsilon_{yy}}{2}\cos 2\theta+\frac{1}{2}\gamma_{xy}\sin 2\theta \tag{1-124}$$

$$\frac{1}{2}\gamma'_{xy}=\frac{(\varepsilon_{yy}-\varepsilon_{xx})}{2}\sin 2\theta+\frac{1}{2}\gamma_{xy}\cos 2\theta \tag{1-125}$$

同様にして，モールのひずみ円

$$\left(\varepsilon'_{xx}-\frac{\varepsilon_{xx}+\varepsilon_{yy}}{2}\right)^2+\left(\frac{1}{2}\gamma'_{xy}\right)^2=\left(\frac{\varepsilon_{xx}-\varepsilon_{yy}}{2}\right)^2+\left(\frac{1}{2}\gamma_{xy}\right)^2 \tag{1-126}$$

が得られる．

主ひずみは，

$$\left.\begin{matrix}\varepsilon_1\\ \varepsilon_2\end{matrix}\right\}=\frac{\varepsilon_{xx}+\varepsilon_{yy}}{2}\pm\sqrt{\left(\frac{\varepsilon_{xx}-\varepsilon_{yy}}{2}\right)^2+\left(\frac{1}{2}\gamma_{xy}\right)^2} \tag{1-127}$$

となる．

1.4.5 ひずみ計測による応力解析

実験応力解析法の一つに**ひずみゲージ法**がある．これは，平面応力状態とみなせる物体の自由表面でのひずみを計測し，そこでの応力成分を解析するというものである．本項では，ひずみゲージ法の基本原理について解説する．

ひずみゲージ法では，ひずみゲージとよばれるワイヤが貼られた台紙を物体表面に接着剤で接着する．ワイヤの初期抵抗値を R，物体が変形することで伸ばされたワイヤの抵抗値を $R+\Delta R$ とする．すると，そこに生じている垂直ひずみは，

$$\varepsilon=\frac{1}{\eta}\frac{\Delta R}{R} \tag{1-128}$$

で与えられる．ここで，η は**ゲージ率（gage factor）**とよばれ，電気抵抗線ゲージでは一般に約 2 となる．

ひずみゲージは，その構造上物体表面の面内における垂直ひずみしか測定することができない．そこで，図 1-39 に示すようにひずみゲージを直交して用いる．ある方向に接着したひずみゲージから読み取られた垂直ひずみを ε_1，それと直交する方向に接着したひずみゲージによる垂直ひずみを ε_2 とすると，平面応力状態におけるフックの法則，

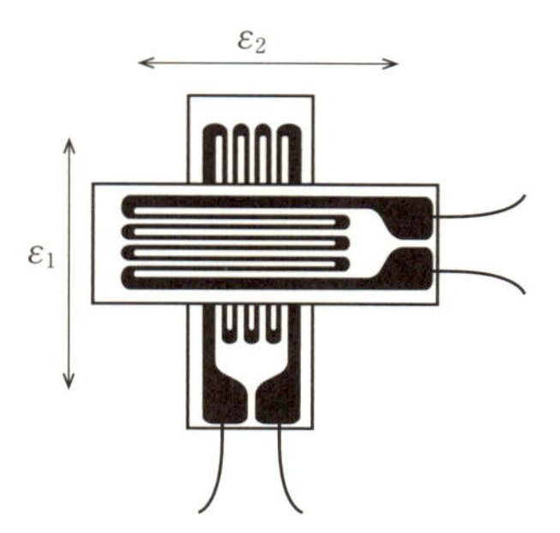

図 1-39 直交して接着したひずみゲージ

$$\sigma_1=\frac{E}{1-\nu^2}(\varepsilon_1+\nu\varepsilon_2)$$

$$\sigma_2=\frac{E}{1-\nu^2}(\varepsilon_2+\nu\varepsilon_1) \tag{1-116}$$

にそれぞれの方向で計測された垂直ひずみ値を代入すれば垂直応力が得られる．これがひずみゲージ法による応力解析法の基本原理である．

ひずみゲージ法により主応力およびせん断応力を解析したい場合には，3 方向ロゼットゲージを用いればよい．このひずみゲージは，ある方向を向いたひずみゲージの上にこの方向と相互に ±45° 傾けて二つのひずみゲージがのっているというものである．次にこの測定原理について解説する．

はじめに，直交したひずみゲージを用いて ε_1，ε_2 の相互に直交した垂直ひずみを計測しておく．これを，$\varepsilon_{xx}=\varepsilon_1$，$\varepsilon_{yy}=\varepsilon_2$ とする．次にロゼットゲージにより ε_{45} を測定する．このときロゼットゲージの中央にあるひずみゲージを，直交したひずみゲージにおける ε_{xx} と方向が一致するようにしておく．

式(1-124)において $\varepsilon'_{xx}=\varepsilon_{45}$，$\theta=\pi/4$ とおくと，

$$\varepsilon_{45}=\frac{\varepsilon_{xx}+\varepsilon_{yy}}{2}+\frac{\varepsilon_{xx}-\varepsilon_{yy}}{2}\cos\left(2\times\frac{\pi}{4}\right)+\frac{1}{2}\gamma_{xy}\sin\left(2\times\frac{\pi}{4}\right)=\frac{\varepsilon_{xx}+\varepsilon_{yy}}{2}+\frac{1}{2}\gamma_{xy} \tag{1-129}$$

となり，直交ゲージと 3 方向ロゼットゲージで測定されたひずみ値 $\varepsilon_{xx}=\varepsilon_1$，$\varepsilon_{yy}=\varepsilon_2$，$\varepsilon'_{xx}=\varepsilon_{45}$ をこの式に代入することでせん断応力 γ_{xy} を求めることができる．

主応力は次のようにして求めることができる．垂直ひずみ $\varepsilon_{xx}=\varepsilon_1$，$\varepsilon_{yy}=\varepsilon_2$，せん断ひずみ γ_{xy} と平面応力状態におけるフックの法則から応力成分 $\sigma_{xx}=\sigma_1$，$\sigma_{yy}=\sigma_2$，$\sigma_{xy}=\tau$，が求められる．これらを式(1-121)に代入することで主応力が得られる．ある点の応力を知るために随分多くのひずみゲージが必要となるのである．

このほかの実験応力解析法には，光弾性応力解析法がある．

1.4.6 円筒と中空球の問題

蒸気ボイラ，ガスタンク，配管などのような円筒体や圧力容器，航空機の圧力隔壁のような球体に生じる変位と応力について考える．

a. 薄肉円筒問題

半径 R に比べて円筒の肉厚 t が十分に薄い円筒体を**薄肉円筒（thin walled cylinder）**とよぶ．このような円筒体に生じる変位と応力成分を求める際には，その断面に対して直角座標系をとるよりも円柱座標系（r, θ, z）をとった方が便利である．この構造物の内部に圧力 p の高圧ガスが封入されているとき，図 1-40 に示すように壁面内に生じる応力成分は**円周方向の応力（hoop stress）**$\sigma_{\theta\theta}$ と**軸方向の応力（axial stress）**σ_{zz} の二つとなる．なお，壁面に対して外向き方向の垂直応力成分は 0 となり，薄肉円筒の壁面は平面応力状態とみなすことができる．これら二つの応力成分について求める．

ある方向に対する圧力の合力は，薄肉円筒体の面積のその方向に対する正射影と圧力との積で与えられる．

$$2ht\sigma_{\theta\theta}=2Rhp$$

これにより，円周方向の応力成分は，

$$\sigma_{\theta\theta}=\frac{pR}{t} \tag{1-130}$$

となる．

同様にして軸方向の合力については，

$$2\pi Rt\sigma_{zz}=\pi R^2p$$

となり，軸方向の応力成分は，

$$\sigma_{zz}=\frac{pR}{2t} \tag{1-131}$$

となる．このことから，円周方向の応力成分が最大となり，軸方向応力成分の 2 倍となることがわかる．このことは非常に重要で，例えば，蒸気ボイラが耐圧限を超えると円筒軸方向に沿ってき裂が発生し，ボイラは爆発することを意味している．ボイラの爆発はこれまでに多くの犠牲者を生み出してきた．

b. 厚肉円筒問題

次に薄肉円筒体に比べて肉厚が十分に厚い，より一般的な問題について考える．このような問題を**厚肉円筒（thick walled cylinder）**問題とよぶ．

内径 a，外径 b の中空円形断面の厚肉円筒体において，この円筒体の内側では内圧 p_1，外側では外圧 p_2 が作用しているものとする．先ほどの薄肉円筒問題と異なり，このような厚肉円筒では円周方向と軸方向の応力成分に加えて**半径方向の応力成分（radial stress）**σ_{rr} も変化することに注意する．円筒体中での点 P(r, θ) に生じている応力成分と変位を求めるために，この点 P の近傍に円柱座標系におけるそれぞれの軸に沿って微小要素 PABC を図 1-41 のように考える．

この微小要素において考えるべき応力成分は円周方向，軸方向，半径方向の応力成分であり，変位成分は半径方向の変位成分のみとなる．この円筒体は半径方向に一様に膨らむためにせん断応力成分は生じない．

円弧 PA に対して円弧 BC は距離 dr だけ異なるために，半径方向応力は σ_{rr} から $\sigma_{rr}+\mathrm{d}\sigma_{rr}$ へと変化する．ただし，円周方向応力は変化せず $\sigma_{\theta\theta}$ となる．こ

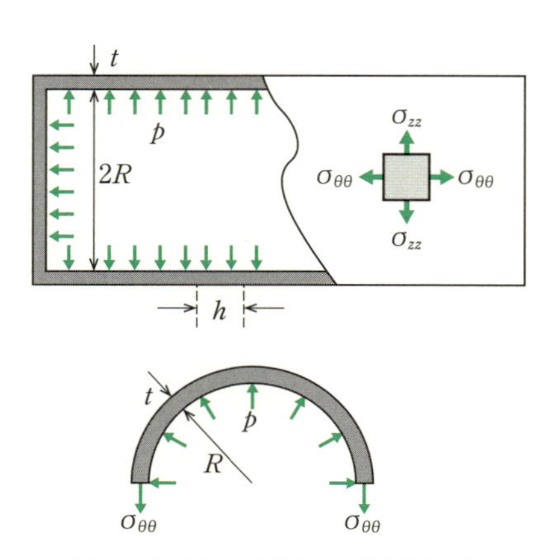

図 1-40　圧力を受ける薄肉円筒体

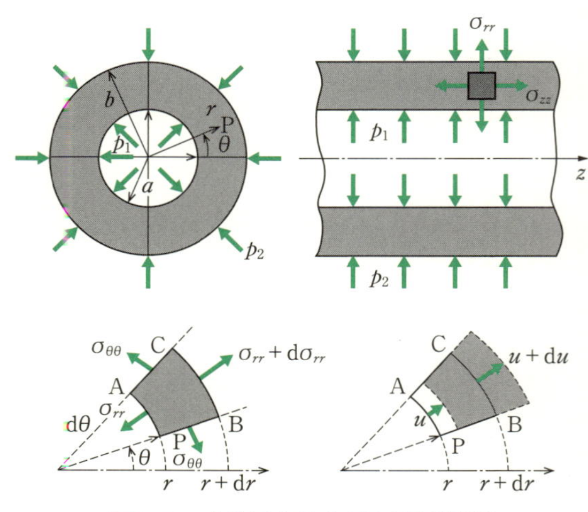

図 1-41　内外圧を受ける厚肉円筒問題

れを踏まえて，微小要素に対する半径方向の力のつり合いについて考えると，

$$\sum R=(\sigma_{rr}+\mathrm{d}\sigma_{rr})(r+\mathrm{d}r)\mathrm{d}\theta-\sigma_{rr}r\mathrm{d}\theta-2\sigma_{\theta\theta}\sin\frac{\mathrm{d}\theta}{2}\mathrm{d}r=0$$

ここで，$\sin(\mathrm{d}\theta/2)\approx\mathrm{d}\theta/2$ として高次の微小量を省略し，さらに $\mathrm{d}\theta\mathrm{d}r$ で割ると，

$$\frac{\mathrm{d}\sigma_{rr}}{\mathrm{d}r}+\frac{\sigma_{rr}-\sigma_{\theta\theta}}{r}=0 \tag{1-132}$$

という応力成分に関する微分方程式が得られる．この微分方程式を**応力のつり合い式（equilibrium equation of stress）**とよぶ．

次に変位成分については，円弧 PA の半径方向の変位を u とすると，円弧 BC は $u+\mathrm{d}u$ へと変化する．元の長さに相当する辺の長さは $\mathrm{PB}=\mathrm{d}r$ であることから，半径方向の垂直ひずみは，

$$\varepsilon_{rr}=\frac{(u+\mathrm{d}u)-u}{\mathrm{d}r}=\frac{\mathrm{d}u}{\mathrm{d}r} \tag{1-133}$$

また，円周方向の垂直ひずみは，

$$\varepsilon_{\theta\theta}=\frac{2\pi(r+u)-2\pi r}{2\pi r}=\frac{u}{r} \tag{1-134}$$

となる．軸方向の垂直ひずみは一定であるから，

$$\varepsilon_{zz}=C \tag{1-135}$$

ここで C は定数を表す．

ところで，円柱座標系におけるフックの法則は，

$$\varepsilon_{rr}=\frac{1}{E}[\sigma_{rr}-\nu(\sigma_{\theta\theta}+\sigma_{zz})]$$

$$\varepsilon_{\theta\theta}=\frac{1}{E}[\sigma_{\theta\theta}-\nu(\sigma_{rr}+\sigma_{zz})]$$

$$\varepsilon_{zz}=\frac{1}{E}[\sigma_{zz}-\nu(\sigma_{rr}+\sigma_{\theta\theta})] \tag{1-136}$$

と表せる．これを応力成分について解くと，

$$\sigma_{rr}=\frac{E}{(1+\nu)(1-2\nu)}[(1-\nu)\varepsilon_{rr}+\nu(\varepsilon_{\theta\theta}+\varepsilon_{zz})]$$

$$\sigma_{\theta\theta}=\frac{E}{(1+\nu)(1-2\nu)}[(1-\nu)\varepsilon_{\theta\theta}+\nu(\varepsilon_{rr}+\varepsilon_{zz})]$$

$$\sigma_{zz}=\frac{E}{(1+\nu)(1-2\nu)}[(1-\nu)\varepsilon_{zz}+\nu(\varepsilon_{rr}+\varepsilon_{\theta\theta})]$$

この応力に関するフックの法則に垂直ひずみの式(1-133)，(1-134)を代入した後，この応力成分の式を応力のつり合い式(1-132)に代入して整理すると，

$$\frac{\mathrm{d}^2u}{\mathrm{d}r^2}+\frac{1}{r}\frac{\mathrm{d}u}{\mathrm{d}r}-\frac{u}{r^2}=0 \tag{1-137}$$

という変位に関する微分方程式が得られる．この微分方程式を**変位の基礎式（fundamental equation of displacement）**とよぶ．この変位の基礎式の解は，

$$u=Ar+\frac{B}{r} \tag{1-138}$$

で与えられる．ここで，A と B は積分定数を表す．この解を式(1-133)，(1-134)に代入することでひずみ成分が，応力に関するフックの法則に代入することで応力成分が，次のように求められる．

$$\varepsilon_{rr}=A-\frac{B}{r^2}$$

$$\varepsilon_{\theta\theta}=A+\frac{B}{r^2}$$

$$\sigma_{rr}=\frac{E}{(1+\nu)(1-2\nu)}\left[A-(1-2\nu)\frac{B}{r^2}+\nu C\right]$$

$$\sigma_{\theta\theta}=\frac{E}{(1+\nu)(1-2\nu)}\left[A+(1-2\nu)\frac{B}{r^2}+\nu C\right]$$

$$\sigma_{zz}=\frac{E}{(1+\nu)(1-2\nu)}[(1-\nu)C+2\nu A]$$

ここで，定数 A，B は厚肉円筒壁面に作用する外圧から決めることができる．これを**境界条件（boundary condition）**とよぶ．本問題の境界条件は，

$$\sigma_{rr}|_{r=a}=-p_1,\quad \sigma_{rr}|_{r=a}=-p_2$$

となり，定数は，

$$A=\frac{(1+\nu)(1-2\nu)}{(b^2-a^2)E}(a^2p_1-b^2p_2)-\nu C$$

$$B=\frac{(1+\nu)a^2b^2}{(b^2-a^2)E}(p_1-p_2)$$

となる．これにより応力成分は，

$$\sigma_{rr}=\frac{a^2}{b^2-a^2}\left[\left(1-\frac{b^2}{r^2}\right)p_1-\left(\frac{b^2}{a^2}-\frac{b^2}{r^2}\right)p_2\right]$$

$$\sigma_{\theta\theta}=\frac{a^2}{b^2-a^2}\left[\left(1+\frac{b^2}{r^2}\right)p_1-\left(\frac{b^2}{a^2}+\frac{b^2}{r^2}\right)p_2\right]$$

$$\sigma_{zz}=\frac{a^2}{b^2-a^2}\left[\left(\frac{b^2}{a^2}-1\right)EC+2\nu\left(p_1-\frac{b^2}{a^2}p_2\right)\right] \tag{1-139}$$

ここで，軸方向の応力成分 σ_{zz} には定数 C が含まれているが，これは厚肉円筒の端末部の条件から決まる．

(i) 両端自由条件

$$\int_a^b\sigma_{zz}2\pi r\mathrm{d}r=0$$

より，

$$C=-\frac{2\nu}{(b^2-a^2)E}(a^2p_1-b^2p_2)$$

となる．

(ii) 両端拘束条件

$$\varepsilon_{zz}=0$$

より，

$$C=0$$

となる．

c. 薄肉球殻問題

半径 R に比べて肉厚 t が十分に薄い球体を**薄肉球殻（spherical shell）**とよぶ．このような球体に生じる変位と応力成分を求める際には，その断面に対して直角座標系をとるよりも球座標系（r, θ, φ）をとった方が便利である．この薄肉球殻の内部に圧力 p の高圧ガスが封入されているとき，壁面内に生じる応力成分は図 1-42 に示すように円周方向の応力 $\sigma_{\theta\theta}$ と子午線方向の応力 $\sigma_{\varphi\varphi}$ の二つとなる．ただし，圧力を受けて薄肉球殻は半径方向に一様に膨張するために円周方向も子午線方向も応力成分の大きさは等しくなる．また，壁面に対して外向き方向の垂直応力成分は 0 となり，薄肉球殻の壁面は平面応力状態とみなすことができる．それでは薄肉球殻体に生じる応力成分について求めていく．

薄肉円筒問題と同様にして，内圧の合力は $\pi R^2 p$ であり，応力の合力は $2\pi Rt\sigma_{\theta\theta}$ であることから，力のつり合いより，

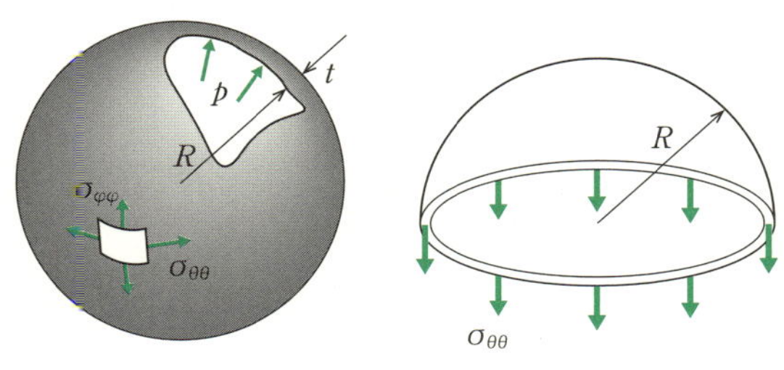

図 1-42　内圧を受ける薄肉球殻問題

$$\sum R = 2\pi Rt\sigma_{\theta\theta} - \pi R^2 p = 0$$

よって，応力成分は，

$$\sigma_{\theta\theta} = \frac{pR}{2t}$$

となり，また，

$$\sigma_{\varphi\varphi} = \frac{pR}{2t}$$

となる．

1.4 節のまとめ

- **i 軸に垂直な面に対して j 軸方向に作用する応力成分を σ_{ij} で表す．**
- **i 軸に垂直な面に対して j 軸方向のひずみ成分を ε_{ij} で表す．ここで，i，$j=x$，y，z をとる．**
  ある点 P の変位成分を（u，v，w）とすると，ひずみ成分は次式で与えられる．

$$\varepsilon_{xx} = \frac{\partial u}{\partial x},\quad \varepsilon_{yy} = \frac{\partial v}{\partial y},\quad \varepsilon_{zz} = \frac{\partial w}{\partial z}$$

$$\gamma_{xy} = \frac{\partial u}{\partial y} + \frac{\partial v}{\partial x},\quad \gamma_{yz} = \frac{\partial v}{\partial z} + \frac{\partial w}{\partial y},\quad \gamma_{xz} = \frac{\partial u}{\partial z} + \frac{\partial w}{\partial x}$$

- **一般化されたフックの法則：** $\varepsilon_{xx} = \frac{1}{E}[\sigma_{xx} - \nu(\sigma_{yy} + \sigma_{zz})]$

$$\varepsilon_{yy} = \frac{1}{E}[\sigma_{yy} - \nu(\sigma_{xx} + \sigma_{zz})]$$

$$\varepsilon_{zz} = \frac{1}{E}[\sigma_{zz} - \nu(\sigma_{xx} + \sigma_{yy})]$$

$$\gamma_{xy} = \frac{1}{G}\sigma_{xy},\quad \gamma_{yz} = \frac{1}{G}\sigma_{yz},\quad \gamma_{xz} = \frac{1}{G}\sigma_{xz}$$

- **平面応力状態：厚さが薄い物体に対して仮定される応力状態**（σ_{xx}，σ_{yy}，σ_{xy}，$\sigma_{zz}=\sigma_{zx}=\sigma_{zy}=0$）
- **平面ひずみ状態：厚さが厚い物体に対して仮定される応力状態**（σ_{xx}，σ_{yy}，σ_{xy}，$\varepsilon_{zz}=\gamma_{zx}=\gamma_{zy}=0$）
- **主応力：** $\left.\begin{matrix}\sigma_1\\ \sigma_2\end{matrix}\right\} = \frac{\sigma_{xx}+\sigma_{yy}}{2} \pm \sqrt{\left(\frac{\sigma_{xx}-\sigma_{yy}}{2}\right)^2 + \sigma_{xy}^2}$
- **最大せん断ひずみ：** $\tau_{\max} = \pm\sqrt{\left(\frac{\sigma_{xx}-\sigma_{yy}}{2}\right)^2 + \sigma_{xy}^2}$
- **主ひずみ：** $\left.\begin{matrix}\varepsilon_1\\ \varepsilon_2\end{matrix}\right\} = \frac{\varepsilon_{xx}+\varepsilon_{yy}}{2} \pm \sqrt{\left(\frac{\varepsilon_{xx}-\varepsilon_{yy}}{2}\right)^2 + \left(\frac{1}{2}\gamma_{xy}\right)^2}$

- **ひずみゲージの基本原理：**　$\varepsilon=\frac{1}{\eta}\frac{\Delta R}{R}$
- **ひずみゲージによる応力解析：**　$\begin{cases}\sigma_1=\dfrac{E}{1-\nu^2}(\varepsilon_1+\nu\varepsilon_2)\\ \sigma_2=\dfrac{E}{1-\nu^2}(\varepsilon_2+\nu\varepsilon_1)\end{cases}$
- **内圧を受ける薄肉円筒容器に生じる応力成分：**　$\sigma_{\theta\theta}=\frac{pR}{t}$，$\sigma_{zz}=\frac{pR}{2t}$
- **内・外圧を受ける厚肉円筒容器に生じる応力成分：**　$\begin{cases}\sigma_{rr}=\dfrac{a^2}{b^2-a^2}\left[\left(1-\dfrac{b^2}{r^2}\right)p_1-\left(\dfrac{b^2}{a^2}-\dfrac{b^2}{r^2}\right)p_2\right]\\ \sigma_{\theta\theta}=\dfrac{a^2}{b^2-a^2}\left[\left(1+\dfrac{b^2}{r^2}\right)p_1-\left(\dfrac{b^2}{a^2}+\dfrac{b^2}{r^2}\right)p_2\right]\end{cases}$
- **内圧を受ける薄肉球殻に生じる応力成分：**　$\sigma_{\theta\theta}=\frac{pR}{2t}$，$\sigma_{\varphi\varphi}=\frac{pR}{2t}$

1.5　ひずみエネルギーとその応用

伸ばされたばねにはエネルギーが蓄えられる．機械要素においては，この蓄えられたエネルギーが外仕事のために利用される．それではばねに類似したフックの法則に従って変形する物体についてはどうだろうか．外力によって変形した物体においてもエネルギーが蓄えられることになる．これを**ひずみエネルギー (strain energy)** とよぶ．ここまで，機械部品に生じる応力や伸び（変位）を求めるために力のつり合いを考えてきた．これとは別の解法として，物体に生じる伸びを計算するためにひずみエネルギーを利用する方法がある．複雑な形状をもつ物体が複雑な分布荷重を受けているような問題を解く際に，この解法が便利なものとなる．本節ではひずみエネルギーと材料力学へのその応用方法について解説する．

1.5.1　ひずみエネルギー

はじめにばねに蓄えられるエネルギーから考える．外力 P がばねに作用して伸び δ を生じたとすれば，

$$U=\frac{1}{2}P\delta \tag{1-140}$$

となる．次に，降伏しない程度に棒が変形しているとき，棒に生じる垂直応力と垂直ひずみは，

$$\sigma=\frac{P}{A},\quad \varepsilon=\frac{\delta}{L}$$

となる．ここで，A は棒の断面積，L は棒の長さ，P は外力，δ は棒の伸びとする．これらの式を外力，伸びについて求め，式(1-140)に代入すると，

$$U=\frac{1}{2}\sigma\varepsilon(AL) \tag{1-141}$$

ここで，棒の体積 $V=AL$ より，

$$\bar{U}=\frac{U}{V}=\frac{1}{2}\sigma\varepsilon \tag{1-142}$$

という関係式が得られる．U を**ひずみエネルギー (strain energy)** とよび，$\bar{U}$ を**ひずみエネルギー密度 (strain energy density)** とよぶ．ひずみエネルギー密度は，単位体積あたりに蓄えられているひずみエネルギーとなる．ここで応力-ひずみ線図（図 1-43）について考えると，ひずみエネルギー密度とは，図中の直角三角形の面積となることがわかるだろう．これは重要な事実であり，“応力-ひずみ線図における線下の面積が物体に蓄えられたひずみエネルギー”を意味している．

以下では，a. 引張り・圧縮を受ける棒に蓄えられるひずみエネルギー，b. せん断によるひずみエネルギー，c. 曲げによるひずみエネルギー，d. ねじりによるひずみエネルギーのそれぞれの場合について説明する．

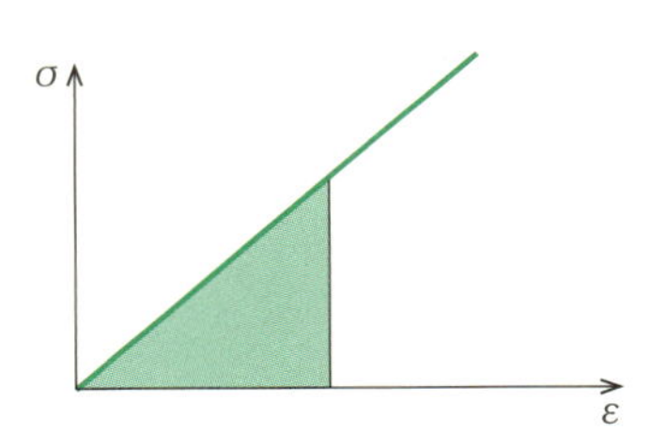

図 1-43　ひずみエネルギー

a. 引張り・圧縮により蓄えられるひずみエネルギー

断面積 A，長さ l の棒に生じる垂直応力と垂直ひずみは，

$$\sigma=\frac{P}{A},\quad \varepsilon=\frac{\sigma}{E}$$

であり，これを式(1-142)に代入することで棒に蓄えられるひずみエネルギー密度は，

$$\bar{U}=\frac{P^2}{2EA^2} \tag{1-143}$$

また，ひずみエネルギーは，

$$U=\frac{P^2 l}{2EA} \tag{1-144}$$

b. せん断により蓄えられるひずみエネルギー

せん断応力 τ を受けることでせん断ひずみ γ を生じたとする．このときのひずみエネルギー密度は式(1-142)と同様，

$$\bar{U}=\frac{1}{2}\tau\gamma \tag{1-145}$$

となる．断面積 A に対して平行方向の外力 Q が作用しているものとすれば，せん断応力とせん断ひずみは，

$$\tau=\frac{Q}{A},\quad \gamma=\frac{\tau}{G}$$

であり，これを式(1-145)に代入すると，ひずみエネルギー密度は，

$$\bar{U}=\frac{Q^2}{2GA^2} \tag{1-146}$$

となり，ひずみエネルギーは，

$$U=\frac{Q^2 l}{2GA} \tag{1-147}$$

となる．

c. 曲げを受ける棒に蓄えられるひずみエネルギー

曲げモーメント $M(x)$ を受けるはりにおいて，その断面に生じる曲げ応力は，

$$\sigma(x)=\frac{M(x)}{I}y \tag{1-148}$$

である．ここで，x は中立面に沿ってとられた座標軸，y は中立軸を原点としてはりの断面に沿って鉛直下向きにとられた座標軸，I は断面2次モーメントをそれぞれ表している．

垂直ひずみは，

$$\varepsilon(x)=\frac{\sigma(x)}{E} \tag{1-149}$$

であり，これらを式(1-142)に代入すると，はりにおける微小要素（x から $x+\mathrm{d}x$）に蓄えられるひずみエネルギー密度 $\Delta\bar{U}$ は，

$$\Delta\bar{U}=\frac{1}{2}\sigma(x)\varepsilon(x)=\frac{1}{2E}\left(\frac{M(x)}{I}y\right)^2 \tag{1-150}$$

となる．

次に幅 b，高さ h，長さ l のはり全体に蓄えられるひずみエネルギー U について求める．

まず，はりの断面にわたって式(1-150)を積分する．

$$\Delta\overline{U_{\mathrm{area}}}=\int_{-\frac{h}{2}}^{+\frac{h}{2}}\frac{1}{2E}\left(\frac{M(x)}{I}y\right)^2(b\cdot\mathrm{d}y) \tag{1-151}$$

この式を次のように変形する．

$$\Delta\overline{U_{\mathrm{area}}}=\frac{1}{2E}\left(\frac{M(x)}{I}\right)^2\int_{-\frac{h}{2}}^{+\frac{h}{2}}y^2(b\cdot\mathrm{d}y)$$

ここで，断面2次モーメント

$$I=\int_{-\frac{h}{2}}^{+\frac{h}{2}}y^2(b\cdot\mathrm{d}y)$$

であることから，

$$\Delta\overline{U_{\mathrm{area}}}=\frac{M(x)^2}{2EI}$$

となる．さらにはりの長さに沿って積分して，曲げモーメントを受けるはりに蓄えられるひずみエネルギーが次のように求められる．

$$U=\int_0^l\Delta\overline{U_{\mathrm{area}}}\mathrm{d}x=\int_0^l\frac{M(x)^2}{2EI}\mathrm{d}x \tag{1-152}$$

d. ねじりを受ける棒に蓄えられるひずみエネルギー

最後に，半径 R の円形断面をもつ棒がねじられたときにこの棒に蓄えられるひずみエネルギーについて求める．

トルク T が作用しているものとすれば，中心から半径 r でのせん断応力とせん断ひずみは，

$$\tau(r)=\frac{T}{I_p}r,\quad \gamma(r)=\frac{\tau(r)}{G}$$

となる．ここで，I_p は断面2次極モーメントを表している．これを式(1-145)に代入することで，ひずみエネルギー密度が次のように得られる．

$$\Delta\bar{U}=\frac{1}{2}\tau(r)\gamma(r)=\frac{1}{2G}\left(\frac{T}{I_p}r\right)^2 \tag{1-153}$$

次に長さ l の棒全体に蓄えられるひずみエネルギーを求める．まず断面にわたって式(1-153)を積分する．

$$\Delta\overline{U_{\mathrm{area}}}=\int_0^R\frac{1}{2G}\left(\frac{T}{I_p}r\right)^2(2\pi r\cdot\mathrm{d}r) \tag{1-154}$$

この式を次のように変形する．

$$\Delta\overline{U_{\mathrm{area}}}=\frac{1}{2G}\left(\frac{T}{I_p}\right)^2\int_0^R 2\pi r^3\mathrm{d}r$$

ここで，円形断面の断面2次極モーメント

$$I_p=\int_0^R 2\pi r^3 \mathrm{d}r$$

であることから，

$$\Delta\overline{U_{\mathrm{area}}}=\frac{T^2}{2GI_p}$$

となる．さらに棒の長さに沿って積分して，ねじりを受ける棒に蓄えられるひずみエネルギーは次のようにして求められる．

$$U=\int_0^l \Delta\overline{U_{\mathrm{area}}}\mathrm{d}x=\int_0^l \frac{T^2}{2GI_p}\mathrm{d}x \qquad (1\text{-}155)$$

1.5.2　カスチリアノの定理

外力を受けて変形している物体について考えてみる．つり合い状態を保ちながら，外力を一定にしつつ微小な変位 δu だけ仮想的に増加させたとき，外力のなす仕事はこのときに生じたひずみエネルギーの変化量に等しい．これを**仮想仕事の原理（principle of virtual work）**とよぶ．

いま物体に作用している外力を P，外力が作用している点の仮想変位を δu とすると，このときの仮想変位によるひずみエネルギーの変化量は，

$$\delta U=P\cdot\delta u \qquad (1\text{-}156)$$

となる．この式を次のように変形する．

$$P=\frac{\delta U}{\delta u}=\frac{\mathrm{d}U}{\mathrm{d}u} \qquad (1\text{-}157)$$

これはひずみエネルギーを外力が作用している点での変位で微分すると外力となることを意味している．単純なようであるが，非常に強力な公式である．これを**カスチリアノの第 1 定理（Castigliano's first theorem）**とよぶ．

逆に，変位を一定にして仮想的に外力を変化させたときには，

$$u=\frac{\delta U}{\delta P}=\frac{\mathrm{d}U}{\mathrm{d}P} \qquad (1\text{-}158)$$

となる．これを**カスチリアノの第 2 定理（Castigliano's second theorem）**とよぶ．

カルロ・アルベルト・カスチリアノ

イタリアの数学者，物理学者．工業大学卒業後，再度別の大学に入学し，そこで示した弾性体の荷重における関数に名を残している．（1847-1884）

1.5.3　カスチリアノの定理に基づくはりの問題の解法

ここではカスチリアノの定理を利用してはりの問題を解く方法について説明する．

［例題 1-7］　次の図のように，先端に集中荷重 P を受ける片持ちはりのたわみを求めよ．

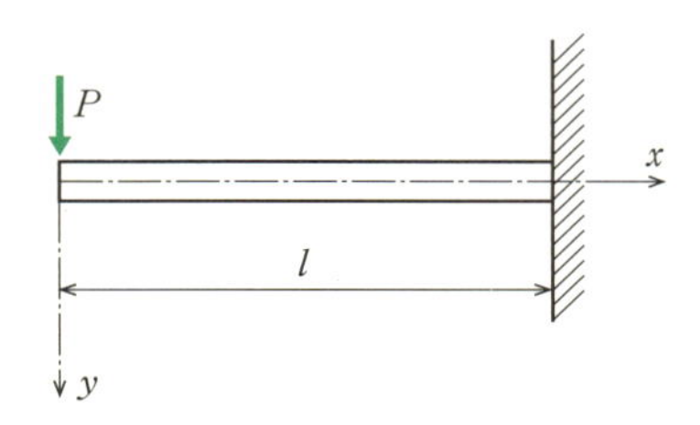

集中荷重 P を受けるときの曲げモーメントは，

$$M(x)=-Px$$

となることから，これを式(1-152)に代入すると，

$$U=\int_0^l \frac{(-Px)^2}{2EI}\mathrm{d}x$$

これを積分すると，

$$U=\frac{P^2l^3}{6EI}$$

カスチリアノの第 2 定理より，集中荷重でのたわみは，

$$u=\frac{\mathrm{d}U}{\mathrm{d}P}=\frac{Pl^3}{3EI}$$

となり，この結果ははりのたわみの微分方程式から得られる結果式(1-50)と一致することがわかる．

［例題 1-8］　次の図のように，分布荷重 w を受ける片持ちはりのたわみを求めよ．

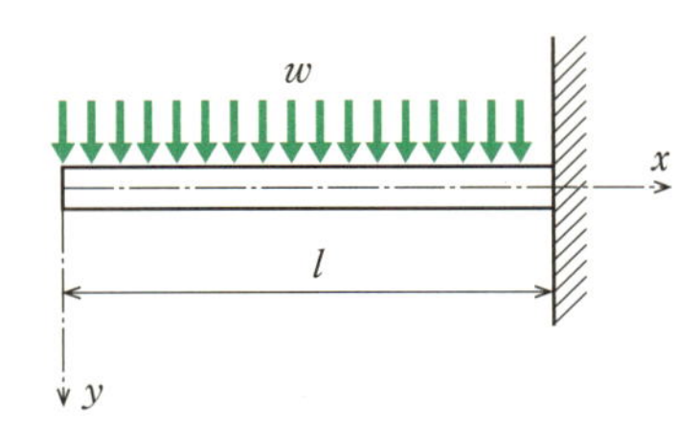

この問題でははりのどこにも集中荷重が作用していない．そこで，問題の図には描かれていないが適当なところに集中荷重を記入して，カスチリアノの定理が使えるようにすればよい．後でこの集中荷重を 0 にしておけば問題はない．

この問題でははりの先端のたわみを知りたいので，先端に集中荷重 P を作用させる．するとはりの曲げモーメントは，

$$M(x) = -Px - \frac{1}{2}wx^2$$

となる．これを式(1-152)に代入すると，

$$U = \int_0^l \frac{\left(-Px - \frac{1}{2}wx^2\right)^2}{2EI}\mathrm{d}x \qquad (1\text{-}159)$$

先の問題に比べて積分がやや複雑になる．そこで，すぐに積分せずに式(1-159)にカスチリアノの第2定理を適用すると，

$$u = \frac{\mathrm{d}U}{\mathrm{d}P} = \int_0^l \frac{x\left(Px + \frac{1}{2}wx^2\right)}{EI}\mathrm{d}x$$

となる．ここで，$P=0$ とおいて積分すると，分布荷重を受ける片持ちはりの先端でのたわみは，

$$u = \frac{wl^4}{8EI}$$

となる．

［例題 1-9］　不静定はりの問題．集中荷重 P を受ける一端固定，他端単純支持はりの問題について考えよ．

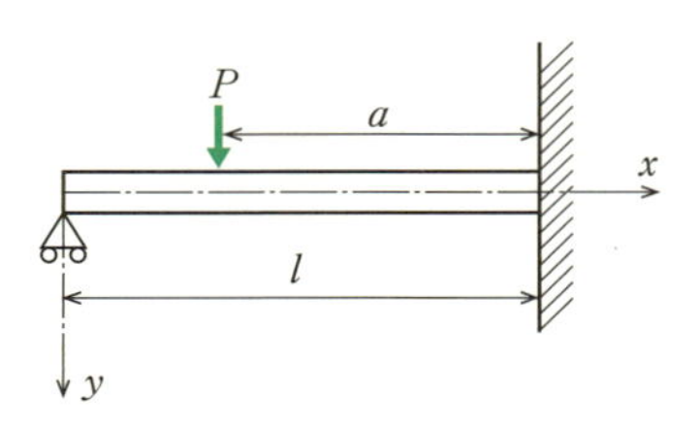

この問題は，はりの固定端ではせん断力と曲げモーメントが作用し，また単純支持部では反力が作用することから，未知量が三つであるのに対して，力のつり合い式とモーメントのつり合い式の2式しか書き下すことができない．このため，単純支持部でたわみが0であるという条件を加え，ようやくこの問題が解けるのである（1.2.4項参照）．

本解法においては，まず単純支持部を取り外して，同点に鉛直上向きに集中荷重 R を上向きに作用させる．こうすることで，二つの集中荷重を受ける片持ちはりの問題（下図）となる．

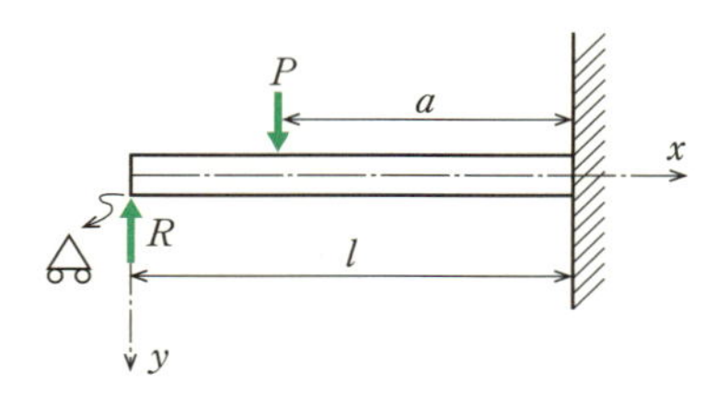

図に示す片持ちはりの曲げモーメントは，

(i)　$0 \leq x \leq (l-a)$　$M(x) = Rx$

(ii)　$(l-a) \leq x \leq l$　$M(x) = Rx - P(x-l+a)$

となる．これを式(1-152)に代入する．

$$U = \int_0^{l-a} \frac{(Rx)^2}{2EI}\mathrm{d}x + \int_{l-a}^{l} \frac{(Rx - P(x-l+a))^2}{2EI}\mathrm{d}x$$

これを積分して，カスチリアノの第2定理により反力 R で微分した後に，たわみ u を0とおく．

$$u = \frac{\mathrm{d}U}{\mathrm{d}P} = 0$$

となり，これより反力

$$R = \frac{Pa^2}{2l^3}(3l-a)$$

が得られる．後は，はりのたわみの微分方程式を解けばよい．

［例題 1-10］　曲がりはりの問題

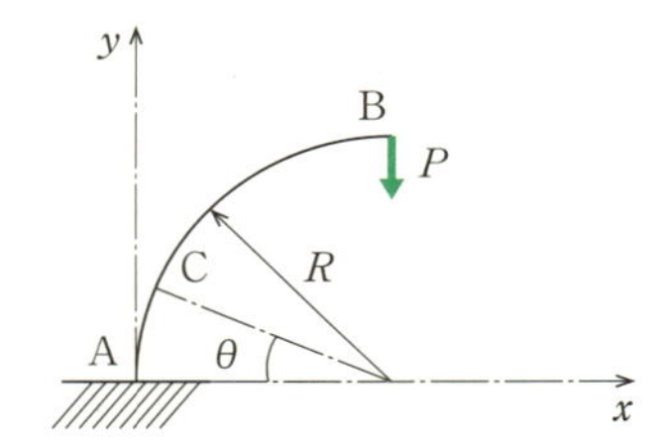

図に示すように1/4円弧形状をしたはりのA点が固定され，B点には鉛直下向きに集中荷重 P が作用しているとき，集中荷重が作用している方向のたわみについて求める．この問題はカスチリアノの定理の応用のなかでも最も力を発揮できる問題である．

図のC点における曲げモーメントは，

$$M(\theta) = P \times R\cos\theta$$

となり，これを式(1-152)に代入すると，

$$U = \int_0^{\pi/2} \frac{(P \times R\cos\theta)^2}{2EI}R\mathrm{d}\theta$$

となる．これを積分して，カスチリアノの第2定理

$$u = \frac{\mathrm{d}U}{\mathrm{d}P}$$

により集中荷重 P で微分することでその方向のたわみが次のように求まる．

$$u = \frac{\pi}{4}\frac{PR^3}{EI}$$

1.5 節のまとめ

- 引張・圧縮により蓄えられるひずみエネルギー： $U=\dfrac{P^2l}{2EA}$
- せん断により蓄えられるひずみエネルギー： $U=\dfrac{Q^2l}{2GA}$
- 曲げモーメントにより蓄えられるひずみエネルギー： $U=\displaystyle\int_0^l \frac{M(x)^2}{2EI}\mathrm{d}x$
- ねじりにより蓄えられるひずみエネルギー： $U=\displaystyle\int_0^l \frac{T^2}{2GI_p}\mathrm{d}x$
- カスチリアノの定理： $P=\dfrac{\mathrm{d}U}{\mathrm{d}u}$，$u=\dfrac{\mathrm{d}U}{\mathrm{d}P}$

1.6 長柱の座屈

機械・構造物を設計する際には，安全性を重視して部材の厚さを十分にとるよう配慮される．しかしながら，経済性（コスト低減）や機能性追及のためにそれらの部材は薄肉化される傾向にある．具体的な例として自動車の車体を挙げてみよう．自動車の重量が軽ければ燃費がよくなる．このために車体に使用される材料はなるべく軽いものが用いられる．また，部材の厚さも薄くなるよう配慮される．さらに自動車が衝突した際には，衝突エネルギーを車体が変形することに費やさせることで運転手に及ぼすダメージが少なくなるよう工夫されている．自動車への衝突力が小さいときには，車両全体の変形量も小さいために車両の損傷はほとんど認められないだろう．しかし，ある衝突力よりも大きくなると車両はグニャリと大きく変形する．このような現象を**座屈（buckling）**とよぶ．そして，このときの衝突荷重（圧縮荷重）を**臨界荷重（critical load）**あるいは**座屈荷重（buckling load）**とよぶ．本節では，構造物の代表例である**柱（column）**について考える．柱の軸線に沿って圧縮荷重が作用するとき，柱は軸線に沿って縮む．しかし，現実的には軸線上にぴたりと圧縮荷重を作用させるのは難しく，軸線よりややずれた位置に圧縮荷重が作用してしまう．このために端部で曲げモーメントが発生することになり，柱は横方向にグニャリと変形，すなわち座屈することになる．座屈の発生は，このような曖昧なことが原因となっていることがほとんどである．このようなずれのことを**初期不整（initial imperfection）**とよぶ．

1.6.1 軸圧縮荷重を受ける長柱

図 1-44 に示すような長さ L の柱について考える．この柱の軸線に沿って圧縮荷重 P が作用しているものとする．このとき，どの程度の圧縮荷重で柱が座屈するのか調べる．しかし，これまでの内容に従えば圧縮荷重が増加しても柱は軸方向に縮むだけで何も起こらない．そこで，座屈荷重を計算するときのポイントは，柱が座屈している状態を想定することにある．柱の右端から距離 x において柱が横方向に y だけたわんでいるものとする．すると，距離 x の切断面で発生している曲げモーメントは，

$$M(x)=+Py$$

となる．これをはりのたわみの微分方程式

$$\frac{\mathrm{d}^2y}{\mathrm{d}x^2}=-\frac{M(x)}{EI}$$

に代入して，式を整理すると，

$$\frac{\mathrm{d}^2y}{\mathrm{d}x^2}+\left(\frac{P}{EI}\right)y=0$$

となる．この式は，ばねの振動に関する運動方程式

$$\frac{\mathrm{d}^2y}{\mathrm{d}t^2}+\left(\frac{k}{m}\right)y=0$$

と類似しており，このことから微分方程式の解は，

$$y=A\sin\alpha x+B\cos\alpha x \tag{1-160}$$

となることは容易にわかるだろう．このとき，

$$\alpha=\sqrt{\frac{P}{EI}} \tag{1-161}$$

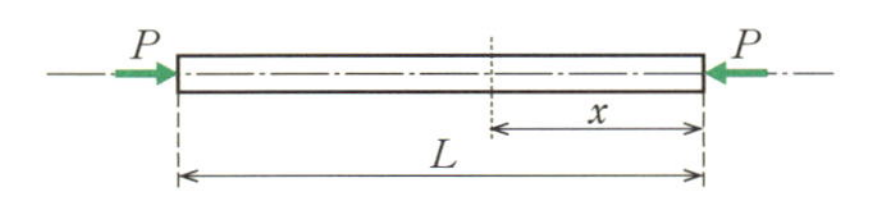

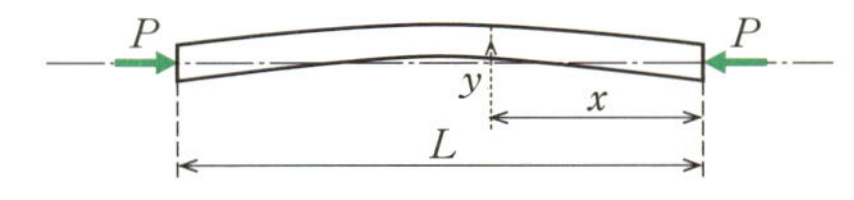

図 1-44 圧縮荷重を受ける長柱

である．

続いて，式(1-160)に含まれている定数を，(i)$x=0$ にて $y=0$，および(ii)$x=L$ にて $y=0$ という境界条件から定める．(i)の条件から $B=0$ となることがわかる．また，(ii)の条件から，

$$\sin \alpha L=0 \tag{1-162}$$

という条件が得られる．この条件を満足する αL は，

$$\alpha L=n\pi \quad (n=0,\ 1,\ 2,\ \cdots\cdots) \tag{1-163}$$

これを式(1-161)に代入して，整理すると，

$$P=EI\left(\frac{n\pi}{L}\right)^2 \quad (n=0,\ 1,\ 2,\ \cdots\cdots) \tag{1-164}$$

を得る．特に $n=1$ とおくと式(1-164)は

$$P_{cr}=EI\left(\frac{\pi}{L}\right)^2 \tag{1-165}$$

となり，これが本問題の座屈荷重となる．

座屈応力（buckling stress）は，

$$\sigma_{cr}=\frac{P_{cr}}{A}=C\pi^2E\left(\frac{r}{L}\right)^2 \tag{1-166}$$

となる．ここで，C は**端末条件係数（coefficient of fixity）**とよばれる係数で，本問題では $C=1$ となる．また，r は断面2次半径といい，

$$r=\sqrt{\frac{I}{A}} \tag{1-167}$$

で与えられる．また，(L/r)を**細長比（slenderness ratio）**とよぶ．

次に柱が座屈したときの形状について考える．式(1-163)をたわみ曲線

$$y=A\sin \alpha x$$

に代入すれば柱のたわみの式が次のように得られる．

$$y=A\sin \frac{n\pi}{L}x \tag{1-168}$$

ここでは定数 A は定めることができない．ここで示すことができるのは，柱がどのように曲がるのか，ということだけである．$n=0$ のときには $y=0$ となって柱には何も起こらないので，つまらない解としてここでは除外しておく．

図1-45に整数 n の変化に伴う柱の変形状態を示す．整数の値と座屈荷重が式(1-164)に従って変化するとともに，柱の形状も式(1-168)に従って変化する．このように整数値に対応した固有な形状を**座屈モード（buckling mode）**とよぶ．柱に作用させている圧縮荷重を増加させていき，この値が座屈荷重に達すると柱は $n=1$ のモードに対応した変形をする．さらに荷重を増加させ，$P=4EI\pi^2/L^2$ に達すると柱は $n=2$ のモードに対応した変形をする．さらに荷重を増加させることで柱は $n=3,\ 4,\ 5,\ \cdots\cdots$の各モードに対応した変形状態となる．このように圧縮荷重を受けた柱の座屈においては，柱は不連続な形状に変化していくことが特徴である．

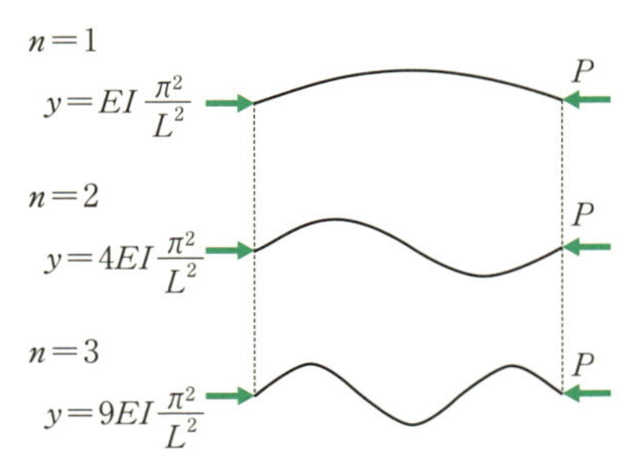

図1-45　座屈モード

表1-4　端末条件係数 C の値

端末条件	C
両端回転	1
両端固定	4
固定＋回転	2.046
固定＋自由	1/4

1.6.2　長柱の座屈に関する式

先に示した座屈応力の式

$$\sigma_{\mathrm{cr}}=\frac{P_{\mathrm{cr}}}{A}=C\pi^2E\left(\frac{r}{L}\right)^2 \tag{1-166}$$

における端末条件係数は，柱の両端をどのように固定したのかを特徴づけるものである．この端末係数を表1-4にまとめて示す．なおこれらの係数は，前述の式導出をそのまま利用して，境界条件を変えるだけで求めることができる．

ここでは長柱の問題を例にとって説明した．このほか，圧縮荷重を受けるときの薄肉円筒容器の座屈の問題など単純な問題については座屈荷重と座屈モードが調べられている．

1.6 節のまとめ

- **座屈応力：** $\sigma_{\mathrm{cr}}=C\pi^2E\left(\dfrac{r}{L}\right)^2$
- **断面 2 次半径：** $r=\sqrt{\dfrac{I}{A}}$

1.7 材料強度

材料力学は，機械・構造物を構成している機械部品を棒やはりに置き換えて，それらに生じている応力や伸び（変位）を計算することを主な目的としてきた．設計に際しては，それらの部品が塑性変形しないように配慮することが求められる．部品が降伏するかは応力が材料の降伏応力を超えるかどうかで判断される．これを**降伏条件（yield criterion）**とよぶ．一方，部品に作用する応力が十分に小さくなるよう設計したとしても，機械・構造物が実際に使われているときには振動などに起因して応力が繰返し作用する状態におかれることになる．このために部品にき裂が発生し，いわゆる**疲労（fatigue）**という現象が生じる．このため設計に際しては，疲労にも注意しなければならない．さらに，化学プラントやボイラなどの機械・構造物においては，部品が高温に曝されることになる．プラントにおける圧力容器内には高圧・高温ガスが封入されており，この状態を部材が長時間受けることでき裂が発生し，いわゆる**クリープ（creep）**という現象が生じる．このような高温機器を設計する際にはクリープも考慮しなければならない．これらの例が示すように，応力が繰返し作用するとき，あるいは高温下で応力の作用を長時間受けるとき，部品にいつき裂が発生するのか予想するために**破損基準（failure criteria）**が必要となる．

機械・構造物を構成している部品が**破損（failure）**するという言葉がしばしば用いられる．破損とは何か．破損とは，一般には機械が所定の目的にかなう**稼働（service）**が不可能な状態に陥ったときを示す．これは設計者（経営者）の考え方に強く依存する．ある重工業製品（船舶など）では，応力が降伏応力に達したら部品が破損したとみなされる．一方で，降伏応力に応力が達しても破損とはみなさず，ある損傷原因に起因して発生，成長したき裂がある長さに達したら部品が破損したとみなす場合もある．破損とは，これらの例が示すように，幅広い意味をもつ．そして，このような考え方を背景にして，**材料強度学（strength of material）**や**破壊力学（fracture mechanics）**とよばれる学問が材料力学とは独立に，そして発展的に研究されてきた．

さて，本節では，1）荷重の種類からみた破損の分類，2）破損基準の一つである降伏条件，3）疲労に対する損傷則，4）破損の原因となりやすい応力集中という現象について順次，解説していく．

1.7.1 荷重の種類からみた破損の分類

(i) 単調引張荷重

応力-ひずみ線図からもわかるように，機械部品に作用する応力が降伏応力に達したら部品は塑性変形する．塑性変形すると部品の形状はゆがみ，設計図面では想定されていないような内部応力が機械・構造物に生じるようになる．このような状態を防止するためには，部品が塑性変形を開始するときが破損（降伏条件）の目安となる．

(ii) 単調圧縮荷重

1.6 節で説明したように，単調圧縮荷重を受ける機械・構造物においては，座屈が防止すべき破損（座屈荷重）となる．このため，部材に作用する応力は座屈応力を下回るように設計しなければならない．なお，機械の機能性に配慮して座屈が積極的に受け入れられている場合もある．このときには，座屈モードと吸収エネルギーに配慮する必要がある．

(iii) 繰返し荷重

部材に作用する荷重が変動する場合，変動する回数が増加するにつれて部材の表面からき裂が発生し，変動回数の増加とともにき裂長さが成長していく．このような現象は疲労とよばれる．

材料強度学を研究している研究者は，疲労試験とよばれる特殊な材料試験を行って材料ごとに疲労に関するさまざまな特性を調べている．疲労試験では，図 1-46 に示すような規則的な応力変動のもとで試験片が破断するまでの繰返し数（疲労寿命）を取得する．さまざまな応力変動量（応力振幅という）と疲労寿命

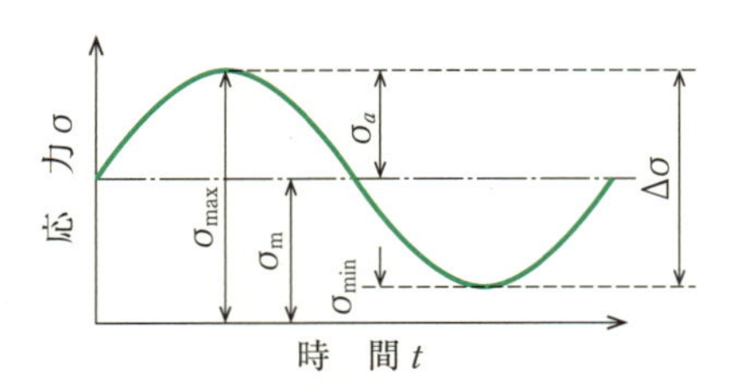

図 1-46　繰返し応力のパターン

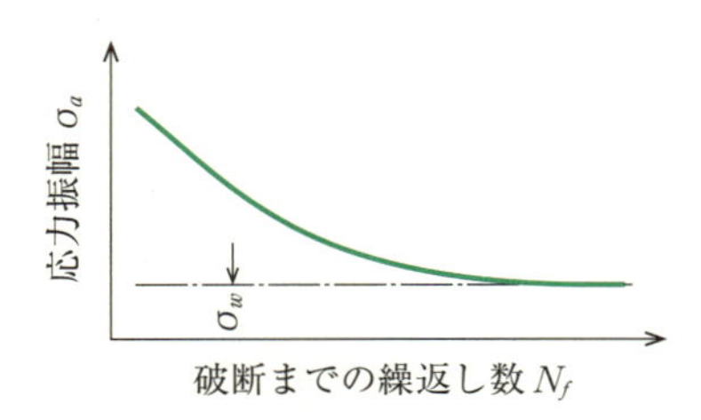

図 1-47　S-N 曲線の模式図

の関係をグラフにしてまとめたものを **S-N 曲線**（図 1-47）とよぶ．以下に言葉の定義を示す．

σ_a：応力振幅，σ_m：平均応力，$\Delta\sigma$：応力範囲，σ_{max}：最大応力，σ_{min}：最小応力

疲労試験に際しては，平均応力を固定して，さまざまな応力振幅のもとで材料が破断するまで試験を行うのが一般的である．

S-N 曲線において，ある応力振幅以下になると破断までの繰返し数が 1 000 000 回を超えるようになる．この応力振幅を疲労限といい σ_w で表される．設計においてはなるべくこの疲労限を超えないようにするよう配慮がなされる．しかしながら，機械に実際に作用する変動的な応力を設計時に前もって把握することが難しいのも事実である．このため，稼働している機械を途中で止めて，部品にき裂が発生していないか調べる（定期検査）ことが行われている．

なお，疲労における破損基準は，後述する損傷率 D とよばれるパラメータを基準とし，このパラメータがある値（1 以下）に達したら破損したとみなされる．

1.7.2　破損基準―降伏条件―

ここでは代表的な二つの降伏条件について示す．

a．トレスカの降伏条件

最大せん断応力 τ_{max} がある値に達したときに材料が降伏するという条件を**トレスカの降伏条件（Tresca yield criterion）**とよぶ．図 1-36 に示したモールの応力円から，主応力と最大せん断ひずみとの間には，

$$\tau_{max}=\frac{1}{2}|\sigma_1-\sigma_2| \tag{1-169}$$

が成り立つことがわかる．ここで，$\sigma_1>\sigma_2$ とする．

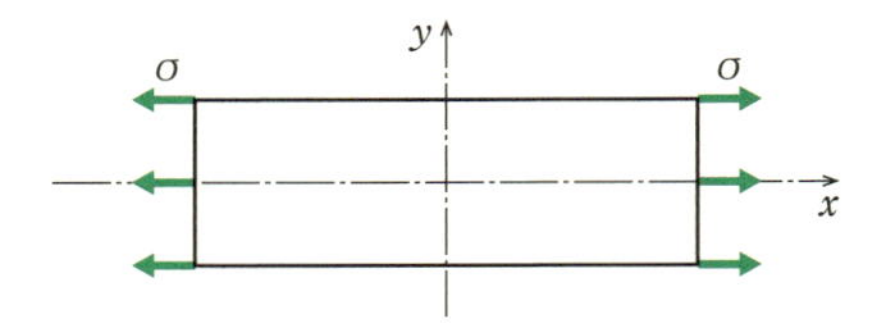

図 1-48　引張りを受ける平板問題

ここでは，図 1-48 に示す平板の引張問題について考えてみる．この問題における主応力は，

$$\sigma_1=\sigma,\quad \sigma_2=0$$

となる．これを式(1-169)に代入して，

$$\tau_{max}=\frac{1}{2}|\sigma-0| \tag{1-170}$$

よって，

$$\sigma=2\tau_{max}$$

引張応力 σ が降伏応力 σ_y に達したとすると，

$$\sigma_y=2\tau_{max}$$

これにより式(1-169)は，

$$\frac{1}{2}\sigma_y=\frac{1}{2}|\sigma_1-\sigma_2|$$

を得ることができる．あるいは，

$$\sigma_y=|\sigma_1-\sigma_2| \tag{1-171}$$

と変形できる．これがトレスカの降伏条件となる．

3 次元問題における一般的なトレスカの降伏条件は，主応力が σ_1，σ_2，σ_3($\sigma_1>\sigma_2>\sigma_3$) とすれば，

$$\sigma_y=|\sigma_1-\sigma_3| \tag{1-172}$$

で与えられる．

b．ミーゼスの降伏条件

トレスカの降伏条件では，最大主応力と最小主応力のみが用いられており，中間主応力の影響は考慮されていなかった．このためすべての応力の影響を考慮し

アンリ・トレスカ

フランスの工学者．塑性変形についての研究の先駆けとなり，最大せん断応力を示した．メートル原器を設計したことでも有名．エッフェル塔の 72 人の一人である．(1814-1885)

たものとして**ミーゼスの降伏条件（Mises yield criterion）**がある．

この条件では，物体に蓄えられるひずみエネルギーに注目する．物体内部のある点における主応力を σ_1, σ_2, σ_3 とする．座標軸を主軸に一致するようにとれば，この座標系からみた応力成分のうち，せん断応力はすべて 0 になるので，話は簡単になる．このとき，ひずみエネルギー密度 $\bar{U}$ は，

$$\bar{U}=\frac{1}{2}(\sigma_1\varepsilon_1+\sigma_2\varepsilon_2+\sigma_3\varepsilon_3) \quad (1\text{-}173)$$

となる．また，一般化されたフックの法則は，

$$\varepsilon_1=\frac{1}{E}[\sigma_1-\nu(\sigma_2+\sigma_3)]$$
$$\varepsilon_2=\frac{1}{E}[\sigma_2-\nu(\sigma_1+\sigma_3)]$$
$$\varepsilon_3=\frac{1}{E}[\sigma_3-\nu(\sigma_1+\sigma_2)] \quad (1\text{-}174)$$

であり，これを式(1-173)に代入して整理すると，

$$\bar{U}=\frac{1}{2E}[\sigma_1^2+\sigma_2^2+\sigma_3^2-2\nu(\sigma_1\sigma_2+\sigma_2\sigma_3+\sigma_3\sigma_1)] \quad (1\text{-}175)$$

という関係式を得る．

次に，このひずみエネルギー密度を，1）静水圧 $\sigma_m=p$ の項と 2）偏差応力 $(\sigma_i-\sigma_m)(i=1,\ 2,\ 3)$ の項に分離する．これは，静水圧が物体を一様に膨張，収縮させるために塑性変形には影響を及ぼさないので，応力成分から静水圧の影響を差し引いた応力（偏差応力とよぶ）のみが塑性変形に寄与することに注目しているためである．

まず，静水圧によるひずみエネルギー密度 $\overline{U_v}$ は，式(1-175)に $\sigma_1=\sigma_2=\sigma_3=\sigma_m$ を代入すると，

$$\overline{U_v}=\frac{3(1-\nu)}{2E}\sigma_m^2$$

となるので，これに静水圧

$$\sigma_m=\frac{1}{3}(\sigma_1+\sigma_2+\sigma_3)$$

を代入して，

$$\overline{U_v}=\frac{(1-\nu)}{6E}(\sigma_1+\sigma_2+\sigma_3)^2 \quad (1\text{-}176)$$

となる．

次に偏差応力によるひずみエネルギー密度を求めるために，ひずみエネルギー密度（1-175）から静水圧によるひずみエネルギー密度（1-176）を差し引いて，

$$\overline{U_d}=\bar{U}-\overline{U_v}$$
$$=\frac{(1+\nu)}{6E}[(\sigma_1-\sigma_2)^2+(\sigma_2-\sigma_3)^2+(\sigma_3-\sigma_1)^2] \quad (1\text{-}177)$$

という式が得られる．

次に単軸引張りを受ける物体の問題について考える．このとき，引張荷重の方向を主軸にとると，物体内部の主応力は，$\sigma_1=\sigma$, $\sigma_2=0$, $\sigma_3=0$ となる．そして，引張荷重が増加して降伏応力 σ_y に達したとすると，そのときの偏差応力によるひずみエネルギー密度は，

$$\overline{U_d}=\frac{(1+\nu)}{3E}\sigma_y^2 \quad (1\text{-}178)$$

となる．式(1-177)と比較して，

$$\frac{(1+\nu)}{6E}[(\sigma_1-\sigma_2)^2+(\sigma_2-\sigma_3)^2+(\sigma_3-\sigma_1)^2]=\frac{(1+\nu)}{3E}\sigma_y^2$$

すなわち，単軸引張りのもとで降伏時に物体に蓄えられたひずみエネルギー密度と，さまざまな方向から引張りを受ける物体に蓄えられたひずみエネルギー密度が等しくなれば，その物体は降伏したと考えられる．上の式を整理すると，

$$\sigma_y^2=\frac{1}{2}[(\sigma_1-\sigma_2)^2+(\sigma_2-\sigma_3)^2+(\sigma_3-\sigma_1)^2] \quad (1\text{-}178)$$

という関係式が得られ，この式をミーゼスの降伏条件とよぶ．

ミーゼスの降伏条件式において，右辺を次のようにおいてもよいだろう．

$$\bar{\sigma}=\frac{1}{\sqrt{2}}[(\sigma_1-\sigma_2)^2+(\sigma_2-\sigma_3)^2+(\sigma_3-\sigma_1)^2]^{\frac{1}{2}} \quad (1\text{-}179)$$

ここで，$\bar{\sigma}$ はミーゼス応力あるいは相当応力といわれる．さまざまな方向から外力を受ける物体内部での応力成分を表現する際に，式(1-179)の右辺に主応力を代入すれば，それと等価な単軸引張状態での垂直応力に置き換えることができる．そして，もしミーゼス応力が降伏応力に達したら降伏したとみなす．

ここでは式の証明をせずに主応力に基づいた式(1-178)から一般の座標系 $(x,\ y,\ z)$ におけるミーゼスの降伏条件を示しておく．

$$\sigma_y^2=\frac{1}{2}[(\sigma_{xx}-\sigma_{yy})^2+(\sigma_{yy}-\sigma_{zz})^2+(\sigma_{zz}-\sigma_{xx})^2+6(\sigma_{xy}^2+\sigma_{yz}^2+\sigma_{zx}^2)] \quad (1\text{-}180)$$

リヒャルト・フォン・ミーゼス

オーストリア・ハンガリーの数学者，科学者．力学のみならず，流体力学や確率論，応用数学など，広く科学に貢献した．誕生日問題の生みの親ともされる．（1883-1953）

［例題 1-11］ 薄肉円筒体の引張・ねじり問題：図に示すような薄肉円筒体に対して軸方向に引張応力 σ，ねじりによるせん断応力 τ が同時に作用するとき，トレスカの降伏条件とミーゼスの降伏条件はそれぞれどのように表されるか示せ．

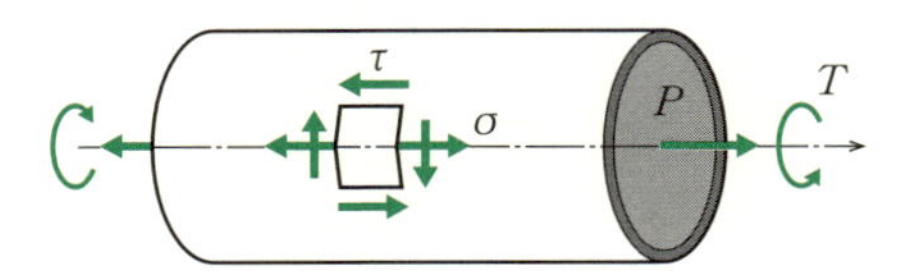

薄肉円筒体の軸方向を x 軸，円周方向を y 軸，半径方向を z 軸となるよう壁面に沿って座標系をおく．このとき応力成分は，

$$\sigma_{xx}=\sigma,\ \sigma_{yy}=\sigma_{zz}=0,\ \sigma_{xy}=\tau,\ \sigma_{yz}=0,\ \sigma_{zx}=0$$

となる．このような状態に対して主応力は，

$$\sigma_1=\frac{1}{2}\sigma+\sqrt{\left(\frac{\sigma}{2}\right)^2+\tau^2}$$

$$\sigma_2=0$$

$$\sigma_3=\frac{1}{2}\sigma-\sqrt{\left(\frac{\sigma}{2}\right)^2+\tau^2}$$

となり，これらの主応力をトレスカの降伏条件とミーゼスの降伏条件にそれぞれ代入すると次のようになる．

(i)　トレスカの降伏条件（図の実線）：

$$\sigma^2+4\tau^2=\sigma_y^2$$

(ii)　ミーゼスの降伏条件（図の破線）：

$$\sigma^2+3\tau^2=\sigma_y^2$$

これらを図にすると下図のようになる．

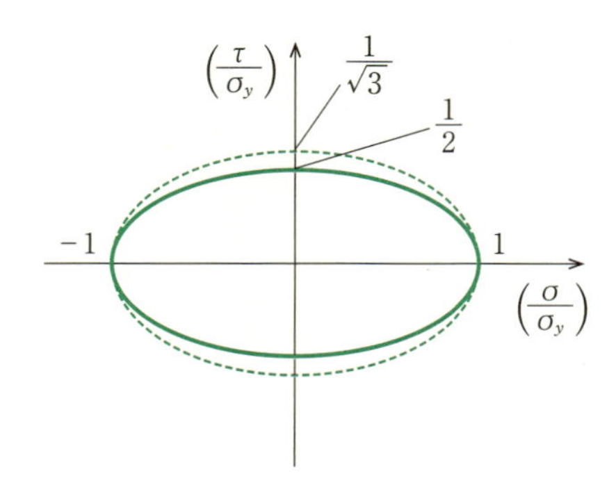

補足）3 次元問題における主応力について

1.4.4 節の主応力とモールの応力円では，2 次元問題（特に平面応力）に説明を限定した．ここでは，3 次元問題において主応力をどのように求めればよいか簡単に説明する．

図 1-49 に示すように，3 次元物体内の点 P を通る直角座標軸（x，y，z）をとり，それに垂直な三面と一つの斜面で構成される微小四面体について考える．

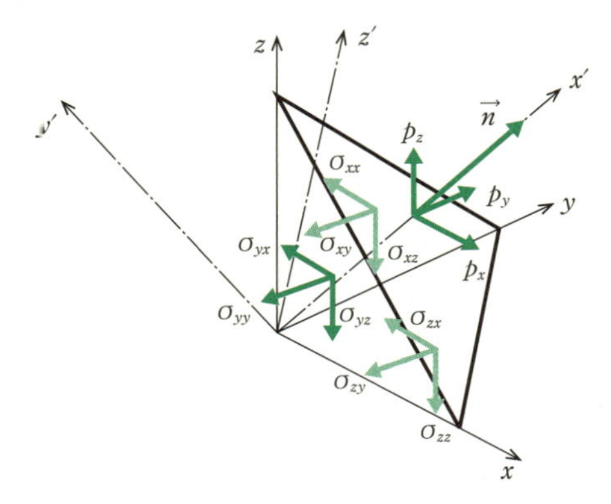

図 1-49　3 次元問題における微小要素

斜面の外向き単位法線ベクトルを $\vec{n}$，その x，y，z 軸方向への方向余弦を（l，m，n），斜面の面積を $\mathrm{d}S$，軸に垂直な三面の三角形の面積を $\mathrm{d}S_x$，$\mathrm{d}S_y$，$\mathrm{d}S_z$ とおく．ここで，法線ベクトル $\vec{n}$ は座標回転された別の座標系の x' 軸に一致しているものとする．

座標軸（x，y，z）に沿う力のつり合いについて考えると，

$$\sum X=p_x\mathrm{d}S-\sigma_{xx}\mathrm{d}S_x-\sigma_{yx}\mathrm{d}S_y-\sigma_{zx}\mathrm{d}S_z=0$$
$$\sum Y=p_y\mathrm{d}S-\sigma_{xy}\mathrm{d}S_x-\sigma_{yy}\mathrm{d}S_y-\sigma_{zy}\mathrm{d}S_z=0$$
$$\sum Z=p_z\mathrm{d}S-\sigma_{xz}\mathrm{d}S_x-\sigma_{yz}\mathrm{d}S_y-\sigma_{zz}\mathrm{d}S_z=0$$

となる．さらに $\mathrm{d}S_x=l\mathrm{d}S$，$\mathrm{d}S_y=m\mathrm{d}S$，$\mathrm{d}S_z=n\mathrm{d}S$ であることから，これを上式に代入すると，

$$p_x-l\sigma_{xx}-m\sigma_{yx}-n\sigma_{zx}=0$$
$$p_y-l\sigma_{xy}-m\sigma_{yy}-n\sigma_{zy}=0$$
$$p_z-l\sigma_{xz}-m\sigma_{yz}-n\sigma_{zz}=0 \qquad (1\text{-}181)$$

という関係式が得られる．斜面が主面であるとき，主応力を σ で表すと，

$$p_x=l\sigma,\ p_y=m\sigma,\ p_z=n\sigma$$

となり，これを式(1-181)に代入して行列でまとめると，

$$\begin{pmatrix}\sigma_{xx}-\sigma & \sigma_{yx} & \sigma_{zx}\\ \sigma_{xy} & \sigma_{yy}-\sigma & \sigma_{zy}-\sigma\\ \sigma_{xz} & \sigma_{yz} & \sigma_{zz}\end{pmatrix}\begin{pmatrix}l\\ m\\ n\end{pmatrix}=\begin{pmatrix}0\\ 0\\ 0\end{pmatrix}$$

これは方向余弦を未知量とする連立方程式となっている．この式の解が非自明解（すなわち $(l,\ m,\ n)\neq 0$）をもつためには，係数行列の行列式が 0 とならなければならない．すなわち，

$$\begin{vmatrix}\sigma_{xx}-\sigma & \sigma_{yx} & \sigma_{zx}\\ \sigma_{xy} & \sigma_{yy}-\sigma & \sigma_{zy}-\sigma\\ \sigma_{xz} & \sigma_{yz} & \sigma_{zz}\end{vmatrix}=0$$

という関係式が成り立たなければならない．この式を展開すると，

$$\sigma^3-I_1\sigma^2-I_2\sigma-I_3=0 \qquad (1\text{-}182)$$

という3次方程式が得られる．この方程式を解いて得られた三つの実根が主応力（σ_1，σ_2，σ_3）となる．ここで，

$$I_1=\sigma_1+\sigma_2+\sigma_3$$
$$I_2=-(\sigma_1\sigma_2+\sigma_2\sigma_3+\sigma_3\sigma_1)$$
$$I_3=\sigma_1\sigma_2\sigma_3$$

1.7.3 破損基準―疲労に対する損傷則―

図 1-50 に示すように，機械・構造物では変動した応力を受ける．このようなランダムな変動応力を受けた部材は疲労によりき裂が発生し，き裂が成長していつかは疲労寿命に達することとなる．ここでは，このようなランダムな変動応力のもとでの部材の疲労寿命を推定するための方法について解説する．

図 1-50 は，はじめに応力振幅 σ_1 を n_1 サイクル受け，その後，応力振幅 σ_2 を n_2 サイクル受け，……，応力振幅 σ_i を n_i サイクル受けている状態を示している．

S-N 曲線より，応力振幅 σ_1 における疲労寿命が N_1 であることがわかっているものとする．応力振幅 σ_1 を n_1 サイクル受けたときの損傷率 D_1 を次のように仮定する．

$$D_1=\frac{n_1}{N_1}$$

続くサイクルにおいて，応力振幅 σ_2 に対する疲労寿命が N_2 であるものとすれば，n_2 サイクル受けたときの損傷率 D_2 は，

$$D_2=\frac{n_2}{N_2}$$

となる．ここまでに疲労により累積した損傷率 D は，

$$D=D_1+D_2=\frac{n_1}{N_1}+\frac{n_2}{N_2}$$

以降，順次サイクルを重ねてゆき，

$$D=\sum D_i=\frac{n_1}{N_1}+\frac{n_2}{N_2}+\cdots+\frac{n_i}{N_i} \qquad (1\text{-}183)$$

このようにして加えられた損傷率が，

$$D=1 \qquad (1\text{-}184)$$

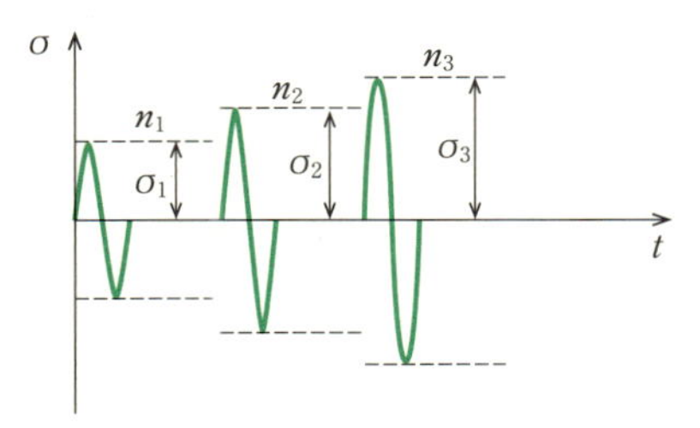

図 1-50 ランダムな変動応力

となったら疲労寿命に達したと考える．このような考え方に従った損傷則を**マイナー損傷則**（**Miner's damage rule**）とよぶ．

1.7.4 応力集中

実際の機械・構造物を構成している部品の形状は，必ずしも断面が一様な平滑状とは限らない．材料力学では，すでに述べてきているように滑らかな一様断面の形状を仮定して，引張・圧縮荷重，曲げ，ねじりを受けるときの部材内部の応力を計算してきた．しかし，部品形状が突然変化する場合には，その近傍で応力が増加する．例えば，段，孔，溝などが挙げられる．このような現象を**応力集中**（**stress concentration**）とよぶ．

形状が変化する場所で応力が増加する理由を説明するための模式図を図 1-51 に示す．平板の中央に円形状の孔があいており，この平板には単軸引張荷重が作用しているものとする．荷重が作用している点同士を図のように結ぶことによって力線を描くことができる．もし円孔がなければ，力線は直線となる．しかし，円孔が存在すると，力線はその円孔を避けるように円孔の周りを迂回する．このために力線は円孔の近傍で密になる．単位面積あたりの力線の数を応力の大きさとみなすと，図から円孔近傍で応力が高くなることは容易に理解できるだろう．これが形状不連続部で応力集中が生じる原因である．

部材の最小断面積で外力を割って得られる応力を**公称応力**（**nominal stress**）といい σ_{norm} で表す．形状不連続によって生じた最大応力を $\sigma_{\max}$ とすると，

$$\alpha=\frac{\sigma_{\max}}{\sigma_{\mathrm{norm}}} \qquad (1\text{-}185)$$

を**応力集中係数**（**stress concentration factor**）とよぶ．不連続部での形状の違いが応力集中係数によって表されることになる．図 1-52，図 1-53 に代表的な応力集中係数を示す．

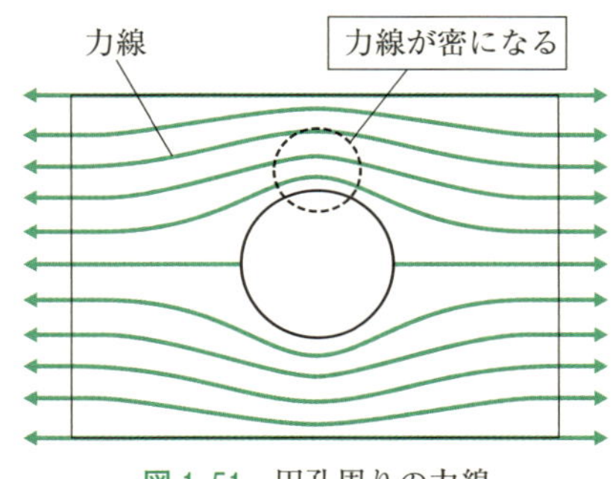

図 1-51 円孔周りの力線

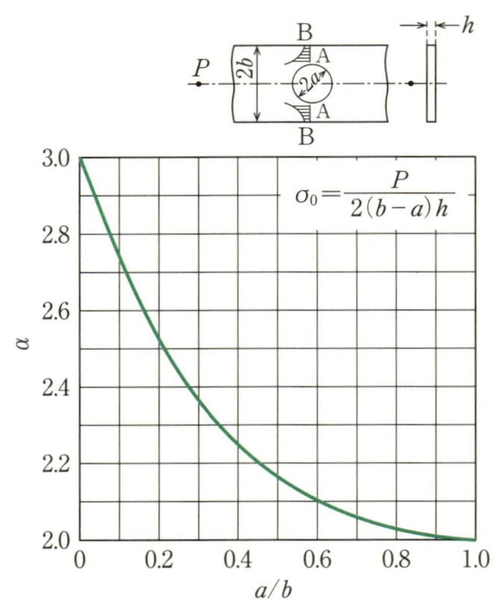

図 1-52　円孔の応力集中係数

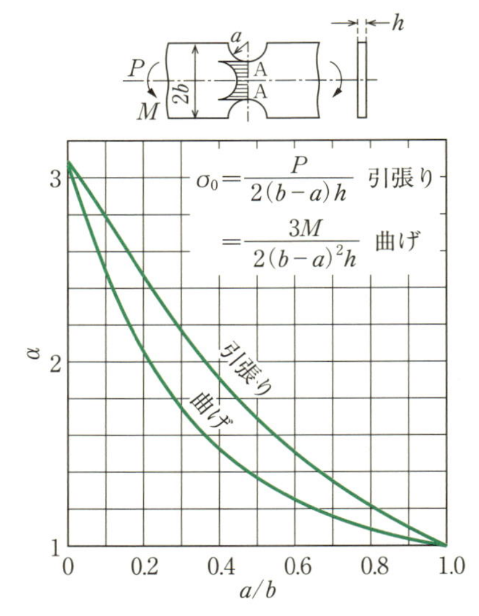

図 1-53　半円の応力集中係数

1.7 節のまとめ

トレスカの降伏条件：　$|\sigma_1-\sigma_3|=\sigma_y$

ミーゼスの降伏条件：　$\dfrac{1}{2}[(\sigma_1-\sigma_2)^2+(\sigma_2-\sigma_3)^2+(\sigma_3-\sigma_1)^2]=\sigma_y^2$

一般座標系下でのミーゼスの降伏条件：　$\dfrac{1}{2}[(\sigma_{xx}-\sigma_{yy})^2+(\sigma_{yy}-\sigma_{zz})^2+(\sigma_{zz}-\sigma_{xx})^2+6(\sigma_{xy}^2+\sigma_{yz}^2+\sigma_{zx}^2)]=\sigma_y^2$

1.8 破壊力学

機械・構造物は，膨大な部品数で組み立てられている．部品同士は，ねじや溶接によって結合されている．ねじにより部品を結合するためには部品に円孔を加工しなければならない．しかし，機械・構造物が稼働中，円孔縁では応力集中を生じるためにき裂が発生する．変動荷重であれば気が付かない間にき裂はゆっくりと成長していくだろう．一方，溶接により部品を結合する場合，溶接施工中に生じた溶接不良（き裂状欠陥）が残留することがある．このような場合も，変動荷重下においてこのような欠陥で応力集中が生じ，欠陥縁からき裂が発生することになる．

機械・構造物にき裂が発生することを防止するのは難しいが，防止策を考えることは現実的ではある．そこで，一度き裂が発生したら，き裂がどの程度の期間を費やして，そしてどの方向に成長するのか正確に予測できるようにすることの方が重要と考えられる．このような背景に支えられて発展してきた学問が破壊力学である．そこで，本節では破壊力学の概要について解説する．

き裂の進展駆動力（crack driving force）を理解することが破壊力学の本質である．例えばニュートンの運動法則について考えてみる．質点が運動するためには外力が必要である．この外力の種類を調べるのが物理学であり，外力がわかれば質点の軌跡を完全に計算することができる．破壊力学をニュートンの運動法則にあてはめると次のように説明できる．“き裂先端（質点）が成長（運動）するためにはき裂の進展駆動力（外力）が必要である．この駆動力の種類を調べるのが破壊力学（ニュートン力学）である．”ただし，駆動力がわかってもき裂成長の軌跡を完全に計算することは難しい．このために別途，材料試験を行い，材料の破壊靱性値やき裂進展曲線とよばれる特性値を取得する必要がある．ただし，ここではき裂の進展駆動力に説明を限定する．

1.8.1 エネルギー解放率

はじめに，き裂進展駆動力をエネルギーの観点から考える．そのために全ポテンシャルエネルギーという量を導入する．全ポテンシャルエネルギー Π は次のように定義される．

$$\Pi = U - W \tag{1-186}$$

ここで，U は物体に蓄えられているエネルギー（材料力学ではひずみエネルギーに相当する），W は外仕事を表す．この物理量は非常に基本的なもので，系全体におけるエネルギーのすべての情報を含んでいる．

図 1-54 は剛体天井に固定された平板が引張荷重を受けている状態を示している．平板の中央部分には面積 A のき裂があるものとする．そして，このような平板の下端面にばねを取り付け，鉛直下向きに外力 P を作用させる．機械構造物では，ここで示しているように外力が働いているのが一般的となる．外力が増加するにつれて，き裂が $A \to A+\Delta A$ に成長した状態を示したものが右図となる．この問題は，き裂付平板のばね定数 K_c と平板下端面に取り付けたばねのばね定数 k が直列に連結しているとみなすことができ，き裂が成長することによって K_c は低下したと考えることができる．したがって，平板下端面に取り付けたばねの伸びはき裂の成長によってやや緩和されることになる．

平板下端面に取り付けたばねを含めて詳しく問題を解くことは初心者には大変なので，ばねを二つの両極端の条件に置き換えて考える．ばねはこの中間の結果を与えると考えればよい．両極端の条件とは，(1) 変位が強制的に与えられている場合（**変位制御**），(2) 外力が強制的に与えられている場合（**荷重制御**）の二つである．

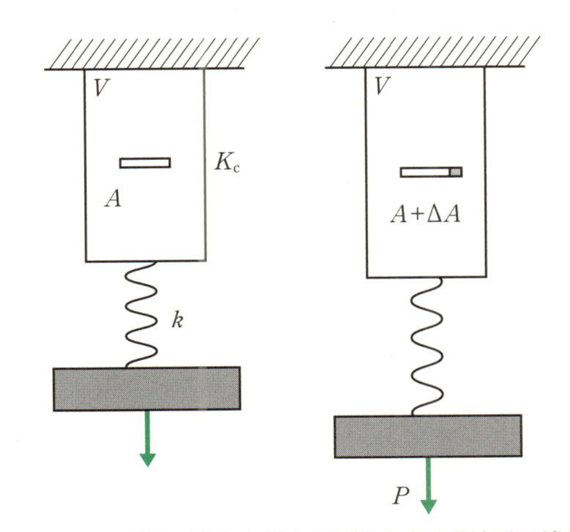

図 1-54　剛体天井から吊り下げられたき裂付き平板

(i) 変位制御

図 1-55 に示す荷重-伸び線図では，平板が引張りを受けることにより点 O から点 a へと変化する．そして点 a に達した瞬間にき裂が面積 $A+\Delta A$ に変化したとすると，荷重-変位線図は点 a から点 c に垂直に変化することになる．ここで，線分 Oc は面積 $A+\Delta A$ のき裂を有する平板が引張りを受けたときに得られる荷重-伸び線図に対応する．

このような問題に対して，き裂成長に伴う全ポテンシャルエネルギーの変化 $\Delta\Pi$ は，

$$\begin{aligned}\Delta\Pi &= \Delta(U-W)\\ &= \Delta U - \Delta W\\ &= \Delta U\\ &= \triangle \mathrm{Ocb} - \triangle \mathrm{Oab}\\ &= \triangle \mathrm{Ocb} - (\triangle \mathrm{Oac} + \triangle \mathrm{Ocb})\\ &= -\triangle \mathrm{Oac}\ (<0)\end{aligned}$$

これは，荷重-伸び線図のハッチング（網掛け）部分の面積にちょうど一致する．この面積がき裂成長に伴って全ポテンシャルエネルギーの一部が解放されたとみなされる．

これにより，単位面積のき裂が成長したときに解放される全ポテンシャルエネルギー $\mathcal{G}$ は，

$$\mathcal{G} = -\frac{\Delta\Pi}{\Delta A} = \frac{\triangle \mathrm{Oac}}{\Delta A}\ (>0)$$

(ii) 荷重制御

面積 A のき裂を有する平板において，その下端面に外力 P を作用させたとする．右に示す荷重-伸び線図では，平板が引張りを受けることにより点 O から点 a へと変化するだろう．そして点 a に達した瞬間にき裂が面積 $A+\Delta A$ に変化したとすると，荷重-変位線図は点 a から点 c に水平に変化することになる．ここで，線分 Oc は面積 $A+\Delta A$ のき裂を有する平板が

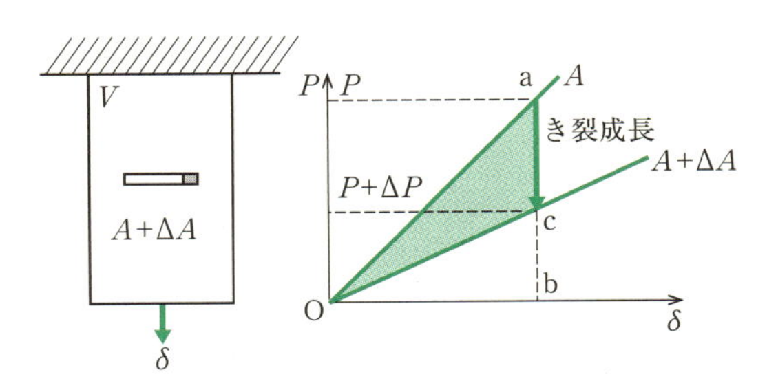

図 1-55　変位制御

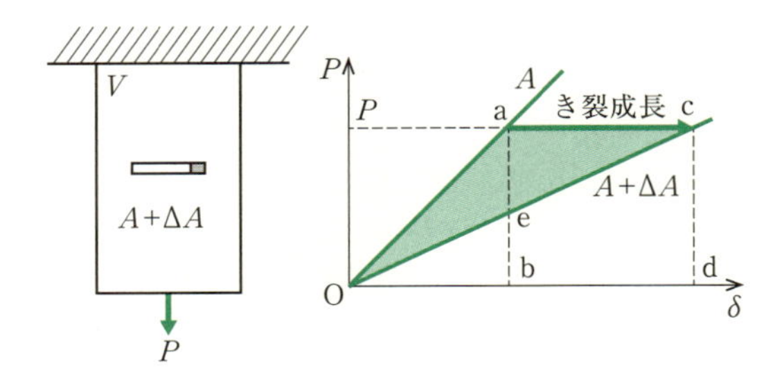

図 1-56　荷重制御

引張りを受けたときに得られる荷重-伸び線図を示している．

この問題において，き裂成長に伴う全ポテンシャルエネルギーの変化 $\Delta\Pi$ は，

$$
\begin{aligned}
\Delta\Pi &= \Delta(U-W)\\
&= \Delta U - \Delta W\\
&= \triangle\mathrm{Ocd} - \triangle\mathrm{Oab} - \square\mathrm{acbd}\\
&= \triangle\mathrm{Oeb} + \square\mathrm{ecdb} - \triangle\mathrm{Oae} - \triangle\mathrm{Oeb}\\
&\quad - \triangle\mathrm{ace} - \square\mathrm{ecbd}\\
&= -(\triangle\mathrm{Oae} + \triangle\mathrm{ace})\\
&= -\triangle\mathrm{Oac}(<0)
\end{aligned}
$$

これは，荷重-伸び線図のハッチング部分の面積に一致する．このハッチングの面積がき裂成長に伴って全ポテンシャルエネルギーの一部が解放されたと考えられる．

よって，単位面積のき裂が成長したときに解放される全ポテンシャルエネルギー $\mathcal{G}$ は，

$$
\mathcal{G} = -\frac{\Delta\Pi}{\Delta A} = \frac{\triangle\mathrm{Oac}}{\Delta A}(>0)
$$

この式はまた強制的に変位が平板の下端面に作用したときの問題の結果に一致していることがわかる．

以上のことから，単位面積のき裂が成長したときに解放される全ポテンシャルエネルギー $\mathcal{G}$ として，物体への制御条件によらず，次の式で一般に与えられることがわかる．

$$
\mathcal{G} = -\frac{\Delta\Pi}{\Delta A} \to -\lim_{\Delta A\to 0}\frac{\Delta\Pi}{\Delta A} = -\frac{\partial\Pi}{\partial A}(>0) \qquad (1\text{-}187)
$$

このとき，$\mathcal{G}$ を**エネルギー解放率（energy release rate）**といい，この量がエネルギーからみたき裂進展駆動力となる．ここで，エネルギー解放率の次元は［N/m］である．

［例題 1-12］　何気なく生活で使っている割り箸．袋から取り出した割り箸には図に示すような割れ目が切り込まれている．この割れ目を引きはがすような荷重 P を作用させたときの割り箸のエネルギー解放率 $\mathcal{G}$ を求めよ．

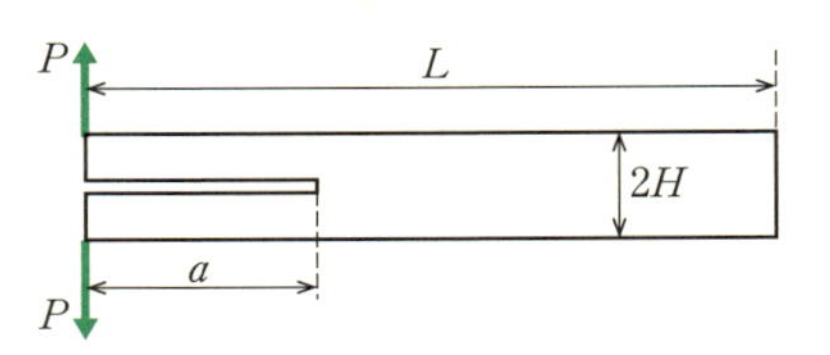

この割り箸の問題を長さ a，高さ H，幅 B のはりの先端に集中荷重 P が作用している片持ちはりと考える．集中荷重が作用する点を原点にとり，はりの中立面に沿って x 軸をとる．この片持ちはりの曲げモーメントは，

$$
M(x) = -Px
$$

となるから，はりに蓄えられるひずみエネルギーは，

$$
U = \frac{1}{2}\int_0^a \frac{M^2}{EI}\mathrm{d}x = \frac{P^2a^3}{6EI}
$$

一方，外仕事は，

$$
W = P\delta = P\times\frac{Pa^3}{3EI} = \frac{P^2a^3}{3EI}
$$

よって全ポテンシャルエネルギーは，

$$
\Pi = U - W = -\frac{P^2a^3}{6EI}
$$

である．ここで割り箸ではは りが上下に二つあると考えられるので，全ポテンシャルエネルギーは上式の 2 倍となる．これによりエネルギー解放率は，

$$
\mathcal{G} = -\frac{\partial(2\Pi)}{\partial A} = -\frac{\partial(2\Pi)}{B\partial a} = 12\frac{a^2}{EH^3}\left(\frac{P}{B}\right)^2
$$

となる．

1.8.2　J 積分

ここまでの説明で対象とした物体は弾性体，すなわちフックの法則が成立するような物体を想定した．しかし，一般的には大きな外力を物体が受けることで塑性変形する．すなわち，物体は非線形体のような振る舞いをするのが一般的である．このような場合に対しても，図 1-57 に示すようにき裂成長前後の荷重-伸び線図において囲まれたハッチング領域が，き裂が成長したときに解放された全ポテンシャルエネルギーとなる．ただし，き裂付きの非線形体に対しては，もはや，

$$
\mathcal{G} = -\frac{\partial\Pi}{\partial A}
$$

は成立しない．このため，この $\mathcal{G}$ に代わる非線形体のための式が必要となる．それが **J 積分（J integral）**である．

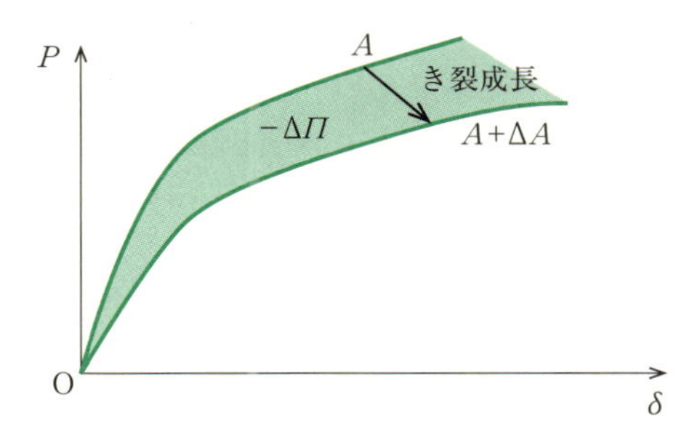

図 1–57 き裂成長に伴って解放される全ポテンシャルエネルギー

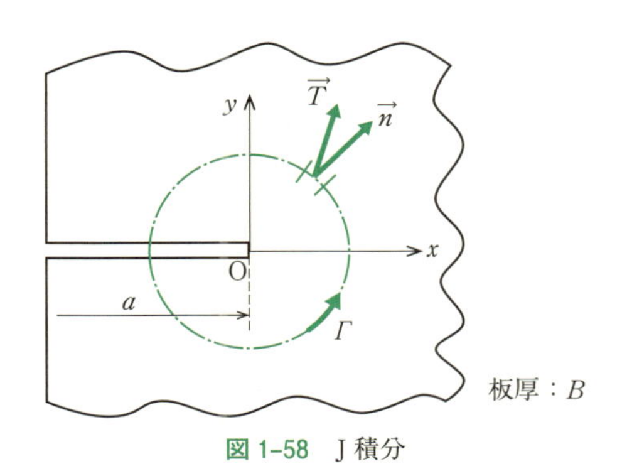

図 1–58 J 積分

図 1–58 に示すように長さ a のき裂先端に直角座標系 $(x,\ y)$ の原点 O をとり，この原点を中心に一点鎖線で示すような線を描く．この線を Γ とする．また，線 Γ に対する外向き法線ベクトルを $\vec{n}$ とする．物体には遠方で外力が作用しているものとする．

これにより，この外力によって線 Γ 上において応力成分 σ_{xx}，σ_{yy}，σ_{xy} が生じる．仮想的に一点鎖線の内部（この領域を A とする）のみが物体とし，一点鎖線 Γ がその境界面と考えると，この境界では表面力 $\vec{T}=(T_x,\ T_y)$ が作用しているものとみなすことができる．領域 A に対する全ポテンシャルエネルギーは，

$$\Pi=\int_A U(B\mathrm{d}x\mathrm{d}y)-\int_\Gamma \vec{T}\cdot\vec{u}(B\mathrm{d}\Gamma)$$

となる．ここで，U はひずみエネルギー密度，$\vec{T}\cdot\vec{u}$ は微小線分 $\mathrm{d}\Gamma$ になされた外仕事を表す．

次に，外力を固定して，変位を仮想的に $\Delta\vec{u}$ だけ変化させたときの全ポテンシャルエネルギーの変化は，

$$\Delta\Pi=\int_A \Delta U(B\mathrm{d}x\mathrm{d}y)-\int_\Gamma \vec{T}\cdot\Delta\vec{u}(B\mathrm{d}\Gamma)$$

となる（仮想仕事の原理）．

これに対して，き裂長さが $a\to(a+\Delta a)$ のように成長したとすると，ひずみエネルギーの変化 ΔU は，

$$\Delta U=U(x-\Delta a,\ y)-U(x,\ y)$$

で与えられる．これは，き裂成長後に原点 O が Δa だけ右側にずれたことによる．これを 1 次項まで展開して，

$$\begin{aligned}\Delta U&=U(x-\Delta a,\ y)-U(x,\ y)\\&=U(x,\ y)-\frac{\partial U}{\partial x}\Delta a-U(x,\ y)\\&=-\frac{\partial U}{\partial x}\Delta a\end{aligned}$$

と変形できる．同様にして変位ベクトルについても，

$$\begin{aligned}\Delta\vec{u}&=\vec{u}(x-\Delta a,\ y)-\vec{u}(x,\ y)\\&=-\frac{\partial\vec{u}}{\partial x}\Delta a\end{aligned}$$

これらを全ポテンシャルエネルギーの変化式 $\Delta\Pi$ に代入して整理すると，

$$\begin{aligned}\Delta\Pi&=\int_A\left(-\frac{\partial U}{\partial x}\Delta a\right)(B\mathrm{d}x\mathrm{d}y)-\int_\Gamma\vec{T}\cdot\left(-\frac{\partial\vec{u}}{\partial x}\Delta a\right)(B\mathrm{d}\Gamma)\\&=-B\int_A\frac{\partial U}{\partial x}\mathrm{d}x\mathrm{d}y\Delta a+B\int_\Gamma\vec{T}\cdot\frac{\partial\vec{u}}{\partial x}\mathrm{d}\Gamma\Delta a\end{aligned}$$

よって，

$$-\frac{\Delta\Pi}{B\Delta a}=\int_A\frac{\partial U}{\partial x}\mathrm{d}x\mathrm{d}y-\int_\Gamma\vec{T}\cdot\frac{\partial\vec{u}}{\partial x}\mathrm{d}\Gamma$$

右辺第 1 項に対してガウスの定理を適用して整理すると，

$$-\frac{\Delta\Pi}{B\Delta a}=\int_\Gamma\left[U\mathrm{d}y-\vec{T}\cdot\frac{\partial\vec{u}}{\partial x}\right]\mathrm{d}\Gamma$$

この式の左辺は，エネルギー解放率の定義に一致していることがわかる．すなわち，左辺はき裂成長によって解放される全ポテンシャルエネルギーとなる．また，右辺はひずみエネルギー密度 U を含んでおり，このことは一般の非線形体にまでエネルギー解放率が拡張されたことを示している．そこで，弾性体に対するエネルギー解放率と区別するため，そして右辺には積分を含んでいることから J 積分と名付けられた．すなわち，

$$J=\int_\Gamma\left[U\mathrm{d}y-\vec{T}\cdot\frac{\partial\vec{u}}{\partial x}\right]\mathrm{d}\Gamma \tag{1-188}$$

以下に J 積分の重要な性質を述べる．

① 物体が弾性体のときには，$J=G$．

② J 積分の線 Γ（径路という）は，その選び方によらず同じ値となる．これを“J 積分の径路不変性”とよぶ．

1.8.3 応力拡大係数

ここまで，き裂進展駆動力としてエネルギー解放率と J 積分について示した．ところで，き裂の先端形状は鋭いために応力集中を生じる．ここでは，この応力

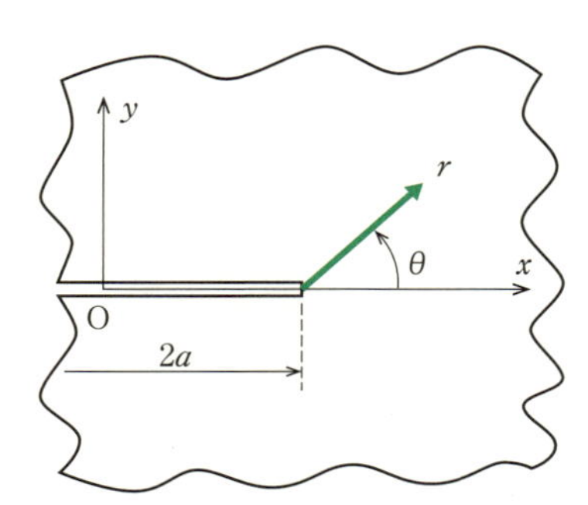

図 1-59　き裂形状と座標系の取り方

集中の大きさがき裂の成長に寄与するという立場から，き裂進展駆動力について考えてみる．

楕円形状の孔を有する平板の引張問題について考える．遠方での引張応力を平板が受けると，楕円形状の孔の近傍で応力集中が生じることは先に説明した．ただし，孔縁で応力が最も高くなるが，その大きさは有限値である．ここで，遠方で引張応力が作用する方向に垂直な方向に楕円の長軸がおかれているものとする．この長軸における楕円の曲率半径を無限に小さくなるようにすれば楕円形状の孔はき裂に近づいていく．曲率半径が小さくなるにつれて孔縁での応力は増加する．最後に曲率半径が無限小になると応力は無限大なる．このような性質を**応力特異性（stress singularity）**とよぶ．き裂長さ（すなわち楕円形状の長軸長さの2倍）を $2a$ とし，き裂面の中央に座標系（x, y）の原点をとり，これとは別にき裂先端を原点とした極座標系（r, θ）をとるものとする（図 1-59）．

平板の無限遠方にて引張応力 σ_0 が作用しているとき，$\theta=0$, $r=r$ 面上に生じる垂直応力は次のように変化することが知られている．

$$\frac{\sigma_{yy}}{\sigma_0}=\sqrt{\frac{a}{2r}}\left\{1+\frac{3}{4}\left(\frac{r}{a}\right)+\cdots\cdots\right\}$$

ここで，き裂先端の極近傍の応力分布に注目すれば，上式右辺第1項のみ注目すればよいことがわかる．したがって，

$$\frac{\sigma_{yy}}{\sigma_0}=\sqrt{\frac{a}{2r}}$$

$$\rightarrow\sigma_{yy}=\sigma_0\sqrt{\frac{a}{2r}}=\frac{\sigma_0\sqrt{\pi a}}{\sqrt{2\pi r}}$$

この式の分母は，き裂先端からの距離 r のみに依存していることがわかる．すなわち，応力は $1/\sqrt{2\pi r}$ の形状に従って変化し，き裂先端で無限大となる．一方，分子はき裂の半長さと無限遠方に作用する引張応力の二つの量に依存していることがわかる．そして，応力特異性は $r^{-\frac{1}{2}}$ といい，応力の強さは $\sigma_0\sqrt{\pi a}$ で与えられる．そこで，

$$K_{\mathrm{I}}=\sigma_0\sqrt{\pi a} \tag{1-189}$$

とおき，これを**応力拡大係数（stress intensity factor）**とよぶ．この応力拡大係数が，応力からみたき裂進展駆動力となる．

応力拡大係数を用いて，き裂先端近傍の応力分布は次のように簡単に表すことができる．

$$\sigma_{yy}=\frac{K_{\mathrm{I}}}{\sqrt{2\pi r}} \tag{1-190}$$

応力拡大係数は，

応力拡大係数 ∝ 遠方での作用応力×$\sqrt{\text{き裂長さ}}$

という形で表されており，次元は $\mathrm{MPa}\sqrt{\mathrm{m}}$, $\mathrm{Nm}^{-\frac{3}{2}}$ となる．これまでにみたことがないような奇妙な次元であるが，これが応力拡大係数の単位となる．単位換算に際しては十分に注意する必要がある．

また，無限遠方での引張応力によりき裂は開口する．その形状は，平面応力の場合，

$$\delta=\frac{8K_{\mathrm{I}}}{E}\sqrt{\frac{r}{2\pi}} \tag{1-191}$$

となる．ここで，δ を**き裂開口変位（crack opening displacement）**とよぶ．

1.8.4　エネルギー解放率と応力拡大係数の関係

弾性体のき裂進展駆動力として，1）エネルギー解放率，2）応力拡大係数について紹介してきた．これらをエネルギーと応力分布の二つの方向から独立に示してきたが，同じき裂の問題について扱っているのであるから両者は等価でなければならない．それを示すことが本項での目標となる．

このような目標を達成させる方法は，次のように次元解析をしてみることである．エネルギー解放率の次元は，N/m→(Pa)(m)．応力拡大係数の次元は，$\mathrm{Pa(m)}^{1/2}$ である．両者を同じ次元にするために，応力拡大係数を2乗してみる．すると，$\mathrm{(Pa)^2(m)}$ となる．次に弾性係数で割り算する．すると次元は，(Pa)(m) となってエネルギー解放率の次元と一致することになる．以上により，

エネルギー解放率∝応力拡大係数^2/弾性係数

のような関係式が予想される．

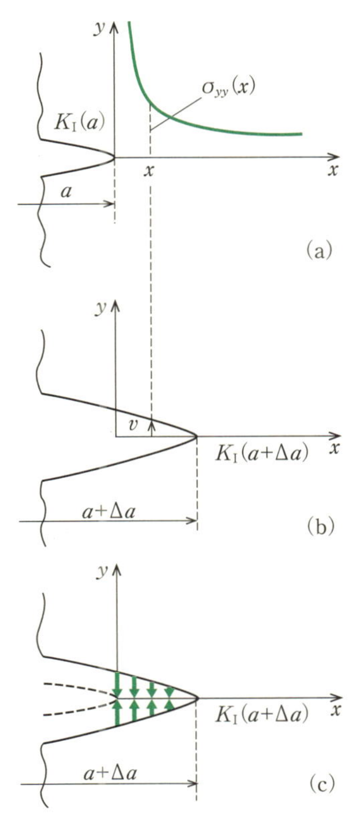

図 1-60 応力拡大係数とエネルギー解放率の関係式を証明するために必要な図

以下では精密に式を変形していく．結果はすでにわかっているので安心して計算を進められるだろう．

図 1-60 (a)，(b) におけるき裂先端近傍での垂直応力 σ_{yy} とき裂開口変位 δ は，

$$\sigma_{yy}(x)=\frac{K_{\mathrm{I}}(a)}{\sqrt{2\pi x}}$$

$$\delta(x)=2v(x)=\frac{8K_{\mathrm{I}}(a+\Delta a)}{E}\sqrt{\frac{\Delta a-x}{2\pi}}$$

き裂長さ $a+\Delta a$ のき裂を元の長さ a に戻すために，き裂面に垂直応力 $\sigma_{yy}(x)$ を作用させればよく，このためになすべき外仕事は，

$$\int_0^{\Delta a}\frac{1}{2}\sigma_{yy}(x)\delta(x)(B\mathrm{d}x)$$

である．以下，これを計算していく．

$$\begin{aligned}
&\int_0^{\Delta a}\frac{1}{2}\sigma_{yy}(x)\delta(x)(B\mathrm{d}x)\\
&=\int_0^{\Delta a}\frac{1}{2}\cdot\frac{K_{\mathrm{I}}(a)}{\sqrt{2\pi x}}\cdot\frac{8K_{\mathrm{I}}(a+\Delta a)}{E}\sqrt{\frac{\Delta a-x}{2\pi}}(B\mathrm{d}x)\\
&=\frac{2}{\pi}\frac{K_{\mathrm{I}}(a)K_{\mathrm{I}}(a+\Delta a)}{E}B\int_0^{\Delta a}\sqrt{\frac{\Delta a-x}{x}}\mathrm{d}x\\
&=\frac{2}{\pi}\frac{K_{\mathrm{I}}(a)K_{\mathrm{I}}(a+\Delta a)}{E}B\left(\frac{\pi}{2}\Delta a\right)
\end{aligned}$$

これがき裂成長によって解放されたエネルギーに一致するので，

$$\mathcal{G}(B\Delta a)=\frac{2}{\pi}\frac{K_{\mathrm{I}}(a)K_{\mathrm{I}}(a+\Delta a)}{E}B\left(\frac{\pi}{2}\Delta a\right)$$

この式を整理すると，

$$\mathcal{G}=\frac{K_{\mathrm{I}}(a)K_{\mathrm{I}}(a+\Delta a)}{E}$$

極限 $\Delta a\to 0$ をとって，

$$\mathcal{G}=\frac{K_{\mathrm{I}}^2}{E}$$

という関係式が得られる．

1.8 節のまとめ

エネルギー解放率： $\mathcal{G}=-\dfrac{\partial\Pi}{\partial A}(>0)$

J 積分： $J=\int_\Gamma\left[U\mathrm{d}y-\vec{T}\cdot\dfrac{\partial\vec{u}}{\partial x}\right]\mathrm{d}\Gamma$

き裂先端近傍での応力分布と応力拡大係数： $\sigma_{yy}=\dfrac{K_{\mathrm{I}}}{\sqrt{2\pi r}}$

エネルギー解放率と応力拡大係数の関係（平面応力）： $\mathcal{G}=\dfrac{K_{\mathrm{I}}^2}{E}$

参考文献

[1] 西谷弘信，材料力学，(1994)，コロナ社.
解法がコンパクトに説明されている.
[2] 渋谷寿一，本間寛臣，斎藤憲司，現代材料力学，(1986)，朝倉書店.
材料力学のすべての問題とその解法が示されている.
[3] 菅野昭，高橋賞，吉野利男，応力ひずみ解析，(1986)，朝倉書店.
実験応力解析法が詳しく解説されている.
[4] Y.C. ファン著，大橋義夫，村上澄男，神谷紀生共訳，連続体の力学入門，(1980)，培風館.
弾性力学の百科事典.
[5] S.P. Timoshenko, J.N. Goodier, Theory of Elasticity, (1970). McGraw-Hill Inc..
一度は手にとってもらいたい名著.
[6] 岡村弘之，線形破壊力学入門，(1987)，培風館.

2. 機械力学

2.1 機械力学の基礎

本章では，今までに学んだ力学の応用を基礎として，機械・構造物の運動状態の解析を取り扱う．はじめて機械力学を学ぶ学生や技術者が理解しやすいように，機械の力学を基礎から解説する．機械力学は，機械に関して，動力伝達問題，安定問題および振動問題を解決するための学問で，最も基礎となる知識は“力学”である．機械の複雑な運動を並進および回転の運動に分解することができれば，それぞれの運動方程式を立て，これらを連立させて解くことで，機械の運動を記述できる．そのため，機械力学では，まず，単純にモデル化したさまざまな機械要素の運動を記述できるようになることが重要である．

2.1.1 質点の力学

質点（particle）とは物体の大きさや形を無視して，物体を点で表現し，質量のみを付与した仮想的な物理モデルである．物体の変形や回転を無視して，物体の重心に質量が集中したと考えることができる場合は，これを質点とみなすことができる．これに対して，複数の質点が集まり，それらが互いに影響し合い一つの系とみなす必要がある物理モデルのことを質点系とよび，無数の質点があり任意の二つの質点間の相対距離が不変な物体を**剛体（rigid body）**とよぶ．

a. 位置，変位，速度，加速度

図 2-1 のように，任意の時刻 t から $t+\Delta t$ の間に経路上を通って点 P が点 P′ に動いたとする．このときに，経路上にとった点 P から点 P′ までの経路に沿った距離を Δs とすると，Δt の間に経路上を Δs だけ動いたことになり，$\Delta s/\Delta t$ がこの間の平均の速さになる．ここで，Δt を限りなく小さくすると，点 P′ は限りなく点 P に近づく．すなわち，

$$v=\lim_{\Delta t\to 0}\frac{\Delta s}{\Delta t}=\frac{\mathrm{d}s}{\mathrm{d}t} \tag{2-1}$$

となり，この v は時刻 t における速さとよばれ，大きさのみをもつスカラー量である．

また，点 P の位置は固定した原点 O からの位置ベクトル $\boldsymbol{r}$ によって表すことができる．点 P′ の位置ベクトルを $\boldsymbol{r}+\Delta\boldsymbol{r}$ とすれば，Δt の間の位置の差のベクトル（変位）は $\Delta\boldsymbol{r}=\boldsymbol{r}+\Delta\boldsymbol{r}-\boldsymbol{r}$ である．変位の時間的変化の割合 $\Delta\boldsymbol{r}/\Delta t$ は，この間の平均の速度になる．ここで，Δt を限りなく小さくすると，$\Delta\boldsymbol{r}/\Delta t$ は瞬間の速度になり，点 P′ は限りなく点 P に近づき，$\Delta\boldsymbol{r}$ の方向は点 P における経路の接線の方向と一致する．したがって，点 P における速度は，

$$\boldsymbol{v}=\lim_{\Delta t\to 0}\frac{\Delta\boldsymbol{r}}{\Delta t}=\frac{\mathrm{d}\boldsymbol{r}}{\mathrm{d}t}=\dot{\boldsymbol{r}}=\frac{\mathrm{d}s}{\mathrm{d}t}\boldsymbol{t}=v\boldsymbol{t} \tag{2-2}$$

と表すことができる．ここで，$\boldsymbol{t}$ は点 P における経路の単位接線ベクトルである．すなわち，速度 $\boldsymbol{v}$ は，大きさ（速さ）が v，方向は経路の接線方向で，向きは経路の向きのベクトルである．

時刻 t における点の位置を P，速度を $\boldsymbol{v}$，時刻 $t+\Delta t$ における点の位置を P′，速度を $\boldsymbol{v}+\Delta\boldsymbol{v}$ とすると，Δt の間に速度が $\Delta\boldsymbol{v}$ だけ変化したことになる．速度の時間的変化の割合 $\Delta\boldsymbol{v}/\Delta t$ は，この間の平均の加速度になる．ここで，Δt を限りなく小さくすると，点 P′ は限りなく点 P に近づき，このとき $\Delta\boldsymbol{v}/\Delta t$ も一定の値 $\boldsymbol{a}$ に近づく．つまり，時刻 t における加速度 $\boldsymbol{a}$ は下記の式で定義されるベクトル量である（図 2-2 (a)）．

$$\boldsymbol{a}=\lim_{\Delta t\to 0}\frac{\Delta\boldsymbol{v}}{\Delta t}=\frac{\mathrm{d}\boldsymbol{v}}{\mathrm{d}t}=\dot{\boldsymbol{v}}=\frac{\mathrm{d}}{\mathrm{d}t}\left(\frac{\mathrm{d}\boldsymbol{r}}{\mathrm{d}t}\right)=\frac{\mathrm{d}^2\boldsymbol{r}}{\mathrm{d}t^2}$$
$$=\ddot{\boldsymbol{r}}=\frac{\mathrm{d}v}{\mathrm{d}t}\boldsymbol{t}+v\frac{\mathrm{d}\boldsymbol{t}}{\mathrm{d}t} \tag{2-3}$$

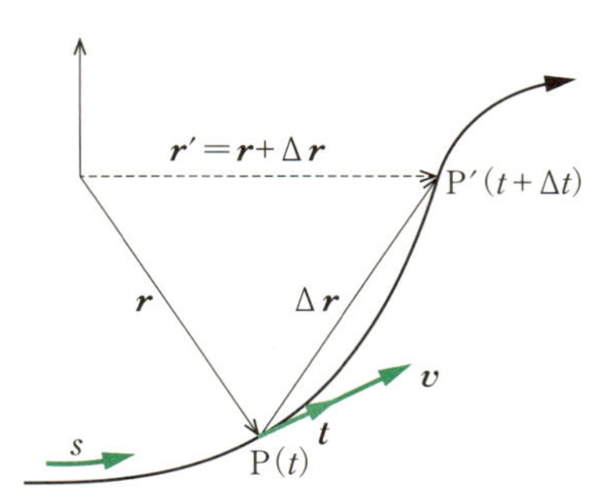

図 2-1　質点の位置，変位，速度

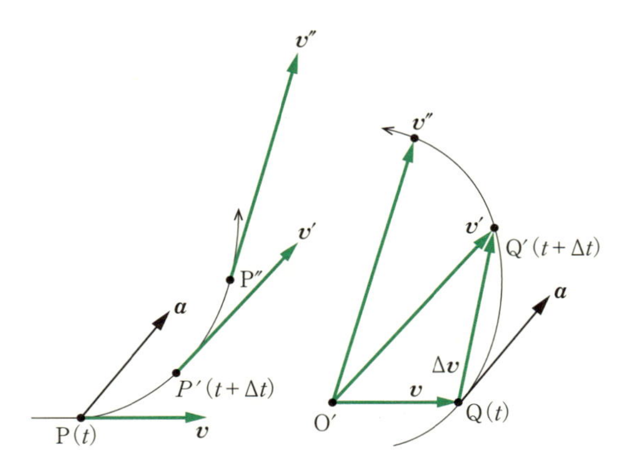

図 2-2　速度ベクトルと加速度ベクトル

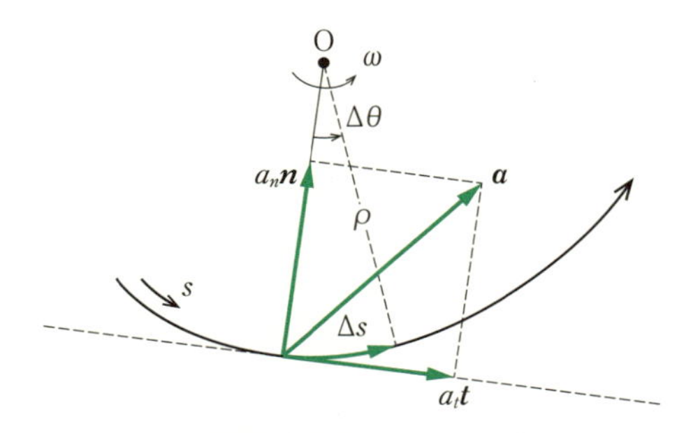

図 2-3　接線方向加速度と法線方向加速度

曲線運動の場合には，時間とともに速度 $\boldsymbol{v}$ の方向が変わるため，加速度の方向が速度の方向とは一致しない．加速度ベクトルは，速度ベクトルの基点を同一として 1 点に合わせ，ベクトルの終点を結んだ曲線（ホドグラフ，図 2-2（b））の接線になっているが，経路の接線にはなっていない．つまり，点 P において，加速度ベクトルは接線方向成分 a_t と法線方向成分 a_n（図 2-3）に分けられる．すなわち，

$$\boldsymbol{a}=a_t\boldsymbol{t}+a_n\boldsymbol{n} \tag{2-4}$$

と表すことができる．$\boldsymbol{n}$ は点 P における経路の単位法線ベクトルである．さらに経路上の点 P における経路の曲率半径を ρ，曲率中心における点の角度の変化を $\Delta\theta$ として極限をとると，

$$\lim_{\Delta\theta\to 0}\frac{\Delta s}{\Delta\theta}=\frac{\mathrm{d}s}{\mathrm{d}\theta}=\rho \tag{2-5}$$

となる．つまり，接線加速度 a_t，法線加速度 a_n の大きさは，

$$a_t=\lim_{\Delta t\to 0}\frac{\Delta v}{\Delta t}=\frac{\mathrm{d}v}{\mathrm{d}t}=\dot{v}=\ddot{s} \tag{2-6}$$

$$a_n=\lim_{\Delta t\to 0}\frac{v\Delta\theta}{\Delta t}=\lim_{\Delta t\to 0}v\frac{\Delta s}{\Delta t}\frac{\Delta\theta}{\Delta t}$$

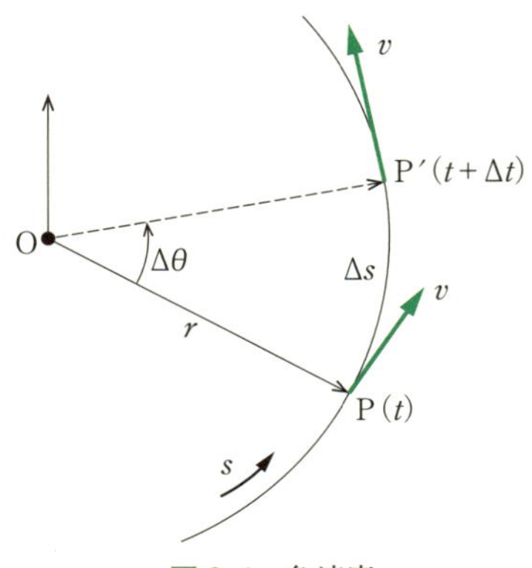

図 2-4　角速度

$$=\frac{v^2}{\rho}=v\dot{\theta}=\rho\dot{\theta}^2 \tag{2-7}$$

となる．

b．角度，角変位，角速度，角加速度

図 2-4 のように，点が中心 O，半径 r の円周上を運動する場合を考え，点が時刻 t から $t+\Delta t$ までに円周上に沿って点 P から点 P′ に動いたとする．$\Delta\theta$ を時刻 t から $t+\Delta t$ までの間の角変位といい，$\Delta\theta/\Delta t$ を時刻 t から $t+\Delta t$ までの間の平均角速度という．速度と同様に Δt を限りなく小さくすると，時刻 t における角速度 ω は下記の式となる．

$$\omega=\lim_{\Delta t\to 0}\frac{\Delta\theta}{\Delta t}=\frac{\mathrm{d}\theta}{\mathrm{d}t}=\dot{\theta} \tag{2-8}$$

Δt の間に点が動いた円周上の微小距離は $\Delta s=r\Delta\theta$ となり，円周上の点の周速度 v は

$$v=\lim_{\Delta t\to 0}\frac{\Delta s}{\Delta t}=r\lim_{\Delta t\to 0}\frac{\Delta\theta}{\Delta t}=r\omega \tag{2-9}$$

となる．

角速度の時間に対する変化の割合を角加速度 $\dot{\omega}$ といい，下記の式で表せる．

$$\dot{\omega}=\frac{\mathrm{d}\omega}{\mathrm{d}t}=\frac{\mathrm{d}}{\mathrm{d}t}\left(\frac{\mathrm{d}\theta}{\mathrm{d}t}\right)=\frac{\mathrm{d}^2\theta}{\mathrm{d}t^2}=\ddot{\theta} \tag{2-10}$$

2.1.2　力とモーメント

静止している物体を動かしたり，運動している物体を静止させたりするなど，物体に働いてその運動状態を変える原因となる作用を**力（force）**とよぶ．その大きさは [N]，[kg·m/s²] を用いて表す．物体に力が働く場合，その作用は力の大きさのほかに，方向や向き，力が働く点によって異なる．したがって，力を図示するには，力が働く点から力の方向にその大きさに

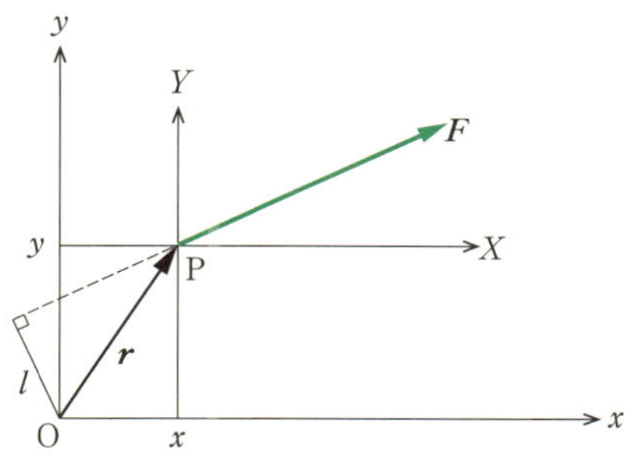

図 2-5　力のモーメント

比例した長さをもつ線分を描き，力の向きに矢印を付けてベクトルとして表現する．

ある質点 P に作用する力 $\boldsymbol{F}$ とすると，力 $\boldsymbol{F}$ が点 O の物体に回転を生じさせるような力の性質を表す量をモーメントとよび，特に物体を回転させるときの回転軸周りの力のモーメントをトルクとよぶ．

図 2-5 で点 P に作用する力 $\boldsymbol{F}$ の点 O 周りのモーメント $\boldsymbol{M}$ は，$\boldsymbol{M}=l\boldsymbol{F}$ で表される．l は点 O から力の作用線に下した垂線の長さであり，**モーメントの腕 (moment arm)** とよぶ．モーメントの大きさと方向を有するベクトル量である．その向きはモーメントの作用方向に右ねじを回転させたときのねじが進む方向に一致させる．点 O と着力点 P を結ぶベクトルを $\boldsymbol{r}(x,\ y)$ とすると，力のモーメントは $\boldsymbol{M}=\boldsymbol{r}\times\boldsymbol{F}$ で表せる．力 $\boldsymbol{F}$ の x，y 方向の分力を X，Y とすれば，$\boldsymbol{M}=\boldsymbol{F}l=xY-yX$ となる．

2.1.3　運動の法則

a. ニュートンの運動の三法則

ニュートン力学の体系では，質点に作用する力とその運動に関する力学的現象の原因と結果は以下の三つの法則で結び付けられている．

第 1 法則：質点に力が作用していないならば質点の運動は変化しない．すなわち，静止しているものは静止し続け，動いているものは等速運動を続ける（慣性の法則）．

第 2 法則：質点の加速度は作用する力と同じ方向に，力の大きさに比例し，物体の質量に反比例する．あるいは，質点の運動量の時間的変化の割合は作用する力に等しくなる（運動の法則）．

第 3 法則：二つの質点間に作用する力は，力の向きが反対で，大きさが等しく，一直線上に沿って作用する．力を作用しあう二つの質点が静止している場合でも，運動している場合でもこの法則は成り立つ（作用・反作用の法則）．

アイザック・ニュートン

英国の自然哲学者，数学者．ニュートン力学を確立し，古典力学の祖とされる．『プリンキピア』では万有引力の法則や運動方程式を記している．(1642-1727)

b. 運動方程式

質点の運動にニュートンの第 2 法則を適用して，質点の質量 m，加速度 $\boldsymbol{a}$，質点に作用する合力を $\boldsymbol{F}$ とすると次式が得られる．

$$m\boldsymbol{a}=\boldsymbol{F} \tag{2-11}$$

ただし，この式は慣性系において成り立つ．慣性系とは慣性の法則が成り立つ座標系であり，空間に固定された静止座標系または等速直線運動をしている座標系である．厳密には，地球上の静止座標は慣性系ではないが，通常は十分な精度で慣性系とみなすことができる．

2.1.4　見掛けの力：遠心力とコリオリ力

図 2-6 のように質点の運動はある静止座標系（O-xyz）に対して移動している移動座標系（O′-$x'y'z'$）からみるとき，異なった運動として観測される．移動座標系の運動は並進運動と回転運動の合成によって表現されるとすると，移動座標系の原点 O′ までの変位ベクトル $\boldsymbol{r}_{\mathrm{O'}}$，点 P の位置は相対位置 $\boldsymbol{r}_{\mathrm{R}}$ を用いて，

$$\boldsymbol{r}=\boldsymbol{r}_{\mathrm{O'}}+\boldsymbol{r}_{\mathrm{R}} \tag{2-12}$$

と表せる．また，移動座標系が並進速度 $\boldsymbol{v}_{\mathrm{O'}}$，回転速度 $\boldsymbol{\omega}_{\mathrm{O'}}$ で移動しているとすると，点 P の速度 $\boldsymbol{v}$ は，相対速度 $\boldsymbol{v}_R$ を用いて，

$$\boldsymbol{v}=\dot{\boldsymbol{r}}=\dot{\boldsymbol{r}}_{\mathrm{O'}}+\dot{\boldsymbol{r}}_{\mathrm{R}}=\boldsymbol{v}_{\mathrm{O'}}+\boldsymbol{\omega}_{\mathrm{O'}}\times\boldsymbol{r}_{\mathrm{R}}+\boldsymbol{v}_{\mathrm{R}} \tag{2-13}$$

ガスパール＝ギュスターヴ・コリオリ

フランスの数学者，物理学者，天文学者．回転座標系における慣性力の概念を示し，その力に名を残す．エコールポリテクニークで学び，後に解析・力学の研究長となった．エッフェル塔に名前の刻まれた科学者 72 人のうちの一人．(1792-1843)

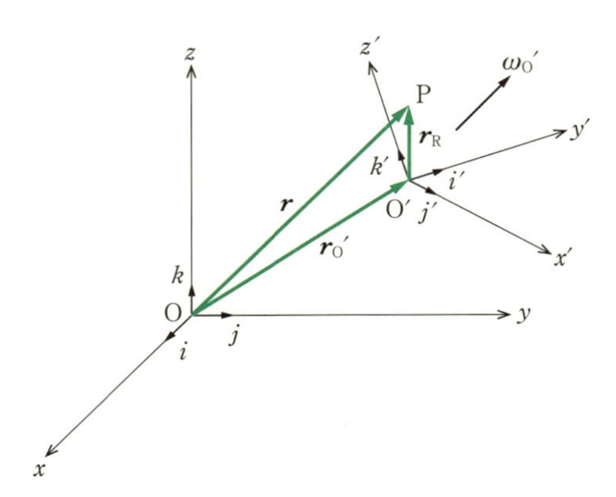

図 2-6　静止座標系と移動座標系

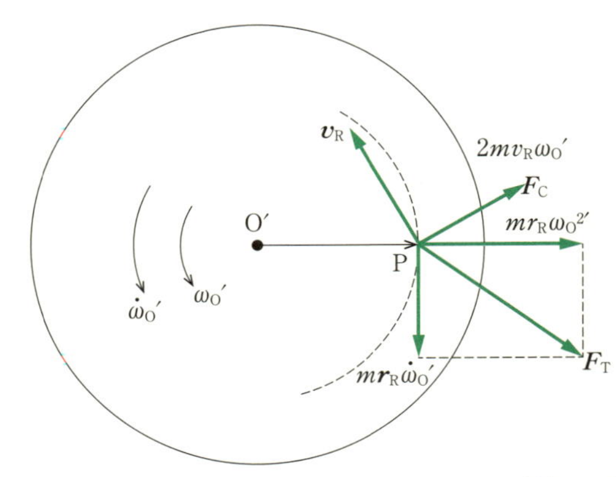

図 2-7　回転円板上で移動する質点に作用する見掛けの力

と表せる．ここで，$\boldsymbol{\omega}_{O'}\times\boldsymbol{r}_R$ の項は回転によるもので，角速度 $\boldsymbol{\omega}$ で回転しているベクトル $\boldsymbol{r}$ の速度は $\boldsymbol{v}=\boldsymbol{\omega}\times\boldsymbol{r}$ となる．さらに，並進加速度 $\boldsymbol{a}_{O'}$ として点Pの加速度 $\boldsymbol{a}$ を相対角加速度 $\boldsymbol{a}_R$ を用いて表すと，

$$\begin{aligned}\boldsymbol{a}=\dot{\boldsymbol{v}}&=\dot{\boldsymbol{v}}_{O'}+\dot{\boldsymbol{\omega}}_{O'}\times\boldsymbol{r}_R+\boldsymbol{\omega}_{O'}\times\dot{\boldsymbol{r}}_R+\dot{\boldsymbol{v}}_R\\&=\boldsymbol{a}_{O'}+\dot{\boldsymbol{\omega}}_{O'}\times\boldsymbol{r}_R\\&\quad+\boldsymbol{\omega}_{O'}\times(\boldsymbol{\omega}_{O'}\times\boldsymbol{r}_R+\boldsymbol{v}_R)\\&\quad+\boldsymbol{\omega}_{O'}\times\boldsymbol{v}_R+\boldsymbol{a}_R\\&=\boldsymbol{a}_{O'}+\dot{\boldsymbol{\omega}}_{O'}\times\boldsymbol{r}_R+2\boldsymbol{\omega}_{O'}\times\boldsymbol{v}_R\\&\quad+\boldsymbol{\omega}_{O'}\times(\boldsymbol{\omega}_{O'}\times\boldsymbol{r}_R)+\boldsymbol{a}_R\\&=\boldsymbol{a}_T+\boldsymbol{a}_C+\boldsymbol{a}_R\end{aligned}\qquad(2\text{-}14)$$

となる．ここで，

$$\boldsymbol{a}_T=\boldsymbol{a}_{O'}+\dot{\boldsymbol{\omega}}_{O'}\times\boldsymbol{r}_R+\boldsymbol{\omega}_{O'}\times(\boldsymbol{\omega}_{O'}\times\boldsymbol{r}_R)\qquad(2\text{-}15)$$

は座標の並進・回転による運搬加速度を表し，

$$\boldsymbol{a}_C=2\boldsymbol{\omega}_{O'}\times\boldsymbol{v}_R\qquad(2\text{-}16)$$

は回転座標の中で相対速度をもつときに現れるコリオリの加速度を表す．

式(2-11)，(2-14)から移動座標からみた見掛けの運動方程式を考えると以下の式が得られる．

$$m\boldsymbol{a}_R=\boldsymbol{F}_R=\boldsymbol{F}-m\boldsymbol{a}_T\text{-}m\boldsymbol{a}_C=\boldsymbol{F}+\boldsymbol{F}_T+\boldsymbol{F}_C\qquad(2\text{-}17)$$

ここで，$\boldsymbol{F}_R$ は移動座標で観察するときに質点 m に作用しているとみなされる力であり，実際の外力 $\boldsymbol{F}$ 以外に，見掛けの力として座標の並進・回転による力 $\boldsymbol{F}_T$：

$$\begin{aligned}\boldsymbol{F}_T=-m\boldsymbol{a}_T=&-m\boldsymbol{a}_{O'}-m\dot{\boldsymbol{\omega}}_{O'}\times\boldsymbol{r}_R\\&-m\boldsymbol{\omega}_{O'}\times(\boldsymbol{\omega}_{O'}\times\boldsymbol{r}_R)\end{aligned}\qquad(2\text{-}18)$$

と，コリオリ力 $\boldsymbol{F}_C$：

$$\boldsymbol{F}_C=-m\boldsymbol{a}_C=-2m\dot{\boldsymbol{\omega}}_{O'}\times\boldsymbol{v}_R\qquad(2\text{-}19)$$

が作用する．回転円盤上 $\boldsymbol{r}_R$ において相対速度 $\boldsymbol{v}_R$ で運動する質点Pに作用する見掛けの力は図 2-7 のように示される．ここで，座標の並進・回転による力のうち $-m\boldsymbol{\omega}_{O'}\times(\boldsymbol{\omega}_{O'}\times\boldsymbol{r}_R)$ は遠心力とよばれ，半径方向外向きに作用し，コリオリ力は相対速度 $\boldsymbol{v}_R$ に直角に作用する．

2.1.5　運動量と角運動量

a. 運動量と力積

質量 m の質点に力 $\boldsymbol{F}$ が作用し，速度 $\boldsymbol{v}$ で運動しているとすると，質点の運動方程式は，

$$\boldsymbol{F}=m\boldsymbol{a}=m\dot{\boldsymbol{v}}=m\frac{\mathrm{d}\boldsymbol{v}}{\mathrm{d}t}=\frac{\mathrm{d}}{\mathrm{d}t}(m\boldsymbol{v})=\frac{\mathrm{d}\boldsymbol{p}}{\mathrm{d}t}\qquad(2\text{-}20)$$

$$\boldsymbol{p}=m\boldsymbol{v}$$

とも書ける．この式で，物体の質量と速度の積 $m\boldsymbol{v}$ を運動のはげしさを表す量を**運動量（momentum）**とよぶ．また，式(2-20)はニュートンの第2法則を変形した形となるので，運動量の時間的変化の割合は作用した力に等しいともいえる．

時刻 t_1 のときに速度 $\boldsymbol{v}_1$ で運動していた質量 m の質点に力 $\boldsymbol{F}$ が作用して，時刻 t_2 のときに速度 $\boldsymbol{v}_2$ で運動したとすると，式(2-20)は，

$$\begin{aligned}\boldsymbol{F}=m\boldsymbol{a}&=m\frac{(\boldsymbol{v}_2-\boldsymbol{v}_1)}{t_2-t_1}\\&=\frac{1}{t_2-t_1}(m\boldsymbol{v}_2-m\boldsymbol{v}_1)\end{aligned}\qquad(2\text{-}21)$$

と変型することができ，

$$\boldsymbol{F}t=(m\boldsymbol{v}_2-m\boldsymbol{v}_1),\quad t=t_2-t_1\qquad(2\text{-}22)$$

が成り立つ．この式の $\boldsymbol{F}t$（作用した力×作用した時間）を**力積（impulse）**とよぶ．また，ニュートンの第2法則を時間 t_1 から t_2 について積分すると，

$$\int_{t_1}^{t_2}\boldsymbol{F}\mathrm{d}t=\int_{t_1}^{t_2}m\frac{\mathrm{d}\boldsymbol{v}}{\mathrm{d}t}\mathrm{d}t=m\boldsymbol{v}_2-m\boldsymbol{v}_1\qquad(2\text{-}23)$$

が成り立つので，運動量の時間的変化はその間に作用した力積に等しいことがわかる．

b. 角運動量と角力積

式(2-20)の両辺に位置ベクトル $\boldsymbol{r}$ をかけて原点Oに関するモーメント $\boldsymbol{M}$ を求めると，

$$\boldsymbol{M}=\boldsymbol{r}\times\boldsymbol{F}=\boldsymbol{r}\times m\dot{\boldsymbol{v}}=\frac{\mathrm{d}}{\mathrm{d}t}(\boldsymbol{r}\times m\boldsymbol{v})=\frac{\mathrm{d}\boldsymbol{L}}{\mathrm{d}t} \quad (2\text{-}24)$$

$$\boldsymbol{L}=\boldsymbol{r}\times m\boldsymbol{v}$$

となる．ここで，物体の質量と速度の積に位置ベクトルかけた $\boldsymbol{L}=\boldsymbol{r}\times m\boldsymbol{v}$ を原点Oに関する**角運動量（angler momentum）**とよぶ．また，式(2-24)はある固定点周りの角運動量の時間的変化の割合はその点周りのモーメントに等しい．また，式(2-24)を時間について積分すると次式となる．

$$\int_{t_1}^{t_2}\boldsymbol{M}\mathrm{d}t=\boldsymbol{L}_2-\boldsymbol{L}_1 \quad (2\text{-}25)$$

この式の左辺を**角力積**とよび，角力積（作用したモーメント×作用した時間）は角運動量の変化量に等しいことがわかる．

c. 運動量保存則

ニュートンの第2法則によれば，物体に外力 $\boldsymbol{F}$ やモーメント $\boldsymbol{M}$ が作用しない場合，その物体の運動量や角運動量は変化しない．これは，式(2-20)，(2-24)より，外力およびモーメントが作用しなければ質点の運動量および角運動量は不変であり，保存されることを意味する．これらの法則をそれぞれ，**運動量保存の法則**，**角運動量保存の法則**とよぶ．物体が二つ以上ある場合に，互いに内力を作用しあって速度が変わっても，それぞれの物体以外の外力が作用せずに，互いに作用しあう内力だけで運動するときには，それぞれの物体の運動量・角運動量の和はその作用の前後において変化しない．

2.1.6 仕事と力学エネルギー

a. 仕事と運動エネルギー

物体に力が作用すると，その物体は力の方向に加速度を生じる．物体に働く力と物体が動いた距離から，物体に働いた力の効果を仕事とよぶ．図2-8のように，直交直線座標系で，質点Pが力 $\boldsymbol{F}$ を受けて，滑らかな経路 s に沿って微小変位 $\mathrm{d}\boldsymbol{r}$ が生じたとする．その際の微小仕事 $\mathrm{d}W$ は次の式で表される．

$$\mathrm{d}W=\boldsymbol{F}\cdot\mathrm{d}\boldsymbol{r}=F\mathrm{d}r\cos\theta \quad (2\text{-}26)$$

ここで，記号・は内積を表す．F と $\mathrm{d}r$ は力と変位の大きさを表し，θ は $\boldsymbol{F}$ と $\mathrm{d}\boldsymbol{r}$ とのなす角度を表す．つまり仕事はスカラー量で表現される．ある物体に1Nの力を作用させ，その力の方向に1mの変位が生じたときの仕事を1N·mとする．これを仕事の単位として，ジュール（J）とよび，1J=1N·mと定義する．

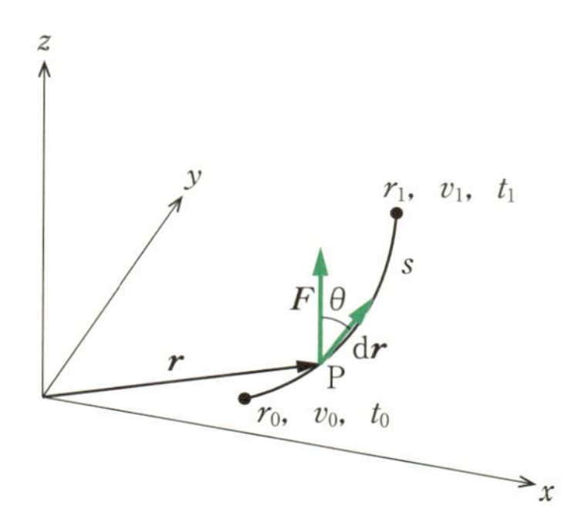

図2-8 微小変位による仕事

力 $\boldsymbol{F}$ と微小変位 $\mathrm{d}\boldsymbol{r}$ のそれぞれの座標軸方向成分と各軸の単位ベクトル（$\boldsymbol{i}$，$\boldsymbol{j}$，$\boldsymbol{k}$）を用いて表すと，

$$\boldsymbol{F}=F_x\boldsymbol{i}+F_y\boldsymbol{j}+F_z\boldsymbol{k},\quad \mathrm{d}\boldsymbol{r}=\mathrm{d}x\boldsymbol{i}+\mathrm{d}y\boldsymbol{j}+\mathrm{d}z\boldsymbol{k} \quad (2\text{-}27)$$

となる．ここで，F_x，F_y，F_z はそれぞれ $\boldsymbol{F}$ の x，y，z 軸方向の成分であり，$\mathrm{d}x$，$\mathrm{d}y$，$\mathrm{d}z$ はそれぞれ微小変位 $\mathrm{d}\boldsymbol{r}$ の x，y，z 軸方向の成分を表す．なお，単位ベクトルの内積は次式で与えられる．

$$\begin{aligned}&\boldsymbol{i}\cdot\boldsymbol{i}=\cos 0=1,\quad \boldsymbol{j}\cdot\boldsymbol{j}=1,\quad \boldsymbol{k}\cdot\boldsymbol{k}=1,\\&\boldsymbol{i}\cdot\boldsymbol{j}=\cos\frac{\pi}{2}=0,\quad \boldsymbol{j}\cdot\boldsymbol{k}=0,\quad \boldsymbol{k}\cdot\boldsymbol{i}=0\end{aligned} \quad (2\text{-}28)$$

式(2-26)の微小仕事 $\mathrm{d}W$ を各軸成分を用いて表すと，

$$\mathrm{d}W=F_x\mathrm{d}x+F_y\mathrm{d}y+F_z\mathrm{d}z \quad (2\text{-}29)$$

となる．つまり，仕事は同一座標軸上の力成分と変位成分との積をすべての軸について足し合わせることで求めることができる．

ニュートンの第2法則より，質量 m の質点Pに力 $\boldsymbol{F}$ が作用し，変位 $\boldsymbol{r}(t)$ が生じた場合の運動方程式は次のようになる．

$$\boldsymbol{F}=m\boldsymbol{a}=m\frac{\mathrm{d}\boldsymbol{v}}{\mathrm{d}t}=m\frac{\mathrm{d}^2\boldsymbol{r}}{\mathrm{d}t^2} \quad (2\text{-}30)$$

図2-8の経路の始点と終点を r_0，r_1，対応する時間を t_0，t_1，始点と終点の速度 $\boldsymbol{v}=\mathrm{d}\boldsymbol{r}/\mathrm{d}t$ の大きさを v_0，v_1 とする．上式の運動方程式と微小変位 $\mathrm{d}\boldsymbol{r}$ との内積から微小仕事を求め，経路に沿った積分を行えば，始点から終点に至る全体の仕事が求まる．

$$\begin{aligned}\int_{r_0}^{r_1}\boldsymbol{F}\cdot\mathrm{d}\boldsymbol{r}&=\int_{r_0}^{r_1}m\frac{\mathrm{d}^2\boldsymbol{r}}{\mathrm{d}t^2}\mathrm{d}\boldsymbol{r}=\int_{t_0}^{t_1}m\frac{\mathrm{d}\boldsymbol{v}}{\mathrm{d}t}\cdot\boldsymbol{v}\mathrm{d}t\\&=\int_{r_0}^{r_1}\frac{\mathrm{d}}{\mathrm{d}t}\left(\frac{1}{2}m\boldsymbol{v}\cdot\boldsymbol{v}\right)\mathrm{d}t\\&=\left[\frac{1}{2}mv^2\right]_{v_0}^{v_1}\end{aligned}$$

$$=\frac{1}{2}mv_1^2-\frac{1}{2}mv_0^2 \quad (2\text{-}31)$$

ここで，$T(v)=(1/2)mv^2$ とおき，T を運動エネルギーとよぶ．なお，上式の積分範囲の記号は，積分変数に応じて変えてある．さらに，式(2-31)から次式を得ることができる．

$$\int_{r_0}^{r_1}\boldsymbol{F}\cdot \mathrm{d}\boldsymbol{r}=T(v_1)-T(v_0) \quad (2\text{-}32)$$

経路の始点 r_0 から終点 r_1 に沿った仕事の総和は初速度 v_0 と終速度 v_1 の運動エネルギーの差で表される．これより，仕事はエネルギーと等価であり，ともにスカラー量であることがわかる．

b. 位置エネルギー

図 2-9 に示すように，ばね定数 k のばねによる復元力がなす仕事を考える．ばねには，初期長さからの変位 x に比例する復元力が発生する．ここでは，x 軸に沿った復元力は $F=-kx\boldsymbol{i}$ となる．微小変位を $\mathrm{d}\boldsymbol{r}=\mathrm{d}x\boldsymbol{i}$ として，変位が x_0 から x_1 に至るまでの仕事を求めると，

$$\int_{r_0}^{r_1}\boldsymbol{F}\cdot \mathrm{d}\boldsymbol{r}=\int_{x_0}^{x_1}(-kx)\mathrm{d}x$$
$$=-\left[\frac{1}{2}kx^2\right]_{x_0}^{x_1}=-\left(\frac{1}{2}kx_1^2-\frac{1}{2}kx_0^2\right) \quad (2\text{-}33)$$

となる．ここで，$U=(1/2)kx^2$ とおき，U を復元力による**ポテンシャルエネルギー**とよぶ．復元力によるエネルギーはばねの変位 x の 2 乗に比例した正の値となる．ポテンシャルエネルギーは，物体の位置や形状の変化により，その物体に潜在的に蓄えられているエネルギーを意味する．位置 $\boldsymbol{r}$ におけるポテンシャルエネルギーを $U(\boldsymbol{r})$ とすると，式(2-33)は一般に次式で示される．

$$\int_{r_0}^{r_1}\boldsymbol{F}\cdot \mathrm{d}\boldsymbol{r}=-[U(\boldsymbol{r})]_{r_0}^{r_1}=-[U(\boldsymbol{r}_1)-U(\boldsymbol{r}_0)] \quad (2\text{-}34)$$

つまり，ポテンシャルエネルギーは経路によらず，始点 r_0 と終点 r_1 の位置のみによって定まるので，位置エネルギーともよばれる．

さらに，力 $\boldsymbol{F}$ が作用して位置 $\boldsymbol{r}$ から微小変位 $\mathrm{d}\boldsymbol{r}$ だけ変化したときの仕事とポテンシャルエネルギーの関係は，テイラー展開を用いて，$U(\boldsymbol{r}+\mathrm{d}\boldsymbol{r})$ を求め展開すると次のようになる．

$$\boldsymbol{F}\cdot \mathrm{d}\boldsymbol{r}=-[U(\boldsymbol{r}+\mathrm{d}\boldsymbol{r})-U(\boldsymbol{r})]=-\frac{\partial U}{\partial \boldsymbol{r}}\cdot \mathrm{d}\boldsymbol{r} \quad (2\text{-}35)$$

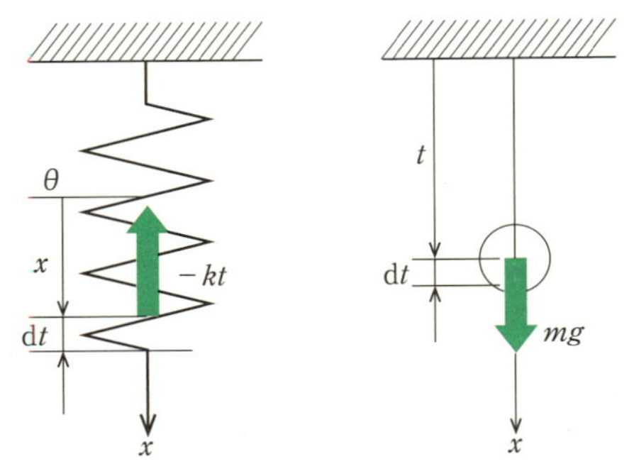

図 2-9　ばねの復元力と重力によるポテンシャルエネルギー

つまり，力 $\boldsymbol{F}$ とポテンシャルエネルギー U との関係式は，上式より

$$\boldsymbol{F}=-\frac{\partial U}{\partial \boldsymbol{r}} \quad (2\text{-}36)$$

となる．上式を各軸の力成分と変位成分で示すと，

$$F_x=-\frac{\partial U}{\partial x},\ F_y=-\frac{\partial U}{\partial y},\ F_z=-\frac{\partial U}{\partial z} \quad (2\text{-}37)$$

となる．ポテンシャルエネルギーは力が作用する方向に抗して変位が生じると増加することがわかる．

図 2-9 に示すように，重力によるポテンシャルエネルギーについて考える．x 軸の正の方向に重力 g が作用すると，質量 m の質点には重力 $\boldsymbol{F}=mg\boldsymbol{i}$ が作用する．重力によるポテンシャルエネルギーを V とすると，式(2-36)から $V=-mgx$ となり，負のポテンシャルエネルギーとなる．これは，正のポテンシャルエネルギーが重力に抗した変位 x を生じさせるためである．

c. 力学的エネルギー保存の法則

重力や電磁力など，物体の質量に作用し，位置のみの関数で表せる力の下での運動では，仕事と運動エネルギーの関係式(2-32)と仕事とポテンシャルエネルギーの関係式(2-34)より，始点と終点の位置（r_0, r_1）と速度（v_0, v_1）を用いて次式が得られる．

$$T(v_0)+U(r_0)=T(v_1)+U(r_1) \quad (2\text{-}38)$$

これは，それぞれの場所における運動エネルギーと位置エネルギーの総和は一定になることを表している．これを力学的エネルギー保存の法則とよぶ．しかし，摩擦や空気抵抗などの非保存力が働くと，力学的エネルギー保存の法則は成り立たなくなる．

2.1 節のまとめ

- 物体に働き，その運動状態を変える原因となる作用を力とよび，[N]，[kg·m/s²] で表す．
- 物体に回転を生じさせる力をモーメントとよぶ．
- 運動方程式：　$m\boldsymbol{a}=\boldsymbol{F}$
- 運動量保存の法則：物体に外力およびモーメントが作用しなければ質点の運動量は不変である．
- 力学的エネルギー保存の法則：位置のみの関数で表せる力の下での運動では，始点と終点での運動エネルギーと位置エネルギーの総和は一定である．

2.2　解析力学の基礎

2.2.1　物体の自由度

物体の自由度とは，物体が動くことができる方向の数として定義できる．3 次元の直交座標系（O-xyz）の物体の位置は，原点 O から物体の重心までの位置ベクトル $\boldsymbol{r}=(x,\ y,\ z)$ で一義的に決まる．しかし，質点の場合と違い剛体では物体がどの方向を向いているかがわからない．そこで，物体の向きを一義的に決めるためには，図 2-10 のように物体とある面に立てた垂直なベクトル $\boldsymbol{n}$ と x 軸，y 軸，z 軸とのなす角を θ，ϕ，ψ の三つを用いればよい．つまり，3 次元直交座標系のある物体の位置と姿勢を一義的に表現するには，$(x,\ y,\ z,\ \theta,\ \phi,\ \psi)$ という六つの量が必要になる．

例えば，$z=0$ の拘束条件を加えると，物体は x-y 平面の運動に拘束される．物体の自由度は，x-y 平面の運動と z 軸周りの回転の 3 自由度となる．

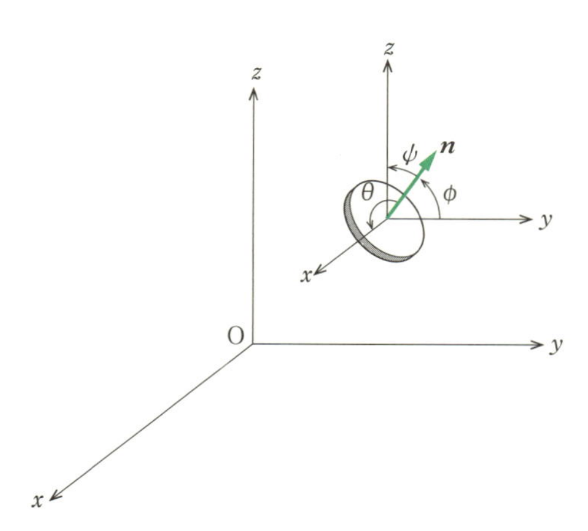

図 2-10　3 次元空間の物体の自由度

2.2.2　仮想仕事の原理

力 $\boldsymbol{F}=\sum_i F_i$ で働く質点の運動方程式は，$m\ddot{\boldsymbol{r}}=\boldsymbol{F}$ である．$\boldsymbol{F}=0$ のとき，質点は静止しており，$\ddot{\boldsymbol{r}}=0$ である．このように静止している位置を平衡の位置という．今，平衡の位置から質点が $\delta\boldsymbol{r}$ だけ微小な仮想変位するときの力 $\boldsymbol{F}$ がなす仕事 δW は，

$$\delta W=\boldsymbol{F}\cdot\delta\boldsymbol{r}=0 \qquad (2\text{-}39)$$

となり，力 $\boldsymbol{F}$ のなす仮想仕事の和は 0 になる．つまり，質点が平衡の状態にあるとき，任意の微小変位（仮想変位）をさせたときに働く仕事の総和は 0 となる．これを仮想仕事の原理とよぶ．

2.2.3　ダランベールの原理

ニュートンの第 2 法則による質点の運動方程式

$$m\ddot{\boldsymbol{r}}=\boldsymbol{F} \qquad (2\text{-}40)$$

を，

$$\boldsymbol{F}-m\ddot{\boldsymbol{r}}=0 \qquad (2\text{-}41)$$

と書き直す．$\boldsymbol{F}$ に $\boldsymbol{F}'=-m\ddot{\boldsymbol{r}}$ の力（慣性抵抗）が加わっているとすれば，あたかも平衡状態にあるかのように考えることができ，前項の仮想仕事の原理を適用できる．このように，慣性抵抗 $\boldsymbol{F}'$ を加えることによって，運動している質点に働く力のつり合いの問題として表現することができる．これをダランベールの原

ジャン・ル・ロン・ダランベール

フランスの数学者，哲学者．特に力学に関連した数学での業績が大きい．純粋数学では偏微分方程式の研究が有名．ヴォルテールとは友人で，演劇や音楽にも関心を示した．（1717–1783）

理とよぶ．質点系でも同様に，

$$\boldsymbol{F}_i-m_i\ddot{\boldsymbol{r}}_i=0 \quad (i=1,\ 2,\ 3,\ \cdots\cdots) \qquad (2\text{-}42)$$

となる．

2.2.4 ラグランジュの運動方程式

式(2-42)より仮想変位 $\delta\boldsymbol{r}_i$ による仕事は次のようになる．

$$\sum_i(\boldsymbol{F}_i-m_i\ddot{\boldsymbol{r}}_i)\cdot\delta\boldsymbol{r}_i=\sum_i(\boldsymbol{F}_i\cdot\delta\boldsymbol{r}_i-m_i\ddot{\boldsymbol{r}}_i\cdot\delta\boldsymbol{r}_i)=0 \qquad (2\text{-}43)$$

ここで，$\boldsymbol{r}_i$ の表現を一般座標 q_i として表現すると，

$$\boldsymbol{r}_i=\boldsymbol{r}_i(q_1,\ q_2,\ \cdots\cdots,\ q_n,\ t) \qquad (2\text{-}44)$$

これにより，仮想変位 $\delta\boldsymbol{r}_i$ は

$$\delta\boldsymbol{r}_i=\sum_j\frac{\partial\boldsymbol{r}_i}{\partial q_j}\delta q_j \qquad (2\text{-}45)$$

ここで，仮想変位 $\delta\boldsymbol{r}_i$ は座標の変位だけを考慮しているために，時間の変化分 δt は含まれていない．また，速度 $\boldsymbol{v}_i$ は，

$$\boldsymbol{v}_i=\dot{\boldsymbol{r}}_i=\sum_j\frac{\partial\boldsymbol{r}_i}{\partial q_j}\dot{q}_j+\frac{\partial\boldsymbol{r}_i}{\partial t} \qquad (2\text{-}46)$$

となる．式(2-43)の第1項は，式(2-45)より

$$\sum_i\boldsymbol{F}_i\cdot\delta\boldsymbol{r}_i=\sum_{i,j}\boldsymbol{F}_i\cdot\frac{\partial\boldsymbol{r}_i}{\partial q_j}\delta q_j \qquad (2\text{-}47)$$

となる．式(2-43)の第2項は，

$$\sum_i m_i\ddot{\boldsymbol{r}}_i\cdot\delta\boldsymbol{r}_i=\sum_{i,j}m_i\ddot{\boldsymbol{r}}_i\cdot\frac{\partial\boldsymbol{r}_i}{\partial q_j}\delta q_j \qquad (2\text{-}48)$$

となる．ここで，上式の左辺の一部は，

$$\sum_{i,j}m_i\ddot{\boldsymbol{r}}_i\cdot\frac{\partial\boldsymbol{r}_i}{\partial q_j}=\sum_{i,j}\left\{\frac{\mathrm{d}}{\mathrm{d}t}\left(m_i\dot{\boldsymbol{r}}_i\cdot\frac{\partial\boldsymbol{r}_i}{\partial q_j}\right)-m_i\dot{\boldsymbol{r}}_i\cdot\frac{\mathrm{d}}{\mathrm{d}t}\left(\frac{\partial\boldsymbol{r}_i}{\partial q_j}\right)\right\}$$
$$=\sum_{i,j}\left\{\frac{\mathrm{d}}{\mathrm{d}t}\left(m_i\boldsymbol{v}_i\cdot\frac{\partial\boldsymbol{v}_i}{\partial\dot{q}_j}\right)-m_i\boldsymbol{v}_i\cdot\frac{\partial\boldsymbol{v}_i}{\partial q_j}\right\}$$

となる．ただし，式(2-44)より，

$$\frac{\mathrm{d}}{\mathrm{d}t}\left(\frac{\partial\boldsymbol{r}_i}{\partial q_j}\right)=\sum_k\frac{\partial^2\boldsymbol{r}_i}{\partial q_j\partial q_k}\dot{q}_k+\frac{\partial^2\boldsymbol{r}_i}{\partial q_j\partial t}$$

また，式(2-46)より，

$$\frac{\partial\boldsymbol{v}_i}{\partial\dot{q}_j}=\frac{\partial\boldsymbol{r}_i}{\partial q_j}$$

ジョゼフ＝ルイ・ラグランジュ

イタリア-フランスの数学物理学者．オイラーの後継としてベルリン科学アカデミーの数学部長を務め，後にポアソンやコリオリなど多くの科学者を輩出するエコールポリテクニークの初代校長となる．メートル法導入への功績も大きい．(1736-1813)

を利用する．つまり，式(2-48)は，

$$\sum_i m_i\ddot{\boldsymbol{r}}_i\cdot\delta\boldsymbol{r}_i=\sum_j\left\{\frac{\mathrm{d}}{\mathrm{d}t}\left(\frac{\partial}{\partial\dot{q}_j}\left(\sum_i\frac{1}{2}m_iv_i^2\right)\right)-\frac{\partial}{\partial q_j}\left(\sum_i\frac{1}{2}m_iv_i^2\right)\right\}\delta q_j \qquad (2\text{-}49)$$

となる．ここで，$T=\sum_i(1/2)m_iv_i^2$ を系の運動エネルギー，$Q_j=\sum_i\boldsymbol{F}_i\cdot(\partial\boldsymbol{r}_i/\partial q_j)$ を一般力の成分とおくと，式(2-43)は，

$$\sum_i(\boldsymbol{F}_i-m_i\ddot{\boldsymbol{r}}_i)\cdot\delta\boldsymbol{r}_i=\sum_j\left[\left\{\frac{\mathrm{d}}{\mathrm{d}t}\left(\frac{\partial T}{\partial\dot{q}_j}\right)-\frac{\partial T}{\partial q_j}\right\}-Q_j\right]\delta q_j=0 \qquad (2\text{-}50)$$

となる．仮想変位 δq_j は任意の値であるため，上式が成り立つためには，

$$\frac{\mathrm{d}}{\mathrm{d}t}\left(\frac{\partial T}{\partial\dot{q}_j}\right)-\frac{\partial T}{\partial q_j}=Q_j \quad (j=1,\ 2,\ \cdots\cdots,\ n) \qquad (2\text{-}51)$$

を満たさなければならない．この方程式を**ラグランジュの運動方程式**とよぶ．

さらに，力がポテンシャルエネルギー U から導かれる場合，$\boldsymbol{F}_i$ は

$$\boldsymbol{F}_i=-\nabla U_i(r_1,\ r_2,\ \cdots\cdots,\ r_n)$$

で与えられる．この場合，一般力は，

$$Q_i=\sum_i\boldsymbol{F}_i\cdot\frac{\partial\boldsymbol{r}_i}{\partial q_j}=-\sum_i\nabla_iU\cdot\frac{\partial\boldsymbol{r}_i}{\partial q_j}=-\frac{\partial U}{\partial q_j} \qquad (2\text{-}52)$$

となる．また，ポテンシャルエネルギー U は位置のみの関数であるため，これらを式(2-51)に代入すると，

$$\frac{\mathrm{d}}{\mathrm{d}t}\left(\frac{\partial(T-U)}{\partial\dot{q}_j}\right)-\frac{\partial(T-U)}{\partial q_j}=0,\quad j=1,\ 2,\ \cdots\cdots,\ n \qquad (2\text{-}53)$$

となる．ここで，ラグランジュ関数 L を

$$L=T-U$$

で定義すると，

$$\frac{\mathrm{d}}{\mathrm{d}t}\left(\frac{\partial L}{\partial\dot{q}_j}\right)-\frac{\partial L}{\partial q_j}=0,\quad j=1,\ 2,\ \cdots\cdots,\ n \qquad (2\text{-}54)$$

となる．

[例題 2-1]　質量 m の物体がばね定数 k のばねで結ばれているとする．このときのラグランジュの運動方程式を求めよ．

質量 m のつり合いの位置から変位を x とすると，運動エネルギー T は $T=(1/2)m\dot{x}^2$ となる．物体に作用する力はばねの復元力のみなので，$F=-kx$ となる．

$$Q_j=\sum_i\boldsymbol{F}_i\cdot\frac{\partial\boldsymbol{r}_i}{\partial\boldsymbol{q}_j}$$

よって，$Q=-kx\cdot(\partial x/\partial x)=-kx$ を代入すると，

$$\frac{\mathrm{d}}{\mathrm{d}t}\left(\frac{\partial\left(\frac{1}{2}m\dot{x}^2\right)}{\partial\dot{x}}\right)-\frac{\partial\left(\frac{1}{2}m\dot{x}^2\right)}{\partial x}=-kx$$

$$m\ddot{x}+kx=0$$

となり，運動方程式が導き出される．

2.2 節のまとめ

- **物体の自由度とは，物体が動ける方向の数である．**
- **質点が平衡の位置にあるとき，仮想仕事の和は 0 となる．**

2.3　機械のモデル化と運動方程式

2.3.1　機械のモデル化

自動車や航空機など，今日の機械は複雑な構造となっており，すべての部品の運動の様子を厳密に数式で表現することは容易ではない．そこで，機械の運動の様子を力学的に考える場合，その機械の運動の中でも注目したい運動に関わる部分のみを簡素化して抽出し，簡単な力学系として表すことが重要である．本節では，機械のモデル化について解説する．

例えば，凹凸のある直線道路を一定の速度で走行している自動車の乗り心地を検討したいのであれば，注目したい運動は主に上下運動となる．したがって，カーブを曲がるための操舵機構や加速したり減速したりするための駆動・制動機構などは省略して考えても差し支えない．自動車の心臓部であるエンジンでさえ，路面凹凸による車体の上下振動に注目する場合は省略して考えることができる．このように，大胆に簡略化していくと，自動車のうち上下振動に関係する機構や部品は車体と車輪とサスペンション（懸架装置）のみとなる．

車体の中には上下に動く部品はないので，車体は一つの剛体と考えることができる．

車輪はホイール（リム）とタイヤで構成される．ホイールは金属製なので，一つの剛体と考えることができる．タイヤは，それ自体がゴム製で，さらに，タイヤの中には空気が入っているので，タイヤはばねのような役割をもつ．したがって，車輪は，ばねで支持された一つの剛体と考えることができる．

サスペンションとは，路面からの衝撃を緩和するために車体とタイヤの間に取り付けられる機構で，サスペンションアーム，ばね，ショックアブソーバの三つによって図 2-11 のように構成される．サスペンションアームはタイヤが車体から外れてしまわないために必要な部品なので，車体もタイヤも上下方向にしか動かないと仮定すると省略することができる．

以上のことをまとめると，上下振動に注目した場合の自動車は，図 2-12 のように表すことができる．このように，いくつかの剛体とばねなどで機械を簡略化して表現したものを**力学モデル（dynamic model）**とよび，考える対象を力学モデルとして表すことを**モデル化（modeling）**とよぶ．

図 2-12 のモデルは，車体が x，y 軸周りに運動（それぞれロール，ピッチとよぶ）可能なものとなっている．車体の純粋な上下振動にのみ着目する場合はこれらの運動は不要なので，さらに単純化して図 2-13 のように考えることができる．これは，四つの車輪を一つにまとめたもの，あるいは，車体を 4 分割して車輪一つ分について考えたものとみなすことができ，自動車の上下振動のみに注目する場合，このようなモデルでも振動の様子をよく表すことができる．

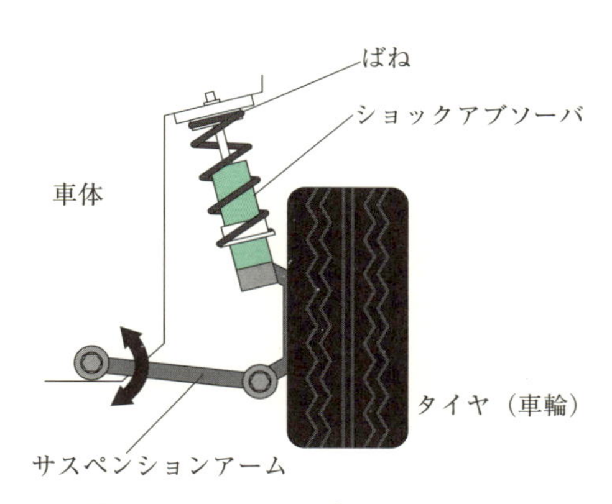

図 2-11　ストラット式サスペンション

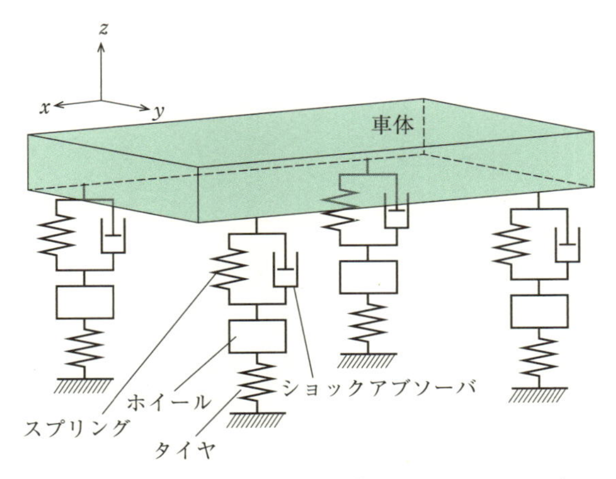

図 2-12　自動車の力学モデル（フルビークルモデル）

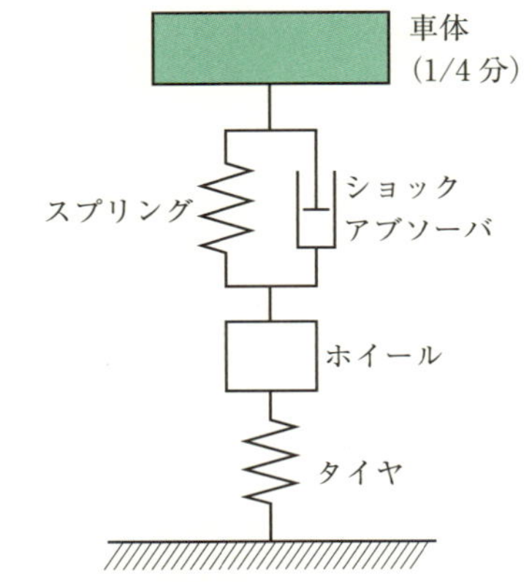

図 2-13　自動車の力学モデル（1/4 車両モデル）

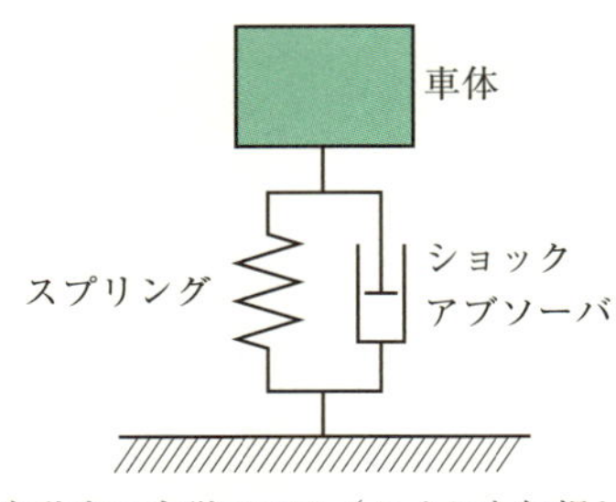

図 2-14　自動車の力学モデル（タイヤを無視したモデル）

図 2-13 のモデルをさらに単純化すると，図 2-14 のようになる．これは，車輪は路面とまったく同じように動くものと仮定し，路面に対する車輪の相対上下運動を無視したモデルである．当然，車輪の動きが車体の運動に大きく影響するような場合（自動車では 10 Hz 程度の場合），このモデルでは車体の運動を正しく表現できないが，注目したい現象（例えば，自動車

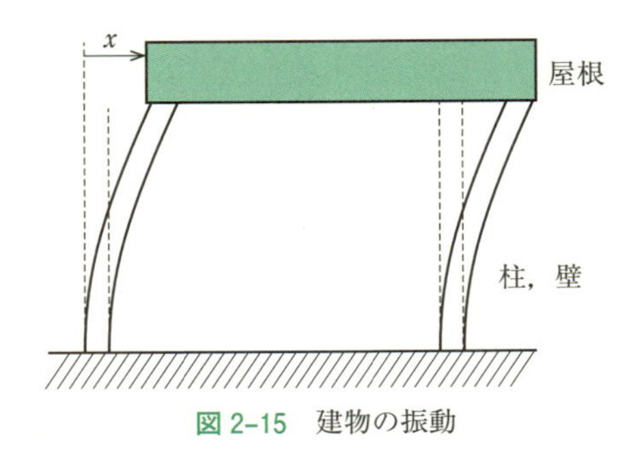

図 2-15　建物の振動

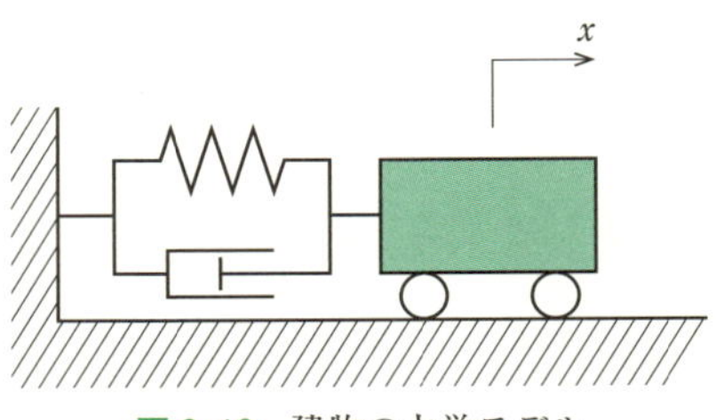

図 2-16　建物の力学モデル

では 1 Hz 程度の車体の振動）によっては，このようなモデルでも十分な場合もある．

ほかに，図 2-15 のような地震による建物の振動などを考える場合，建物の力学モデルは図 2-16 のように表すことができる．

このように，複雑な構造や機構をもつ機械でも，注目したい運動を絞り込み，それに影響しない部分を大胆に簡略化すると，非常に簡単な力学モデルでその運動の特徴を捉えることが可能になる．

2.3.2　復元力の特性

前項で説明したモデルでは，サスペンションのばねや建物の柱は図 2-17 のような記号で記述されていた．これは，ばね要素とよばれ，ばねの伸び（縮み）に比例した復元力（restoring force）を発生するものであることを表す．復元力とは，ばねの伸びを元に戻そうとするような力のことで，ばねが伸びている場合は縮もうとする向きの力が，縮んでいる場合は伸びようとする向きの力が発生する．したがって，例えば，図 2-18 のように二つの小球をばねでつないだ場合，小球 A には以下のような力が加わる．

$$F_A = -k(x_A - x_B) \qquad (2\text{-}55)$$

この式では，F_A は x_A，x_B と同じ向きを正としている．また，x_A，x_B はばねが自然長であるときのそれぞれの小球の位置を原点としている．k は**ばね定数**（**弾性係数，spring constant, elastic coefficient**）とよばれる定数である．

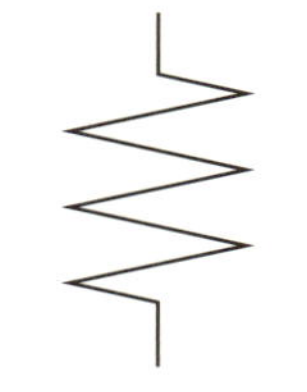

図 2-17　ばね要素

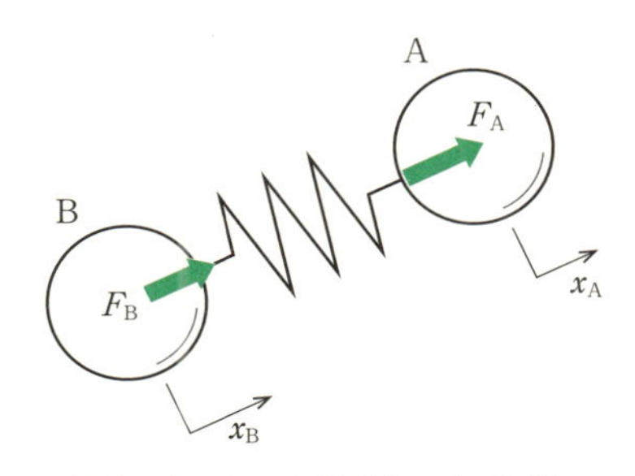

図 2-18　2 つの小球をつなぐばね

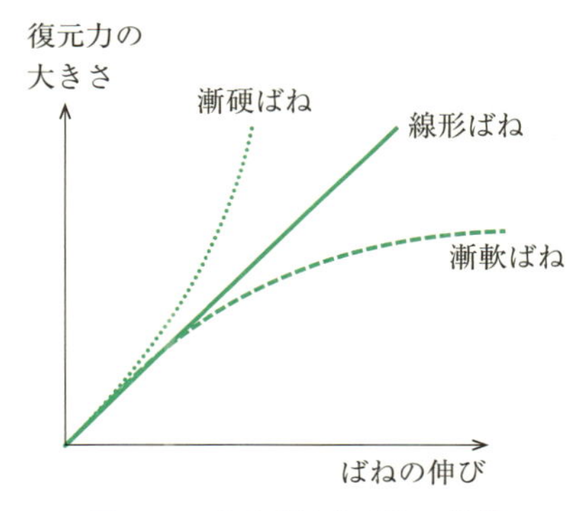

図 2-19　さまざまなばねの特性

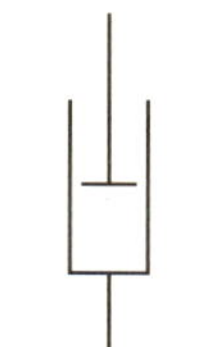

図 2-20　減衰要素（粘性減衰器）

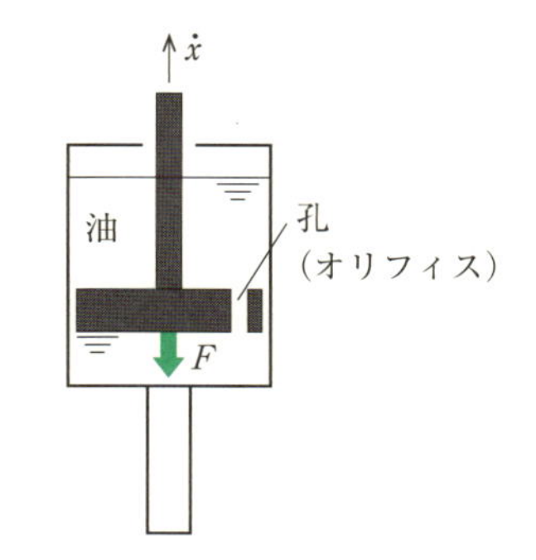

図 2-21　ショックアブソーバの原理

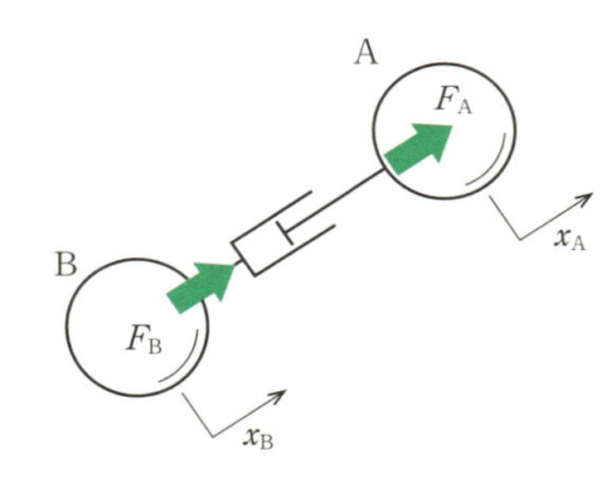

図 2-22　2 つの小球をつなぐ粘性減衰器

一方，作用反作用の法則を考えると，小球 B には以下のような力が加わることがわかる．

$$F_B = k(x_A - x_B) \tag{2-56}$$

実際のばね要素では，復元力は上述のように単純に変位に比例せず，図 2-19 のように非線形な特性をもつものも多く存在するが，本書ではばねの伸び（縮み）に比例した復元力を発生するばね（線形ばね）のみを扱う．

2.3.3　減衰力の特性

a．粘性減衰

図 2-12 の自動車の力学モデル化において，サスペンションのショックアブソーバは図 2-20 のような記号で示した．実際のショックアブソーバは，流体中を物体が移動するときに発生する抵抗力を利用した装置で，簡単に表すと図 2-21 のような構造となっている．図 2-20 はこのような装置を記号化したもので，**粘性減衰器（ダッシュポット，viscous damper, dashpot）**とよばれる．

粘性減衰器は，その伸びる（縮む）速度（ストローク速度）に比例した減衰力を発生する．減衰力とは物体の運動（速度）を減少させようとする力のことである．つまり，粘性減衰器が伸びつつある場合は縮もうとする向きに力を発生し，縮みつつある場合には伸びようとする向きに力を発生する．したがって，図 2-22 のように二つの小球をばねでつないだ場合，小球 A には以下のような力が加わる．

$$F_A = -c(\dot{x}_A - \dot{x}_B) \tag{2-57}$$

この式において，c は**（粘性）減衰係数（viscous damping coefficient）**とよばれる定数である．

一方，作用反作用の法則を考えると，小球 B には以下のような力が加わることがわかる．

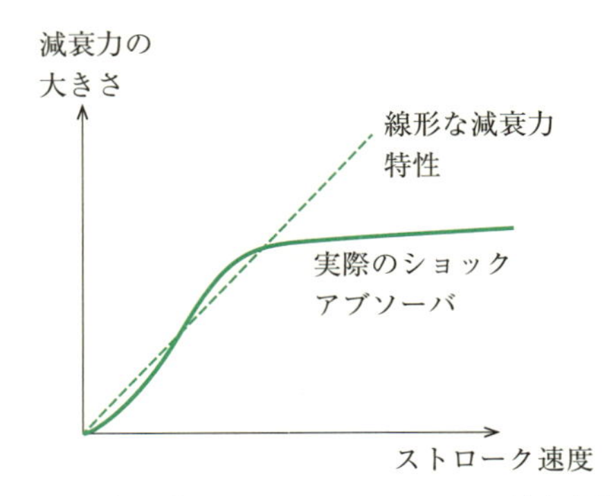

図 2-23　自動車のショックアブソーバの減衰力特性

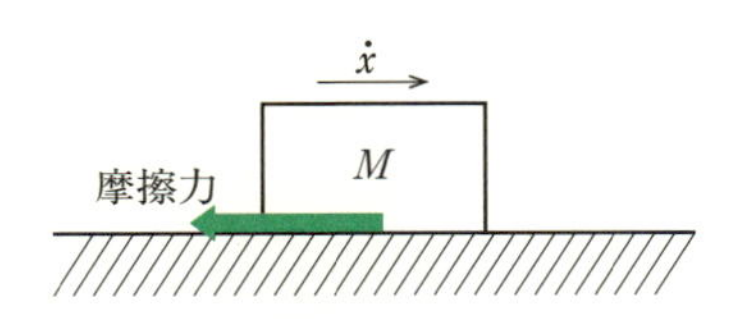

図 2-24　床に置いた物体に働く摩擦力

$$F_{\mathrm{B}}=c(\dot{x}_{\mathrm{A}}-\dot{x}_{\mathrm{B}}) \tag{2-58}$$

実際のショックアブソーバは，上述のように単純にストローク速度に比例するものではなく，図 2-23 のように非線形な特性をもつように設計されているが，ストローク速度が大きくない場合は，線形な減衰力特性であると近似的にみなすことができる．

b. クーロン減衰（摩擦減衰）

図 2-24 のように物体が床の上を滑っているとき，物体には摩擦力が生じる．床と物体の間の動摩擦係数を μ とすると，摩擦力の大きさは μMg であり，摩擦力の向きは運動の向きとは逆向きなので，物体に働く摩擦力は，

$$F=-\mu Mg\,\mathrm{sgn}(\dot{x}) \tag{2-59}$$

として表すことができる．この力は物体の速度に比例したものではないが，常に物体の運動（速度）を減少させようとする向きに働く力なので，これも減衰力の一例といえる．

このように，摩擦力を利用して減衰力を発生させる装置を**摩擦ダンパ（friction damper）**とよぶ（ダンパとは，減衰力を発生させる装置を意味し，前述の粘性減衰器もダンパの一種である）．例えば，二つの小球を摩擦ダンパでつないだ場合，力学モデルでは図 2-25 のように記述し，このとき小球 A，B に働く力はそれぞれ以下のようになる．

$$F_{\mathrm{A}}=-F_0\,\mathrm{sgn}(\dot{x}_{\mathrm{A}}-\dot{x}_{\mathrm{B}}) \tag{2-60}$$

$$F_{\mathrm{B}}=F_0\,\mathrm{sgn}(\dot{x}_{\mathrm{A}}-\dot{x}_{\mathrm{B}}) \tag{2-61}$$

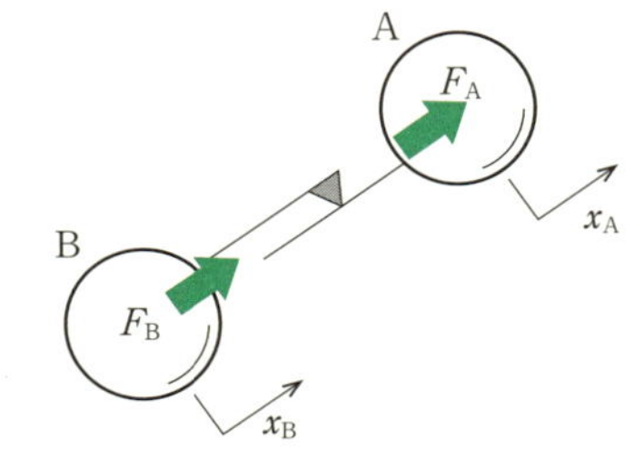

図 2-25　2 つの小球間に摩擦が働く場合

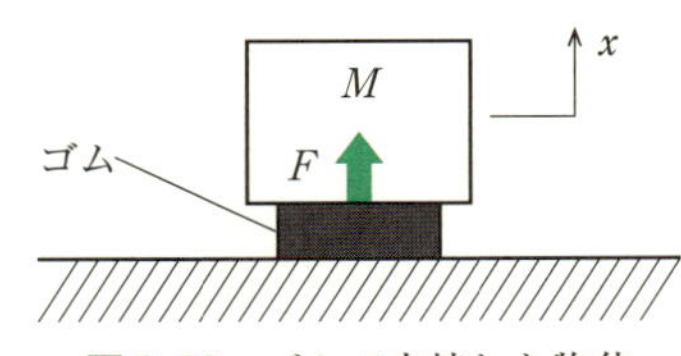

図 2-26　ゴムで支持した物体

ここで，F_0 は摩擦力の大きさであり，一般的に定数となる．

c. 材料減衰

防振ゴムなど，ゴム状の物質を用いると機械の振動を抑制できる場合があることはよく知られている．このことから，ゴムには減衰力を発生する性質があるといえる．しかし，ゴムは復元力を発生するとも考えられる．これは，図 2-26 のようにゴムの上に物体を置いた場合，ゴムは少し変形するものの物体が床に落ちることはなく，つまり，物体の重量を支えることからも容易にわかる．これらのことから，ゴムは復元力と減衰力を同時に発生するものであると考えることができ，図 2-26 の場合に物体がゴムから受ける力 F は，

$$F=-kx-c\dot{x} \tag{2-62}$$

と表すことができる．

このように，ゴム状の物質は粘性と弾性を併せもっていることから**粘弾性体（viscoelastic body）**とよばれ，力学モデルとしては，ばねと粘性減衰器を並べて図 2-27 のように表す．

2.3.4　運動方程式の立式

自動車の上下振動など，機械の運動の様子がどのようになるのかは，機械の力学モデルを運動方程式として数学的に記述し，それを解くことで求められる．ここでは，機械の力学モデルから運動方程式を立式する方法について述べる．

a. フリーボディ・ダイヤグラムを用いる方法

物体に作用する力とモーメントをすべて書き出した

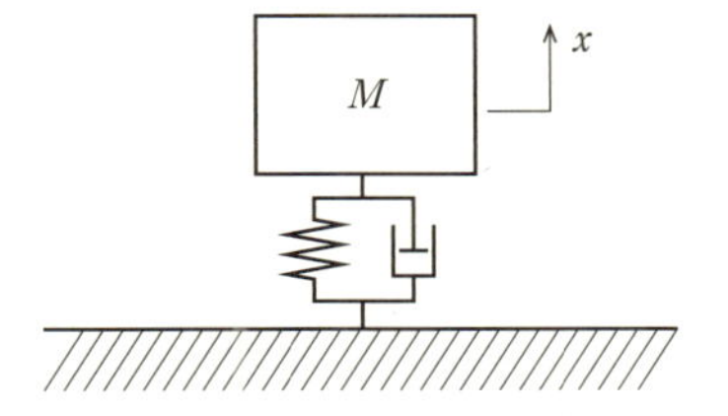

図 2-27　ゴムで支持した物体の力学モデル

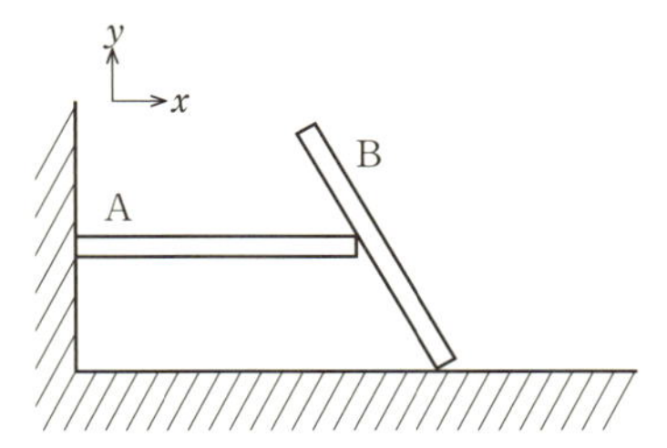

図 2-28　はりに立てかけた棒

ものを**フリーボディ・ダイヤグラム（自由体図，free body diagram）**とよぶ．例えば，図 2-28 のように壁に固定された片持ちはり A に棒 B が立てかけられている場合，はり A と棒 B の自由体図は図 2-29 のようになる．

フリーボディ・ダイヤグラムに慣性力を含めたすべての力を書き出し，それらの総和を 0 とする式を立てれば，ダランベールの原理により運動方程式を立式することができる．

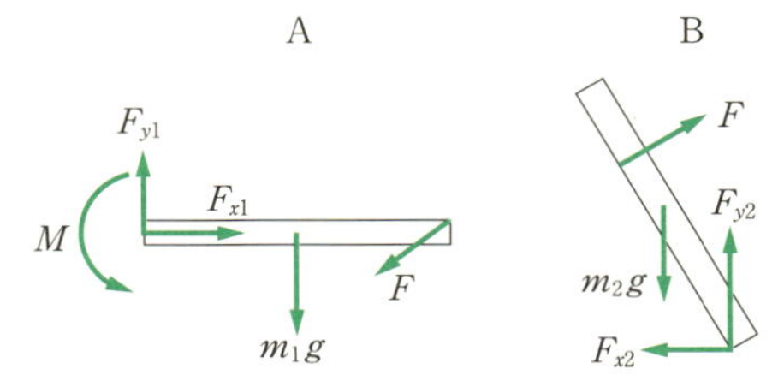

図 2-29　はりと棒のフリーボディ・ダイヤグラム

b. ラグランジュの運動方程式を用いる方法

ラグランジュの運動方程式については 2.2.4 項で述べたが，粘性減衰器がある場合は，以下の式が成り立つ．

$$\frac{\mathrm{d}}{\mathrm{d}t}\left(\frac{\partial L}{\partial \dot{\boldsymbol{q}}}\right)+\frac{\mathrm{d}D}{\mathrm{d}\dot{\boldsymbol{q}}}-\frac{\partial L}{\partial \boldsymbol{q}}=\boldsymbol{Q} \tag{2-63}$$

ここで，D は時間あたりの系のエネルギーの減少量を表すもので，**散逸エネルギー（dissipation energy）**とよばれる．たとえば，図 2-22 のように取り付けられた粘性減衰器の散逸エネルギーは，

$$D=\frac{1}{2}c(\dot{x}_{\mathrm{A}}-\dot{x}_{\mathrm{B}})^2 \tag{2-64}$$

として表される．減衰要素が複数ある場合は，散逸エネルギーはそれぞれの減衰要素の散逸エネルギーの総和となる．

[例題 2-2]　次のような系の運動方程式を求めよ．

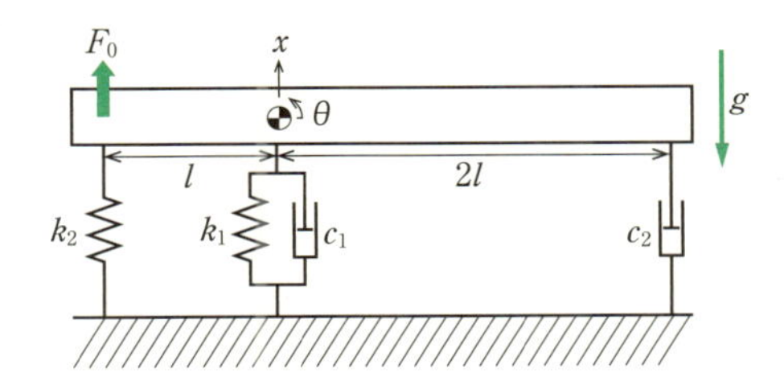

(a) フリーボディ・ダイヤグラムを用いる方法

この剛体に働く力をフリーボディ・ダイヤグラムに描き出すと下記のようになる．したがって，ダランベールの原理により上下方向，回転方向それぞれについて力のつり合いを考えると，

$$\begin{cases} m\ddot{x}+c_1\dot{x}+c_2(\dot{x}+2l\dot{\theta}) \\ \quad +k_1x+k_2(x-l\theta)+mg-F_0=0 \\ I\ddot{\theta}+2lc_2(\dot{x}+2l\dot{\theta})-lk_2(x-l\theta)+lF_0=0 \end{cases}$$

となり，これを整理すると，

$$\begin{cases} m\ddot{x}+(c_1+c_2)\dot{x}+2lc_2\dot{\theta}+(k_1+k_2)x-k_2l\theta=F_0-mg \\ I\ddot{\theta}+2c_2l\dot{x}+4c_2l^2\dot{\theta}-k_2lx+k_2l^2\theta=-lF_0 \end{cases}$$

と運動方程式が立式できる．

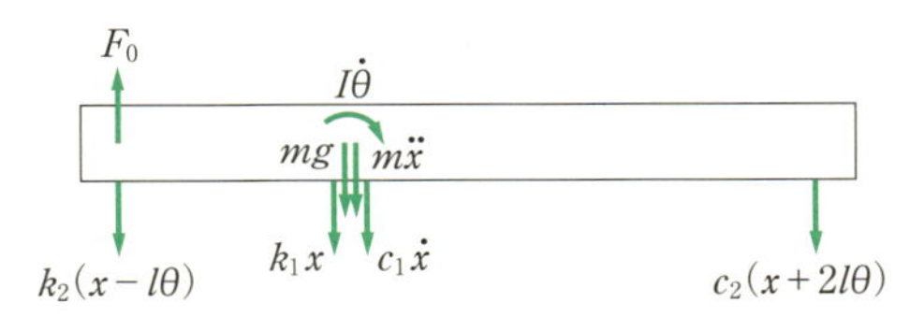

(b) ラグランジュの運動方程式を用いる方法

本題の系の運動エネルギー T，ポテンシャルエネルギー U，散逸エネルギー D はそれぞれ，

$$T=\frac{1}{2}m\dot{x}^2+\frac{1}{2}I\dot{\theta}^2$$

$$U=\frac{1}{2}k_1x^2+\frac{1}{2}k_2(x-l\theta)^2+mgx$$

$$D=\frac{1}{2}c_1\dot{x}^2+\frac{1}{2}c_2(\dot{x}+2l\theta)^2$$

となる．したがって，ラグランジュ関数 $L=T-U$ について，

$$\frac{\partial L}{\partial \dot{x}}=m\dot{x},\quad \frac{\partial L}{\partial x}=-k_1x-k_2(x-l\theta)-mg$$

$$\frac{\partial L}{\partial \dot{\theta}} = I\dot{\theta},\quad \frac{\partial L}{\partial \theta} = lk_2(x - l\theta)$$

となる．散逸エネルギーについては，

$$\frac{\partial D}{\partial \dot{x}} = c_1\dot{x} + c_2(\dot{x} + 2l\dot{\theta})$$

$$\frac{\partial D}{\partial \dot{\theta}} = 2lc_2(\dot{x} + 2l\dot{\theta})$$

となる．また，外力 F_0 は，x 方向の力として作用するほか，θ 方向にモーメント $-lF_0$ として作用する．

これらのことから，x，θ それぞれについて式(2-63)を計算すると，

$$\begin{cases} m\ddot{x} + c_1\dot{x} + c_2(\dot{x} + 2l\dot{\theta}) + k_1x + k_2(x - l\theta) + mg = F_0 \\ I\ddot{\theta} + 2lc_2(\dot{x} + 2l\dot{\theta}) - lk_2(x - l\theta) = -lF_0 \end{cases}$$

となり，これを整理することにより，

$$\begin{cases} m\ddot{x} + (c_1 + c_2)\dot{x} + 2lc_2\dot{\theta} + (k_1 + k_2)x - k_2l\theta = F_0 - mg \\ I\ddot{\theta} + 2c_2l\dot{x} + 4c_2l^2\dot{\theta} - k_2lx + k_2l^2\theta = -lF_0 \end{cases}$$

と運動方程式が立式できる．

なお，この運動方程式は，行列形式で，

$$\begin{bmatrix} m & 0 \\ 0 & I \end{bmatrix}\begin{bmatrix} \ddot{x} \\ \ddot{\theta} \end{bmatrix} + \begin{bmatrix} c_1 + c_2 & 2c_2l \\ 2c_2l & 4c_2l^2 \end{bmatrix}\begin{bmatrix} \dot{x} \\ \dot{\theta} \end{bmatrix} + \begin{bmatrix} k_1 + k_2 & -k_2l \\ -k_2l & k_2l^2 \end{bmatrix}\begin{bmatrix} x \\ \theta \end{bmatrix} = \begin{bmatrix} F_0 - mg \\ -lF_0 \end{bmatrix}$$

のように表すこともある．このように，系の自由度が2以上の場合，運動方程式は連立方程式となり，一般に n 自由度系の運動方程式は n 元連立微分方程式として表されることになる．

2.3.5　等価質量と等価剛性

a. 等価質量

系に運動の拘束がある場合，その拘束により系の自由度は減少する．例えば図 2-30 のように，物体が床の上を滑らずに転がっている場合を考える．この系の運動エネルギー T は，

$$T = \frac{1}{2}m\dot{x}^2 + \frac{1}{2}I\dot{\theta}^2 \tag{2-65}$$

となる．式(2-65)では，物体は二つの自由度をもっているように表されているが，実際には，物体は床に対して滑らないことから，以下の拘束条件が成り立つ．

$$x = r\theta \tag{2-66}$$

この関係を用いると，式(2-65)は，

$$T = \frac{1}{2}\left(m + \frac{I}{r^2}\right)\dot{x}^2 \tag{2-67}$$

となり，図 2-31 のように摩擦のない床の上を滑る質量 $m + I/r^2$ の物体の運動エネルギーと同じになる．

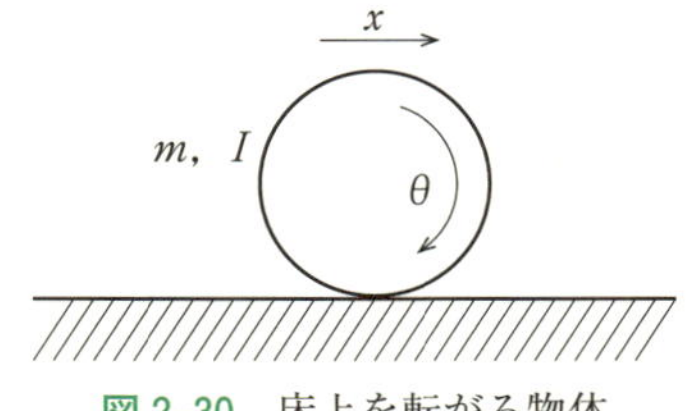

図 2-30　床上を転がる物体

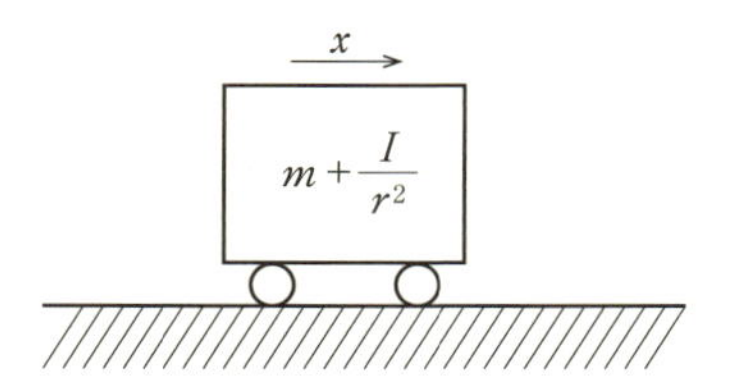

図 2-31　床上を転がる物体と等価なモデル

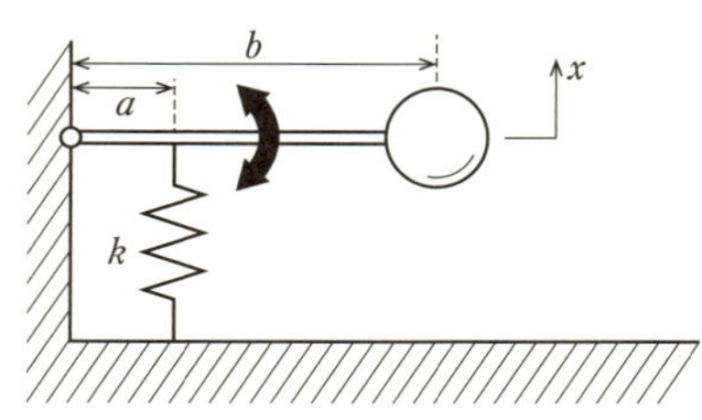

図 2-32　アームに取り付けられたばね

このように，質量 m，慣性モーメント I の物体が床の上を滑らずに転がることは，質量 $m + I/r^2$ の物体が転がらずに動く（滑る）ことと等価といえる．この質量 $m + I/r^2$ のことを，この系の x 方向に関する**等価質量（equivalent mass）**とよぶ．

b. 等価剛性

図 2-32 のように，質量のない回転可能なアームの中ほどにばねが取り付けられている場合を考える．x はアームの先端の上下変位を表している．このとき，アームの回転角を θ とすると，x と θ の関係は近似的に，

$$x = b\theta \tag{2-68}$$

となる．また，ばねの弾性エネルギー U は，θ を用いると，

$$U = \frac{1}{2}k(a\theta)^2 \tag{2-69}$$

と表せるので，式(2-68)を用いると，

$$U = \frac{1}{2}\left(\frac{a}{b}\right)^2 kx^2 \tag{2-70}$$

と記述できる．式(2-70)は，図 2-33 のように，物体

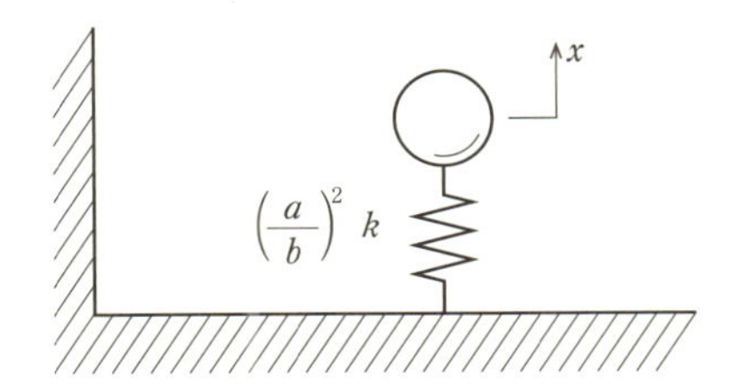

図 2-33 アームに取り付けられたばねと等価なばね

にばね定数 $(a/b)^2k$ のばねが直接取り付けられている場合のばねの弾性エネルギーと同じなので，図 2-32 のようにばねを取り付けることは，アームの先端にばね定数 $(a/b)^2k$ のばねを直接取り付けることと等価である．この $(a/b)^2k$ のことを，物体の位置に換算したばねの**等価剛性（equivalent stiffness）**とよぶ．

ばねの代わりに粘性減衰器があった場合も同様に考えることができ，その場合は**等価減衰係数（equivalent damping coefficient）**とよぶ．

このように，一見複雑な構造をした機械でも，何らかの拘束により運動に従属関係がある場合は，等価質量や等価剛性を考えることにより運動を単純化して考えることができる．

［例題 2-3］ 次の図のような系において，小球 B の上下方向（x 方向）に関する等価質量 M' と等価剛性 K' を求めよ．

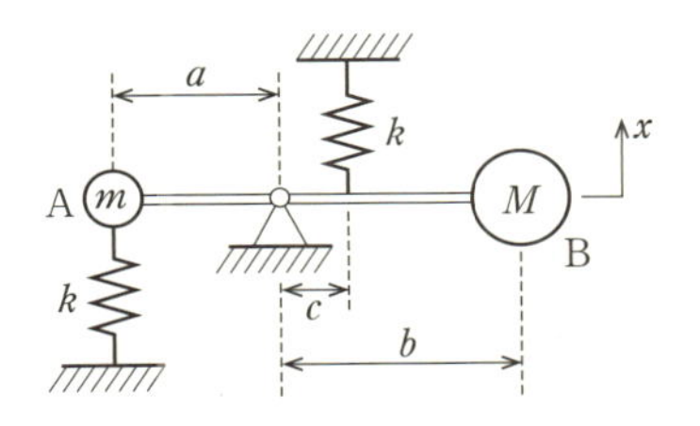

アームの回転角を θ とすると，小球 B の上下変位 x との関係は，

$$x=b\theta \qquad (2\text{-}71)$$

となる．この系の運動エネルギー T は，

$$T=\frac{1}{2}m(a\dot{\theta})^2+\frac{1}{2}M(b\dot{\theta})^2$$

$$=\frac{1}{2}(ma^2+Mb^2)\dot{\theta}^2$$

なので，式(2-71)を用いると，

$$T=\frac{1}{2}\left(m\frac{a^2}{b^2}+M\right)\dot{x}^2$$

となる．したがって，等価質量 M' は，

$$M'=m\frac{a^2}{b^2}+M$$

と求められる．また，この系の弾性エネルギー U は，

$$U=\frac{1}{2}k(-a\theta)^2+\frac{1}{2}k(c\theta)^2$$

$$=\frac{1}{2}(a^2+c^2)k\theta^2$$

となり，式(2.71)を用いて，

$$U=\frac{1}{2}\left(\frac{a^2+c^2}{b^2}\right)kx^2$$

となる．したがって，等価剛性 K' は，

$$K'=\left(\frac{a^2+c^2}{b^2}\right)k$$

と求められる．

2.3 節のまとめ

- **ばねの復元力 F_k：** $F_k=-kx$

ここで，k はばね定数，x は自然長からのばねの伸び．

- **粘性減衰器の減衰力 F_c：** $F_c=-c\dot{x}$

ここで，c は粘性減衰係数，$\dot{x}$ は粘性減衰器の伸びる速度．

- **ラグランジュの運動方程式：** $\frac{\mathrm{d}}{\mathrm{d}t}\left(\frac{\partial L}{\partial \dot{\boldsymbol{q}}}\right)+\frac{\mathrm{d}D}{\mathrm{d}\dot{\boldsymbol{q}}}-\frac{\partial L}{\partial \boldsymbol{q}}=\boldsymbol{Q}$

ただし，$L=T-U$（ラグランジュ関数），T：系の運動エネルギー，U：系のポテンシャルエネルギー，D：系の散逸エネルギー．

2.4　1自由度振動系

2.4.1　モデルと運動方程式

2.3.1項で述べたように，自動車の上下系の最も簡単なモデルは図2-34のようになる．このとき，車体に相当する物体（質点）は上下方向のみに動くと仮定しており，これ以外に運動する物体もないことから，この系の運動の自由度は1となる．車体に相当する物体（質点）には，図2-35のように力が働くので，運動方程式は，ダランベールの原理により，

$$m\ddot{x}+c\dot{x}+kx=0 \tag{2-72}$$

となる．

2.4.2　自由振動

a．非減衰自由振動

前述したような1自由度振動系において，物体を少しだけもち上げてそっと手を放すと，物体はその後どのように運動するか．まずは減衰がない場合（図2-36のような場合）について考える．このとき，式(2-72)は，

$$m\ddot{x}+kx=0 \tag{2-73}$$

となる．この式は，

$$\ddot{x}=-\frac{k}{m}x \tag{2-74}$$

と変形できるので，この微分方程式の解は，

$$x=a\cos\lambda t+b\sin\lambda t \quad (a,\ b,\ \lambda\text{は未知の定数}) \tag{2-75}$$

と推測できる．そこで，これが式(2-74)の一般解であると仮定し，代入すると，

$$(-m\lambda^2+k)(a\cos\lambda t+b\sin\lambda t)=0 \tag{2-76}$$

となるから，

$$-m\lambda^2+k=0$$

つまり，

$$\lambda=\sqrt{\frac{k}{m}} \tag{2-77}$$

であれば，この式は時間tに関する恒等式となり，仮定した解は正しい解となる．すなわち，$\omega_n=\sqrt{k/m}$とおき，解を，

$$x=a\cos\omega_n t+b\sin\omega_n t \tag{2-78}$$

と表すと，これは式(2-73)を常に満たすことになるので，これが式(2-73)の一般解である．ただし，a，bは任意定数（初期条件により決まる）．

式(2-78)は，三角関数の合成を行うと，

$$x=\sqrt{a^2+b^2}\sin(\omega_n t+\phi) \tag{2-79}$$

と表すことができる．ただし，$\phi=\tan^{-1}(a/b)$．したがって，図2-36のような1自由度振動系の運動は，正弦関数（余弦関数）で表される周期運動となる．このように，系に外部から力を作用させなくても周期運動を行う場合，この運動を**自由振動（free vibration）**とよび，特に，式(2-79)のように一つの正弦（または余弦）関数のみによって表される場合は**調和振動（harmonic vibration）**または**単振動（simple harmonic mition）**とよぶ．

なお，この$\omega_n(=\sqrt{k/m})$は，**固有角振動数（固有円振動数，natural angular frequency）**とよばれる．固有角振動数ω_nがkとmのみによって表されているということは，図2-36のような1自由度振動系の場合，自由振動の角振動数は物体の初期条件（初期速度や初期変位）によらず，質量とばね定数によって一意に決まることを意味している．

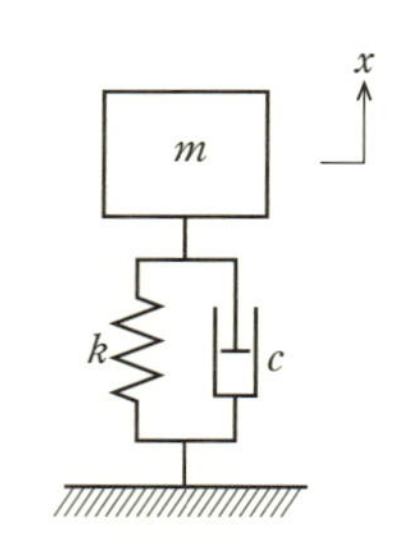

図2-34　1自由度振動系のモデル

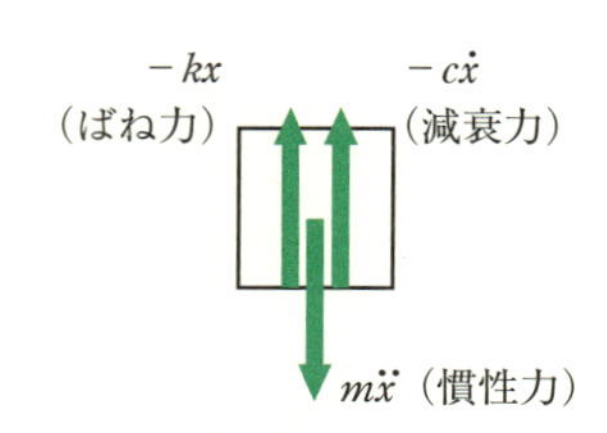

図2-35　1自由度振動系のフリーボディ・ダイヤグラム

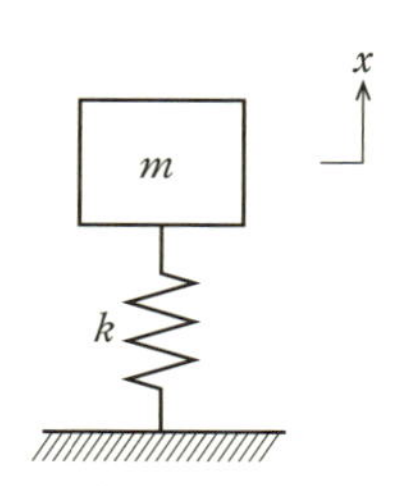

図2-36　減衰のない1自由度振動系

[例題 2-4]　図 2-36 のような 1 自由度振動系に以下のような初期条件を与えた場合の自由振動の変位応答を求めよ．

$$x(0)=h_0,\quad \dot{x}(0)=v_0$$

1 自由度振動系の変位応答を表す一般解は式(2-78)のようになるので，物体の速度 $\dot{x}$ は，

$$\dot{x}=-a\omega_n \sin \omega_n t+b\omega_n \cos \omega_n t$$

となる．したがって，初期変位 $x(0)$ と初期速度 $\dot{x}(0)$ は，

$$x(0)=a,\quad \dot{x}(0)=b\omega_n$$

と表される．これらがそれぞれ h_0，v_0 であると与えられるので，

$$a=h_0,\quad b=\frac{v_0}{\omega_n}$$

となる．したがって，物体の変位応答は，

$$x=h_0 \cos \omega_n t+\frac{v_0}{\omega_n} \sin \omega_n t$$

と求められる．ただし，$\omega_n=\sqrt{k/m}$．

なお，物体の変位 x の時間的変化は下図のようになる．

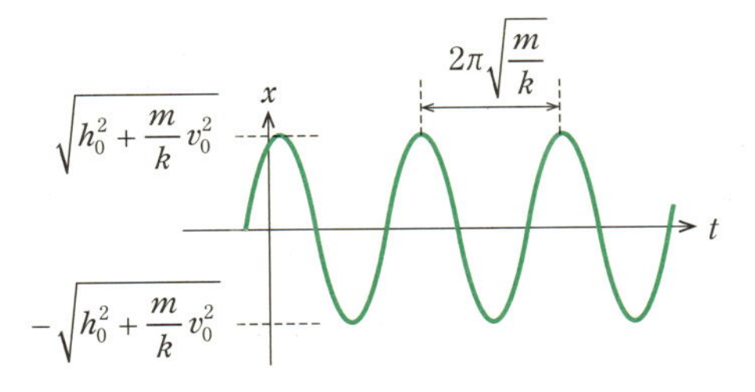

b. 減衰自由振動

減衰がある場合（図 2-34 の場合）は，運動方程式は式(2-72)で示したとおり，

$$m\ddot{x}+c\dot{x}+kx=0 \tag{2-80}$$

である．$x(t)$ とそれを 1 階微分および 2 階微分したものに定数を掛けてそれぞれを足し合わせると必ず 0 になるという方程式なので，この微分方程式の解 $x(t)$ は，

$$x(t)=Ae^{\lambda t} \tag{2-81}$$

というような関数であると推測できる．ただし，A，λ は定数．そこで，これが式(2-80)の解であると仮定して代入すると，

$$(m\lambda^2+c\lambda+k)Ae^{\lambda t}=0 \tag{2-82}$$

となる．したがって，

$$m\lambda^2+c\lambda+k=0 \tag{2-83}$$

であれば，式(2-82)は時間 t に関して恒等式となるので，仮定した解（式(2-81)）は式(2-80)の正しい解であったといえる．しかし，式(2-83)には，

$$\lambda_1=\frac{-c-\sqrt{c^2-4mk}}{2m},\quad \lambda_2=\frac{-c+\sqrt{c^2-4mk}}{2m} \tag{2-84}$$

という二つの解が存在するので，線形微分方程式の解の重ね合わせの原理により，式(2-80)の一般解は，

$$x(t)=Ae^{\lambda_1 t}+Be^{\lambda_2 t} \tag{2-85}$$

となる．ただし，A，B は任意定数（初期条件により決まる）．

$$\lambda_1=\frac{-c-\sqrt{c^2-4mk}}{2m},\quad \lambda_2=\frac{-c+\sqrt{c^2-4mk}}{2m}$$

この解が実際にはどのような応答になるか（物体の変位 x が時間とともにどのように変化するか）を考えてみる．λ_1 と λ_2 は複素数になりうるので，根号の中の値が正か負か 0 かで場合分けを行う．

(i)　$c^2-4mk>0$ の場合

この場合，λ_1 と λ_2 はどちらも実数になる．さらに，通常の粘性減衰器の場合，減衰係数 c は正の値なので，$\sqrt{c^2-4mk}$ は c よりも小さい値になり，λ_1 と λ_2 は負の実数になる．したがって，この場合，式(2-85)は単調に減少する指数関数の線形和となる．

例えば，初期条件が $x(0)=0$，$\dot{x}(0)=v_0$ の場合，まず，式(2-85)を時間 t で微分すると，

$$\dot{x}=A\lambda_1 e^{\lambda_1 t}+B\lambda_2 e^{\lambda_2 t}$$

となるから，$x(0)$ と $\dot{x}(0)$ は，それぞれ，

$$x(0)=A+B$$
$$\dot{x}(0)=A\lambda_1+B\lambda_2$$

となる．これらがそれぞれ 0，v_0 となるので，

$$A+B=0$$
$$A\lambda_1+B\lambda_2=v_0$$

となり，これらを解いて，

$$A=-B=\frac{v_0}{\lambda_1-\lambda_2}$$

となる．したがって，初期条件が $x(0)=0$，$\dot{x}(0)=v_0$ の場合の物体の変位応答は，

$$x=\frac{v_0}{\lambda_1-\lambda_2}(e^{\lambda_1 t}-e^{\lambda_2 t})$$

となる．ただし，$\lambda_1=(-c-\sqrt{c^2-4mk})/2m$，$\lambda_2=(-c+\sqrt{c^2-4mk})/2m$．物体の変位 x の時間的変化の様子は図 2-37 のようになる．

(ii)　$c^2-4mk<0$ の場合

この場合，λ_1 と λ_2 の根号の中の値が負になるので，λ_1 と λ_2 はどちらも複素数になり，物体の変位応

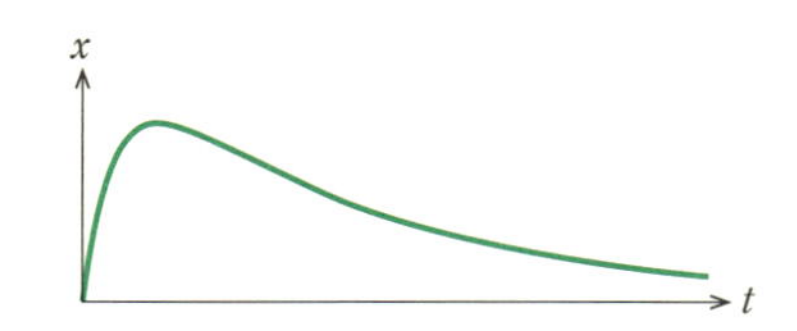

図 2-37　減衰のある 1 自由度振動系の変位応答
（$c^2-4mk>0$ の場合）

答が実際どのようになるのか見出すことは困難である．そこで，ε と ω_d を以下のように定義する．

$$\varepsilon \equiv \frac{c}{2m}$$

$$\omega_d \equiv \sqrt{-\left(\frac{c}{2m}\right)^2+\frac{k}{m}} \tag{2-86}$$

このとき，ε と ω_d はどちらも正の実数となっており，λ_1 と λ_2 はこれらを用いて，

$$\lambda_1=-\varepsilon+\mathrm{i}\omega_d,\quad \lambda_2=-\varepsilon-\mathrm{i}\omega_d$$

と表すことができる．これらを用いると式(2-85)は，

$$x=e^{-\varepsilon t}\{Ae^{\mathrm{i}\omega_d t}+Be^{-\mathrm{i}\omega_d t}\}$$

となり，さらにオイラーの公式を用いることにより，

$$x=e^{-\varepsilon t}\{(A+B)\cos\omega_d t+(A-B)\mathrm{i}\sin\omega_d t\} \tag{2-87}$$

と書き換えられる．この式には虚数単位 i が含まれているが，微分方程式には必ず解が存在することや，物体の変位 x は必ず実数で記述できることを考慮すると，$A+B$ は実数，$A-B$ は純虚数となっている，つまり，A と B は共役な複素数だと推測できる．そこで，

$$A=\frac{a}{2}-\frac{b}{2}\mathrm{i},\quad B=\frac{a}{2}+\frac{b}{2}\mathrm{i}$$

とおいて（ただし，a，b は実数），式(2-87)を書き換えると，

$$x=e^{-\varepsilon t}(a\cos\omega_d t+b\sin\omega_d t) \tag{2-88}$$

と表すことができる．さらに，三角関数の合成を行うと，

レオンハルト・オイラー

スイスの数学者．18 世紀の数学者で最も多くの論説を発表したとされ，解析学のみならず力学や整数論など，数学のあらゆる分野で業績を挙げた．ベルヌーイの後に，サンクトペテルブルクのアカデミーで数学部門の長を務めた．（1707-1783）

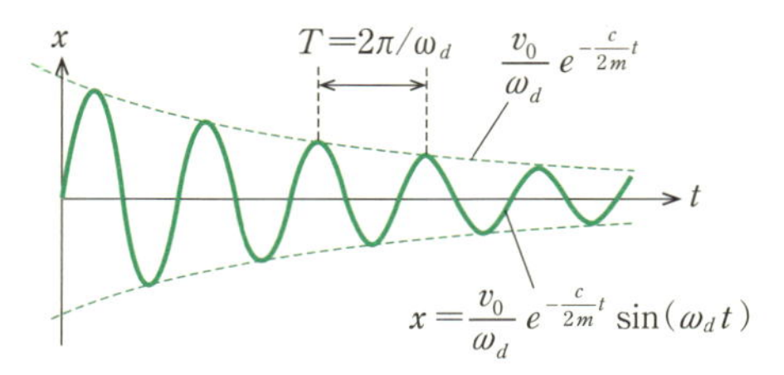

図 2-38　減衰のある 1 自由度振動系の変位応答
（$c^2-4mk<0$ の場合）

$$x(t)=e^{-\varepsilon t}Z\sin(\omega_d t+\phi) \tag{2-89}$$

となる．ただし，$Z=\sqrt{a^2+b^2}$，$\phi=\tan^{-1}(a/b)$．

つまり，$c^2-4mk<0$ の場合は，一般解は式(2-89)のように表すことができ，物体の変位応答は，振幅が時間とともに指数関数的に減少するような角振動数 ω_d の正弦波振動となるということが読み取れる．この ω_d は**減衰固有角振動数（damped natural angular frequency）**とよばれる．

実際の変位応答は，初期条件を用いて Z と ϕ（あるいは a と b，または A と B）を定めることにより求解できる．例えば，初期条件が $x(0)=0$，$\dot{x}(0)=v_0$ の場合を考えてみる．物体の速度 $\dot{x}$ は式(2-89)より，

$$\dot{x}=-\varepsilon e^{-\varepsilon t}Z\sin(\omega_d t+\phi)+e^{-\varepsilon t}Z\omega_d\cos(\omega_d t+\phi)$$

となるので，

$$x(0)=Z\sin\phi$$

$$\dot{x}(0)=-\varepsilon Z\sin\phi+Z\omega_d\cos\phi$$

となる．これらがそれぞれ 0，v_0 となるので，Z と ϕ は

$$Z=\frac{v_0}{\omega_d},\quad \phi=0$$

として得られる．したがって，初期条件が $x(0)=0$，$\dot{x}(0)=v_0$ の場合の物体の変位応答は，

$$x=\frac{v_0}{\omega_d}e^{-\varepsilon t}\sin\omega_d t$$

となる．ただし，$\varepsilon=c/2m$，$\omega_d=\sqrt{k/m-(c/2m)^2}$．物体の変位 x の時間的変化の様子は図 2-38 のようになる．このように，振動しながら平衡点に漸近して収束する運動を**減衰振動（damped vibration）**とよぶ．

(iii)　$c^2-4mk=0$ の場合

この場合，λ_1 と λ_2 の根号の中の値がともに 0 となるから，式(2-83)の解は，

$$\lambda=-\frac{c}{2m}(=-\gamma)$$

となる．しかし，この場合は，解 $x=Ae^{-\varepsilon t}$ が一般解とはいえない（その理由は，初期条件が $x(0)=0$，$\dot{x}(0)=v_0$ の場合を考えるとわかる）．そこで，未知の

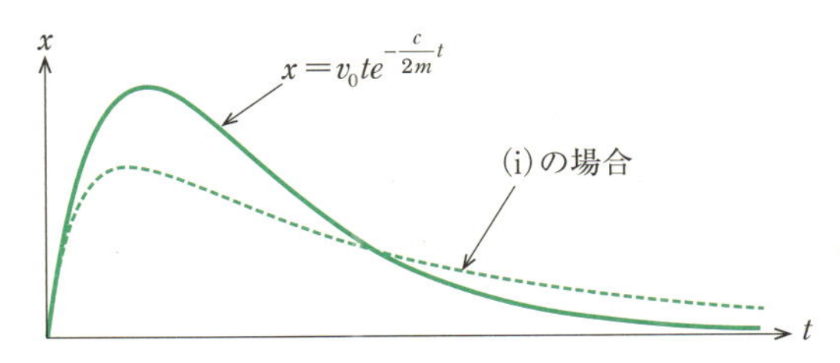

図 2-39　減衰のある 1 自由度振動系の変位応答（$c^2-4mk=0$ の場合）

関数 $f(t)$ を用いて，

$$x(t)=f(t)e^{-\varepsilon t}$$

と解を再度仮定する．この解を運動方程式(2-80)に代入して整理すると，

$$f''(t)e^{-\varepsilon t}=0$$

となる．$e^{-\varepsilon t}\neq 0$ であることを考慮すると，

$$f''(t)=0$$

であるので，これを積分すると，

$$f(t)=A+Bt$$

であることがわかる．ただし，A，B は任意定数．このように，$c^2-4mk=0$ の場合は，

$$x(t)=(A+Bt)e^{-\varepsilon t} \qquad (2\text{-}90)$$

が一般解となる．ただし，A，B は任意定数（初期条件により決まる）．

$$\varepsilon=\frac{c}{2m}$$

初期条件が $x(0)=0$，$\dot{x}(0)=v_0$ の場合の物体の変位応答を考えると，

$$\dot{x}(t)=Be^{-\varepsilon t}-\varepsilon(A+Bt)e^{-\varepsilon t}$$

なので，

$$x(0)=A$$
$$\dot{x}(0)=B-\varepsilon A$$

となる．これらがそれぞれ 0，v_0 となるので，

$$A=0,\quad B=v_0$$

として任意定数が定まり，物体の変位応答は，

$$x(t)=v_0te^{-\varepsilon t}$$

と求められる．ただし，$\varepsilon=c/2m$．この場合の物体の変位 x の時間的変化の様子は図 2-39 のようになり，(i)の場合と同様に，振動せずに平衡点に収束する変位応答となる．

c. 臨界減衰係数と減衰比

以上のように，減衰のある 1 自由度振動系の物体の運動は，c^2-4mk が 0 より大きいか小さいかによって変化することになる．これは言い換えれば，減衰係数 c が $2\sqrt{mk}$ より大きいか小さいか，ということになる．そこで，この $2\sqrt{mk}$ という値の減衰係数を c_c として以下のように定義する．

$$c_c\equiv 2\sqrt{mk} \qquad (2\text{-}91)$$

この c_c は**臨界減衰係数（critical damping coefficient）**とよばれる．

また，

$$\zeta\equiv\frac{c}{2\sqrt{mk}} \qquad (2\text{-}92)$$

と定義すると，(i)，(ii)，(iii)の条件は，それぞれ，

$$c^2-4mk>0 \iff \zeta>1$$
$$c^2-4mk<0 \iff \zeta<1$$
$$c^2-4mk=0 \iff \zeta=1$$

として表すことができる．この ζ は**減衰比（damping ratio）**とよばれ，減衰比が 1 より大きいか小さいかで，振動しながら減衰するかどうかを表すことができる．

減衰比 ζ を用いると，式(2-86)は，

$$\omega_d=\omega_n\sqrt{1-\zeta^2} \qquad (2\text{-}93)$$

と表すことができる．ただし，$\omega_n=\sqrt{k/m}$（非減衰固有角振動数）．この ω_d は減衰振動を行う場合（$\zeta<1$ の場合）の正弦波振動の角振動数であったことを考えると，式(2-93)は，減衰比を大きくすると，減衰がない場合に比べて減衰振動の角振動数が低下することを意味する．

また，減衰振動の変位応答（$\zeta<1$ の場合の変位応答）は，減衰比 ζ，減衰固有角振動数 ω_n，減衰固有角振動数ω_d を用いて，

$$\begin{aligned}x&=e^{-\zeta\omega_n t}\{Ae^{\mathrm{i}\omega_d t}+Be^{-\mathrm{i}\omega_d t}\}\\&=e^{-\zeta\omega_n t}(a\cos\omega_d t+b\sin\omega_d t)\\&=e^{-\zeta\omega_n t}Z\sin(\omega_d t+\phi)\end{aligned} \qquad (2\text{-}94)$$

と表すこともできる．

d. 対数減衰率

ここでは，計測された振動から系の減衰比を求めることを考えてみる．ある 1 自由度振動系の物体の変位が図 2-40 のように計測されたとする．

計測開始後 p 番目に変位 x が極大値をとった時間 t_p と，そのときの変位 h_p をグラフから読み取る．同様に，$p+1$ 番目に変位 x が極大値をとった時間 t_{p+1}と，そのときの変位 h_{p+1} もグラフから読み取る．h_p と h_{p+1} の比の自然対数をとったものは，**対数減衰率（logarithmic decrement）**δ とよばれており，以下のように定義される．

$$\delta\equiv\ln\frac{h_p}{h_{p+1}}$$

ところで，図 2-40 の変位応答は式(2-89)のように

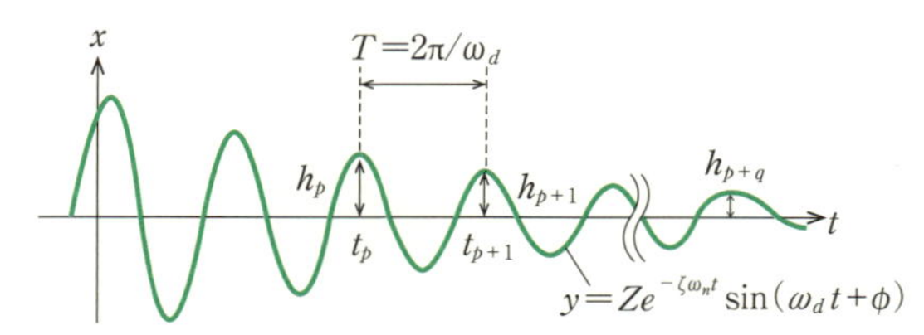

図 2-40　1 自由度振動系の変位応答

表されると仮定すると，変位が極大値をとるということは近似的に位相が π/2 となるということなので，

$$\omega_d t_p+\phi=2\pi(p-1)+\frac{\pi}{2}$$

$$\therefore\quad t_p=\frac{1}{\omega_d}\left\{2\pi(p-1)+\frac{\pi}{2}-\phi\right\}$$

と考えることができる．また，変位 h_p は，

$$h_p=Ze^{-\varepsilon t_p}\sin(\omega_d t_p+\phi)$$

となるが，正弦関数の位相は π/2 なので，

$$h_p=Ze^{-\varepsilon t_p} \tag{2-95}$$

となる．$p+1$ 番目の極大値についても同様に，

$$t_{p+1}=\frac{1}{\omega_d}\left\{2\pi \mathrm{p}+\frac{\pi}{2}-\phi\right\}$$

$$h_{p+1}=Ze^{-\varepsilon t_{p+1}} \tag{2-96}$$

である．ここで，p 番目と $p+1$ 番目の極大値の比を考えると，式(2-95)と式(2-96)などから，

$$\frac{h_p}{h_{p+1}}=e^{\zeta\omega_n\frac{2\pi}{\omega_d}}$$

となるので，この比の自然対数をとると，

$$\delta=\zeta\omega_n\frac{2\pi}{\omega_d}$$

という関係が得られる．さらに式(2-93)を用いると，

$$\delta=\frac{2\pi\zeta}{\sqrt{1-\zeta^2}}$$

となり，これを ζ について整理すると，

$$\zeta=\sqrt{\frac{\delta^2}{\delta^2+(2\pi)^2}} \tag{2-97}$$

となる．この関係を用いれば，センサにより計測された振動の波形から，系の減衰比を求めることができる．実際には，センサノイズや読み取り誤差などが生じるので，対数減衰率 δ は p 番目と $p+q$ 番目の極大値（それぞれ h_p と h_{p+q}）を用いて

$$\delta=\frac{1}{q}\ln\frac{h_p}{h_{p+q}}$$

として算出するのがよい．

2.4.3　強制振動

a. 強制外力

機械にはさまざまな力が加わる．系に外部からの何

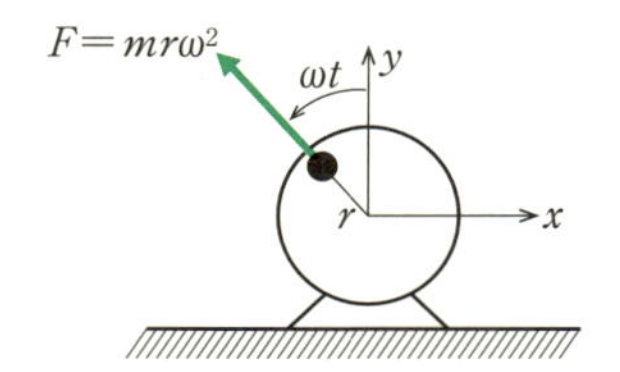

図 2-41　回転子による強制外力の発生

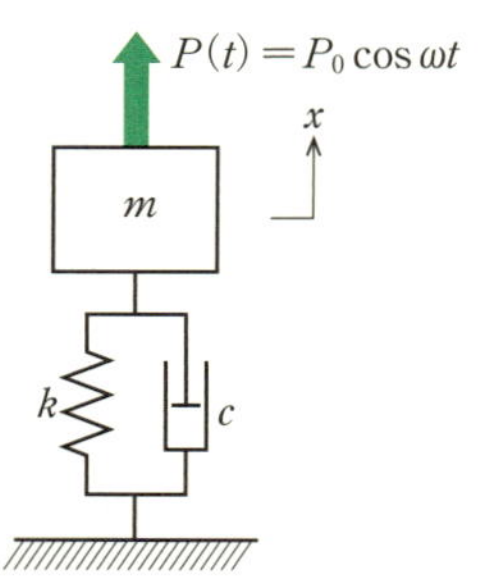

図 2-42　強制外力の作用する 1 自由度振動系

らかの力が加わって物体が振動している場合，その振動を**強制振動**（**forced vibration**）といい，強制振動を発生させている外部からの力のことを**強制外力**（**exciting force**）とよぶ．

しかし，系の外部からでなくとも，強制外力とみなせる場合もある．例えば，自動車ではエンジンの振動が伝わって車体が振動する．このような，回転機械による振動を考えてみる．

エンジンやモータなどの回転機械は，その内部に回転体をもっている．回転体は，その重心が回転軸と一致するように設計されてはいるが，厳密に一致させることは不可能である．回転体の重心と回転軸のずれを**偏心**（**eccentricity**）とよぶ．図 2-41 のように距離 r だけ偏心している質量 m の回転体が角速度 ω で回転しているとすると，回転体には $mr\omega^2$ の遠心力が発生するので，回転軸が取り付けられている回転機械自身にも同じだけの反作用力が加わることになる．上下方向のみに着目すると，その力は $mr\omega^2\cos\omega t$ と記述できる．したがって，エンジンから振動が伝わる自動車を簡単にモデル化すると，図 2-42 のようになる．

このように，エンジンは車体に取り付けられているので，自動車という系を考えた場合，エンジンからの力は外力ではないが，以上のように考えると強制外力とみなすことができる．

これらを踏まえると，強制外力とは，単に系の外部から加わる力というだけでなく，物体に働く力のうち，時間 t のみに依存し，物体の変位や速度，加速度に依存しない力であると定義することもできる．

なお，この例の $P_0 \cos \omega t$ のように，一つの正弦（または余弦）関数のみによって表される外力を**調和外力（harmonic force）**とよぶ．

b．非減衰調和外力振動

1 自由度系の強制振動について，まずは減衰がない場合（図 2-43 のような場合）について考えてみる．

物体に作用する力は，ばねの復元力 $-kx$ と強制外力 $P_0 \cos \omega t$ のみなので，運動方程式は，

$$m\ddot{x} + kx = P_0 \cos \omega t \tag{2-98}$$

となる．この微分方程式の一般解 x は，右辺を 0 としたときの解 x_h（基本解，斉次解とよぶ）と，特解 x_f の和として，

$$x = x_h + x_f \tag{2-99}$$

となることが知られている．右辺を 0 としたときの一般解とは，すなわち式(2-73)の一般解なので，2.4.2 項 a で求めたように，

$$x_h = a \cos \omega_n t + b \sin \omega_n t \tag{2-100}$$

という調和振動になる．

特解 x_f を求めるには，まず解を，

$$x_f = X \cos \omega t \tag{2-101}$$

と仮定する．ただし，X は未知の定数，ω は強制外力の角振動数（既知）である．これは，式(2-98)が特解 x_f と x_f の 2 階微分に係数を掛けて足し合わせると $P_0 \cos \omega t$ になることを示していることから推測できる．式(2-101)を式(2-98)に代入して整理すると，

$$\{(-m\omega^2 + k)X - P_0\}\cos \omega t = 0 \tag{2-102}$$

となる．したがって，

$$(-m\omega^2 + k)X - P_0 = 0 \tag{2-103}$$

であれば，式(2-102)は時間 t に関する恒等式となり，仮定した解は正しいといえる．式(2-103)を満たす X は，

$$X = \frac{P_0}{k - m\omega^2} \tag{2-104}$$

であり，特解 x_f は，

$$x_f = \frac{P_0}{k - m\omega^2} \cos \omega t \tag{2-105}$$

と求まる．これは，式(2-78)で定義した ω_n を用いると，

$$x_f = \frac{P_0}{k} \frac{1}{1 - \left(\dfrac{\omega}{\omega_n}\right)^2} \cos \omega t \tag{2-106}$$

と書け，一般解は，

$$x = a \cos \omega_n t + b \sin \omega_n t + \left(\frac{P_0}{k}\right) \frac{1}{1 - \left(\dfrac{\omega}{\omega_n}\right)^2} \cos \omega t \tag{2-107}$$

となる．ただし，a，b は任意定数（初期条件により決まる）．前述のように，右辺第 1 項と第 2 項（基本解 x_h）は $m\ddot{x} + kx = 0$ の解なので，強制外力と無関係に生じる自由振動を表すものであり，右辺第 3 項（特解 x_f）こそが強制外力によって生じる振動（**強制振動**）である．そして，実際の物体の運動は，自由振動と強制振動が重畳したようなものになると解釈できる．例えば，強制外力の角振動数 ω が系の固有角振動数 ω_n に比べて十分に大きい場合，物体の変位応答は図 2-44 のようになる．

次に，強制振動の振幅に着目する．式(2-106)から，強制振動の振幅は強制外力の角振動数 ω によって変化することがわかる．P_0/k は，ばね定数 k のばねに，大きさ P_0 の一定の力を静かに加えたときのばねのたわみ量に等しいので，**静変位（static displacement）** x_{st} として以下のように定義する．

$$x_{st} \equiv \frac{P_0}{k} \tag{2-108}$$

また，固有角振動数に対する強制外力の角振動数の比を，振動数比 η として以下のように定義する．

$$\eta \equiv \frac{\omega}{\omega_n} \tag{2-109}$$

特解 x_f と静変位 x_{st} の比は，式(2-109)を用いると，

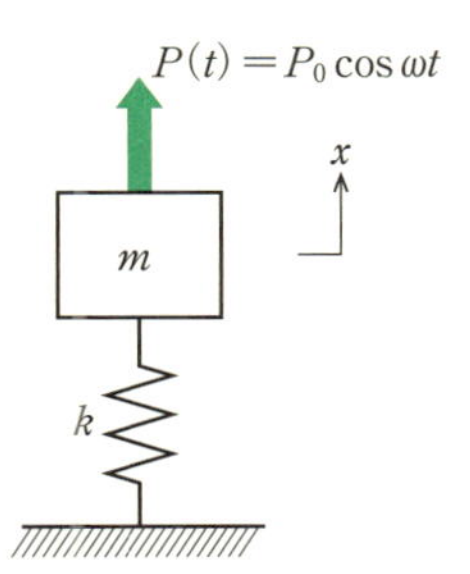

図 2-43　強制外力の作用する減衰のない 1 自由度振動系

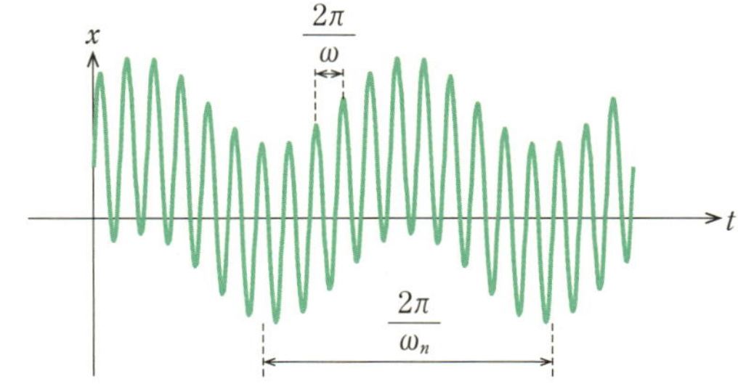

図 2-44　強制外力の作用する減衰のない 1 自由度振動系の変位応答

$$\frac{x_f}{x_{st}}=\frac{1}{1-\eta^2}\cos\omega t \tag{2-110}$$

となる．η が 1 より大きい場合，$1-\eta^2$ は負の値となるので，式(2-110)は，

$$\frac{x_f}{x_{st}}=\begin{cases}\left|\dfrac{1}{1-\eta^2}\right|\cos\omega t & (0\leq\eta<1)\\ \left|\dfrac{1}{1-\eta^2}\right|\cos(\omega t-\pi) & (\eta>1)\end{cases} \tag{2-111}$$

と書くこともできる．この式から，強制振動の特徴について考える．

まず振動の位相については，η が 1 より小さい場合，強制振動の位相は ωt であり，強制外力と同位相となる．一方，η が 1 より大きい場合は，強制外力の位相が ωt であるのに対して強制振動の位相は $\omega t-\pi$ となるので，位相が 180° 遅れる，すなわち，逆位相となる．したがって，x_f/x_{st} の振幅 $|1/(1-\eta^2)|$ と，強制外力と強制振動の位相差は，振動数比 η によって図 2-45 のように変化することになる．なお，x_f/x_{st} の振幅（ここでは $|1/(1-\eta^2)|$）のことを，**振幅倍率（magnification factor）**とよぶ．

図 2-45 から，$\eta\ll1$ の場合，つまり，外力の角振動数 ω が固有角振動数 ω_n に比べて十分に小さい場合，振幅倍率は 1，つまり，強制振動の振幅は静変位とほぼ同じになることがわかる．そして，η が 1 に近いほど，つまり，外力の角振動数 ω が固有角振動数 ω_n に近いほど強制振動の振幅が大きくなり，外力の角振動数 ω が固有角振動数 ω_n と一致した場合，強制振動の振幅は無限大になるということがわかる．この現象を**共振（resonance）**とよぶ．外力の角振動数 ω を固有角振動数 ω_n よりも大きくしていくと次第に強制振動の振幅は小さくなり，外力の角振動数 ω を固有角振動数 ω_n に比べて十分に大きくすると，強制振動の振幅は 0 になることがわかる．このことから，強制外力が加わる機械を設計する場合，その機械の固有角振動数が強制外力の角振動数よりも十分に小さくなるように設計するのが望ましい，つまり，機械の振動振幅という観点からは，できるだけばね定数の小さいばねで機械を支持するのが望ましいといえる．なお，図 2-45 のようなグラフは，物体の共振の特性を示しているグラフともいえるので，**共振曲線（resonant curve）**とよばれることもある．

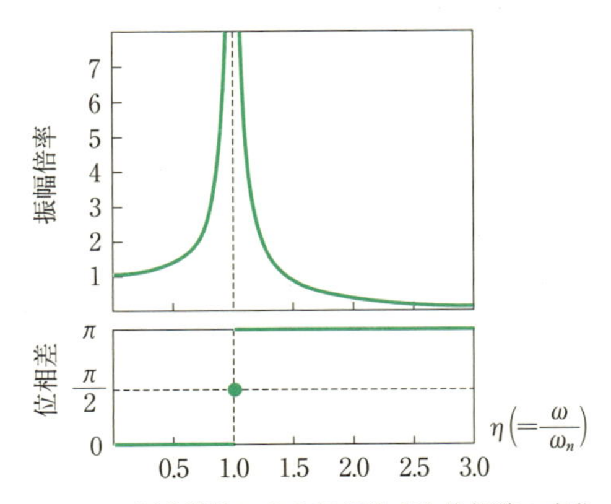

図 2-45　振動数比による振幅倍率と位相差の変化

c. 減衰調和外力振動

系が粘性減衰器を備えている場合（図 2-42 の場合）の強制振動について考える．この場合，物体にはばねの復元力と減衰器による減衰力，そして強制外力が働くので，運動方程式は，

$$m\ddot{x}+c\dot{x}+kx=P_0\cos\omega t \tag{2-112}$$

と記述できる．この場合も，微分方程式の解は，右辺を 0 とした場合の解（基本解）x_h と強制振動を表す特解 x_f の和で表されることになる．基本解 x_h は 2.4.2 項 b でみたので，ここでは，特解 x_f について考える．この場合，特解 x_f は以下のように推測できる．

$$x_f=X_1\cos\omega t+X_2\sin\omega t \tag{2-113}$$

ただし，X_1，X_2 は未知の定数，ω は強制外力の角振動数（既知）である．これを式(2-112)に代入して整理すると，

$$\{(-m\omega^2+k)X_1+c\omega X_2\}\cos\omega t+\{(-m\omega^2+k)X_2-c\omega X_1\}\sin\omega t=P_0\cos\omega t \tag{2-114}$$

となる．したがって，

$$\begin{cases}(-m\omega^2+k)X_1+c\omega X_2=P_0\\ -c\omega X_1+(-m\omega^2+k)X_2=0\end{cases} \tag{2-115}$$

であれば，式(2-114)は時間 t に関する恒等式となり，仮定した解は正しいといえる．式(2-115)を解くと X_1，X_2 は，

$$X_1=\frac{(k-m\omega^2)P_0}{(k-m\omega^2)^2+(c\omega)^2}$$

$$X_2=\frac{c\omega P_0}{(k-m\omega^2)^2+(c\omega)^2}$$

となるので，特解 x_f は，

$$x_f=\frac{P_0}{(k-m\omega^2)^2+(c\omega)^2}\{(k-m\omega^2)\cos\omega t+c\omega\sin\omega t\} \tag{2-116}$$

となる．この式は，式(2-92)，式(2-108)，および式(2-109)でそれぞれ定義した ζ，x_{st}，η を用いると，

$$x_f=x_{st}\frac{1}{(1-\eta^2)^2+(2\zeta\eta)^2}\{(1-\eta^2)\cos\omega t+(2\zeta\eta)\sin\omega t\} \tag{2-117}$$

と書き直すことができ，さらに，三角関数の合成を行うことにより，

$$x_f = x_{\mathrm{st}}\frac{1}{\sqrt{(1-\eta^2)^2+(2\zeta\eta)^2}}\cos(\omega t-\varphi) \qquad (2\text{-}118)$$

と表すことができる．ただし，$\varphi=\tan^{-1}\dfrac{2\eta\zeta}{1-\eta^2}$．この式から，減衰のない場合と同様，強制振動の振幅や，強制外力と強制振動の位相差 φ は強制外力の角振動数によって変化することがわかるが，これらは系の減衰比 ζ によっても変化することが読み取れる．そこで，いくつかの減衰比 ζ について，振動数比 η の変化に対する振幅倍率（x_f/x_{st} の振幅）と位相差の変化を図示すると，図 2-46 のようになる．この図から，どのような減衰比であっても $\eta\ll 1$ の場合は振幅倍率が 1 で位相差が 0 であり，$\eta\gg 1$ では振幅倍率は 0，位相差は π に近づいていくが，減衰比 ζ の違いにより，$\eta=1$ 付近での振幅倍率が異なることがわかる．減衰がない場合と同様，$\eta=1$ 付近で振幅倍率が大きくなる現象は**共振**とよばれるが，減衰がある場合は，振幅倍率が最も大きくなる振動数比が $\eta=1$ ではないことに注意が必要である．実際，x_f の振幅は，分母の根号の中を展開して平方完成を行うと，

$$x_f = x_{\mathrm{st}}\frac{1}{\sqrt{\{\eta^2-(1-2\zeta^2)\}^2+4\zeta^2(1-\zeta^2)}} \qquad (2\text{-}119)$$

となるから，振幅倍率は，

$$\eta^2=1-2\zeta^2 \text{ において } \frac{1}{2\zeta\sqrt{1-\zeta^2}} \qquad (2\text{-}120)$$

という最大値をとる．つまり，強制振動の振幅が最大となる外力の角振動数（共振角振動数）ω_r は，$\omega_r=\omega_n$ ではなく，

$$\omega_r=\omega_n\sqrt{1-2\zeta^2}$$

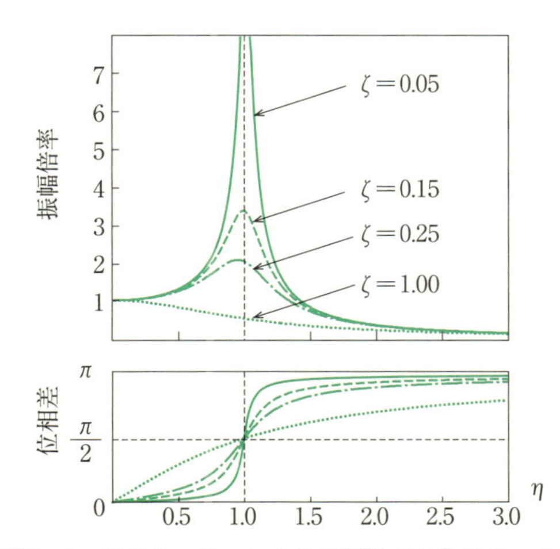

図 2-46　減衰比の違いによる振幅倍率と位相差の変化

となる．しかしながら，減衰比 ζ が十分に小さい場合は，振幅倍率は $\omega_r=\omega_n$ において最大値 $1/2\zeta$ をとると近似することも可能である．

2.4.4　さまざまな外力による振動応答

a.　重力による振動

これまでは，運動方程式の立式に重力の影響を考慮していなかった．ここでは重力を考慮した場合について考える．重力加速度を g とすると，図 2-42 の 1 自由度系の運動方程式は，

$$m\ddot{x}+c\dot{x}+kx=P_0\cos\omega t-mg \qquad (2\text{-}121)$$

となる．これを変形すると，

$$m\ddot{x}+c\dot{x}+k\left(x+\frac{mg}{k}\right)=P_0\cos\omega t \qquad (2\text{-}122)$$

と表現できる．ここで，

$$\hat{x}=x+\frac{mg}{k} \qquad (2\text{-}123)$$

とおくと，$\dot{\hat{x}}=\dot{x}$，$\ddot{\hat{x}}=\ddot{x}$ となるから，式(2-122)は，

$$m\ddot{\hat{x}}+c\dot{\hat{x}}+k\hat{x}=P_0\cos\omega t \qquad (2\text{-}124)$$

となり，式(2-112)とまったく同じ形となる．

では，式(2-123)の意味について考えてみる．これまでは，ばねの復元力を $-kx$ として考えてきたが，これは実は，物体の変位 x をばねが自然長である位置からの変位として考えてきたことになる．それに対し，$\hat{x}$ という変位は，図 2-47 のように，ばねが自然長（$x=0$）のとき，$\hat{x}=mg/k$ となるので，x よりも mg/k だけ下方に原点があるということになる．この mg/k というのは，ばねに mg の力を加えたときのばねのたわみの量を表しているので，$\hat{x}$ は，ばねの復元力が重力とつり合う位置を原点としているものと解釈できる．したがって，変位 x の原点をばねが自然長となる位置にとる場合，運動方程式には重力を考慮しなければならず，ばねの復元力が重力とつり合う位置（平衡点）を原点とする場合は，運動方程式には重力項を加えてはならない．しかし，どちらの場合でも運動方程式は式(2-125)のように表現できるので，重力

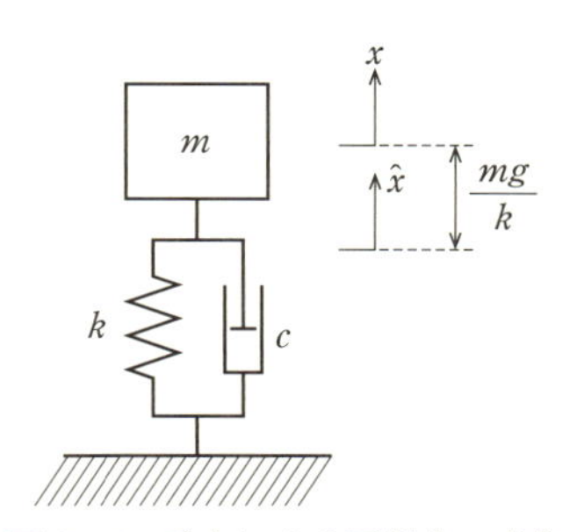

図 2-47　重力による平衡点の変化

は物体の平衡点に影響するだけであり，振動の振幅や位相には何ら影響を与えない．

b. 強制変位による振動

自動車の乗り心地（上下振動）や，地震時の建物の振動などを考える場合，物体に直接強制外力が働くのではなく，床面（道路や地面）が振動するということを考えなければならない．ここでは，図 2-48 のように，床面が調和振動する場合を例に，強制変位による 1 自由度系の物体の運動について考える．

この場合，ばねの伸びは物体と床面の間の距離となるので，復元力は $-k(x-x_0)$ となる．また，粘性減衰器による減衰力は粘性減衰器の両端の速度差（ストローク速度）に比例するので，$-c(\dot{x}-\dot{x}_0)$ となる．したがって，運動方程式は，

$$m\ddot{x}+c(\dot{x}-\dot{x}_0)+k(x-x_0)=0 \tag{2-125}$$

と記述できる．ここで，床面の変位 x_0 に関する項を右辺に移項すると，式(2-125)は，

$$m\ddot{x}+c\dot{x}+kx=c\dot{x}_0+kx_0 \tag{2-126}$$

と記述できる．床面の変位は $x_0=A_0\cos\omega t$ なので，これを代入し，三角関数の合成を行うと，

$$\begin{aligned} m\ddot{x}+c\dot{x}+kx &= -cA_0\omega\sin\omega t+kA_0\cos\omega t \\ &= Z\cos(\omega t-\phi) \end{aligned} \tag{2-127}$$

となる．ただし，$Z=A_0\sqrt{(c\omega)^2+k^2}$，$\phi=\tan^{-1}(c\omega/k)$．

したがって，時間 t を，

$$\hat{t}=t-\frac{\phi}{\omega} \tag{2-128}$$

のように置き直すと，式(2-127)は，

$$m\ddot{x}+c\dot{x}+kx=Z\cos\omega\hat{t} \tag{2-129}$$

となる．これは式(2-112)とまったく同じ形なので，その解は 2.4.3 項と同様に求めることができる．このように，強制変位による振動は，強制外力による振動と力学的に等価なので，共振などの現象も同様に生じることになる．特に，減衰がない場合（$c=0$ の場合）は，$Z=kA_0$，$\phi=0$ となるので，床面が振幅 A_0 で振動することは，振幅 kA_0 の強制外力を受けることと等価になる．

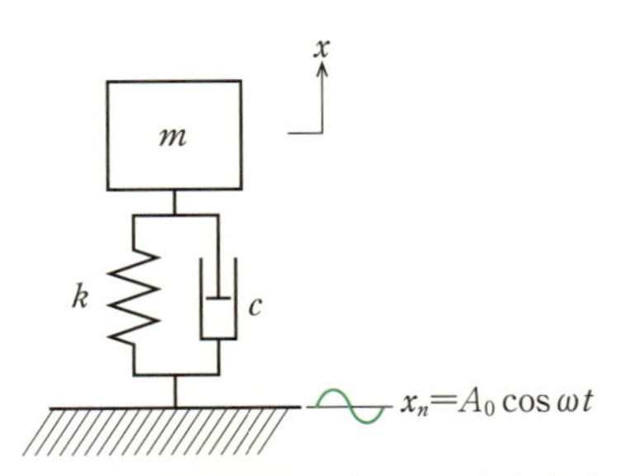

図 2-48　強制変位を受ける 1 自由度系

c. ステップ応答

図 2-49 のように，1 自由度系に式（2-130）のような強制外力 $U(t)$ が作用する場合を考える．

$$U(t)=\begin{cases}0 & (t<0)\\ R & (t\geq 0)\end{cases} \tag{2-130}$$

時間 t による $U(t)$ の変化の様子は図 2-50 のようになる．このように時間とともに階段状に変化する関数を**ステップ関数（step function）**とよび，$R=1$ の場合は特に単位ステップ関数（unit step function）とよぶ．2.4.4 項 b でみたように，物体に直接外力が作用することは床面が変位することと等価なので，本項では，図 2-51 のように自動車が階段状の段差を乗り越えるときの上下振動を考えていると捉えてもよい．

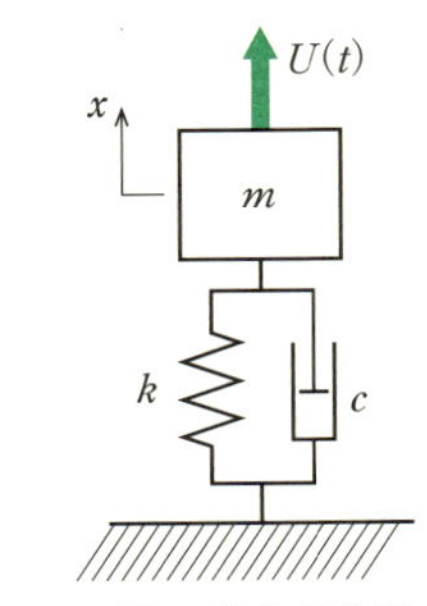

図 2-49　ステップ状の外力が作用する 1 自由度系

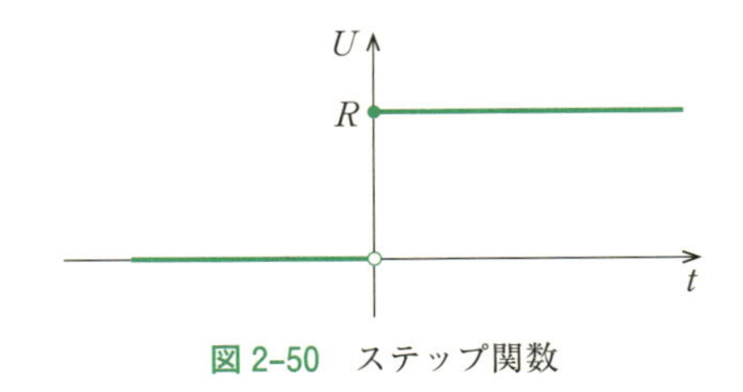

図 2-50　ステップ関数

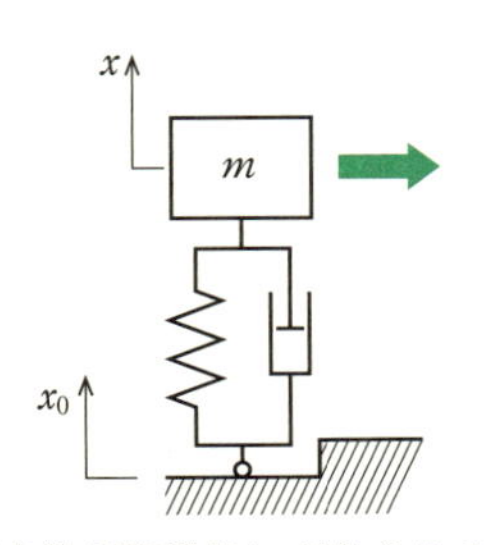

図 2-51　床面変位が階段状に変化する 1 自由度振動系

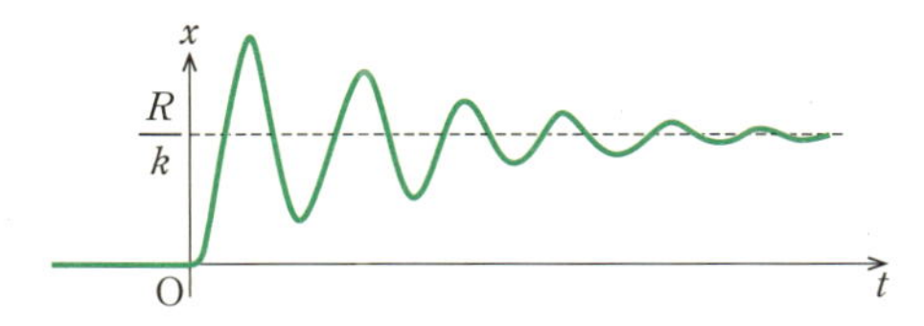

図 2-52 1自由度系のステップ応答

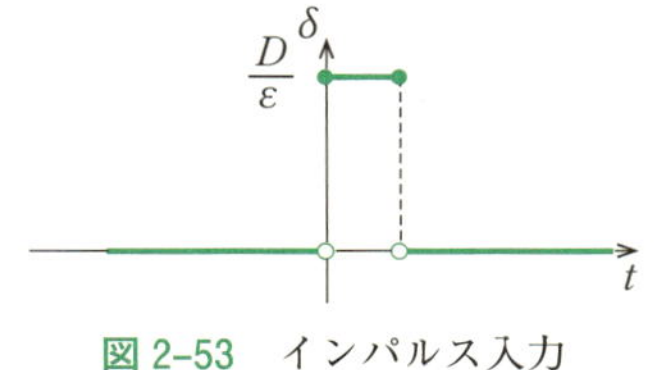

図 2-53 インパルス入力

強制外力 $U(t)$ が作用する1自由度系の運動方程式は,

$$m\ddot{x}+c\dot{x}+kx=U(t) \tag{2-131}$$

と記述できる．ここで，$t<0$ において物体は静止していたものとし，$t\geq 0$ の物体の運動のみを考えると，式(2-131)は，

$$m\ddot{x}+c\dot{x}+kx=R \tag{2-132}$$

となる．ここで，右辺の R を左辺に移項し，

$$\hat{x}\equiv x-\frac{R}{k} \tag{2-133}$$

とおくと，式(2-132)は

$$m\ddot{\hat{x}}+c\dot{\hat{x}}+k\hat{x}=0 \tag{2-134}$$

となり，減衰のある場合の自由振動の運動方程式（式(2-80)）と同じになる．つまり，ステップ状の強制外力による物体の運動は，$t\geq 0$ においては自由振動と同じである．

例えば，$\zeta<1$ の場合，式(2-134)の解は，2.4.2 項 b でみたとおり，

$$\hat{x}=e^{-\zeta\omega_n t}\{a\cos\omega_d t+b\sin\omega_d t\} \tag{2-135}$$

となるので，

$$x=\frac{R}{k}+e^{-\zeta\omega_n t}\{a\cos\omega_d t+b\sin\omega_d t\} \tag{2-136}$$

と表される．ここで，$t<0$ において物体は静止していたとすると，$t=0$ における初期条件は $x(0)=0$, $\dot{x}(0)=0$ と定められ，これらの条件から a, b を求めると，

$$a=-\frac{R}{k},\quad b=-\frac{\zeta}{\sqrt{1-\zeta^2}}\cdot\frac{R}{k}$$

となる．したがって，ステップ状の強制外力による物体の変位応答は，

$$x=\frac{R}{k}\left\{1-e^{-\zeta\omega_n t}\left(\cos\omega_d t+\frac{\zeta}{\sqrt{1-\zeta^2}}\sin\omega_d t\right)\right\} \tag{2-137}$$

と求められる．ただし，$\omega_n=\sqrt{k/m}$, $\omega_d=\omega_n\sqrt{1-\zeta^2}$, $\zeta=c/2\sqrt{mk}$. 式(2-137)を図示すると図 2-52 のようになる．

このように，ステップ状の強制外力が作用する場合の物体の応答を**ステップ応答（step response）**とよび，$R=1$ の場合（単位ステップ関数の場合）を特に

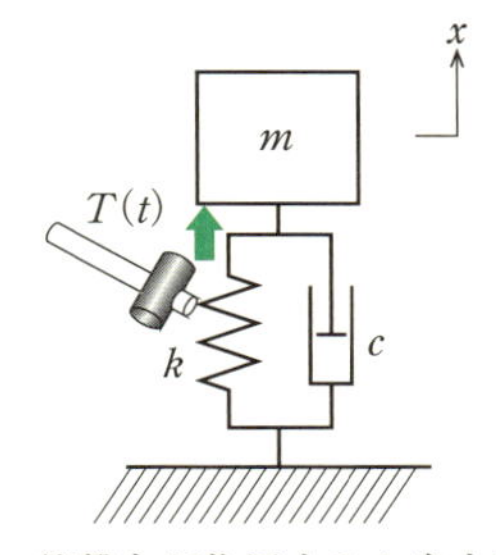

図 2-54 衝撃力が作用する1自由度振動系

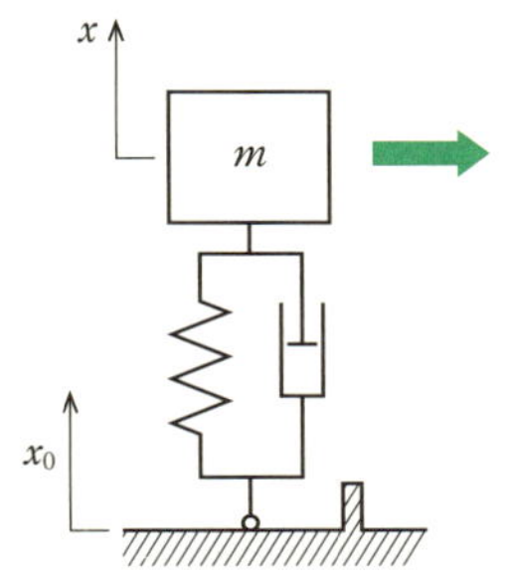

図 2-55 床面変位が突起状に変化する1自由度振動系

インディシャル応答（indicial response）とよぶ．

d. インパルス応答

1自由度系に式(2-138)で表される強制外力 $T(t)$ が加わる場合の応答を考える．

$$T(t)=\begin{cases}0 & (t<0)\\ D/\varepsilon & (0\leq t\leq\varepsilon)\\ 0 & (t>\varepsilon)\end{cases} \tag{2-138}$$

$T(t)$ の時間的な変化の様子は図 2-53 のようになる．ここで，ε は十分に小さく，$T(t)$ は瞬間的な衝撃のような力となる．つまり，ここでは，図 2-54 のように物体を下からハンマーで叩いたような場合を考える．また，2.4.4 項 b でみたように，物体に直接外力が作用することは床面が変位することと等価であることを踏まえると，図 2-55 のように，路面にある突起を乗り越えていくときの自動車の上下振動と捉えてもよい．式(2-138)のような関数を**インパルス関数**

(impulse function) とよび，$D=1$ の場合を特に**単位インパルス関数** (unit impulse function) とよぶ．強制外力 $T(t)$ が作用する場合の1自由度系の運動方程式は，

$$m\ddot{x}+c\dot{x}+kx=T(t) \tag{2-139}$$

となる．ここで，$t>\varepsilon$ では $T(t)=0$ なので，$t=\varepsilon$ 以降の物体は自由振動となる．したがって，$t=\varepsilon$ における物体の変位と速度がわかれば，その後の物体の運動はそれらを初期条件とする自由振動として記述できる．

$t=\varepsilon$ における物体の変位と速度を求めるため，ここでは強制外力 $T(t)$ による力積を考える．大きさ D/ε の強制外力が時間 ε だけ物体に加わるので，この強制外力による力積は D となり，この力積により物体の運動量が変化することを式で表すと，

$$m\dot{x}(\varepsilon)-m\dot{x}(0)=D \tag{2-140}$$

となる．$t<0$ で物体はずっと静止していたものと考えると $\dot{x}(0)=0$ なので，式(2-140)より，

$$\dot{x}(\varepsilon)=\frac{D}{m} \tag{2-141}$$

と求められる．また，ε が十分に小さいことから，$\varepsilon\approx 0$ とみなし，$x(\varepsilon)=x(0)$ とする．$t=0$ において物体は静止していた ($x(0)=0$) ので，

$$x(\varepsilon)=0 \tag{2-142}$$

となる．これらから，この物体は $t>\varepsilon$ において $x(\varepsilon)=0$，$\dot{x}(\varepsilon)=D/m$ の自由振動をするといえるが，$\varepsilon\approx 0$ であることを再度考慮すると，式(2-139)の解は，初期条件が $x(0)=0$，$\dot{x}(0)=D/m$ の自由振動と近似的に等しい．

例えば，$\zeta<1$ の場合，自由振動の式は式(2-94)より，

$$x=e^{-\zeta\omega_n t}Z\sin(\omega_d t+\phi) \tag{2-143}$$

と表されるので，実際に初期条件を代入して任意定数 a と b を求めると $\phi=0$，$Z=D/m\omega_d$ となり，

$$x=\frac{D}{m\omega_d}e^{-\zeta\omega_n t}\sin\omega_d t \tag{2-144}$$

と求められる．ただし，$\omega_n=\sqrt{k/m}$，$\omega_d=\omega_n\sqrt{1-\zeta^2}$，$\zeta=c/2\sqrt{mk}$．式(2-144)を図示すると図2-56のようになる．

このように，非常に短い時間だけ強制外力が加わる場合の応答を**インパルス応答** (impulse response) とよび，外力による力積の大きさが1 ($D=1$) の場合を特に**単位インパルス応答** (unit impulse response) とよぶ．

図2-56　1自由度系のインパルス応答

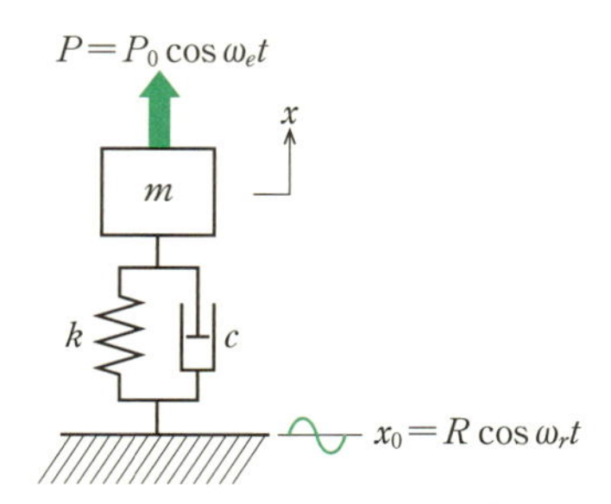

図2-57　複数の外力が働く1自由度系

e. 複数の調和外力による強制振動

ここでは，複数の調和外力が同時に加わる場合の1自由度系の物体の運動について考える．具体例として，図2-57のように正弦波状に変位が変化するような路面を走行している自動車に，同時にエンジンからの振動が伝わる場合を考える．路面の変位を $x_0(=R\cos\omega_r t)$ とし，エンジンからの振動の伝達を強制外力 $P(=P_0\cos\omega_e t)$ とすると，物体にはばねの復元力と粘性減衰器の減衰力，そしてエンジンからの強制外力が働くので，運動方程式は，

$$m\ddot{x}+c(\dot{x}-\dot{x}_0)+k(x-x_0)=P \tag{2-145}$$

となり，x_0 に関する項を右辺に移すと，

$$m\ddot{x}+c\dot{x}+kx=P+kx_0+c\dot{x}_0 \tag{2-146}$$

となる．これに $P=P_0\cos\omega_e t$，$x_0=R\cos\omega_r t$ を代入し，三角関数の合成を行うと，

$$m\ddot{x}+c\dot{x}+kx=P_0\cos\omega_e t+R_0\cos(\omega_r t-\phi) \tag{2-147}$$

となり，2つの異なる振動数の調和外力が同時に働くことと同等であるとわかる．ただし，$R_0=\sqrt{k^2+(c\omega_r)^2}$，$\phi=\tan^{-1}(c\omega/k)$．ここで，$P_0\cos\omega_e t$ のみが働く場合の物体の変位 x_e と，$R\cos\omega_r t$ のみが働く場合の物体の変位 x_r を考える．これらはそれぞれ運動方程式，

$$\begin{aligned}&m\ddot{x}_e+c\dot{x}_e+kx_e=P_0\cos\omega_e t\\&m\ddot{x}_r+c\dot{x}_r+kx_r=R_0\cos(\omega_r t-\phi)\end{aligned} \tag{2-148}$$

となる．この二つの式の辺々を加えると，

$$m(\ddot{x}_e+\ddot{x}_r)+c(\dot{x}_e+\dot{x}_r)+k(x_e+x_r)$$

$$=P_0\cos\omega_e t+R_0\cos(\omega_r t-\phi) \qquad (2\text{-}149)$$

となるので，

$$x_f=x_e+x_r \qquad (2\text{-}150)$$

とおけば，この x_f は式(2-147)を満たすことがわかる．ところで，x_e と x_r は式(2-148)の解なので，式(2-119)により容易に求められるので，式(2-147)の特解もそれらの和として容易に求まる．

このように，複数の強制外力が重畳して働く場合の物体の運動は，それらが別々に単独で働く場合の強制振動が重なり合ったものとなることがわかる．そして，一般解は，さらにこれに基本解を加えたものになるため，$\zeta<1$ の場合，実際の運動は減衰固有角振動数による自由振動も重なり，合計三つの振動数の振動が重なり合ったものとなる（線形微分方程式の解の重ね合わせの原理）．

f.　一般的な外力による振動

これまでは，強制外力が調和外力である場合や，ステップ応答やインパルス応答などのように近似的に簡単な求解ができる場合をみてきたが，実際の機械の振動を考える場合，外力は調和外力でない場合も多く存在する．例えば，実際の道路の凹凸や地震時の地面の動きは単一の振動数の正弦波では表すことができず，不規則なものとなる．ここでは，不規則な外力が働く場合の 1 自由度系の物体の運動の求め方について考える．

図 2-58 のように，不規則な関数として表される強制外力 $P(t)$ が物体に働く場合，運動方程式は，

$$m\ddot{x}+c\dot{x}+kx=P(t) \qquad (2\text{-}151)$$

となる．ここで，不規則関数 $P(t)$ を図 2-59 のような階段状の関数として考える．$\Delta\tau$ を十分に小さくすれば，この階段状の関数は $P(t)$ と数学的に一致する．いま，この階段状の関数は，階段 1 段ずつをみると，それぞれが時刻 t から物体に加わるインパルス入力と捉えることができるので，この階段状の関数は，インパルス入力の集合体とみることができる．したがって，不規則外力による応答は，前項でみたように，これらすべてのインパルス入力による解の重ね合わせとして表される．

時刻 τ から $\tau+\Delta\tau$ までの間のインパルス入力による力積は $P(\tau)\Delta\tau$ で，これによる物体の振動は 2.4.4 項 d でみたように，

$$\Delta x(t)=P(\tau)\Delta\tau\cdot\frac{1}{m\omega_d}e^{-\zeta\omega_n(t-\tau)}\sin\omega_d(t-\tau) \qquad (2\text{-}152)$$

となるので，すべてのインパルス入力による力積を足し合わせると，

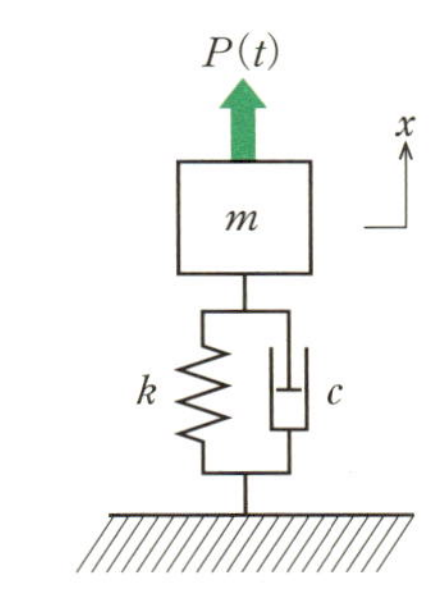

図 2-58　不規則な外力が働く 1 自由度系

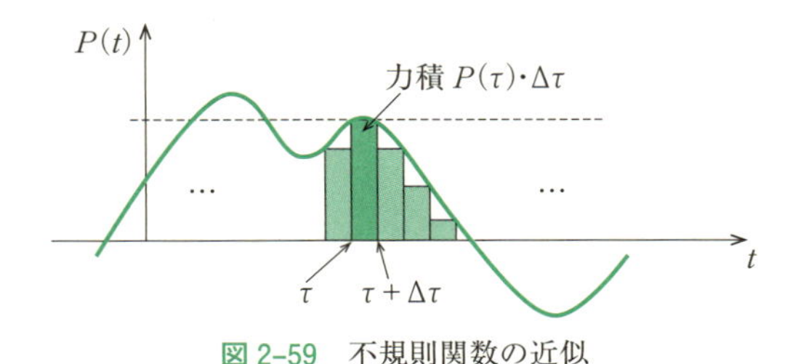

図 2-59　不規則関数の近似

$$x(t)=\sum_{\tau=0}^{t}\Delta x(t)$$
$$=\sum_{\tau=0}^{t}P(\tau)\Delta\tau\cdot\frac{1}{m\omega_d}e^{-\zeta\omega_n(t-\tau)}\sin\omega_d(t-\tau) \qquad (2\text{-}153)$$

となる．$\Delta\tau\to0$ を考えると，これは積分を行うことにほかならないので，不規則な強制外力 $P(t)$ による物体の応答は，

$$x(t)=\int_0^t P(\tau)\frac{1}{m\omega_d}e^{-\zeta\omega_n(t-\tau)}\sin\omega_d(t-\tau)\mathrm{d}\tau \qquad (2\text{-}154)$$

と記述できる．この式は**デュアメル積分（Duhamel's integral）**とよばれる．また，単位インパルス応答を，

$$h(t)=\frac{1}{m\omega_d}e^{-\zeta\omega_n t}\sin\omega_d t \qquad (2\text{-}155)$$

として表すと，式(2-154)は，

$$x(t)=\int_0^t h(t-\tau)P(\tau)\mathrm{d}\tau \qquad (2\text{-}156)$$

と記述できる．これは**畳み込み積分（comvolution integral）**とよばれるもので，デュアメル積分は畳み込み積分の一例である．

[例題 2-5]　下図に示すような強制外力を受ける減衰のない 1 自由度系の応答（$t>t_2$）を求めよ.

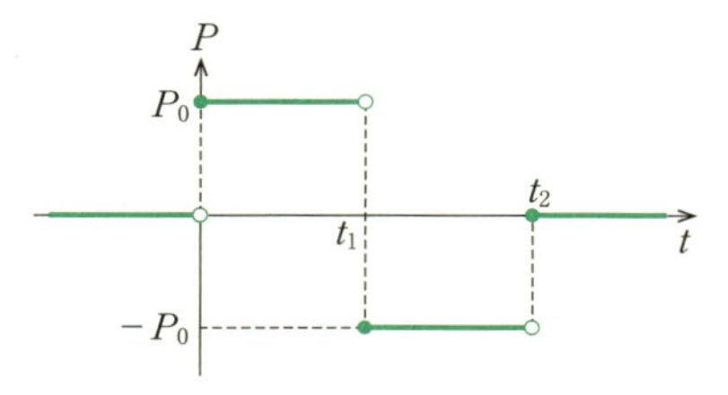

減衰のない 1 自由度系であるので，インパルス応答は，

$$h(t)=\frac{1}{m\omega_n}\sin\omega_n t \tag{2-157}$$

となる．したがって，$t>t_2$ での応答は，

$$\begin{aligned}x(t)&=\int_0^{t_1}P_0h(t-\tau)\mathrm{d}\tau+\int_{t_1}^{t_2}-P_0h(t-\tau)\mathrm{d}\tau+\int_{t_2}^{t}0\mathrm{d}\tau\\&=\int_0^{t_1}\frac{P_0}{m\omega_n}\sin\omega_n(t-\tau)\mathrm{d}\tau\\&\quad+\int_{t_1}^{t_2}-\frac{P_0}{m\omega_n}\sin\omega_n(t-\tau)\mathrm{d}\tau\\&=\frac{P_0}{m\omega_n}\left(\left[\frac{1}{\omega_n}\cos\omega_n(t-\tau)\right]_0^{t_1}\right.\\&\quad\left.-\left[\frac{1}{\omega_n}\cos\omega_n(t-\tau)\right]_{t_1}^{t_2}\right)\\&=\frac{P_0}{m\omega_n{}^2}\{(\cos\omega_n(t-t_1)-\cos\omega_n t)\\&\quad-(\cos\omega_n(t-t_2)-\cos\omega_n(t-t_1))\}\\&=\frac{P_0}{k}\{2\cos\omega_n(t-t_1)-\cos\omega_n t-\cos\omega_n(t-t_2)\}\end{aligned}$$

となる.

2.4.5　振動力の伝達

これまでは，1 自由度系の物体の運動（振動）について考えてきたが，ここでは，物体そのものの振動ではなく，物体の振動の床への伝達について考える．例えば，発電機などの振動する機械を床に置くと，床が振動することがある．このとき，物体の振動は床にどのように伝わっているのだろうか.

発電機などの回転機械の振動は，強制外力が加わっている物体として捉えることができることを 2.4.3 項 a で述べた．ここでは，その回転機械が図 2-60 のように防振ゴムなどのクッションを介して床に設置されているものとする．防振ゴムは，変形量に比例した復元力と，変形速度に比例した減衰力を発生するので，防振ゴムを介して床と設置することは，ばねと粘性減衰器を介して床と設置することと力学的に同じとなる．したがって，床に設置した回転機械も，図 2-61

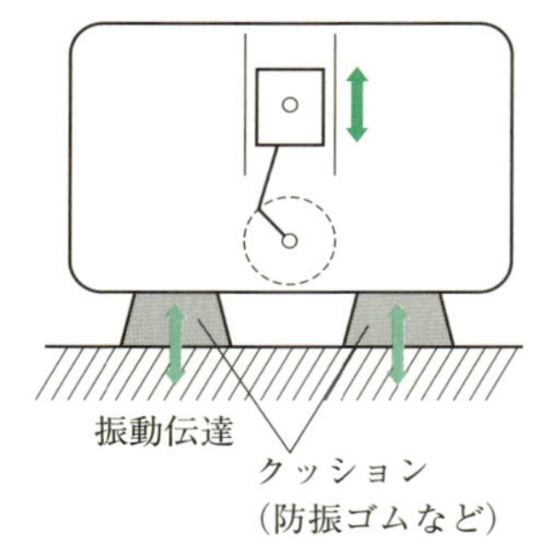

図 2-60　床に設置した発電機

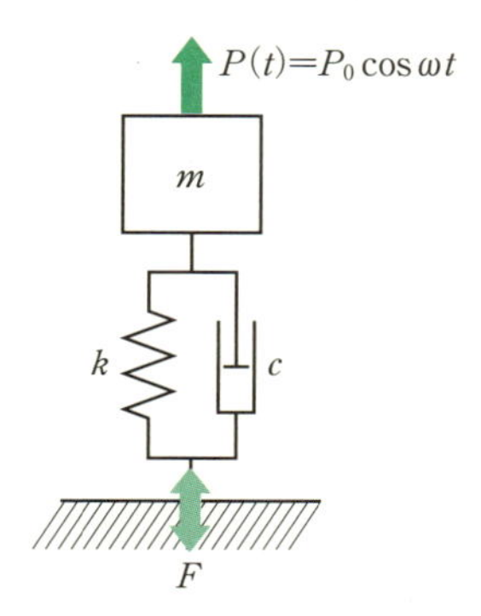

図 2-61　床に設置した発電機の力学モデル

のように強制外力を受ける 1 自由度系としてモデル化することができる．このときの物体の応答は，2.4.3 項 c でみたとおり，

$$x_f=x_{\mathrm{st}}\frac{1}{\sqrt{(1-\eta^2)^2+(2\zeta\eta)^2}}\cos(\omega t-\varphi) \tag{2-158}$$

となる．ただし，$\varphi=\tan^{-1}\dfrac{2\eta\zeta}{1-\eta^2}$．物体がこのように振動している間，物体はその時々の物体の変位や速度に応じてばねと粘性減衰器から力を受けていることになるが，これらの力は同時に床にも反作用力として加わることになる．ばねの復元力と粘性減衰器の減衰力はそれぞれ $-kx$，$-c\dot{x}$ なので，床に働く反作用力（床への伝達力）F は，

$$\begin{aligned}F&=kx+c\dot{x}\\&=\frac{kx_{\mathrm{st}}}{\sqrt{(1-\eta^2)^2+(2\zeta\eta)^2}}\cos(\omega t-\varphi)\\&\quad-\frac{c\omega\, x_{\mathrm{st}}}{\sqrt{(1-\eta^2)^2+(2\zeta\eta)^2}}\sin(\omega t-\varphi)\\&=\frac{P_0\sqrt{1+(2\zeta\eta)^2}}{\sqrt{(1-\eta^2)^2+(2\zeta\eta)^2}}\cos(\omega t-\varphi+\delta)\end{aligned} \tag{2-159}$$

となる．ただし，$\delta=\tan^{-1}(2\zeta\eta)$．強制外力の振幅 P_0

が大きいほど床への振動伝達が大きいことは明白なので，ここでは，床への伝達力 F と強制外力 P の振幅比 Λ を考えると，

$$\Lambda=\frac{\sqrt{1+(2\zeta\eta)^2}}{\sqrt{(1-\eta^2)^2+(2\zeta\eta)^2}} \tag{2-160}$$

となる．この振幅比 Λ を**振動伝達率（vibration transmissibility）**とよぶ．

この式から，振動伝達率は振動数比 η と減衰比 ζ に依存することがわかるので，いくつかの減衰比 ζ について，振動数比 η の変化に対する振動伝達率 Λ の変化を図示すると図 2-62 のようになる．この図から，振動数比 η が $\sqrt{2}$ 以下の場合，つまり，強制外力の角振動数が系の非減衰固有角振動数の $\sqrt{2}$ 倍以下のとき，振動伝達率は1よりも大きくなり，特に $\eta=1$ 付近，つまり共振現象が生じるような振動数付近では，振動伝達率も非常に大きくなることがわかる．そして，振動数比 η を $\sqrt{2}$ よりも大きくすると，振動伝達率は1を下回り，床への振動伝達が軽減される．

このことから，図 2-60 のように発電機のような機械を床に設置する場合の振動対策について考える．発電機の運転回転数や重量は簡単に変えることができないので，強制外力の振動数 ω と物体の質量 m は変えられない．しかし，クッションの硬さ（ばね定数 k）は，クッションの材質を変えることで比較的簡単に変えられる．

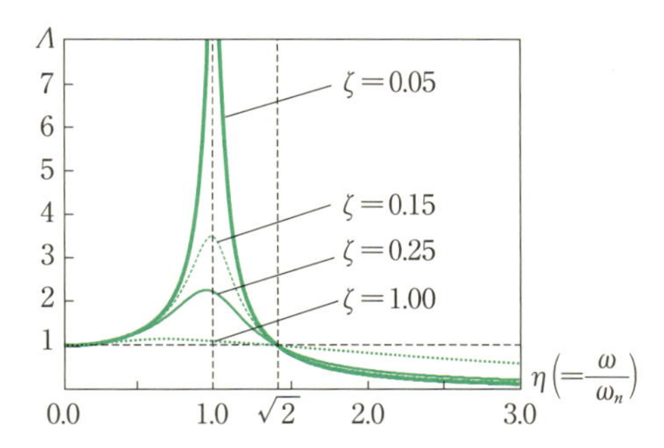

図 2-62 1自由度系の場合の床への振動伝達率

ここで，振動数比 η は，

$$\eta=\frac{\omega}{\sqrt{\dfrac{k}{m}}} \tag{2-161}$$

として表されるので，クッションのばね定数 k が大きいと振動数比 η は小さくなる．したがって，クッションが硬すぎて振動数比 η が $\sqrt{2}$ を下回るような場合，クッションによる振動低減効果は生じず，逆に床への振動伝達を大きくしてしまうこともある．振動数比 η が $\sqrt{2}$ 以上となれば，クッションを介さずに床に直接機械を設置するよりも床に伝達する力が小さくなるので，床への振動伝達という観点からは，振動の発生する機械はできるだけ柔らかいばねで支持するのが望ましい．

2.4 節のまとめ

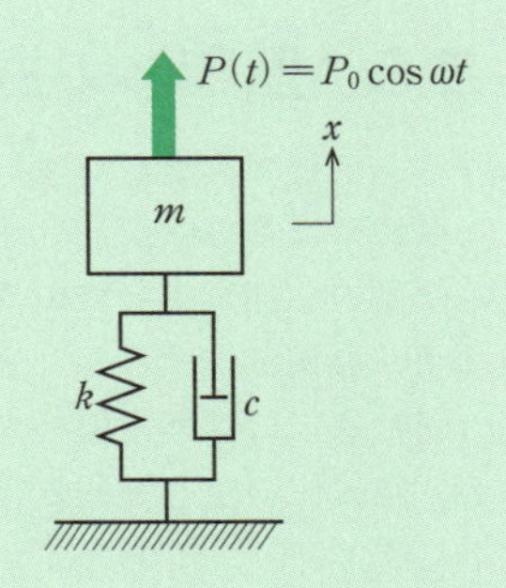

- **右図のような1自由度振動系の運動方程式：** $m\ddot{x}+c\dot{x}+kx=P_0\cos\omega t$

  式(2.5.1)の一般解： $x=x_h+x_f$

  ただし，x_h：自由振動解（$m\ddot{x}+c\dot{x}+kx=0$ の解），x_f：強制振動解
- **非減衰固有振動数：** $\omega_n=\sqrt{\dfrac{k}{m}}$
- **減衰比：** $\zeta=\dfrac{c}{2\sqrt{mk}}$
- **自由振動解：**

  (i) $\zeta>1$ の場合 $x_h(t)=Ae^{\lambda_1 t}+Be^{\lambda_2 t}$

  ただし，A，B：任意定数（初期条件により決まる）， $\lambda_1=\dfrac{-c-\sqrt{c^2-4mk}}{2m}$，$\lambda_2=\dfrac{-c+\sqrt{c^2-4mk}}{2m}$

  (ii) $\zeta=1$ の場合 $x_h(t)=(A+Bt)e^{-\zeta\omega_n t}$

  ただし，A，B：任意定数（初期条件により決まる）

  (i) $\zeta<1$ の場合 $x_h(t)=e^{-\zeta\omega_n t}\{A\cos\omega_d t+B\sin\omega_d t\}$

  ただし，A，B：任意定数（初期条件により決まる）， $\omega_d=\omega_n\sqrt{1-\zeta^2}$ **（減衰固有角振動数）**

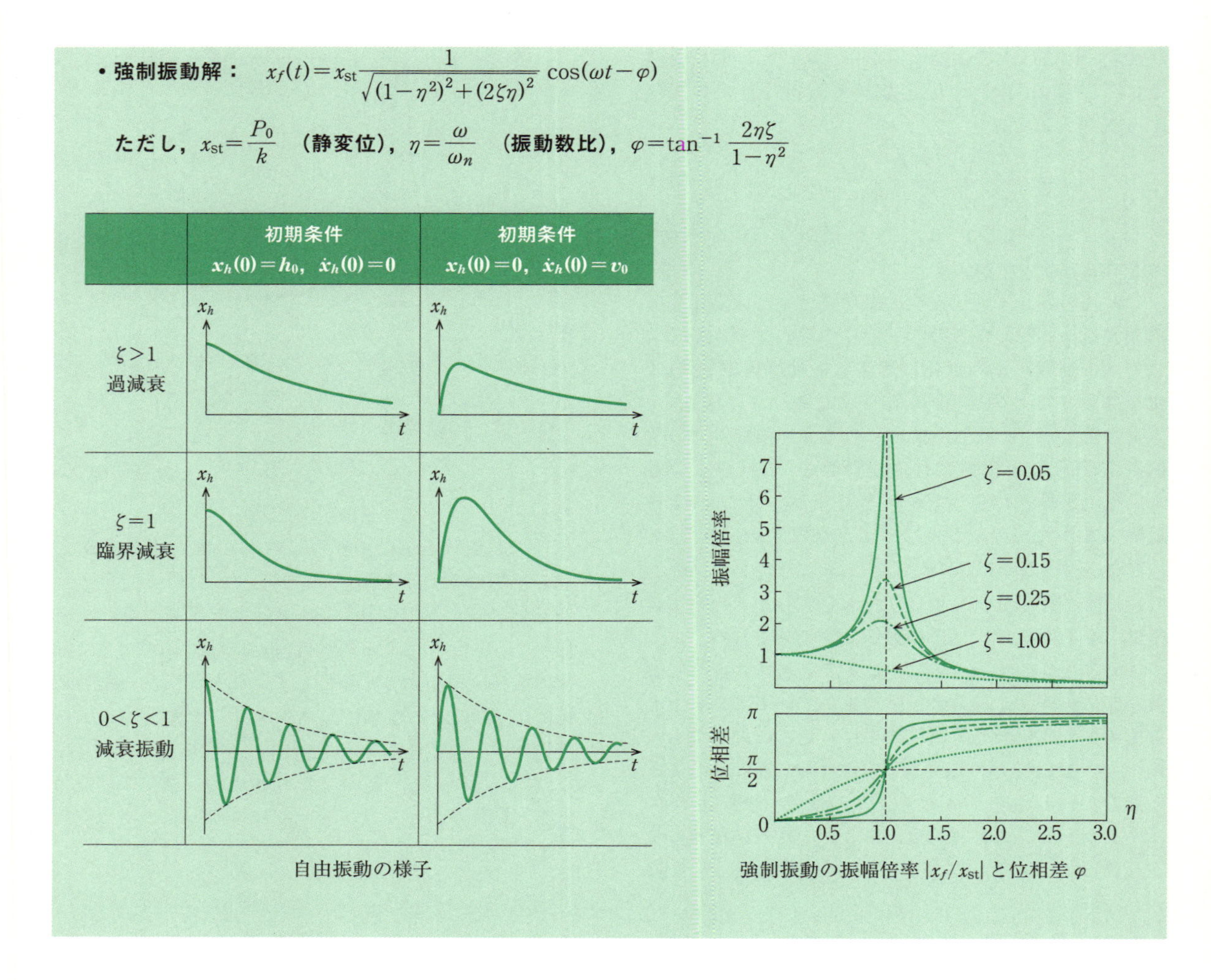

2.5　回転体の振動

ガスタービンエンジンやハードディスクドライブなど，機械には物体（部品）を回転させることがその機械の役割の一部を担っているものがあり，それらの機械は回転機械とよばれる．回転機械では，回転する部品（回転体）には通常偏心がないように設計されているが，回転体の重心を回転軸と厳密に一致させることは不可能であり，このわずかな偏心により思わぬ振動や騒音が発生することがある．本節ではこのような回転体の振動について解説する．

2.5.1　ふれまわり運動

図 2-63 は，両端を軸受で固定された回転機械を簡単にモデル化したものである．質量の無視できる回転軸に単一の円板が取り付けられたもので，**ジェフコット・ロータ（Jeffcott rotor）**とよばれる．この図において，G は重心を，S は回転軸の取り付け点（軸心）を示す．本節ではこのような偏心のある回転体を回転させたときの挙動について考える．構造は少し異なるが，脱水中の洗濯機を想像するとよい．

図 2-63 の回転軸を角速度 ω で回転させると，円板の重心に遠心力が働き，これにより回転軸がたわむ．たわんだ軸には元に戻ろうとする復元力が働くので，

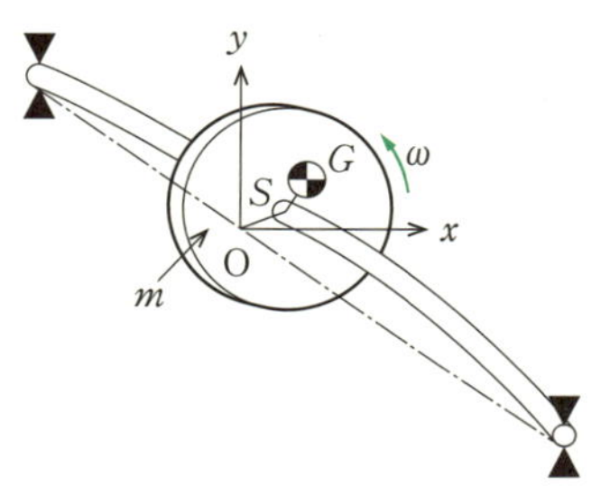

図 2-63　ジェフコット・ロータ

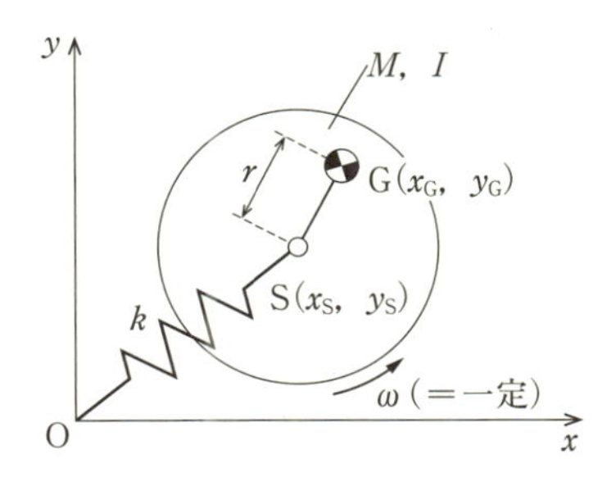

図 2-64　ジェフコット・ロータのモデル

回転軸はばねと同じ特性をもつものとしてモデル化でき，そのばね定数を k とする．円板は軸方向に動かない構造なので，回転軸に垂直な平面（x-y 平面）内の運動を考えればよく，したがって，ジェフコット・ロータの力学モデルは図 2-64 のように表すことができる．この図において，たわみがないときの回転軸の位置を原点 O としている．円板を一定の角速度 ω で回転させている状態を想定しているので，円板の運動としては重心の x，y 方向の並進運動について考えればよく，運動方程式は，

$$\begin{cases} M\ddot{x}_G + kx_S = 0 \\ M\ddot{y}_G + ky_S = 0 \end{cases} \tag{2-162}$$

となる．ここで，重心 G と軸心 S を結ぶ直線 OS が水平になった時刻を $t=0$ すると，重心 G と軸心 S の関係は，

$$\begin{cases} x_G(t) = x_S(t) + r\cos\omega t \\ y_G(t) = y_S(t) + r\sin\omega t \end{cases} \tag{2-163}$$

と表される．ここで，r は重心 G と軸心 S の間の距離である．これを式(2-162)に代入すると，

$$\begin{cases} M\dfrac{\mathrm{d}^2}{\mathrm{d}t^2}(x_S + r\cos\omega t) + kx_S = 0 \\ M\dfrac{\mathrm{d}^2}{\mathrm{d}t^2}(y_S + r\sin\omega t) + ky_S = 0 \end{cases} \tag{2-164}$$

となり，整理すると，

$$\begin{cases} M\ddot{x}_S + kx_S = Mr\omega^2\cos\omega t \\ M\ddot{y}_S + ky_S = Mr\omega^2\sin\omega t \end{cases} \tag{2-165}$$

となる．この二つの式はどちらも 2.4.3 項 b で述べた非減衰調和外力振動の運動方程式となっているので，式(2-106)を利用すると，これらの運動方程式の解（強制振動解）は，

$$\begin{cases} x_S = \dfrac{Mr\omega^2}{k}\dfrac{1}{1-\eta^2}\cos\omega t = \dfrac{\eta^2}{1-\eta^2}r\cos\omega t \\ y_S = \dfrac{Mr\omega^2}{k}\dfrac{1}{1-\eta^2}\sin\omega t = \dfrac{\eta^2}{1-\eta^2}r\sin\omega t \end{cases} \tag{2-166}$$

と求められる．ただし，$\eta=\omega/\omega_n$，$\omega_n=\sqrt{k/M}$．これらの式から t を消去すると，

$$x_S{}^2 + y_S{}^2 = \left|\frac{\eta^2}{1-\eta^2}\right| r \tag{2-167}$$

という関係が得られ，このことから，回転軸の軸心 S は半径 $|\eta^2/(1-\eta^2)|r$ の円運動を行うことがわかる．

また，式(2-166)と式(2-163)から，重心位置は，

$$\begin{cases} x_G = \dfrac{1}{1-\eta^2}r\cos\omega t \\ y_G = \dfrac{1}{1-\eta^2}r\sin\omega t \end{cases} \tag{2-168}$$

となり，こちらも同様に円運動を行い，その半径は $|1/(1-\eta^2)|r$ となることがわかる．さらに，式(2-166)と式(2-168)を見比べると，円運動の位相は同じとなっているので，原点 O と軸心 S と重心 G は常に一直線上に位置するということもわかる．このような運動を**ふれまわり運動（whirl motion）**とよぶ．

軸心 S と重心 G の円運動の半径は，振動数比 η によって，つまり，軸の回転速度 ω によって変化することがわかるが，どのように変化するのだろうか．これらの円運動の半径に着目すると，

$$\begin{aligned} \overline{\mathrm{OS}} &= \left|\frac{\eta^2}{1-\eta^2}\right| r \\ \overline{\mathrm{OG}} &= \left|\frac{1}{1-\eta^2}\right| r \end{aligned} \tag{2-169}$$

となっているので，振動数比 η による $\overline{\mathrm{OS}}/r$，$\overline{\mathrm{OG}}/r$ の変化を図示すると図 2-65 のようになる．$\eta \ll 1$ のとき，すなわち円板の回転数が低いとき，$\overline{\mathrm{OS}}=0$，$\overline{\mathrm{OG}}=r$ とわかるが，これは，回転軸はたわむことがなく，重心 G は軸心 S を中心として回転することを意味する．しかし，振動数比 η を大きくしていくと $\overline{\mathrm{OS}}$ と $\overline{\mathrm{OG}}$ はともに次第に大きくなり，$\eta=1$ のとき，すなわち，円板を $\omega_n(=\sqrt{k/M})$ と等しい回転数 ω で回転させると $\overline{\mathrm{OS}}$ と $\overline{\mathrm{OG}}$，つまり軸のたわみが無限大にまで大きくなる．実際には，回転軸や軸受に多少の減衰要素があるので，軸のたわみが無限大になること

ヘンリー・ジェフコット

英国の工学者．はりの振動や弾性変形，ねじ，送電線に関わる技術論文を多く執筆した．特に，両端が支持された質量を無視できる軸での単一ロータのたわみ振動であるジェフコット・ロータが有名．(1877-1937)

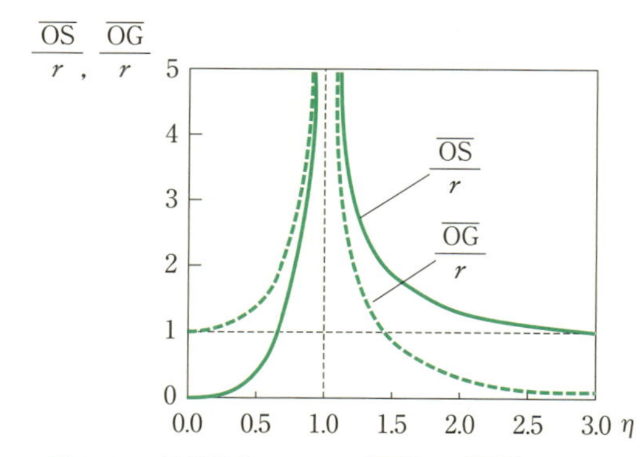

図 2-65　振動数比 η による $\overline{OS}/r$ と $\overline{OG}/r$ の変化

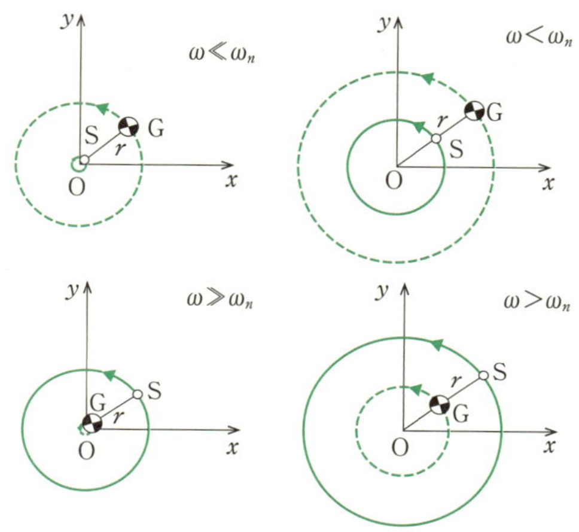

図 2-66　重心 G と軸心 S の位置関係の変化（実線は円板中心の軌跡，破線は重心の軌跡）

はないが，それでも軸のたわみが非常に大きくなるので，軸が破損する危険にさらされる．このことから，この $\omega_n(=\sqrt{k/M})$ を回転軸の**危険速度（critical speed）**とよぶ．

円板の回転数が危険速度を超えると，$\overline{OS}$ と $\overline{OG}$ は次第に小さくなる．しかし，$\eta<1$ のときとは異なり，$\overline{OS}$ の方が $\overline{OG}$ よりも大きくなる．これは，重心 G の方が軸心 S の内側を回転することを意味し，$\eta\gg1$ となるまで円板の回転数を高めると，$\overline{OG}=0$，つまり，円板は重心 G を中心として回転することになる．円板が重心 G を中心として回転するということは，偏心のない円板が回転するのと同じなので，機械としての振動も小さくなり，2.4.5 項で述べたような床への振動伝達も小さくなる．これを，**自動調心作用（self-centering）**とよぶ．円板の回転数 ω の違いによる重心 G と軸心 S の位置関係の違いを図示すると図 2-66 のようになる．

2.5.2　危険速度の計算法

前項でみたように，単一の円板からなる回転体の場合，危険速度 ω_n は，

$$\omega_n=\sqrt{\frac{k}{M}} \tag{2-170}$$

である．したがって，円板の質量と軸のばね定数がわかれば，式(2-170)を用いて危険速度を計算することができる．軸のばね定数 k は，無回転時の円板の重量による軸のたわみを δ とすると，軸の復元力と重力のつり合いから，

$$k\delta=Mg \tag{2-171}$$

という関係が成り立つので，これを利用すると危険速度 ω_n は，

$$\omega_n=\sqrt{\frac{g}{\delta}} \tag{2-172}$$

として計算できる．δ は直接計測しても構わないし，材料力学の知識を利用しても求められる．

次に，複数の円板が取り付けられた回転体の危険速度を求める二つの方法について解説する．

a.　ダンカレーの実験公式

図 2-67 のように，1 本の軸に N 個の円板が取り付けてある場合の危険速度 Ω は，以下の式により求められることが知られている．

$$\frac{1}{\Omega^2}=\frac{1}{\omega_0^2}+\frac{1}{\omega_1^2}+\cdots\cdots+\frac{1}{\omega_N^2} \tag{2-173}$$

ここで，ω_0 は，軸のみの危険速度であり，ω_i は，軸に円板 i のみを取り付けたときの危険速度である．これは，**ダンカレーの実験公式（Dunkerley's formula）**とよばれ，この公式により 3〜4% の誤差で危険速度を計算することができる．

b.　レイリーの方法（エネルギー法）

レイリーの方法（Rayleigh's method）とはエネル

リチャード・サウスウェル

英国の機械工学者，数学者．第一次世界大戦後に王立航空研究所の航空力学部門の長となり，その後，王立カレッジの校長などを歴任した．偏微分方程式を用いて応力緩和を解く方法などを開発した．（1888-1970）

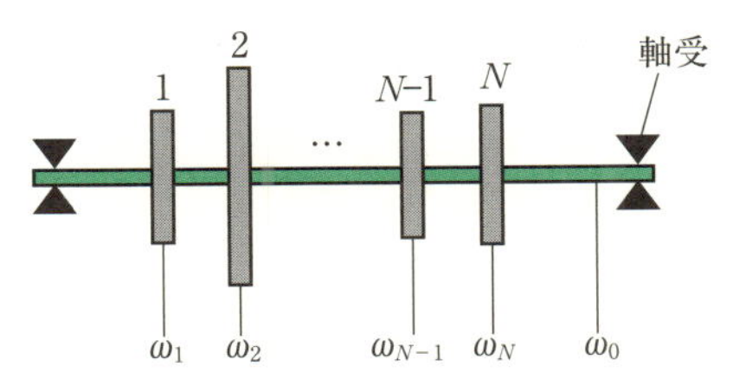

図 2-67 N 個の円板をもつ回転軸

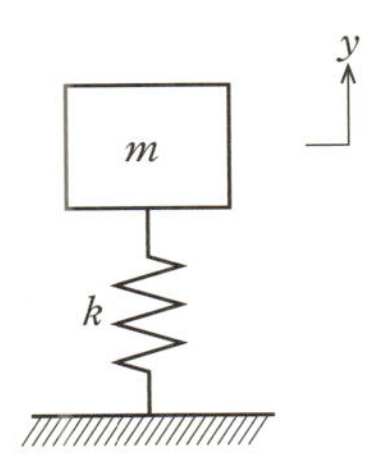

図 2-68 y 方向にのみ着目した回転軸のモデル

ギー保存則から危険速度を求める方法である．まず，単一円板の場合について考える．式(2-165)においての強制振動とみなすことができる．物体に加える強制外力の振動数 ω が系の固有振動数 $\omega_n(=\sqrt{k/M})$ と一致した場合に共振が生じることを踏まえると，図 2-64 の軸の危険速度を求めることは，図 2-68 の系の固有振動数を求めることと等価である．固有振動数とは自由振動の振動数であるので，図 2-68 の系の物体が振幅 A の自由振動している状態を考えると，物体の変位は $y=A\sin\omega_n t$ と表すことができる．この系の運動エネルギー T とポテンシャルエネルギー U は，

$$T=\frac{1}{2}M(A\omega_n\cos\omega_n t)^2 \tag{2-174}$$

$$U=\frac{1}{2}k(A\sin\omega_n t)^2 \tag{2-175}$$

と表すことができ，力学的エネルギー保存則より，

$$T+U=\frac{1}{2}M(A\omega_n\cos\omega_n t)^2+\frac{1}{2}k(A\sin\omega_n t)^2 =一定 \tag{2-176}$$

第 3 代レイリー男爵

英国の物理学者．本名はジョン・ウィリアム・ストラット．マクスウェルの後を継ぎキャベンディッシュ研究所の教授を務め，元素アルゴンを発見し，ノーベル物理学賞を受賞した．音響理論や光の散乱など業績は多い．(1842-1919)

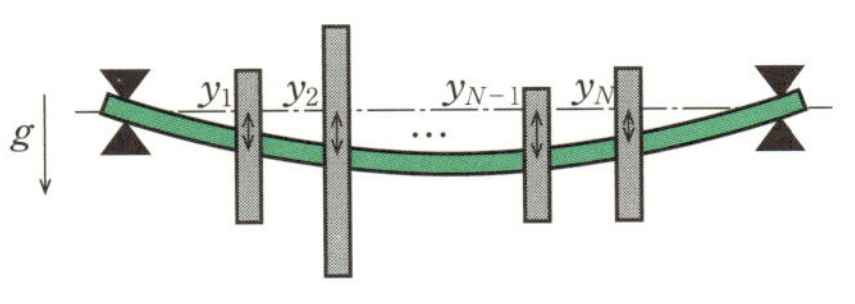

図 2-69 N 個の円板をもつ回転軸のたわみ

という関係が成り立つ．この式は時間 t によらず成り立つので，$t=0$ のときも $t=\pi/2$ のときも同じ一定の値となるので，

$$\frac{1}{2}MA^2\omega_n{}^2=\frac{1}{2}kA^2 \tag{2-177}$$

となり，固有振動数は，

$$\omega_n=\sqrt{\frac{k}{M}} \tag{2-178}$$

と得られる．この考え方は，力学的エネルギー保存則に基づいたものであることから，エネルギー法ともよばれる．

この考え方を，回転軸に複数の円板が取り付けられている場合にあてはめる．図 2-69 のように取り付けられた N 個の円板の質量をそれぞれ M_1，M_2，……，M_N とし，それぞれの円板が取り付けられた位置での軸のばね定数を k_1，k_2，……，k_N とする．また，軸が回転していない状態での自重による軸たわみを，それぞれの円板が取り付けられた位置で δ_1，δ_2，……，δ_N とする．軸が回転しているときの軸のたわみの形状は重力による軸のたわみの形状とは異なるが，ここでは近似的に等しいと仮定すると，軸を回転させたときのそれぞれの円板の変位は，次のように表せる．

$$y_i=\alpha\delta_i\sin\Omega t \tag{2-179}$$

ただし，α は未知の定数，Ω はこの回転軸の固有振動数，すなわち，危険速度である．この回転軸の自由振動を先ほどと同様に考えると，この軸の運動エネルギー T とポテンシャルエネルギー U は，

$$T=\sum_{i=1}^{N}\frac{1}{2}M_i(\alpha\delta_i\Omega\cos\Omega t)^2 \tag{2-180}$$

$$U=\sum_{i=1}^{N}\frac{1}{2}k_i(\alpha\delta_i\sin\Omega t)^2 \tag{2-181}$$

と表すことができる．力学的エネルギー保存則により $T+U=$（一定）なので，$t=0$ のときと $t=\pi/2$ のとき，力学的エネルギーが等しいとすることで，

$$\Omega^2\sum_{i=1}^{N}M_i\delta_i{}^2=\sum_{i=1}^{N}k_i\delta_i{}^2 \tag{2-182}$$

という関係が得られる．ここで，ばね定数 k_i について，円板の重力と軸の復元力のつり合いから，

$$k_i\delta_i=M_i g \tag{2-183}$$

の関係が近似的に成り立つと考えると，式(2-182)は，

$$\Omega^2 \sum_{i=1}^{N} M_i \delta_i^2 = \sum_{i=1}^{N} \frac{M_i g}{\delta_i} \delta_i^2 \tag{2-184}$$

となり，したがって，危険速度 Ω が，

$$\Omega^2 = \frac{g \sum_{i=1}^{N} M_i \delta_i}{\sum_{i=1}^{N} M_i \delta_i^2} \tag{2-185}$$

として計算できる．ここでも，δ_i は直接計測しても構わないし，材料力学の知識を利用して求めてもよい．

2.5.3　つり合わせ

a.　静不つり合い

式(2-166)や式(2-168)からわかるように，軸を回転させたときの軸心 S や重心 G の変位は，軸心 S と重心 G の距離 r に比例する．機械の振動・騒音や軸の破損を防止するためには，軸のふれまわり運動を抑制することが重要で，軸心 S と重心 G の距離 r はできるだけ小さくすることが望ましい．ここでは軸心 S と重心 G の距離 r について考える．

図 2-64 の回転体において軸心 S が円板の中心であった場合，重心 G が軸心 S から距離 r だけ離れた質量 M の円板を作り出すにはどのようにすればよいか．

図 2-70 のように，偏心のない質量 $M-m$ の円板の中心から距離 e だけ離れたところに質量 m のおもりを取り付ける．このとき，円板の総重量は M となるが，おもりを取り付けたことにより円板には偏心が生じ，円板の中心と重心の間の距離を r とすると，

$$(M-m)r = m(e-r) \tag{2-186}$$

すなわち，

$$e = \frac{Mr}{m} \tag{2-187}$$

となる．つまり，重心 G が軸心 S（円板の中心）から距離 r だけ離れた質量 M の円板とは，偏心のない質量 $M-m$ の円板の中心から距離 Mr/m の位置に質量 m のおもりを取り付けた円板と等価であることを意味する．このように，回転体の重心が回転軸上にないことを**静不つり合い（static unbalance）**とよび，この Mr（または me）を**静不つり合い量**とよぶ．

したがって，偏心のある円板の重心 G の位置がわかれば，同じ静不つり合い量となるおもりを中心に対して重心の反対側に取り付けることで，静不つり合いを取り除くことができる．

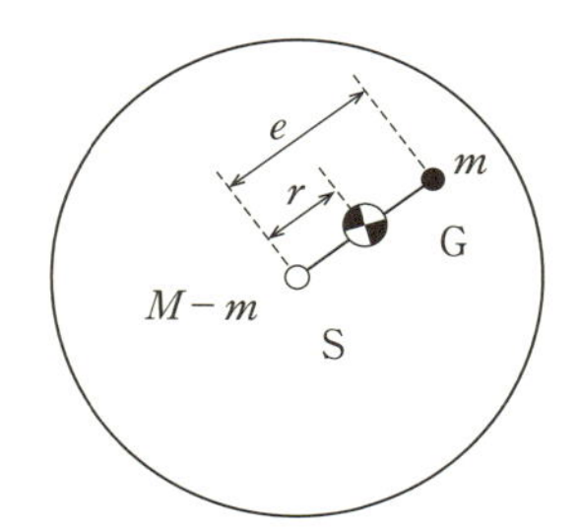

図 2-70　静不つり合いのある円板

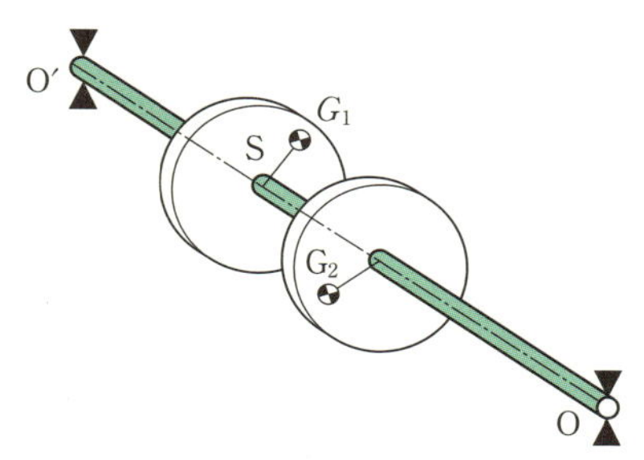

図 2-71　偶不つり合いのある回転体

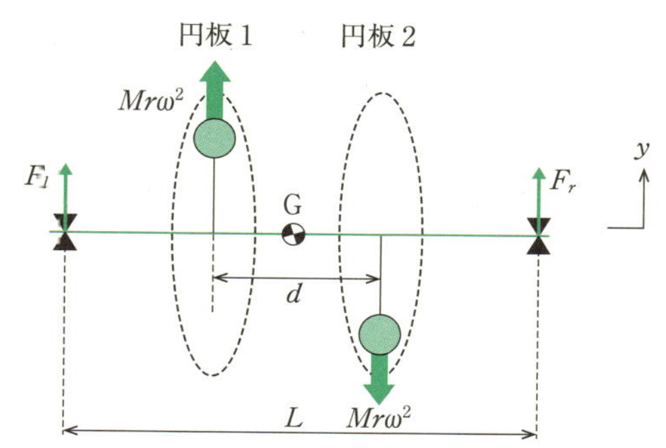

図 2-72　2 枚の円板に働く遠心力

b.　偶不つり合い

静不つり合いのない回転体であっても，回転させることにより振動が発生する場合がある．たとえば，図 2-71 のように構成された回転体では，互いの静不つり合いを打ち消すように円板が取り付けられており，回転体全体としての重心は回転軸上にあるため，一見すると不つり合いはないように思える．しかし，それぞれの円板には偏心があるので，この回転体を回転数 ω で回転させると図 2-72 のように遠心力が発生する．このときの力とモーメントのつり合いを考える．左右の軸受から回転体が受ける力をそれぞれ F_l，F_r とすると，上下方向の力のつり合いは，

$$F_\mathrm{l} + Mr\omega^2 \cos \omega t - Mr\omega^2 \cos \omega t + F_\mathrm{r} = 0 \tag{2-188}$$

となるので，

$$F_\mathrm{l} = -F_\mathrm{r} \tag{2-189}$$

となることがわかる．一方，回転体全体の重心 G 周りのモーメントのつり合いは，

$$\frac{L}{2} F_\mathrm{l} + \frac{d}{2} Mr\omega^2 \cos \omega t + \frac{d}{2} Mr\omega^2 \cos \omega t = \frac{L}{2} F_\mathrm{r} \tag{2-190}$$

となり，式(2-189)と式(2-190)から，軸受にかかる力 F_l，F_r は，

$$F_l = -F_r = -\frac{Mrd\omega^2}{L}\cos\omega t \qquad (2\text{-}191)$$

となる．この式から，図 2-71 の回転体を回転させると，静不つり合いがないにも関わらず，軸受には変動的な力が加わり，機械に振動が生じたり機械が破損したりする原因となりうる．このように，静不つり合いがなくても偶力のモーメントに不つり合いが生じることがあり，これを**偶不つり合い（couple unbalance）**とよぶ．また，式(2-191)から，軸受にかかる変動的な力は Mrd が 0 でないことに起因していることがわかるので，この Mrd を**偶不つり合い量**とよぶ．

c．2 面つり合わせ

通常，回転体は静不つり合いと偶不つり合いの両方をもっており，回転機械の振動を抑制するにはこれらの不つり合いを同時に取り除くことが重要である．ここでは，図 2-73 のような 4 枚の円板からなる回転体の不つり合いを取り除く方法について考える．

図 2-73 のように，4 枚の円板のうち内側の 2 枚の円板のみに偏心があり，各円板内（x-y 平面内）の重心位置が $\boldsymbol{R}_1(=(x_1,\ y_1))$ と $\boldsymbol{R}_2(=(x_2,\ y_2))$ であるとわかっているものとする．このとき，これらの偏心による不つり合い量は，

$$\boldsymbol{T}_1 = M_1\boldsymbol{R}_1,\quad \boldsymbol{T}_2 = M_2\boldsymbol{R}_2 \qquad (2\text{-}192)$$

と記述できる．これらの偏心による不つり合いを，外側の 2 枚の円板におもりを取り付けることにより除去することを考える．円板 A には $\boldsymbol{r}_1(=(u_1,\ v_1))$ となる位置に質量 m_1 のおもりを，そして円板 D には $\boldsymbol{r}_2(=(u_2,\ v_2))$ となる位置に質量 m_2 のおもりを取り付ける．このとき，円板 A と D にはこれらのおもりにより，

$$\boldsymbol{U}_1 = m_1\boldsymbol{r}_1,\quad \boldsymbol{U}_2 = m_2\boldsymbol{r}_2 \qquad (2\text{-}193)$$

という不つり合いが発生するが，この $\boldsymbol{U}_1$ および $\boldsymbol{U}_2$ は円板 B と D の偏心による不つり合いを除去するためのものなので，修正量とよばれる．

さて，静不つり合い量が 0 となる条件は，

$$\boldsymbol{T}_1 + \boldsymbol{T}_2 + \boldsymbol{U}_1 + \boldsymbol{U}_2 = 0 \qquad (2\text{-}194)$$

と表すことができ，偶不つり合い量が 0 となる条件は，各不つり合い量と修正量の原点周りのモーメントを考えると，

$$h\boldsymbol{U}_1 + (h+a)\boldsymbol{T}_1 + (h+c)\boldsymbol{T}_2 + (h+l)\boldsymbol{U}_2 = 0 \qquad (2\text{-}195)$$

となる．これらがどちらも満たされていれば不つり合いが除去される．式(2-194)と式(2-195)を連立させて

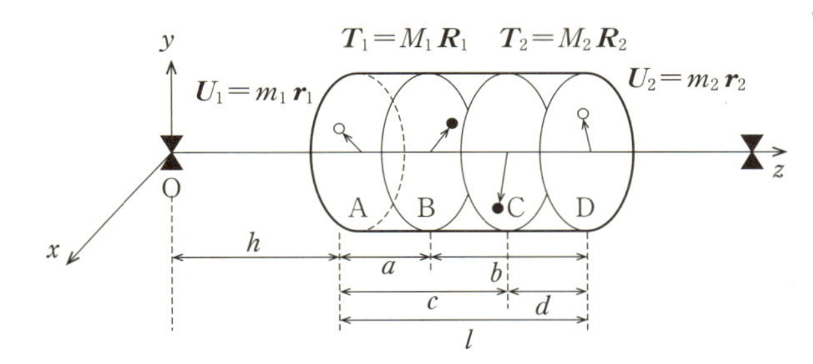

図 2-73　4 枚の円板からなる回転体

整理すると，

$$\begin{cases} b\boldsymbol{T}_1 + d\boldsymbol{T}_2 + l\boldsymbol{U}_1 = 0 \\ a\boldsymbol{T}_1 + c\boldsymbol{T}_2 + l\boldsymbol{U}_2 = 0 \end{cases} \qquad (2\text{-}196)$$

という二つの式が得られる．これらに式(2-192)を代入して $\boldsymbol{U}_1$，$\boldsymbol{U}_2$ について解くと，

$$\begin{cases} \boldsymbol{U}_1 = -\dfrac{bM_1\boldsymbol{R}_1 + dM_2\boldsymbol{R}_2}{l} \\ \boldsymbol{U}_2 = -\dfrac{aM_1\boldsymbol{R}_1 + cM_2\boldsymbol{R}_2}{l} \end{cases} \qquad (2\text{-}197)$$

として，円板 A と円板 D に取り付けるべき修正量が求まる．このように，二つの面におもりを取り付けてつり合わせを行う方法を**2 面つり合わせ（two-plane balancing）**とよぶ．

なお，式(2-196)は，円板 A と円板 D という二つの面（修正面）でのモーメントのつり合いを表しており，静不つり合いと偶不つり合いを考えることは，二つの修正面でのモーメントのつり合いを考えることと等しい．

[例題 2-5]　質量 1 kg，半径 100 mm の円板 4 枚からなる次の図のような回転体において，円板 B の重心は x 軸から 90°，半径 2 mm の位置にあり，円板 C の重心は x 軸から 60°，半径 1 mm の位置にある．円板 A と D の外周におもりを付加することにより 2 面つり合わせを行う場合，それぞれのおもりの質量と，おもりを取り付ける位置（x 軸からの角度）を求めよ．ただし，円板 A と D には偏心はないものとする．

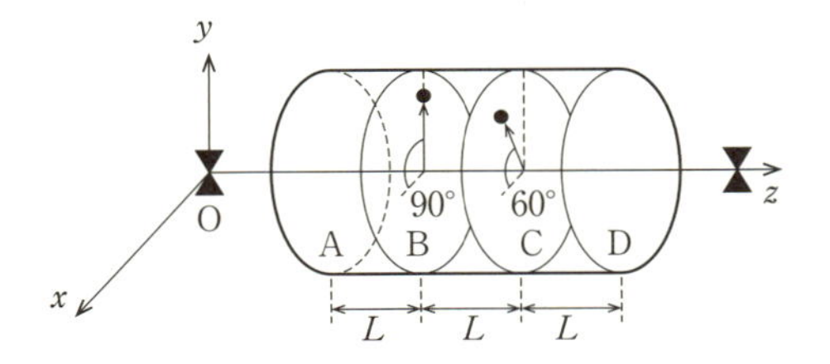

図より，式(2-197)にあてはめると，円板 A，D

での修正量 $\boldsymbol{U}_{\rm A}$ と $\boldsymbol{U}_{\rm D}$ は

$$\begin{cases}\boldsymbol{U}_{\rm A}=-\dfrac{2\boldsymbol{R}_1+\boldsymbol{R}_2}{3}\\ \boldsymbol{U}_{\rm D}=-\dfrac{\boldsymbol{R}_1+2\boldsymbol{R}_2}{3}\end{cases}$$

となれば，不つり合いが除去できる．円板 B と C の重心位置を $\boldsymbol{R}_{\rm B}$，$\boldsymbol{R}_{\rm C}$ とすると，

$$\boldsymbol{R}_{\rm B}=(2\times\cos 90°,\ 2\times\sin 90°)=(0,\ 2)$$

$$\boldsymbol{R}_{\rm C}=(1\times\cos 60°,\ 1\times\sin 60°)=(0.5,\ 0.866)$$

であるので，これらを代入すると，

$$\boldsymbol{U}_{\rm A}=(-0.167,\ -1.622),\ \boldsymbol{U}_{\rm D}=(-0.333,\ -1.244)$$

となる．円板 A と D に取り付けるおもりの質量をそれぞれ $m_{\rm A}$，$m_{\rm D}$ とし，取り付ける角度をそれぞれ $\theta_{\rm A}$，$\theta_{\rm D}$ とすると，円板の半径は 100 mm であるので，$\boldsymbol{U}_{\rm A}$ と $\boldsymbol{U}_{\rm D}$ は，

$$\boldsymbol{U}_{\rm A}=(100m_{\rm A}\cos\theta_{\rm A},\ 100m_{\rm A}\sin\theta_{\rm A})$$

$$\boldsymbol{U}_{\rm D}=(100m_{\rm D}\cos\theta_{\rm D},\ 100m_{\rm D}\sin\theta_{\rm D})$$

となるので，

$$100m_{\rm A}=\sqrt{(-0.167)^2+(-1.622)^2}$$

$$\therefore\quad m_{\rm A}=0.0163\ \rm kg$$

また，

$$\theta_{\rm A}=\cos^{-1}\left(\frac{0.167}{100m_{\rm A}}\right)-180=-95.87°$$

同様にして，

$$m_{\rm B}=0.0129\ {\rm kg},\quad \theta_{\rm B}=-105.0°$$

となる．

2.5 節のまとめ

- **右図のジェフコット・ロータの運動方程式：**

$$\begin{cases}M\ddot{x}_{\rm S}+kx_{\rm S}=Mr\omega^2\cos\omega t\\ M\ddot{y}_{\rm S}+ky_{\rm S}=Mr\omega^2\sin\omega t\end{cases}$$

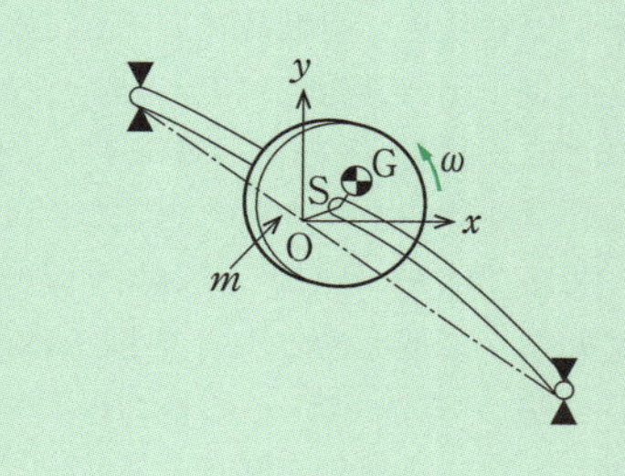

ただし，$x_{\rm S}$，$y_{\rm S}$：軸心の変位，ω：軸の回転数，k：軸の剛性（ばね定数），r：軸心–重心間の距離．

- **軸心の変位：**

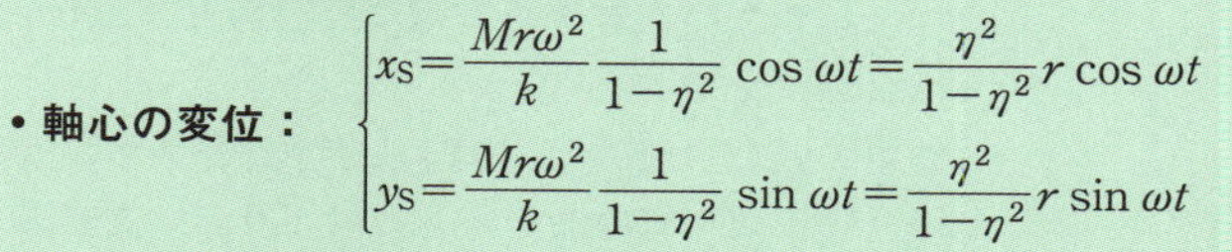

$$\begin{cases}x_{\rm S}=\dfrac{Mr\omega^2}{k}\dfrac{1}{1-\eta^2}\cos\omega t=\dfrac{\eta^2}{1-\eta^2}r\cos\omega t\\ y_{\rm S}=\dfrac{Mr\omega^2}{k}\dfrac{1}{1-\eta^2}\sin\omega t=\dfrac{\eta^2}{1-\eta^2}r\sin\omega t\end{cases}$$

ただし，$\eta=\omega/\omega_n$，$\omega_n=\sqrt{k/M}$．

- **重心の変位：**

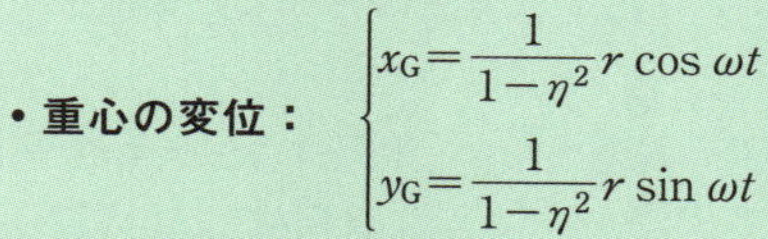

$$\begin{cases}x_{\rm G}=\dfrac{1}{1-\eta^2}r\cos\omega t\\ y_{\rm G}=\dfrac{1}{1-\eta^2}r\sin\omega t\end{cases}$$

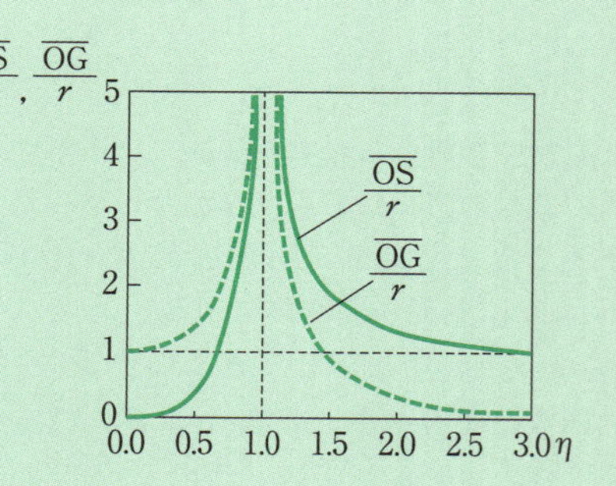

- **軸心と重心の振幅倍率：右図**

- **ダンカレーの実験公式：** $\dfrac{1}{\Omega^2}=\dfrac{1}{\omega_0^2}+\dfrac{1}{\omega_1^2}+\cdots\cdots+\dfrac{1}{\omega_N^2}$

ただし，Ω：右図の回転軸の危険速度，ω_0：軸のみの危険速度，ω_i：軸に円板 i のみを取り付けたときの危険速度．

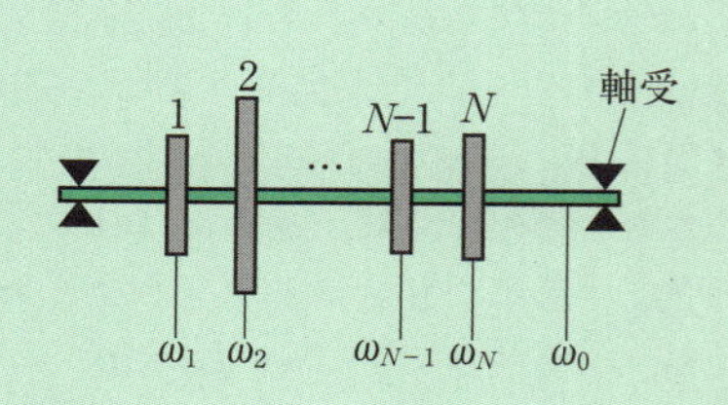

- **レイリーの方法による軸の危険速度：**

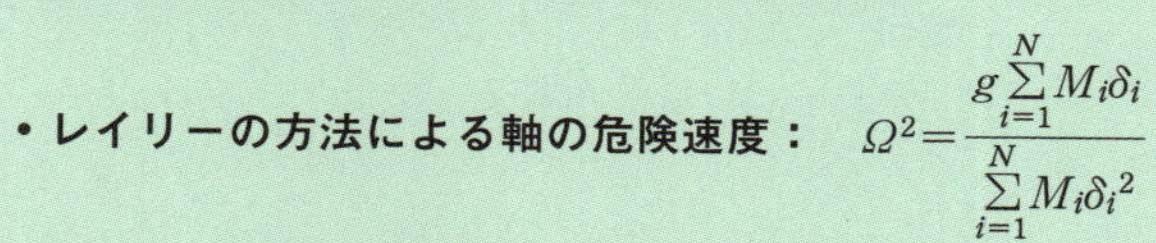

$$\Omega^2=\frac{g\sum_{i=1}^{N}M_i\delta_i}{\sum_{i=1}^{N}M_i\delta_i^2}$$

ただし，Ω：右図の回転軸の危険速度，M_i：円板 i の質量，k_i：円板 i の位置での軸のばね定数，δ_i：円板 i の位置での自重による軸のたわみ．

2.6　2 自由度振動系

2.6.1　運動方程式

2.3.1 項でも述べたように，路面に対する車輪（ホイール）の動きを考慮した最も簡単な自動車のモデルは図 2-74 のようになる．このモデルでは，車体とホイールはどちらも上下方向にのみ動くものとしているが，車体とホイールはそれぞれ別々に動くことができるので，系の自由度は 2 となる．本節ではこのような 2 自由度系の運動について考えるが，ここでは簡単のため，図 2-75 のような減衰のないモデルを用いる．

このモデルにおいて，物体は車体とホイールの二つがあるので，フリーボディ・ダイヤグラムもそれぞれの物体について描くことができ，強制外力がない場合は図 2-76 のようになる．したがって，運動方程式を二つ立式でき，

$$\begin{cases} m_1\ddot{x}_1 - k_2(x_2 - x_1) + k_1 x_1 = 0 \\ m_2\ddot{x}_2 + k_2(x_2 - x_1) = 0 \end{cases} \tag{2-198}$$

となる．これらの運動方程式において，質量 m_1 の運動を表す運動方程式（上段）に質量 m_2 の変位 x_2 が含まれており，また，質量 m_2 の運動を表す運動方程式（下段）に質量 m_1 の変位 x_1 が含まれている．このことは，質量 m_1 と質量 m_2 の運動は独立したものではなく，互いの運動に影響を及ぼしあっていることを示している．このように，互いの運動に影響を及ぼしあうことを**連成（coupling）**とよぶ．これらの運動方程式は行列形式にまとめると，

$$\begin{bmatrix} m_1 & 0 \\ 0 & m_2 \end{bmatrix}\begin{bmatrix} \ddot{x}_1 \\ \ddot{x}_2 \end{bmatrix} + \begin{bmatrix} k_1 + k_2 & -k_2 \\ -k_2 & k_2 \end{bmatrix}\begin{bmatrix} x_1 \\ x_2 \end{bmatrix} = \begin{bmatrix} 0 \\ 0 \end{bmatrix} \tag{2-199}$$

となり，連成のある系の場合，行列の非対角項に 0 でない要素が現れることになる．

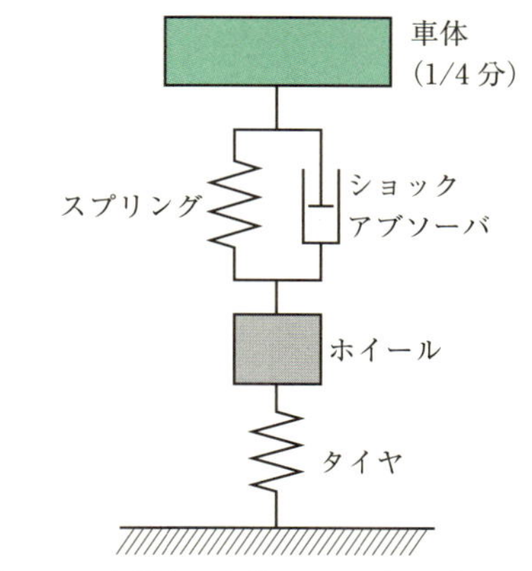

図 2-74　自動車の力学モデル（1/4 車両モデル）

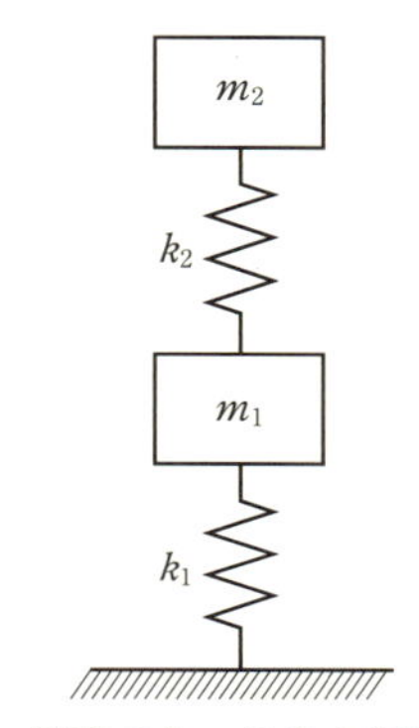

図 2-75　減衰のない 2 自由度系のモデル

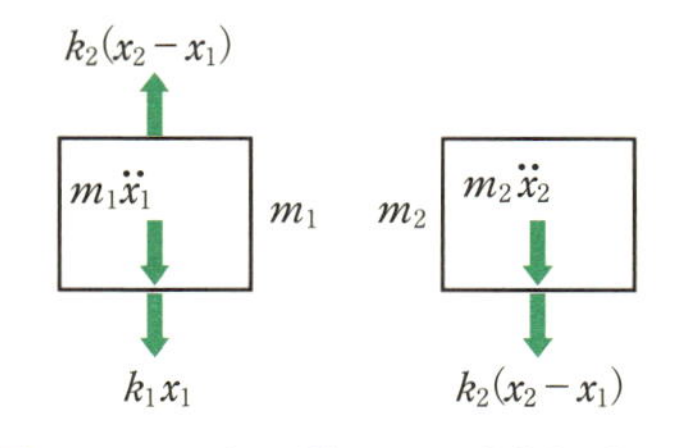

図 2-76　フリーボディ・ダイヤグラム

2.6.2　自由振動

式(2-199)の微分方程式を解き，図 2-75 の 2 自由度系の自由振動を求める．式(2-199)の解は，以下のように仮定する．

$$\begin{cases} x_1(t) = X_1 \sin(\lambda t + \phi) \\ x_2(t) = X_2 \sin(\lambda t + \phi) \end{cases} \tag{2-200}$$

ただし，X_1，X_2，λ，ϕ は未知の定数．式(2-203)は，質量 m_1 と m_2 は同じ振動数 λ，同じ位相角 $\omega t + \phi$ で振動すると仮定している．このように仮定する理由については省略するが，運動方程式(2-199)に代入して矛盾が生じなければ，この解は正しいといえる．実際に式(2-200)を式(2-199)に代入して整理すると，

$$\begin{cases} [\{-m_1\lambda^2 + (k_1 + k_2)\}X_1 - k_2 X_2]\sin(\lambda t + \phi) = 0 \\ [-k_2 X_1 + (-m_2\lambda^2 + k_2)X_2]\sin(\lambda t + \phi) = 0 \end{cases} \tag{2-201}$$

となる．式(2-200)が式(2-199)の正しい解であるなら，式(2-201)がいかなる時間 t についても成立するはずであり，そのためには，

$$\begin{cases} \{-m_1\lambda^2 + (k_1 + k_2)\}X_1 - k_2 X_2 = 0 \\ -k_2 X_1 + (-m_2\lambda^2 + k_2)X_2 = 0 \end{cases} \tag{2-202}$$

となる必要がある．式(2-202)を行列形式で表すと，

$$\begin{bmatrix} -m_1\lambda^2 + (k_1 + k_2) & -k_2 \\ -k_2 & -m_2\lambda^2 + k_2 \end{bmatrix}\begin{bmatrix} X_1 \\ X_2 \end{bmatrix} = \begin{bmatrix} 0 \\ 0 \end{bmatrix} \tag{2-203}$$

と記述できる．この式を満たす条件は一見すると $X_1=X_2=0$ であるように思えるが，これでは，

$$\begin{cases} x_1(t)=0 \\ x_2(t)=0 \end{cases} \tag{2-204}$$

となり，質量 m_1 と m_2 は静止したまま動かない．確かにこの場合も式(2-199)は満たされるので，解の一つではあるが，初期変位 $x_2(0)=h_0$ のときに矛盾が生じる．では，式(2-200)の仮定は誤りだったのか．実は，式(2-203)を満たす条件がもう一つある．それは，行列の行列式が0となっていること，つまり，

$$\det\begin{bmatrix} -m_1\lambda^2+(k_1+k_2) & -k_2 \\ -k_2 & -m_2\lambda^2+k_2 \end{bmatrix}=0 \tag{2-205}$$

である．このとき，式(2-202)の上段と下段の式は独立でない式(実質的に同じ式）となるので，X_1 と X_2 は一意には定まらないものの，式(2-203)を満たす X_1 と X_2 が存在することになる．

式(2-205)を実際に計算して整理すると，

$$\lambda^4-\left\{\frac{(k_1+k_2)}{m_1}+\frac{k_2}{m_2}\right\}\lambda^2+\frac{k_1k_2}{m_1m_2}=0 \tag{2-206}$$

となる．この式において，m_1，m_2，k_1，k_2 は既知の定数なので，式(2-206)は系の諸元（m_1，m_2，k_1，k_2）により振動数 λ を決定する式となっている．このことから，式(2-206)は**振動数方程式（frequency equation）**とよばれる．式(2-206)は λ^2 に関する2次方程式となっているので，解の公式により，

$$\lambda^2=\frac{1}{2}\left\{\frac{k_1+k_2}{m_1}+\frac{k_2}{m_2}\pm\sqrt{\left(\frac{k_1+k_2}{m_1}+\frac{k_2}{m_2}\right)^2-\frac{4k_1k_2}{m_1m_2}}\right\} \tag{2-207}$$

と計算できる．この二つの解のうち，値の小さい方を ω_1，大きい方を ω_2 とすると，

$$\omega_1{}^2=\frac{1}{2}\left\{\frac{k_1+k_2}{m_1}+\frac{k_2}{m_2}-\sqrt{\left(\frac{k_1+k_2}{m_1}+\frac{k_2}{m_2}\right)^2-\frac{4k_1k_2}{m_1m_2}}\right\}$$
$$\omega_2{}^2=\frac{1}{2}\left\{\frac{k_1+k_2}{m_1}+\frac{k_2}{m_2}+\sqrt{\left(\frac{k_1+k_2}{m_1}+\frac{k_2}{m_2}\right)^2-\frac{4k_1k_2}{m_1m_2}}\right\} \tag{2-208}$$

となる．これらの式において，根号の中の値は，

$$\left(\frac{k_1+k_2}{m_1}+\frac{k_2}{m_2}\right)^2-\frac{4k_1k_2}{m_1m_2}=\left(\frac{k_1+k_2}{m_1}-\frac{k_2}{m_2}\right)^2+\frac{4k_2{}^2}{m_1m_2} \tag{2-209}$$

と変形できるので，常に正であることがわかる．また，$\omega_1{}^2$，$\omega_2{}^2$ の値も常に正である．これらのことから，振動数 λ としてとりうる値は $\pm\omega_1$，$\pm\omega_2$ の四つが存在するが，$-\omega_1$ と $-\omega_2$ については，

$$\begin{aligned}\sin(\omega t+\phi)&=-\sin(-\omega t-\phi)\\&=\sin(-\omega t-\phi+\pi)\\&=\sin(-\omega t+(\pi-\phi))\end{aligned} \tag{2-210}$$

という関係から，$+\omega_1$ と $+\omega_2$ の場合の位相角を $\pi-\phi$ としたものと等しく，実質的には $+\omega_1$ および $+\omega_2$ と同じ振動を表す．したがって，意味のある λ は ω_1 と ω_2 の2種類である．

さて，式(2-205)を満たす λ が求まったので，式(2-203)を満たす X_1 と X_2 を求める．λ は2種類存在するので，ω_1 と ω_2 について，それぞれに対応する X_1 と X_2 を求める．前述のとおり，$\lambda=\omega_1$ と $\lambda=\omega_2$ の場合には，式(2-202)の上段と下段は実質的に同じ式なので，X_1 と X_2 は一意には定まらないが，上段の式から，

$$\frac{X_2}{X_1}=\frac{-m_1\omega^2+(k_1+k_2)}{k_2} \tag{2-211}$$

という関係が得られる．そこで，$\lambda=\omega_1$ のときの X_1，X_2 を $X_1{}^{(1)}$，$X_2{}^{(1)}$，そして，$\lambda=\omega_2$ のときの X_1，X_2 を $X_1{}^{(2)}$，$X_2{}^{(2)}$ として表すと，$\lambda=\omega_1$ について

$$\begin{aligned}\frac{X_2{}^{(1)}}{X_1{}^{(1)}}&=\frac{-m_1\omega_1{}^2+(k_1+k_2)}{k_2}\\&=\frac{m_1}{2k_2}\left\{\frac{k_1+k_2}{m_1}-\frac{k_2}{m_2}\right.\\&\qquad\left.+\sqrt{\left(\frac{k_1+k_2}{m_1}+\frac{k_2}{m_2}\right)^2-\frac{4k_1k_2}{m_1m_2}}\right\}\end{aligned} \tag{2-212}$$

と整理できる．式(2-209)を用いると，式(2-212)は，

$$\begin{aligned}\frac{X_2{}^{(1)}}{X_1{}^{(1)}}&=\frac{m_1}{2k_2}\left\{\frac{k_1+k_2}{m_1}-\frac{k_2}{m_2}\right.\\&\qquad\left.+\sqrt{\left(\frac{k_1+k_2}{m_1}-\frac{k_2}{m_2}\right)^2+\frac{4k_2{}^2}{m_1m_2}}\right\}\end{aligned} \tag{2-213}$$

と記述できるので，根号の中は正の値で，かつ，$(k_1+k_2)/m_1-k_2/m_2$ の絶対値より常に大きいことがわかる．したがって，$\lambda=\omega_1$ については $X_2{}^{(1)}/X_1{}^{(1)}>0$，つまり，$X_2{}^{(1)}$ と $X_1{}^{(1)}$ は同符号となる．

次に，$\lambda=\omega_2$ についても同様に整理すると，

$$\begin{aligned}\frac{X_2{}^{(2)}}{X_1{}^{(2)}}&=\frac{-m_1\omega_2{}^2+(k_1+k_2)}{k_2}\\&=\frac{m_1}{2k_2}\left\{\frac{k_1+k_2}{m_1}-\frac{k_2}{m_2}\right.\\&\qquad\left.-\sqrt{\left(\frac{k_1+k_2}{m_1}-\frac{k_2}{m_2}\right)^2+\frac{4k_2{}^2}{m_1m_2}}\right\}\end{aligned} \tag{2-214}$$

と記述でき，$\lambda=\omega_2$ については $X_2^{(2)}/X_1^{(2)}<0$，つまり，$X_2^{(2)}$ と $X_1^{(2)}$ は異符号となる．

ここで，正の定数 r_1 と r_2 を用いて，$X_2^{(1)}/X_1^{(1)}$ と $X_2^{(2)}/X_1^{(2)}$ を以下のように置き換える．

$$\frac{X_2^{(1)}}{X_1^{(1)}}\equiv r_1,\quad \frac{X_2^{(2)}}{X_1^{(2)}}\equiv -r_2 \tag{2-215}$$

すると，はじめに仮定した解(2-200)は，

$$\begin{cases} x_1^{(1)}(t)=X_1^{(1)}\sin(\omega_1 t+\phi_1) \\ x_2^{(1)}(t)=r_1X_1^{(1)}\sin(\omega_1 t+\phi_1) \end{cases} \tag{2-216}$$

および，

$$\begin{cases} x_1^{(2)}(t)=X_1^{(2)}\sin(\omega_2 t+\phi_2) \\ x_2^{(2)}(t)=-r_2X_1^{(2)}\sin(\omega_2 t+\phi_2) \end{cases} \tag{2-217}$$

と記述できる．

ここまでの話を整理する．仮定した解(2-200)において，振動数 λ が式(2-208)を満たすような ω_1 あるいは ω_2 であれば，仮定した解は式(2-205)を満たし，さらに，ω_1 および ω_2 それぞれについて X_2 と X_1 の比が式(2-213)および式(2-214)を満たすようになっていれば，式(2-202)が満たされる．このとき，式(2-201)は恒等式となる，つまり，仮定した解は常に運動方程式を満たすので，式(2-216)と式(2-217)が運動方程式(2-199)の解であるということができる．

ここで，運動方程式(2-199)を満たす解が二つ見つかったということになるが，解が複数存在する場合には，それらの一次結合もまた解であるという線形微分方程式の解の重ね合わせの原理により，運動方程式(2-199)の一般解は，

$$\begin{bmatrix} x_1(t) \\ x_2(t) \end{bmatrix}=X_1^{(1)}\begin{bmatrix} 1 \\ r_1 \end{bmatrix}\sin(\omega_1 t+\phi_1)+X_1^{(2)}\begin{bmatrix} 1 \\ -r_2 \end{bmatrix}\sin(\omega_2 t+\phi_2) \tag{2-218}$$

となる．ただし，$X_1^{(1)}$，$X_1^{(2)}$，ϕ_1，ϕ_2 は任意定数(初期条件によって定まる)．

この一般解から，図 2-75 の 2 自由度系の自由振動は，ω_1 と ω_2 という二つの振動数の調和振動が重なった運動となることがわかる．この ω_1 を**第 1 次固有角振動数**，ω_2 を**第 2 次固有角振動数**とよぶ．また，それぞれの固有角振動数に対応した質量 m_1 と m_2 の振幅比を表すベクトル

$$\begin{bmatrix} X_1^{(1)} \\ X_2^{(1)} \end{bmatrix}=\begin{bmatrix} X_1^{(1)} \\ r_1X_1^{(1)} \end{bmatrix},\quad \begin{bmatrix} X_1^{(2)} \\ X_2^{(2)} \end{bmatrix}=\begin{bmatrix} X_1^{(2)} \\ -r_2X_1^{(2)} \end{bmatrix}$$

をそれぞれ**第 1 次固有モードベクトル**，**第 2 次固有モードベクトル**とよぶ．証明は省略するが，これらのベクトルは必ず直交する性質がある．

第 1 次固有角振動と第 2 次固有角振動の波形を図示すると図 2-77 および図 2-78 のようになる．

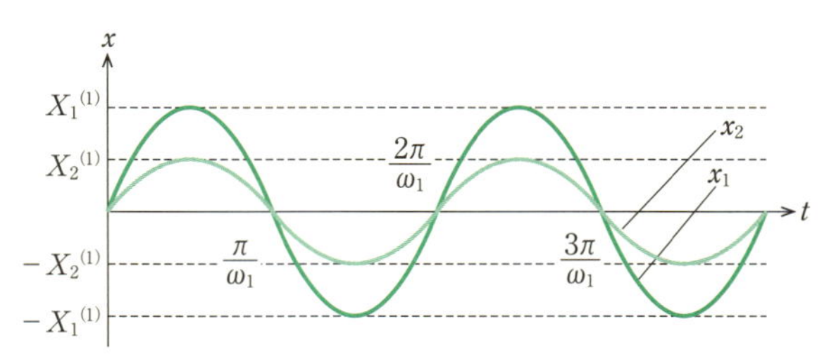

図 2-77　第 1 次固有角振動の例

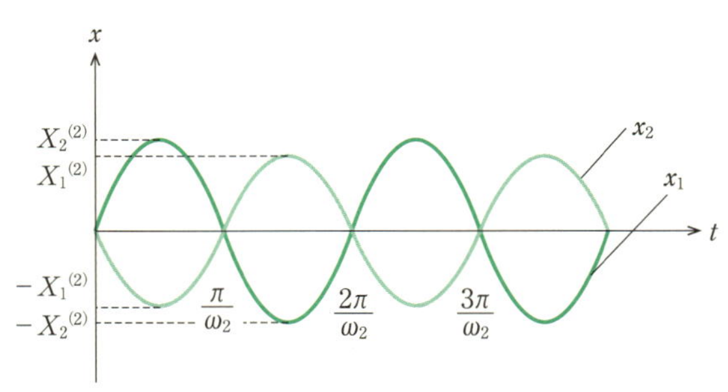

図 2-78　第 2 次固有角振動の例

[例題 2-7]　次の図の系の固有角振動数と固有モードベクトルを求めよ．また，初期変位が $x_1(0)=0$，$x_2(0)=0$，初期速度が $\dot{x}_1(0)=v_0$，$\dot{x}_2(0)=0$ であるとき，二つの質点の変位応答を求めよ．

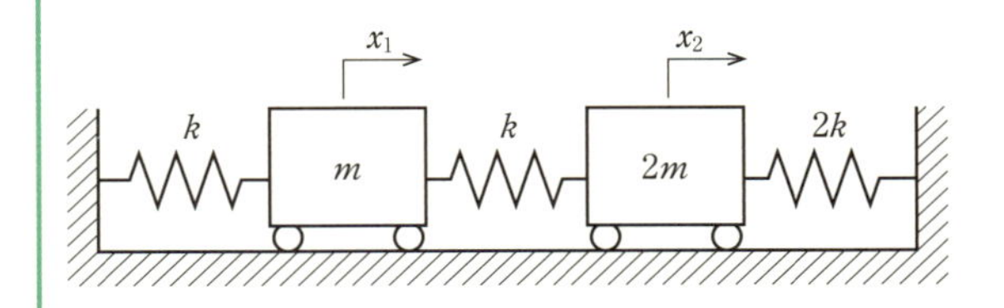

運動方程式は，

$$\begin{bmatrix} m & 0 \\ 0 & 2m \end{bmatrix}\begin{bmatrix} \ddot{x}_1 \\ \ddot{x}_2 \end{bmatrix}+\begin{bmatrix} 2k & -k \\ -k & 3k \end{bmatrix}\begin{bmatrix} x_1 \\ x_2 \end{bmatrix}=0$$

となるので，振動数方程式は，

$$\det\begin{bmatrix} 2k-m\omega^2 & -k \\ -k & 3k-2m\omega^2 \end{bmatrix}=0$$

$$\therefore\quad (2k-m\omega^2)(3k-2m\omega^2)-k^2=0 \tag{2-219}$$

となる．したがって，固有角振動数は，

$$\omega_1=\sqrt{\frac{k}{m}},\quad \omega_2=\sqrt{\frac{5k}{2m}}$$

と得られる．

ω_1 について，式(2-219)の行列の上段より，

$$\left(2k-m\frac{k}{m}\right)X_1^{(1)}-kX_2^{(1)}=0$$

$$\therefore\quad \frac{X_2^{(1)}}{X_1^{(1)}}=1$$

となり，同様に，ω_2 について，

$$\frac{X_2^{(2)}}{X_1^{(2)}}=-\frac{1}{2}X_1$$

となる．したがって，ω_1 と ω_2 に対応する固有モードベクトルはそれぞれ，

$$\begin{bmatrix}1\\1\end{bmatrix},\ \begin{bmatrix}1\\-0.5\end{bmatrix}$$

と得られる．

二つの質点の変位応答は，

$$\begin{bmatrix}x_1\\x_2\end{bmatrix}=X_1^{(1)}\begin{bmatrix}1\\1\end{bmatrix}\sin(\omega_1 t+\phi_1)+X_1^{(2)}\begin{bmatrix}1\\-0.5\end{bmatrix}\sin(\omega_2 t+\phi_2)$$

となるので，初期変位と初期速度より，

$$X_1^{(1)}\sin\phi_1+X_1^{(2)}\sin\phi_2=0$$

$$X_1^{(1)}\sin\phi_1-\frac{1}{2}X_1^{(2)}\sin\phi_2=0$$

$$X_1^{(1)}\omega_1\cos\phi_1+X_1^{(2)}\omega_2\cos\phi_2=v_0$$

$$X_1^{(1)}\omega_1\cos\phi_1-\frac{1}{2}X_1^{(2)}\omega_2\cos\phi_2=0$$

となり，これらを解くと，

$$\phi_1=\phi_2=0,\ X_1^{(1)}=\frac{v_0}{3}\sqrt{\frac{m}{k}},\ X_1^{(2)}=\frac{2v_0}{3}\sqrt{\frac{2m}{5k}}$$

と定まり，それぞれの変位応答は，

$$x_1=\frac{v_0}{3}\left\{\sqrt{\frac{m}{k}}\sin\left(\sqrt{\frac{k}{m}}t\right)+2\sqrt{\frac{2m}{5k}}\sin\left(\sqrt{\frac{5k}{2m}}t\right)\right\}$$

$$x_2=\frac{v_0}{3}\left\{\sqrt{\frac{m}{k}}\sin\left(\sqrt{\frac{k}{m}}t\right)-\sqrt{\frac{2m}{5k}}\sin\left(\sqrt{\frac{5k}{2m}}t\right)\right\}$$

と求まる．

2.6.3 強制振動

では次に，図 2-79 のように質量 m_1 に調和外力が作用する場合について考える．2.4.4 項 b で述べたように，質量 m_1 に強制外力が作用することは，床面が上下に振動することと等価なので，図 2-79 は路面凹凸のある道路を走行している自動車をモデル化したものであると考えてもよい．

図 2-76 のフリーボディ・ダイヤグラムにおいて，質量 m_1 に強制外力が加わることになるので，運動方程式は，

$$\begin{cases}m_1\ddot{x}_1-k_2(x_2-x_1)+k_1x_1=P_0\cos\omega t\\ m_2\ddot{x}_2+k_2(x_2-x_1)=0\end{cases}\tag{2-220}$$

となる．1 自由度の強制外力応答の場合と同様，この

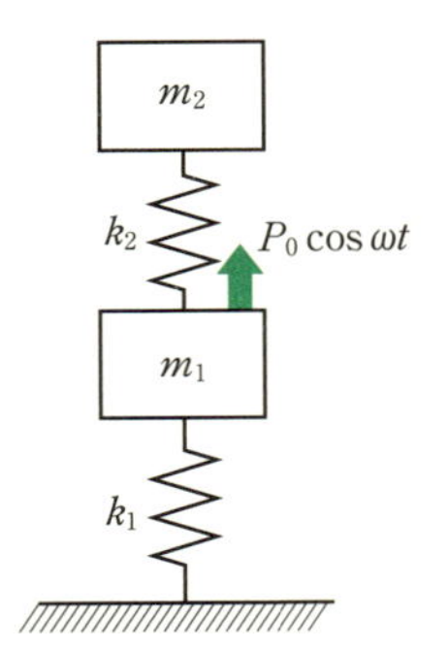

図 2-79　強制外力の作用する 2 自由度系のモデル

運動方程式の解も基本解（式(2-198)の解）と特解の和として表されることになるが，基本解は前項で述べたとおりなので，ここでは強制外力による振動を表す特解について考える．式(2-220)の特解 x_{1f} および x_{2f} は以下のように仮定する．

$$x_{1f}=X_1\cos\omega t$$

$$x_{2f}=X_2\cos\omega t\tag{2-221}$$

ただし，X_1，X_2 は未知の定数，ω は強制外力の角振動数（既知）．式(2-221)は，質量 m_1 と m_2 がいずれも強制外力と同じ位相（または逆位相）で振動すると仮定したもので，これまでと同様，仮定した解を代入して矛盾が生じなければ，仮定は正しかったといえる．実際に式(2-221)を式(2-220)に代入して整理すると，

$$\begin{cases}[\{-m_1\omega^2+(k_1+k_2)\}X_1-k_2X_2]\cos\omega t=P_0\cos\omega t\\ [-k_2X_1+(-m_2\omega^2+k_2)X_2]\cos\omega t=0\end{cases}\tag{2-222}$$

となり，仮定した解が式(2-223)の正しい解であるなら，式(2-225)がいかなる時間 t についても成立する．そのためには，

$$\begin{cases}\{-m_1\omega^2+(k_1+k_2)\}X_1-k_2X_2=P_0\\ -k_2X_1+(-m_2\omega^2+k_2)X_2=0\end{cases}\tag{2-223}$$

となる必要がある．この連立方程式を解くことにより，X_1 と X_2 が，

$$X_1=\frac{(-m_2\omega^2+k_2)P_0}{(-m_1\omega^2+k_1+k_2)(-m_2\omega^2+k_2)-k_2^2}$$

$$X_2=\frac{k_2P_0}{(-m_1\omega^2+k_1+k_2)(-m_2\omega^2+k_2)-k_2^2}\tag{2-224}$$

と求まる．したがって，仮定した解の X_1 と X_2 を式(2-224)のようにすれば，仮定した解は運動方程式を常に満たすのだから，仮定した解は正しいものであり，式(2-220)の特解は，

$$x_{1f}(t)=\frac{(-m_2\omega^2+k_2)P_0}{(-m_1\omega^2+k_1+k_2)(-m_2\omega^2+k_2)-k_2^2}\cos\omega t$$

$$x_{2f}(t)=\frac{k_2P_0}{(-m_1\omega^2+k_1+k_2)(-m_2\omega^2+k_2)-k_2{}^2}\cos\omega t \tag{2-225}$$

である．

ところで，式(2-224)は共通の分母をもっているので，分母を Δ とすると，

$$\begin{aligned}\Delta&=(-m_1\omega^2+k_1+k_2)(-m_2\omega^2+k_2)-k_2{}^2\\&=m_1m_2\left\{\omega^4-\left(\frac{k_1+k_2}{m_1}+\frac{k_2}{m_2}\right)\omega^2+\frac{k_1k_2}{m_1m_2}\right\}\end{aligned} \tag{2-226}$$

と整理できる．この中括弧内が前項での述べた自由振動の振動数方程式（式(2-206)）の左辺と同じであることに着目すると，式(2-208)の ω_1 と ω_2 を用いて，

$$\Delta=m_1m_2(\omega^2-\omega_1{}^2)(\omega^2-\omega_2{}^2)$$

と記述でき，式(2-224)は，

$$X_1=\frac{(-m_2\omega^2+k_2)P_0}{m_1m_2(\omega^2-\omega_1{}^2)(\omega^2-\omega_2{}^2)}$$

$$X_2=\frac{k_2P_0}{m_1m_2(\omega^2-\omega_1{}^2)(\omega^2-\omega_2{}^2)} \tag{2-227}$$

と表すことができる．ここで，

$$\nu_1\equiv\sqrt{\frac{k_1}{m_1}},\quad \nu_2\equiv\sqrt{\frac{k_2}{m_2}} \tag{2-228}$$

とおくと，式(2-227)は，

$$X_1=\frac{P_0}{k_1}\frac{\nu_1{}^2(\nu_2{}^2-\omega^2)}{(\omega^2-\omega_1{}^2)(\omega^2-\omega_2{}^2)}$$

$$X_2=\frac{P_0}{k_1}\frac{\nu_1{}^2\nu_2{}^2}{(\omega^2-\omega_1{}^2)(\omega^2-\omega_2{}^2)} \tag{2-229}$$

と記述できる．さらに，2.4.3 項と同様に静変位 X_{st} を次のように定義する．

$$X_{st}\equiv\frac{P_0}{k_1} \tag{2-230}$$

これを用いると，式(2-229)は，

$$\frac{X_1}{X_{st}}=\frac{\nu_1{}^2(\nu_2{}^2-\omega^2)}{(\omega^2-\omega_1{}^2)(\omega^2-\omega_2{}^2)}$$

$$\frac{X_2}{X_{st}}=\frac{\nu_1{}^2\nu_2{}^2}{(\omega^2-\omega_1{}^2)(\omega^2-\omega_2{}^2)} \tag{2-231}$$

と記述できる．これらの式から，質量 m_1 と m_2 の強制振動振幅は強制外力の振動数 ω によって変化することがわかる．その変化の様子を図 2-80 と図 2-81 に示す．式(2-231)から，外力の振動数によっては X_1/X_{st} および X_2/X_{st} の符号が負になることがわかるが，振幅が負になるということは振動の位相が逆になることと同じなので，これらの図では，振幅の符号を位相差として示している．

図 2-80 と図 2-81 から，$\omega=\omega_1$ または $\omega=\omega_2$ となる振動数（第 1 次および第 2 次固有角振動数と同じ振動数）の強制外力を加えると，質量 m_1 と m_2 の振動振幅は無限大になることがわかる．これは，2.4.3 項の 1 自由度系の強制振動でもみた共振とよばれる現象で，2 自由度系の場合は共振が起こる振動数が二つ存在し，振動数 ω_1 での共振を **1 次共振**，振動数 ω_2 での共振を **2 次共振**とよぶ．また，X_1/X_{st} の分子に着目すると，$\omega=\nu_2$ となる振動数の強制外力を加えると質量 m_1 の振動振幅は 0 に，つまり，質量 m_1 はまったく振動しなくなることがわかる．この現象は**反共振（antiresonance）**とよばれる．

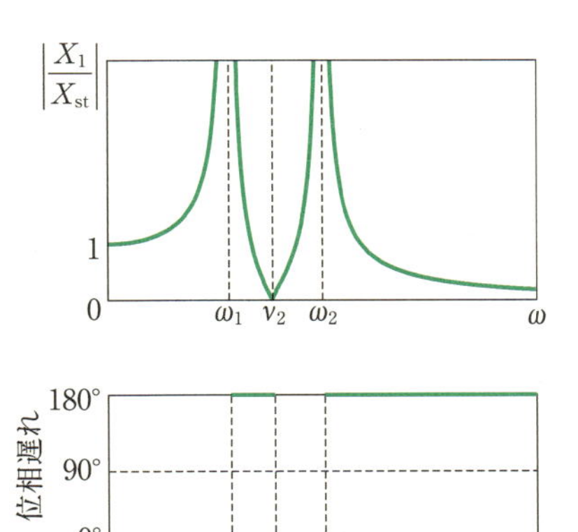

図 2-80　振動数 ω による質量 m_1 の振動振幅の変化

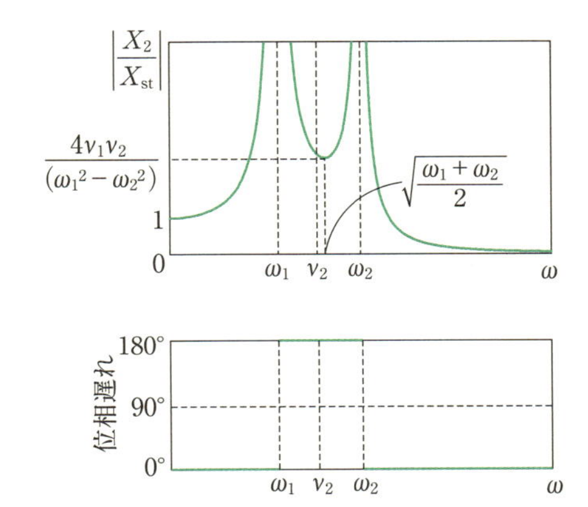

図 2-81　振動数 ω による質量 m_2 の振動振幅の変化

2.6.4　動吸振器

図 2-82 のような減衰のない 1 自由度振動系では，$\omega=\sqrt{k_1/m_1}$ となる角振動数の外力を質量 m_1 に加えると共振現象が生じる．したがって，$\omega=\sqrt{k_1/m_1}$ に近い振動数の強制外力が作用する場合，何らかの振動抑制を講じる必要がある．1 自由度系の振動振幅を抑制するには，ばねと並列に粘性減衰器などのダンパを挿入すればよいことを 2.4.3 項 c でみてきたが，機械

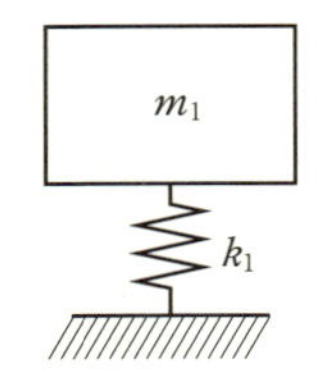

図 2-82　減衰のない 1 自由度振動系

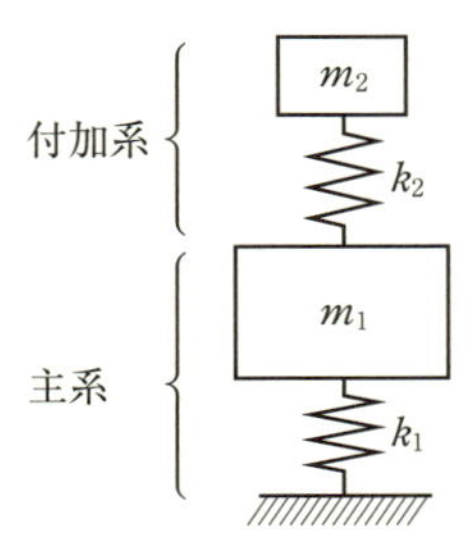

図 2-83　付加系を加えた 2 自由度振動系

の構造などによってはダンパを挿入することが困難な場合もある．

a. 減衰のない動吸振器

さて，前項で反共振とよばれる現象を述べたが，これを利用して振動を抑制する，**動吸振器（ダイナミックダンパ，dynamic damper）**とよばれる装置がある．図 2-82 の 1 自由度系に質量 m_2 とばね定数 k_2 のばねで構成される 1 自由度系を付加すると，図 2-83 のような 2 自由度系となる．この 2 自由度系では，角振動数 $\omega=\sqrt{k_2/m_2}$ の外力を主系に加えると反共振が生じ，主系の振動振幅は 0 となる．では，

$$\frac{k_2}{m_2}=\frac{k_1}{m_1} \qquad (2\text{-}232)$$

となるように付加系の質量 m_2 とばね定数 k_2 を選定すると，$\omega=\sqrt{k_1/m_1}$ に近い振動数の強制外力が作用した場合に主系の振動振幅はどうなるか．式(2-231)において ν_1，ν_2 は式(2-228)のように定義されているので，$k_2/m_2=k_1/m_1$ が満たされるとすると，$\nu_1=\nu_2$ となる．したがって，$\nu_1=\nu_2=\nu$ として表すと，式(2-231)は，

$$X_1=\frac{P_0}{k_1}\frac{\nu^2(\nu^2-\omega^2)}{(\omega^2-\omega_1{}^2)(\omega^2-\omega_2{}^2)}$$

$$X_2=\frac{P_0}{k_1}\frac{\nu^4}{(\omega^2-\omega_1{}^2)(\omega^2-\omega_2{}^2)} \qquad (2\text{-}233)$$

となり，質量 m_1 にはやはり振動数 $\omega=\sqrt{k_1/m_1}$ で反共振が生じることがわかる．また，このとき，質量比 μ を，

$$\mu\equiv\frac{m_2}{m_1} \qquad (2\text{-}234)$$

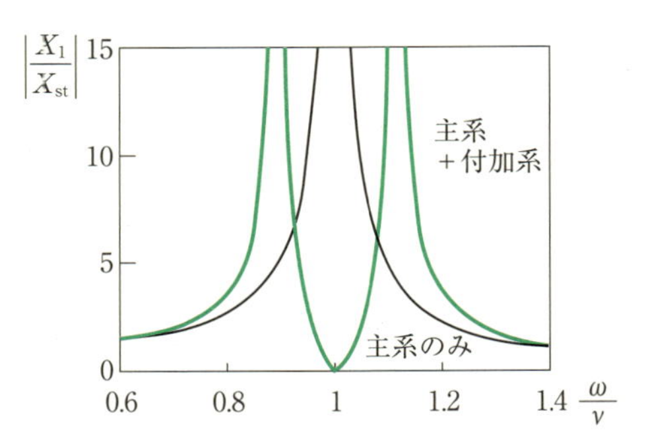

図 2-84　外力の振動数に対する主系の振動振幅の変化

として定義すると，

$$(\omega^2-\omega_1{}^2)(\omega^2-\omega_2{}^2)$$
$$=\omega^4-\left(\frac{k_1+k_2}{m_1}+\frac{k_2}{m_2}\right)\omega^2+\frac{k_1k_2}{m_1m_2}$$
$$=\omega^4-(2+\mu)\nu^2\omega^2+\nu^4$$

と整理できるので，

$$X_1=\frac{P_0}{k_1}\cdot\frac{\nu^2(\nu^2-\omega^2)}{\omega^4-(2+\mu)\nu^2\omega^2+\nu^4}$$

$$X_2=\frac{P_0}{k_1}\cdot\frac{\nu^4}{\omega^4-(2+\mu)\nu^2\omega^2+\nu^4} \qquad (2\text{-}235)$$

となる．したがって，振動数 $\omega=\sqrt{k_1/m_1}(=\nu)$ の強制外力が加わったときの質量 m_1 および m_2 の振動振幅は，

$$X_1=0,\quad X_2=-\frac{P_0}{k_1}\cdot\frac{1}{\mu} \qquad (2\text{-}236)$$

となり，主系にはまったく振動が生じない一方で，付加系には質量比 μ に反比例した振幅の振動が生じることがわかる．

これらのことから，単一の振動数の強制外力が作用する系において共振が問題となる場合には，図 2-83 のように動吸振器を付加することが効果的といえる．一方で式(2-235)から，強制外力の振動数に対して主系の振動振幅は図 2-84 のように変化するので，別な振動数の強制外力に対して共振が生じる．したがって，強制外力の振動数が変化したり，さまざまな振動数の外力が重畳したりする場合には，別の新たな共振問題が発生し，問題の解決にはならないこともある．

b. 粘性減衰をもつ動吸振器

強制外力の振動数が変化したり，さまざまな振動数の外力が重畳したりする場合には，図 2-85 のように付加系に粘性減衰をもたせると効果的なことがある．

図 2-85 の主系に強制外力が加わる場合，運動方程式は，

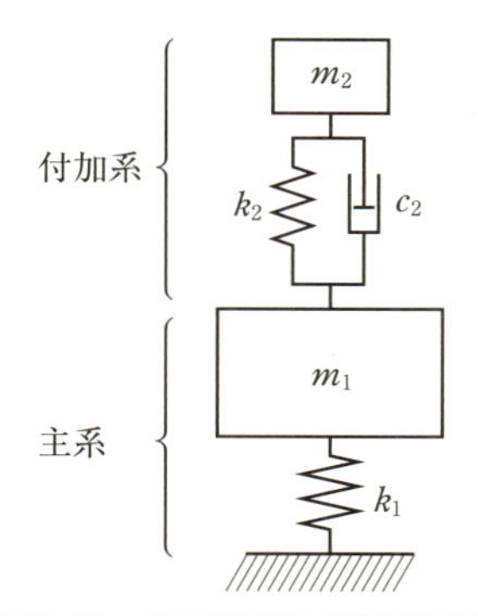

図 2-85　粘性減衰器付動吸振器

$$\begin{bmatrix} m_1 & 0 \\ 0 & m_2 \end{bmatrix}\begin{bmatrix} \ddot{x}_1 \\ \ddot{x}_2 \end{bmatrix}+\begin{bmatrix} c_2 & -c_2 \\ -c_2 & c_2 \end{bmatrix}\begin{bmatrix} \dot{x}_1 \\ \dot{x}_2 \end{bmatrix}+\begin{bmatrix} k_1+k_2 & -k_2 \\ -k_2 & k_2 \end{bmatrix}\begin{bmatrix} x_1 \\ x_2 \end{bmatrix}$$
$$=\begin{bmatrix} P_0\cos\omega t \\ 0 \end{bmatrix} \tag{2-237}$$

となる．この運動方程式の求解は非常に煩雑なので，本書では導出過程は省略するが，強制振動解は以下のようになる．

$$\left|\frac{X_1}{X_{st}}\right|=\sqrt{\frac{(\kappa^2-\lambda^2)^2+(2\zeta\lambda)^2}{\Delta}}$$
$$\left|\frac{X_2}{X_{st}}\right|=\sqrt{\frac{\kappa^4+(2\zeta\lambda)^2}{\Delta}} \tag{2-238}$$

ただし，

$$\mu=\frac{m_2}{m_1},\quad \nu_1=\sqrt{\frac{k_1}{m_1}},\quad \nu_2=\sqrt{\frac{k_2}{m_2}},\quad \lambda=\frac{\omega}{\nu_1},$$
$$\kappa=\frac{\nu_2}{\nu_1},\quad \zeta=\frac{c}{2m_2\nu_1},$$
$$\Delta=\{(1-\lambda^2)(\kappa^2-\lambda^2)-\mu\kappa^2\lambda^2\}^2$$
$$+(2\zeta\lambda)^2\{1-(1+\mu)\lambda^2\}^2$$

式(2-238)から，主系と付加系の振動振幅は強制外力の振動数 ω や付加系の減衰比 ζ によって変化することがわかり，その様子を図示すると図 2-86 および図 2-87 のようになる．これらの図から，減衰比 ζ が小さいと減衰のない 2 自由度系と同様の応答となり，減衰比 ζ を∞にまで大きくすると主系と付加系は一体となって振動するので減衰のない 1 自由度系と同様な振動になることがわかる．減衰比を適当な値（この場合は $\zeta=0.1$ 程度）に選ぶと，どのような振動数においても振動振幅をある程度の値に抑制できるが，付加系の減衰比をどのような値にしても共振曲線が必ず通る点（図中の P と Q）がある．

なお，証明は省略するが，P，Q 点は質量比 μ と固有角振動数比 κ によって定まる．P 点を下げると Q 点が高くなり，Q 点を下げると P 点が高くなる特性がある．

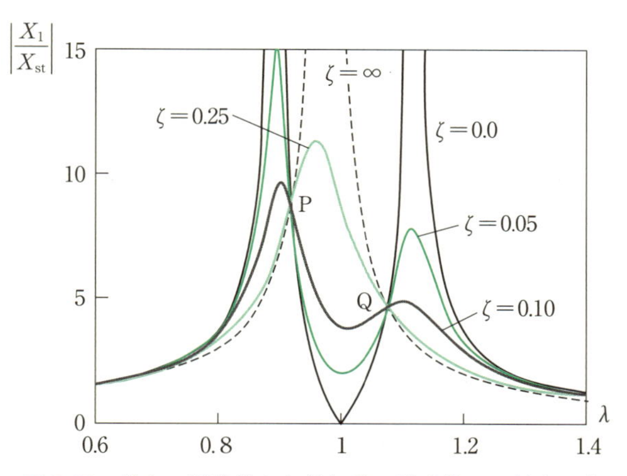

図 2-86　外力の振動数 λ と付加系の減衰比 ζ に対する主系の振動振幅 X_1 の変化

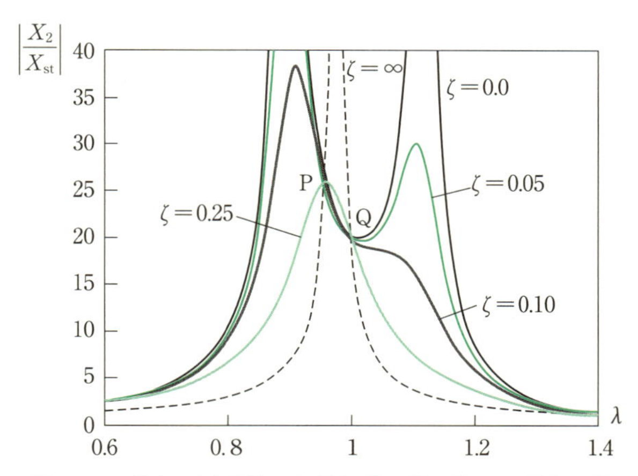

図 2-87　外力の振動数 λ と付加系の減衰比 ζ に対する付加系の振動振幅 X_2 の変化

c．動吸振器の最適設計（定点理論）

ここでは，動吸振器の最適な設計（最適なばね定数 k_2 と減衰係数 c_2 の選定）について考える．粘性減衰をもつ動吸振器を取り付けた場合の主系（質量 m_1）の共振曲線（図 2-86）の特徴を考えると，主系の共振曲線の最大値が最も小さくなるように動吸振器を設計するのが望ましい方法の一つといえる．これを実現するには次の二つの条件を満たすように動吸振器の諸元（m_2，k_2，c_2）を選定すればよい．

- 条件 1：P 点と Q 点の高さを等しくする．（最適同調）
- 条件 2：P 点と Q 点において共振曲線が極大となるようにする．（最適減衰）

では，まず条件 1 について考える．P，Q 点は $\zeta=0$ のときの共振曲線と $\zeta=\infty$ のときの共振曲線の交点

なので，符号の向きに注意して式(2-238)を用いると，

$$\frac{(\kappa^2-\lambda^2)}{(1-\lambda^2)(\kappa^2-\lambda^2)-\mu\kappa^2\lambda^2}=-\frac{1}{1-(1+\mu)\lambda^2} \tag{2-239}$$

を満たす λ が P，Q 点の横座標である．これを整理すると，

$$(2+\mu)\lambda^4-2(1+\kappa^2+\mu\kappa^2)\lambda^2+2\kappa^2=0 \tag{2-240}$$

となる．

また，P，Q 点の横座標をそれぞれ λ_P，λ_Q とすると，条件 1 は，

$$\frac{1}{1-(1+\mu)\lambda_P{}^2}=-\frac{1}{1-(1+\mu)\lambda_Q{}^2}$$

$$\therefore\quad (1+\mu)(\lambda_P{}^2+\lambda_Q{}^2)=2 \tag{2-241}$$

と表すことができる．ここで，$\lambda_P{}^2+\lambda_Q{}^2$ は式(2-240)の二つの解の和なので，解の公式から，

$$\lambda_P{}^2+\lambda_Q{}^2=\frac{2\{1+(1+\mu)\kappa^2\}}{2+\mu} \tag{2-242}$$

となる．式(2-242)を式(2-241)に代入して整理すると，

$$\kappa=\frac{1}{1+\mu} \tag{2-243}$$

という関係が得られ，これが条件 1（最適同調）を満たす条件となる．

次に条件 2 について考えるが，それに先立ち，P，Q 点の横座標 λ_P と λ_Q とそのときの振幅倍率を計算する．式(2-243)を式(2-240)に代入して整理すると，

$$(2+\mu)\lambda^4-\frac{2(2+\mu)}{1+\mu}\lambda^2+\frac{2}{(1+\mu)^2}=0 \tag{2-244}$$

となるので，解の公式を用いることで，

$$\lambda_P{}^2,\ \lambda_Q{}^2=\frac{1}{1+\mu}\mp\frac{1}{1+\mu}\sqrt{\frac{\mu}{2+\mu}} \tag{2-245}$$

と求まる．また，このときの振幅倍率は，$\zeta=0$ または $\zeta=\infty$ として式(2-245)を式(2-238)上段に代入することで，

$$\left|\frac{X_1}{X_{st}}\right|_{P,Q}=\sqrt{\frac{2+\mu}{\mu}} \tag{2-246}$$

となる．

さて，条件 2 について考える．共振曲線が P 点と Q 点において極大となる条件は，

$$\frac{\partial}{\partial\lambda}\left(\left|\frac{X_1}{X_{st}}\right|\right)_{P,Q}=0 \tag{2-247}$$

となるが，これは $|X_1/X_{st}|^2$ を λ^2 で偏微分したものが P，Q 点で 0 になること，つまり，

$$\frac{\partial}{\partial\lambda^2}\left(\left|\frac{X_1}{X_{st}}\right|^2\right)_{P,Q}=0 \tag{2-248}$$

と同じこととなる．したがって，式(2-238)を式(2-248)に代入し，式(2-243)と式(2-245)を用いると，主系の共振曲線が点 P で極大となるための減衰比 ζ_P は，

$$\zeta_P{}^2=\frac{\mu}{8(1+\mu)^3}\left(3-\sqrt{\frac{\mu}{2+\mu}}\right) \tag{2-249}$$

と求まり，主系の共振曲線が点 Q で極大となるための減衰比 ζ_Q は，

$$\zeta_Q{}^2=\frac{\mu}{8(1+\mu)^3}\left(3+\sqrt{\frac{\mu}{2+\mu}}\right) \tag{2-250}$$

と求まる．式(2-249)と式(2-250)から，点 P と点 Q で共振曲線がともに極大となるような減衰比 ζ は存在しないことがわかる．そこで，一般的にはこれらの平均値をとり，付加系の減衰比 ζ を，

$$\zeta^2=\frac{3\mu}{8(1+\mu)^3} \tag{2-251}$$

となるように粘性減衰器を選定する．

以上の条件では，質量比 μ，つまり付加系の質量 m_2 の最適値は定まらない．式(2-246)から考えると，質量比 μ が大きいほど主系の共振曲線の最大値が小さくなるが，付加系の質量 m_2 を大きくすることは機械全体としての重量が増すことになるので，機械のほかの性能に悪影響を及ぼすことが多い．したがって，質量比 μ はあまり大きくしたくない場合が多い．そのため，質量比 μ は機械全体としてのほかの要件も考慮して決定することになるが，主系の振動を抑えるという観点からは，付加系の質量 m_2 は許容される範囲内でできるだけ大きくするのが望ましい．

図 2-88 に，質量比を $\mu=0.05$ として定点理論により最適化された動吸振器を用いた場合の主系の共振曲線を示す．最適設計の条件として考慮したとおり，P，Q 点の高さが等しくなっており，また，P，Q 点付近で共振曲線が極大となっていることがわかる．

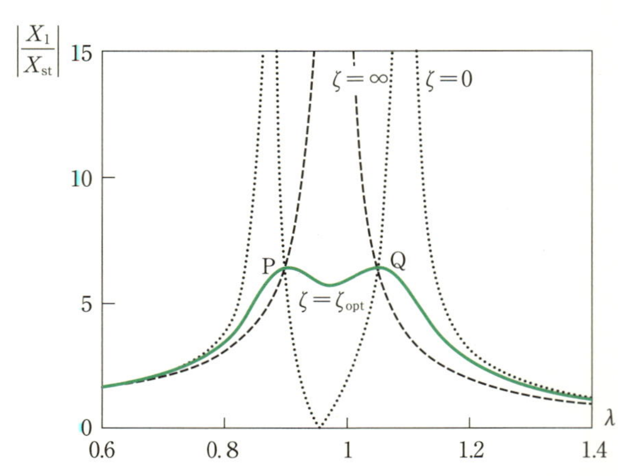

図 2-88　最適化された動吸振器による主系の共振曲線

[例題 2-8]　次の図のように，質量 M の均質な円柱とばね定数 K のばねからなる主系に対して，質量 m の剛体とばねと粘性減衰器からなる付加系を取り付ける．壁は強制変位 $x_0=A\cos\omega t$ で動くものとし，床は動かないものとする．また，円柱と床は滑らずに転がるものとする．このとき，定点理論により動吸振器として最適なばね定数 k と減衰係数 c を求めよ．

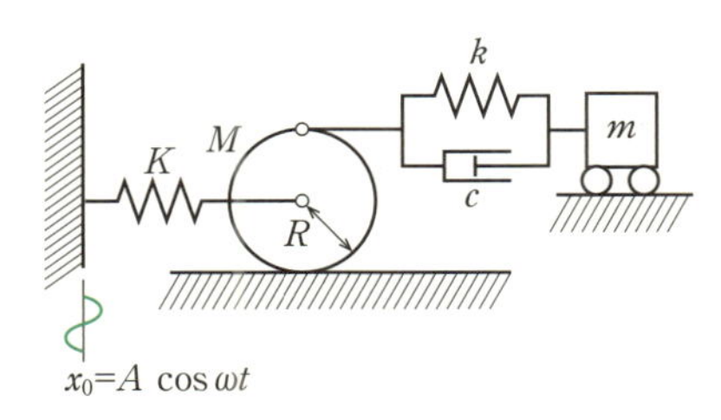

円柱の中心の左右変位を x_1（右向きを正），回転角を θ（時計回りを正），付加系の質量 m の左右変位を x_2（右向きを正）とすると，運動エネルギー T，ポテンシャルエネルギー U，散逸エネルギー D は，

$$T=\frac{1}{2}M\dot{x}_1{}^2+\frac{1}{2}\left(\frac{1}{2}MR^2\right)\dot{\theta}^2+\frac{1}{2}m\dot{x}_2{}^2$$

$$U=\frac{1}{2}K(x_1-x_0)^2+\frac{1}{2}k(x_1+R\theta-x_2)^2$$

$$D=\frac{1}{2}c(\dot{x}_1+R\dot{\theta}-\dot{x}_2)^2$$

と記述できる．床と円柱は滑らないことから，$x=R\theta$ の関係が成り立つので，これを用いて θ を消去し，ラグランジュの運動方程式に代入することにより，

$$\begin{cases}\dfrac{3}{2}M\ddot{x}_1+4c\dot{x}_1-2c\dot{x}_2+(K+4k)x_1-2kx_2=Kx_0\\ m\ddot{x}_2-2c\dot{x}_1+c\dot{x}_2-2kx_1+kx_2=0\end{cases}$$

という運動方程式が得られる．ここで，$x_d=2x_1$ とおいて行列形式で表すと，

$$\begin{bmatrix}\frac{3}{8}M & 0\\ 0 & m\end{bmatrix}\begin{bmatrix}\ddot{x}_d\\ \ddot{x}_2\end{bmatrix}+\begin{bmatrix}c & -c\\ -c & c\end{bmatrix}\begin{bmatrix}\dot{x}_d\\ \dot{x}_2\end{bmatrix}+\begin{bmatrix}\frac{K}{4}+k & -k\\ -k & k\end{bmatrix}\begin{bmatrix}x_d\\ x_2\end{bmatrix}=\begin{bmatrix}\frac{1}{2}KA\cos\omega t\\ 0\end{bmatrix}$$

となり，式(2-240)と同じ形となる．したがって，

$$\mu=\frac{m}{\frac{3}{8}M}=\frac{8m}{3M},\quad \nu_1=\sqrt{\frac{\frac{1}{4}K}{\frac{3}{8}M}}=\sqrt{\frac{2K}{3M}}$$

とすると，最適同調を与える付加系固有円振動数 ν_2 は，

$$\nu_2=\frac{1}{1+\mu}\nu_1=\frac{1}{1+\frac{8m}{3M}}\sqrt{\frac{2K}{3M}}=\frac{\sqrt{6MK}}{3M+8m}$$

となり，したがって，

$$k=m\nu_2{}^2=\frac{6mMK}{(3M+8m)^2}$$

と求まる．また，最適減衰を与える付加系減衰比 ζ は，

$$c=2m\nu_1\sqrt{\frac{3\mu}{8(1+\mu)^3}}=\frac{6m}{3M+8m}\sqrt{\frac{2mMK}{3M+8m}}$$

と求まる．

2.6 節のまとめ

- **右図の 2 自由度振動系の運動方程式：**

$$\begin{bmatrix}m_1 & 0\\ 0 & m_2\end{bmatrix}\begin{bmatrix}\ddot{x}_1\\ \ddot{x}_2\end{bmatrix}+\begin{bmatrix}k_1+k_2 & -k_2\\ -k_2 & k_2\end{bmatrix}\begin{bmatrix}x_1\\ x_2\end{bmatrix}=\begin{bmatrix}P_0\sin\omega t\\ 0\end{bmatrix}$$

- **上式の一般解：**　$x_1=x_{1h}+x_{1f}$

  $x_2=x_{2h}+x_{2f}$

  ただし，x_{1h}，x_{2h}：自由振動解（(右辺)=0 の解），x_{1f}，x_{2f}：強制振動解

- **自由振動解：**　$\begin{bmatrix}x_{1h}(t)\\ x_{2h}(t)\end{bmatrix}=A\begin{bmatrix}1\\ r_1\end{bmatrix}\sin(\omega_1 t+\phi_1)+B\begin{bmatrix}1\\ -r_2\end{bmatrix}\sin(\omega_2 t+\phi_2)$

  ただし，

$$\omega_1=\frac{1}{2}\left\{\frac{k_1+k_2}{m_1}+\frac{k_2}{m_2}-\sqrt{\left(\frac{k_1+k_2}{m_1}+\frac{k_2}{m_2}\right)^2-\frac{4k_1k_2}{m_1m_2}}\right\}^{\frac{1}{2}},\ \omega_2=\frac{1}{2}\left\{\frac{k_1+k_2}{m_1}+\frac{k_2}{m_2}+\sqrt{\left(\frac{k_1+k_2}{m_1}+\frac{k_2}{m_2}\right)^2-\frac{4k_1k_2}{m_1m_2}}\right\}^{\frac{1}{2}}$$

$$r_1=\frac{m_1}{2k_2}\left\{\frac{k_1+k_2}{m_1}-\frac{k_2}{m_2}+\sqrt{\left(\frac{k_1+k_2}{m_1}-\frac{k_2}{m_2}\right)^2+\frac{4k_2{}^2}{m_1m_2}}\right\},$$

$$r_2=\frac{m_1}{2k_2}\left\{\frac{k_1+k_2}{m_1}-\frac{k_2}{m_2}-\sqrt{\left(\frac{k_1+k_2}{m_1}-\frac{k_2}{m_2}\right)^2+\frac{4k_2{}^2}{m_1m_2}}\right\}$$

A，B，ϕ_1，ϕ_2 **は任意定数（初期条件によって定まる）**

- **強制振動解：**

$$\begin{bmatrix}x_{1f}(t)\\x_{2f}(t)\end{bmatrix}=\frac{\nu_1{}^2\nu_2{}^2X_{\mathrm{st}}}{(\omega^2-\omega_1{}^2)(\omega^2-\omega_2{}^2)}\begin{bmatrix}1-\left(\dfrac{\omega^2}{\nu_2{}^2}\right)\\1\end{bmatrix}\sin\omega t$$

ただし，$X_{\mathrm{st}}=\dfrac{P_0}{k_1}$，$\mu=\dfrac{m_2}{m_1}$，$\nu_1=\sqrt{\dfrac{k_1}{m_1}}$，$\nu_2=\sqrt{\dfrac{k_2}{m_2}}$

- **強制振動の振幅倍率と位相差：図 2-92，図 2-93**

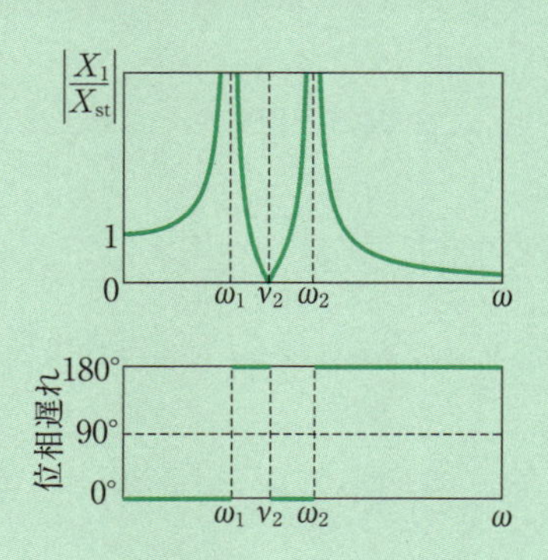

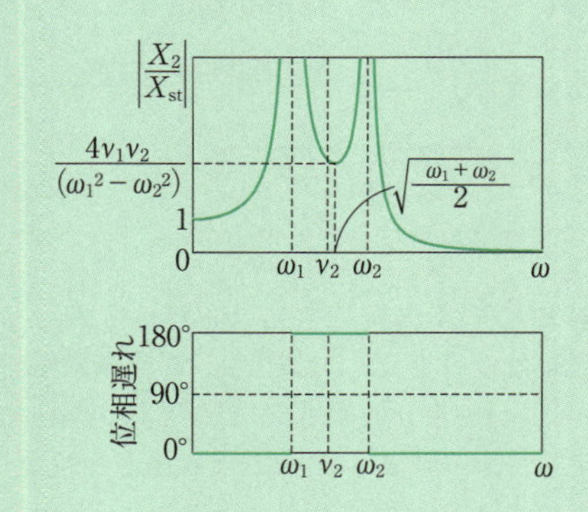

- **粘性減衰付き動吸振器（図 2-94）の最適設計：**

$$\nu_2=\frac{1}{1+\mu}\nu_1\ \textbf{（最適同調）}$$

$$\zeta=\sqrt{\frac{3\mu}{8(1+\mu)^3}}\ \textbf{（最適減衰）}$$

ただし，$\mu=\dfrac{m_2}{m_1}$，$\nu_1=\sqrt{\dfrac{k_1}{m_1}}$，$\nu_2=\sqrt{\dfrac{k_2}{m_2}}$，$\zeta=\dfrac{c}{2m_2\nu_1}$

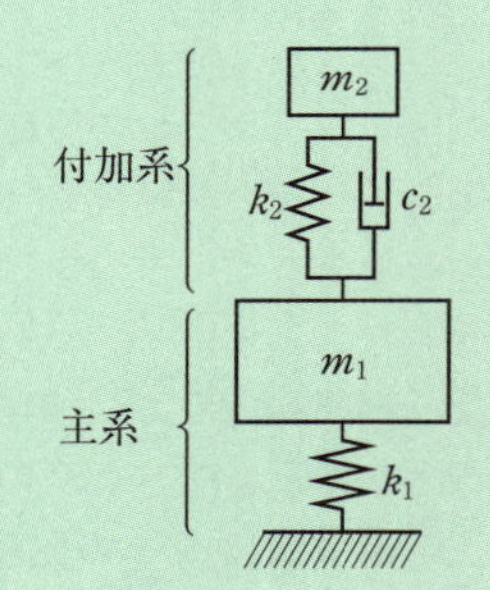

参考文献

[1] 日本機械学会編，機械力学（機械工学便覧 α2），(2004)，日本機械学会.
基礎から応用まで幅広い内容を網羅した日本機械学会の便覧.

[2] 金原粲監修，機械力学（専門基礎ライブラリー），(2007)，実教出版.
丁寧でわかりやすい機械力学の入門書.

[3] 原文雄，機械力学，(1988)，裳華房.
豊富な演習と丁寧な詳解がとても良い一冊.

[4] 坂田勝編，機械力学（機械工学入門講座），(1997)，森北出版.
基本的な題材を網羅した機械力学の入門書.

[5] 岩壺卓三，松久寛，振動工学の基礎，(2008)，森北出版.
広範囲にわたり機械力学の内容が詳しく書かれている.

[6] 岩田佳雄，佐伯暢人，小松崎俊彦，機械振動学（新・数理工学ライブラリー機械工学），(2011)，数理工学社.
振動の基礎から丁寧に書かれている.

[7] 亘理厚，機械振動，(1966)，丸善出版.
2 自由度減衰振動系について詳細な解説がなされている.

[8] S.P. ティモシェンコほか著，谷口修，田村章義訳，新版 工業振動学，(1977)，コロナ社.
機械力学・振動学の高度な内容が書かれた専門書.

[9] 矢嶋信男，常微分方程式（理工系の数学入門コース 4），(1989)，岩波書店.
本章で扱った微分方程式の解法が書かれている.

3. 熱 力 学

3.1 熱力学の基礎

熱力学は，物理学の基幹となる学問の一つである．そもそも熱力学は，1712 年にトーマス・ニューコメン（Thomas Newcomen）によって蒸気機関が発明され，人類が熱を仕事に変換する手段を得た後に発展した．その後，学問の発展とともに，物質の状態変化を一般的に取り扱う理論へと発展してきた．熱力学は，巨視的な系における熱エネルギーや別の形態でのエネルギーの取り扱いをするうえで欠かせない知識をもたらしてくれる．また，工学を志す人間にとっては，熱を仕事へ，あるいは仕事を熱へ変換する技術の根幹をなす学問となる．熱力学の知識は，自動車や航空機といった輸送機械，発電所などのエネルギー・プラント，ヒートポンプや冷凍機，熱交換器などの熱流体機器の開発に必要不可欠なものである．また，熱→仕事の変換効率を高めることによって，有限なエネルギーを有効に利用し，いかに環境に対する負荷を減らしていくか，環境との共存を目指すうえでも必須の学問である．

本章では，熱力学の基礎的な内容についてまとめる．専門課程で学ぶ内容については，より深い内容を紹介している教科書や専門書を用いて勉強する必要がある．さらに，同じく熱に関する学問である伝熱工学についても概要を紹介する．ある状態から別の状態への変化について，熱力学では主にその経路を問わずに最初と最後の状態だけで定量的に評価をしていくのに対して，伝熱工学ではその変化の過程そのものに注目していく内容を扱う．本章では，3.1 節から 3.6 節までが熱力学，3.7 節が伝熱工学の内容となっている．

3.1.1 熱と温度

アリストテレス（古代ギリシャの哲学者）は，自然界が「火」「空気」「水」「土」の四つの元素で成り立ち，物質の状態は「温」と「冷」，「乾」と「湿」の対立する組合せで記述されると考えた．この「火」が熱を示しており，「温」と「冷」が温度の違いを示しているが，熱と温度の違いや，熱の本質は，18 世紀に至るまではっきりと認識はされていなかった．

熱と温度は，18 世紀の半ば，当時グラスゴー大学（スコットランド）の医薬・化学教授であったジョセフ・ブラック（Joseph Black）の研究によって，初めて明確に区別された．彼は温度計を作製し，熱平衡状態にあるすべての物体の温度は一定であるという，現在ではあたり前に思える基礎的な事実を明らかにした．彼はこれに留まらず，後ほど説明する**比熱**（物体の温度をある値だけ上げるために必要な熱量）や，氷が融解あるいは水が蒸発する際に必要な熱量，いわゆる**潜熱**（同じ温度のまま固体から液体あるいは液体から気体（また，その逆）に変化するために必要な熱量）といった熱力学の発展においてきわめて重要な発見をしている．

ブラックの研究の後でも，熱の本質は依然謎が多いままであった．当時，熱は，物体を通過できるある種の物質である熱素（calorique）として考えられていた．この理論は当時の著名な科学者たち（フーリエ，ラプラス，ポアソン（いずれもフランス）など）が支持していたため，広く信じられていた．現在ではこの理論は否定されているが，熱の単位の一つとして，熱素の名称の一部であるカロリー（calorie）[cal] が使われているのは大変興味深い．さて，熱がエネルギーの一形態であることが示されたのは 19 世紀に入ってからのことになる．ユリウス・マイヤー（Julius R. von Mayer）が熱と仕事が等価であることを 1842 年に見出し，さらにその翌年，イングランド・マンチェスターのビール醸造職人であったジェイムズ・ジュール（James P. Joule）が熱が不滅な物質ではないこと，熱は力学的エネルギーに，また力学的エネルギーは熱に変換できること，さらにその当量（いわゆる熱の仕事当量）である 4.184 J = 1 cal を示した．エネルギーの単位であるジュール [J] は，このジュールの功績によって名付けられている．

温度は，前述のアリストテレスのように，温かい–冷たいと相対的な評価をするものとされてきた．現在，ガリレオ温度計として知られている液体の密度の温度依存性を用いた温度計によって，温度の計測が始

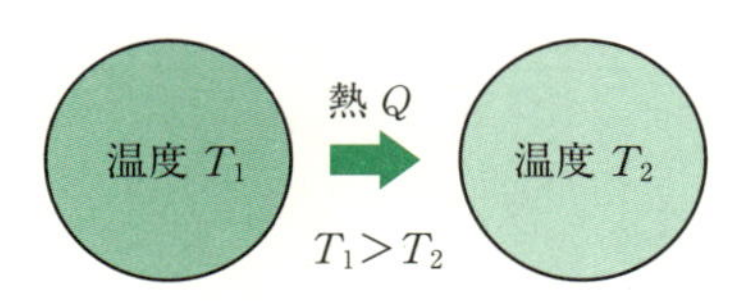

図 3-1　温度と熱の関係

められたのは16〜17世紀のことである．温度の尺度として，17世紀にはファーレンハイト度（華氏（℉）：真水の凝固点を32℉，沸騰点を212℉とし，その間を180等分したものを1℉）が導入された．現在米国以外で広く使われているセルシウス度（摂氏（℃）：真水の凝固点を0℃，沸騰点を100℃とし，その間を100等分したものを1℃）は18世紀に導入された．さらに，1848年に，物質の性質に依存しない温度の絶対的尺度の概念，すなわち，「絶対温度」がイギリスの物理学者であるウィリアム・トムソン（William Thomson），後のケルビン卿（Lord Kelvin）によって定義された．絶対温度は，絶対的な基準となる絶対零度0Kを定義し，その尺度となる1Kはセルシウス度のそれと等しい．セルシウス度との変換は，$T[\mathrm{K}]=T(℃)+273.15$である．その単位にはケルビン卿の名前が使われている．

それでは，熱と温度はどのような関係にあるのだろうか．熱は，温度の高いものから温度の低いものに移動するエネルギー形態の一つとして定義される（図3-1）．古典的な分子運動論により記述を試みると，熱は分子の運動エネルギーの平均をとり，その大きさの違いによる移動形態であり，その運動エネルギーの大きさは，絶対温度 T [K] に比例する．同じ物体内において，あらゆる場所で温度が一定ということは，その物体を構成する分子の運動エネルギーの平均的な大きさが場所によらず等しい状態にあるということである．一方，同じ物体内において，場所によって異なる温度を示すということは，その物体を構成する分子の運動エネルギーの平均的な大きさが絶対温度に比例する形で場所によって異なっていることを表す．

ウィリアム・トムソン（ケルビン卿）

英国の物理学者．電磁気学，流体力学など研究分野は多岐にわたる．特に熱力学分野で多大な功績を残し，絶対温度の単位にその名をとどめる．10歳でグラスゴー大学に学び，母校の教授を53年にわたって務めた．(1824-1907)

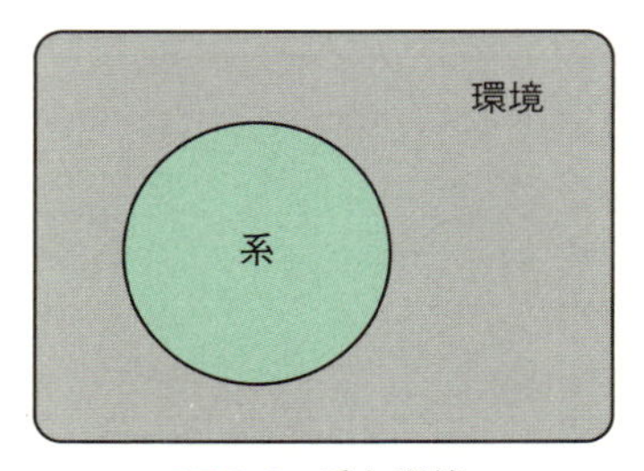

図 3-2　系と環境

異なる温度を有するものの間での熱の移動（すなわち伝熱）の形態には，大きく分けて三つある．熱を輸送する媒体を必要とする**熱伝導**と**対流熱伝達**，媒体を必要とせず電磁波により輸送する**ふく射（輻射）伝熱**である．温度差が存在しない状態では，熱の形態によるエネルギー移動は存在しない．これらの伝熱に関する内容については，3.7節にて説明する．

3.1.2　系と状態

a. 系

熱も仕事も，それぞれエネルギー形態の一つとして扱う．高校の物理や化学で学んだとおり，熱も仕事も同じ単位［J］で記述されているのはそのためである．エネルギーの形態を熱力学的に考えるにあたって，**系（system）**という概念を導入する．例えば，宇宙空間の中に存在する地球のエネルギーのやりとりを考えるのであれば，系としての地球と，外界あるいは周囲，環境としての宇宙，というように考える（図3-2）．また，地球と宇宙の間には境界が存在すると考える（実際には，地球と宇宙の間には大気が存在し，その密度が地球から宇宙に向かうにつれて次第に小さくなっていくことから，明確な「境界」を設定することは難しいが，ここでは，地表からある高さまでを地球，その外側を宇宙と明確に定義できると考えている）．地球温暖化や人口の流れ，食物連鎖などを考える対象として，地球という「系」を考える．さらに，地球という系と熱エネルギーのやりとりをするのが「環境」である宇宙となる．一方，宇宙空間で起こる現象を対象とする場合は，宇宙全体を「系」として扱うことになる．機械工学での典型的な例を挙げると，自動車という系と周囲の空間である環境や，自動車の中に固定されているエンジンという系と自動車の残りの部品群で構成される環境，といった具合である．

b. 系の種類

現象や機構を熱力学的に理解するためには，系と環

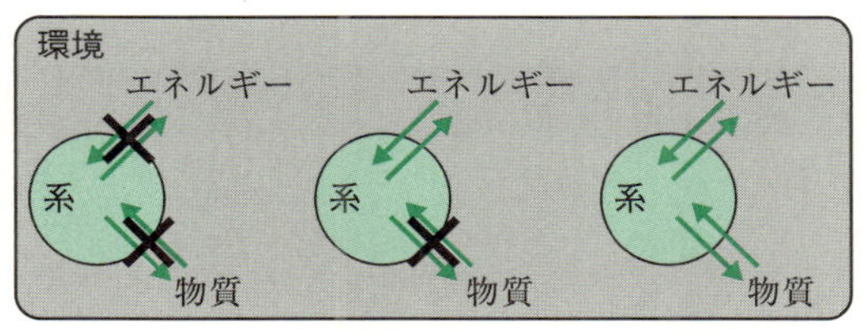

図 3-3 「系」の種類：孤立系，閉鎖系，開放系

境の間の相互作用を考えることがきわめて重要になる．熱力学では特に，系-環境間における相互作用の仕方によって，系の種類を次の三つに分類している（図 3-3）．

- **孤立系（isolated system）**：境界を通じてエネルギーおよび物質の交換を一切しないもの
- **閉鎖系（閉じた系，closed system）**：境界を通じてエネルギーの交換はするが，物質の交換はしないもの
- **開放系（開いた系，open system）**：境界を通じてエネルギーおよび物質の交換をするもの

例えば，しっかりした断熱材に覆われて密封された箱は孤立系，密封はされているが周囲との熱のやりとりによって温度が変化するような箱は閉鎖系，箱の一部に穴が開いていて，箱の内部と外部（環境）との間で空気や水といったものが出入りするようなものは開放系ということである．

上では，エンジンを系，自動車の残りの部品群を環境として例を挙げたが，考え方によっては，エンジンという系 1，自動車の残りの部品群をまとめて系 2，自動車の周りの空間を環境として捉えることもできる．この場合は，系 1 と系 2 が接触して新しい系を作っていることになる．このように，孤立系，閉鎖系，開放系というのは，あくまで何をどのように捉えるか，各々の視点に基づいた定義による．今後，現象や機構を考える場合は，いまどのように系を定義しているのかということを，常に意識しながら問題に取り組む必要がある．系については，次節でも説明する．

c. 状態および状態量

熱力学では，系の変化を表す際に，系の**状態（state）**が変化する，という表現を用いる．普段の生活で状態の「温」と「冷」について経験しているだろう．例えば，グラスに水を注いで，その水に氷を浮かべてみる．いずれ水の中の氷は溶け，グラスの側壁に結露が発生するという変化がみられる．しかし，十分な時間が経過すると，グラスとグラスの中の水は周囲の空気と同じ温度の状態に落ち着くことを経験的に知っているだろう．いま，水の入ったグラスを系として考えると，この系は温度が時間によって変化しない状態に落ち着いたことになる．このような状態を**熱平衡（thermal equilibrium）**状態とよぶ．また，水の入ったグラスに氷を浮かべた状態を状態 1，周囲と同じ温度に到達した状態を状態 2 と定義すると，状態 1 は時間の経過とともに変化をしていくことから，状態 1 は**非平衡状態（nonequilibrium state）**とよばれる．

ここで，テーブルの上に，氷入りの水が入ったグラス（系 1）と，別のグラス（系 2）が置いてあるとする．十分な時間が経過すると，グラス（系 1）も別のグラス（系 2）も，テーブルやその周囲の空気の温度と同じになる．このとき，テーブルとその周囲の空気を含む空間を，いまは環境ではなく，系 3 と定義する．系 1 と系 3 は熱平衡状態に到達し，また系 2 と系 3 は同じく熱平衡状態に到達するだろう．最終的に到達するこの状態は，熱力学において**熱力学の第 0 法則**として記述される．すなわち，

- **熱力学の第 0 法則**：系 1 と系 3 が熱平衡状態にあり，また系 2 と系 3 が熱平衡状態にあれば，系 1 と系 2 は熱平衡の状態にある．

系の状態は，その状態において定義できる自明の量で特徴付けられる．例えば，体積 V，圧力 P，温度 T，密度（単位体積あたりの質量）ρ，比体積（単位質量あたりの体積）$v(=1/\rho)$，物質量である化学成分のモル数 n などである．状態を表すこれらの物理量のことを**状態量（quantity of state）**とよぶ．状態量には，系の大きさや質量に依存しない**示強性（intensive）状態量**と，系の大きさや質量が変わると変化する**示量性（extensive）状態量**という二つがある．上に示した状態量を分類すると，以下のようになる．

- **示強性状態量**：圧力 P，温度 T，密度 ρ，比体積 v
- **示量性状態量**：体積 V，モル数 n

同じ体積でも，単位質量あたりの体積を表す比体積 v は示強性，体積 V は示量性となる．

これらの状態量を記述する際には，その量を表すための基準，すなわち**単位**が必要となる．

d. 単位系と単位

工学を学んでいくにあたっては，**国際単位系（SI：The International System of Units）**を用いる．これは，1960 年の国際度量衡総会において採択された，メートル系の国際的標準となる単位系で，長さ・質量・時間を基本とした絶対単位系の一つである．SI は，SI 単位とよばれる七つの基本単位（表 3-1）およ

表 3-1　SI 基本単位

量	単位	記号	定義
長さ	メートル	m	光が真空中で 1/299 792 458 s に進む距離
質量	キログラム	kg	国際キログラム原器の質量
時間	秒	s	^{133}Cs 原子の基底状態の二つの超微細準位の間の遷移に対応する放射の周期の 9 192 631 770 倍の継続時間
電流	アンペア	A	真空中に 1 m の間隔で平行に置かれた無限に小さい円形の断面を有する無限に長い 2 本の直線状導体のそれぞれに流し続けたときに，これらの導体の 1 m ごとに 2×10^{-7} N の力を及ぼし合う直流の電流
温度	ケルビン	K	水の三重点の熱力学温度の 1/273.16
光度	カンデラ	cd	540 THz の単色放射を放出し，ある方向の放射強度が 1/683 W/sr となる光源の光度
物質量	モル	mol	0.012 kg の ^{12}C に含まれる原子の数と等しい構成要素を含む系の物質量

表 3-2　SI 組立単位

量	単位（名称）	単位記号	他の SI 単位による表し方	SI 基本単位による表し方
平面角	ラジアン（radian）	rad		m/m
立体角	ステラジアン（steradian）	sr		m^2/m^2
周波数	ヘルツ（hertz）	Hz		s^{-1}
力	ニュートン（newton）	N		$m\cdot kg\cdot s^{-2}$
圧力，応力	パスカル（pascal）	Pa	N/m^2	$m^{-1}\cdot kg\cdot s^{-2}$
エネルギー，仕事，熱量	ジュール（joule）	J	N·m	$m^2\cdot kg\cdot s^{-2}$
仕事率，工率，放射束	ワット（watt）	W	J/s	$m^2\cdot kg\cdot s^{-3}$
電荷，電気量	クーロン（coulomb）	C		s·A
電位差（電圧），起電力	ボルト（volt）	V	W/A	$m^2\cdot kg\cdot s^{-3}\cdot A^{-1}$
静電容量	ファラド（farad）	F	C/V	$m^{-2}\cdot kg^{-1}\cdot s^4\cdot A^2$
電気抵抗	オーム（ohm）	Ω	V/A	$m^2\cdot kg\cdot s^{-3}\cdot A^{-2}$
コンダクタンス	ジーメンス（siemens）	S	A/V	$m^{-2}\cdot kg^{-1}\cdot s^3\cdot A^2$
磁束	ウェーバ（weber）	Wb	V·s	$m^2\cdot kg\cdot s^{-2}\cdot A^{-1}$
磁束密度	テスラ（tesla）	T	Wb/m^2	$kg\cdot s^{-2}\cdot A^{-1}$
インダクタンス	ヘンリー（henry）	H	Wb/A	$m^2\cdot kg\cdot s^{-2}\cdot A^{-2}$
セルシウス温度	セルシウス度	℃	K	
光束	ルーメン（lumen）	lm	cd·sr	$cd\cdot m^2/m^2=cd$
照度	ルクス（lux）	lx	lm/m^2	$m^{-2}\cdot cd$
放射性核種の放射能	ベクレル（becquerel）	Bq		s^{-1}
吸収線量比エネルギー分与，カーマ	グレイ（gray）	Gy	J/kg	$m^2\cdot s^{-2}$
線量当量，周辺線量当量，方向性線量当量，個人線量等量	シーベルト（sievert）	Sv	J/kg	$m^2\cdot s^{-2}$
酵素活性	カタール（katal）	kat		$s^{-1}\cdot mol$

表 3-3 SI 接頭語

名称	記号	大きさ
ヨタ（yotta）	Y	10^{24}
ゼタ（zetta）	Z	10^{21}
エクサ（exa）	E	10^{18}
ペタ（peta）	P	10^{15}
テラ（tera）	T	10^{12}
ギガ（giga）	G	10^{9}
メガ（mega）	M	10^{6}
キロ（kilo）	k	10^{3}
ヘクト（hecto）	h	10^{2}
デカ（deca）	da	10
デシ（deci）	d	10^{-1}
センチ（centi）	c	10^{-2}
ミリ（milli）	m	10^{-3}
マイクロ（micro）	μ	10^{-6}
ナノ（nano）	n	10^{-9}
ピコ（pico）	p	10^{-12}
フェムト（femto）	f	10^{-15}
アト（atto）	a	10^{-18}
ゼプト（zepto）	z	10^{-21}
ヨクト（yocto）	y	10^{-24}

表 3-4 SI で併用が認められている単位

名称	記号	SI 単位による値
分	min	1 min＝60 s
時	h	1 h＝60 min＝3600 s
日	d	1 d＝24 h＝86 400 s
度	°	1°＝(π/180) rad
分	′	1′＝(1/60)°＝(π/10 800) rad
秒	″	1″＝(1/60)′＝(π/648 000) rad
リットル	l，L	1 l＝1 dm^3＝10^{-3} m^3
トン	t	1 t＝10^3 kg

び組立単位（固有の名称をもつ 19 個と，そのほかのもの．表 3-2），これらの単位につける SI 単位の 10 の整数乗倍を示す 20 個の接頭語（表 3-3）から構成されている．また，SI では，ある特定の物理量に対しては原則として一つの単位のみが採用されているが，従来慣例的に用いられてきた単位の併用もいくつか認められている．これらの単位を表 3-4 に示す．

3.1.3 エネルギー，仕事，熱

a. エネルギーとしての仕事

高校までに学んだ**エネルギー（energy）**は，物体の運動を記述する際に用いた運動エネルギー（kinetic energy）やポテンシャルエネルギー（potential energy），あるいは化学結合の強さを示す結合エネルギー（化学エネルギー（chemical energy））などがある．エネルギーの形態としてはこれらのほかに，電磁気エネルギー（electromagnetic energy）や，原子核の結合・分裂に関わる核エネルギー（nuclear energy）という形態もある．一般に，運動エネルギーとポテンシャルエネルギーをまとめて「力学的エネルギー」とよぶ．

エネルギーの単位であるジュール［J］は，SI 単位では以下のように示すことができる．

$$[\mathrm{J}]=\left[\mathrm{kg}\cdot\frac{\mathrm{m}^2}{\mathrm{s}^2}\right]$$
$$=\left[\mathrm{kg}\cdot\frac{\mathrm{m}}{\mathrm{s}^2}\right]\cdot[\mathrm{m}]$$
$$=[\mathrm{N}]\cdot[\mathrm{m}]$$

高校物理で学んだとおり，系に力が働く作用点に対し外力 F [N] が作用し，その外力に抗して作用点が距離 x [m] だけ変位したとき，系は環境に対して**仕事（work）** W [J]，すなわち，

$$W=Fx\ [\mathrm{J}] \qquad (3\text{-}1)$$

だけの仕事をしたことになる．つまり，仕事はエネルギーの一形態である．ここで，系が環境に対して仕事をする場合，作用点に力 F が作用すること，さらに，その作用点が距離 x だけ移動する必要がある．

仕事には，力学的な作用による**機械的仕事**あるいは**力学的仕事**と，電磁気的な作用による**電気的仕事**などがある．本書では，特に断らない限り，仕事は機械的仕事あるいは力学的仕事のみを対象とする．

b. エネルギーとしての熱

先に書いたジュールの功績により，力学的エネルギーが熱と等価であり，熱がエネルギーの一つの形態だと理解されるようになったのは，この 1 世紀半ほど前に過ぎない．このジュールが行った実験を簡単に紹介する．

ジュールは，図 3-4 に示すような実験装置を準備した．外部との熱のやりとりをできる限り遮断した（**断**

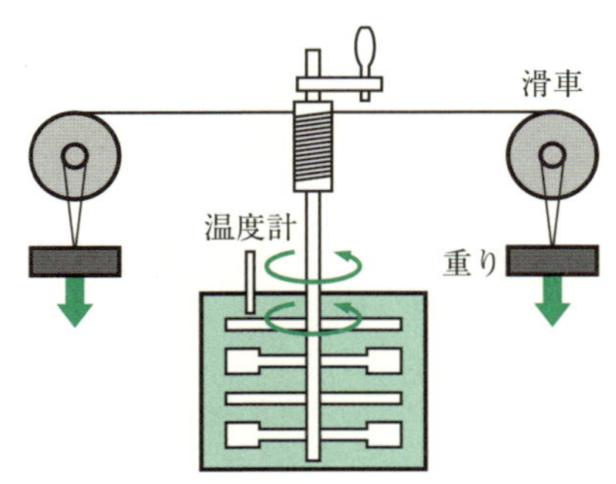

図 3-4　ジュールの実験装置

表 3-5　代表的な気体定数

物質名	気体定数 R
理想気体	8.314 462 1±0.000 007 5 J/K·mol* （一般気体定数）
乾燥空気	287 J/K·kg
水　素	4.16×10^3 J/K·kg
ヘリウム	2.08×10^3 J/K·kg

＊　理科年表 平成 27 年より

熱）容器の中を水で満たし，その容器中には水をかき混ぜるための撹拌機としての羽根車が備え付けてある．この撹拌機には，回転軸に巻き付けた紐の先に重りが付けられている．ここで高校物理を思い出してほしい．回転軸を回すことで重りのついた紐を巻き取り，床に置いてあった重りを持ち上げる．すると，その重りは高さと重力加速度に比例する位置エネルギー（あるいはポテンシャルエネルギー）をもつ．重りの支えを外すと，重りは床を目指して下がり，紐が巻き付いていた回転軸を回し，容器の中の撹拌機を回転させる．ジュールは，この撹拌後に水の温度がどのくらい上昇するのか計測した．もちろん，容器の中の水の温度は，ヒータなどによって熱エネルギーを加えることによっても上昇する．彼は，撹拌機が水に対して行った仕事の量を，重りが蓄えていた位置エネルギーから求め，さらに撹拌によって生じた温度の上昇を実現するために必要な熱量と比較をしたのである．この素晴らしいアイデアに満ちた実験によって，水に仕事を加えると，水に熱を加えた場合と同様の温度上昇がみられる，つまり，熱と仕事は等価である，と考えたのである．彼の実験は，1 kcal（1 kg の水を 1 K 上昇させるために必要なエネルギー）が 4.155 kJ に相当することを示した．前述のとおり，現在ではこの**熱の仕事当量**は精密な実験によって 1 kcal = 4.184 kJ（あるいは 1 cal = 4.184 J）となることが知られている．当時のジュールの実験が，いかに精度の高いものであるかがわかるだろう．

ジェイムズ・プレスコット・ジュール

英国の物理学者．生涯を一醸造業者として過ごした．羽根車による実験から熱の仕事当量や電流と抵抗による熱の量の算出，ケルビン卿との共同実験でジュール・トムソン効果などを発見した．（1818-1889）

3.1.4　理想気体

これまで，仕事と熱が同等であり，ともにエネルギー形態の一つであることを示した．続いて，熱力学の基礎を学ぶうえで，仕事に関しては機械的仕事に注目し，機械的仕事を行う物体（作動流体）として理想的な気体，すなわち，高校化学で学んだ**理想気体（ideal gas）**を扱っていく．理想気体は，その名のとおり実際に存在する気体（実在気体）を理想化したもので，大きな特徴として，①気体を構成する分子（あるいは原子）を質点として扱う（分子あるいは原子の体積が 0），②分子（あるいは原子）間の相互作用を無視する，がある．

高校化学で勉強した $PV=nR_0T$ という式を覚えているだろう．これは**理想気体の状態方程式**とよばれるもので，P は気体の圧力 [Pa=N/m²]，V はその気体が占める体積 [m³]，n はその気体のモル量 [mol]，R_0 は一般気体定数（R_0=8.314 J/(mol·K)），T は温度（絶対温度）[K] を表す．ボイル-シャルルの法則として知られる PV/T=一定 の単位モルあたりの定数が一般気体定数である．

このように，高校までは理想気体を扱う際に，量を表す指標としてモル量を用いた．大学における熱力学，特に工学系の熱力学においては，量を表す指標として質量 [kg] を用いる．これは，工場やプラントなどで異なる物質を扱う場合に計量しやすいという背景が一つにある．では，この場合，理想気体の状態方程式はどのようになるのか．

高校化学で勉強した理想気体の状態方程式を以下のように考える．いま，考えている理想気体の分子量を M，質量を m とする．すると，先ほどの状態方程式は次の形になる．

$$PV=nR_0T$$

$$=(m/M)R_0T$$
$$=m(R_0/M)T$$
$$=mRT$$

ここで，$R=R_0/M$ と定義した．このように，一般気体定数 R_0 を気体の分子量 M で割ったものを**気体定数** R [J/(kg·K)] とよぶ．気体定数は，対象として考えている気体の種類によって異なる値をとる．工業的な熱力学において学ぶ理想気体の状態方程式は，このように気体定数 R を用いた式を使う．以下，代表的な気体物質を理想気体と考えた場合の気体定数を**表 3-5** に示す．

3.1 節のまとめ

- **熱の仕事当量：** 4.184 J＝1 cal
- **セルシウス度と絶対温度の関係：** T[K]＝T(°C)＋273.15
- **系には，孤立系，閉鎖系，開放系の 3 種類がある．**
- **時間の経過によって巨視的に変化しない状態を熱平衡状態とよぶ．**
- **状態量は圧力 P，温度 T，密度 ρ，比体積 v といった示強性状態量と，体積 V，モル数 n といった示量性状態量に分けられる．**

3.2　熱力学の第 1 法則

3.1 節にて，仕事とエネルギーは同じジュール［J］という単位で表され，互いに変換することが可能なことを学んだ．熱力学とは熱を機械的仕事に変換して利用する学問体系であり，どのようにして熱と仕事を関係付けるか，を定量的に示すことはきわめて重要である．熱力学ではこれらを関係付ける法則を**熱力学の第 1 法則（the first law of thermodynamics）**とよび，本質的にはエネルギー保存則にほかならない．本節ではこの関連性について学ぶ．

3.2.1　内部エネルギー

物質は原子や分子の集合体だが，それらは常に揺らいで運動している．それらの運動に起因するような，その物質内に存在する微視的エネルギーのことを**内部エネルギー（internal energy）**とよび，U（単位質量あたりの場合は u）で表す．本書の範囲では，絶対温度に比例する物理量と考えて差し支えない．なお，単原子理想気体の場合は $U=(3/2)mRT$，2 原子理想気体の場合は $U=(5/2)mRT$ でおよそ表される．

3.2.2　エンタルピー

内部エネルギー U に温度と圧力の積 PV を加えた，以下で定義されるエネルギーを**エンタルピー（enthalpy）** H とよぶ．

$$H=U+PV \tag{3-2}$$

単位質量あたりのエンタルピーは比エンタルピーとよび，小文字で表記する．

$$h=u+Pv \tag{3-3}$$

単位は［J］で，エンタルピーは理想気体の定圧変化や開放系を考える際に役に立つ．エンタルピーもまた温度の関数である．

3.2.3　比熱

比熱（specific heat）とは，1 kg の物質の温度を 1℃だけ上昇させるために必要なエネルギーと定義される．比熱が大きい物質は温めにくく冷やしにくく，小さな物質は温めやすく冷やしやすい．しかし，このエネルギーは熱力学的過程に依存することが知られている．**定積比熱（specific heat at constant volume）** c_v は，1 kg の物質の温度を容積一定の条件下で 1℃上昇させるのに必要なエネルギーで，**定圧比熱（specific heat at constant pressure）** c_p は圧力一定の条件の場合に必要なエネルギーである．

$$c_v=(\partial q/\partial T)_{v=一定} \tag{3-4}$$
$$c_p=(\partial q/\partial T)_{P=一定} \tag{3-5}$$

液体や固体では定積比熱と定圧比熱はほぼ等しくなるが，気体では定積比熱は常に定圧比熱より大きい．これは，圧力一定条件では系は膨張するため，温度変化

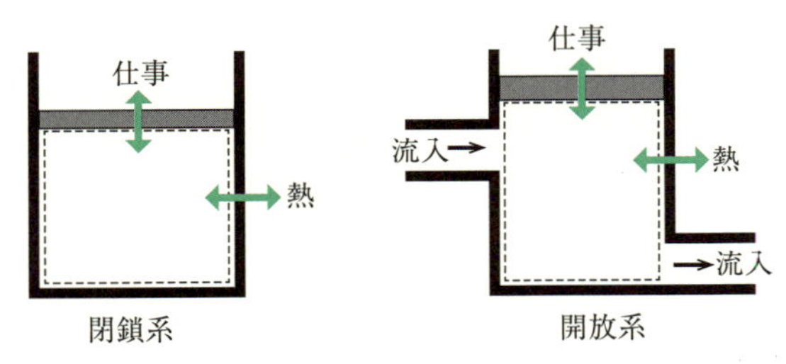

図 3-5　閉鎖系と開放系

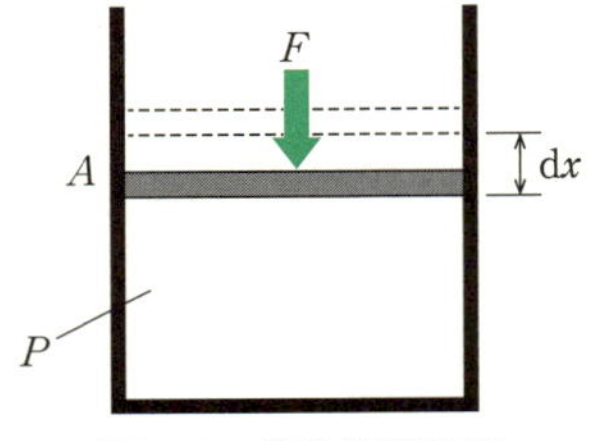

図 3-6　移動境界仕事

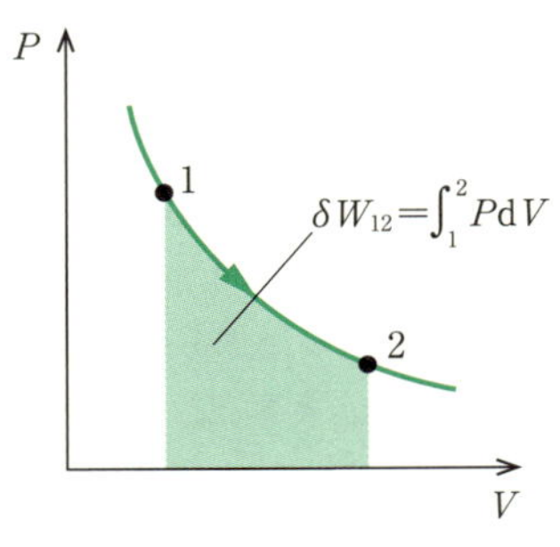

図 3-7　PV 線図における仕事

に加えてこの容積変化に必要なエネルギーがさらに必要なためである．

3.2.4　閉鎖系と開放系

熱力学では調査対象として，**系**（**system**）とよばれる，ある空間や量を定義する．系の**境界**（**boundary**）より外側は**外界**（**環境，surrounding**）とよばれる．系内で対象となる物質が一定の質量，あるいは容積を有しているかによって，**閉鎖系**（**closed system**）と**開放系**（**open system**）に大別される．図 3-5 に示すように，閉鎖系では，系の内外での物質の出入りはないが，エネルギーは熱や仕事の形で出入りし，開放系では，物質とエネルギーの出入りはともにある．この分類は，適用される熱力学的関係式が異なるため，取り扱う系がどちらかを適切に判断する必要がある．閉鎖系の例はエンジンなどで，開放系の例はコンプレッサー，タービン，熱交換器，ポンプなどである．なお，熱と仕事の出入りの符号は，熱から仕事を取り出すという熱力学の歴史的背景のため，熱が系に流入する場合，系から環境に仕事をする場合を＋，その逆を－と定義することに注意する必要がある．

3.2.5　閉鎖系での熱力学の第 1 法則

熱力学の第 1 法則がエネルギー保存則であることは前述したとおりだが，本項では，物質の移動がない閉鎖系での熱力学の第 1 法則について学ぶ．系の全エネルギーの変化量を $\mathrm{d}E$，系を横切る熱量を δQ，系が環境にする仕事を δW とすると，熱力学の第 1 法則は次のように表される．

$$\mathrm{d}E=\delta Q-\delta W \tag{3-6}$$

系の全エネルギーとは，内部エネルギー（3.2.1 項参照），ポテンシャルエネルギー，運動エネルギーなどを指す．ただしここで考える，物質の移動がない閉鎖系では，ポテンシャルエネルギーや運動エネルギーの変化は考える必要はない．そこで，$\mathrm{d}E$ は内部エネルギー変化 $\mathrm{d}U$ と等しいと考え，式(3-6)は次のように書き換えられる．

$$\mathrm{d}U=\delta Q-\delta W \tag{3-7}$$

また，単位質量あたりの内部エネルギー，熱量，仕事をそれぞれ $\mathrm{d}u$，δq，δw と表すと（単位質量あたりの状態量を小文字で表現するのは熱力学の約束ごとの一つ），式(3-7)は次のように表される．

$$\mathrm{d}u=\delta q-\delta w \tag{3-8}$$

ここで，図 3-6 に示すように，断面積 A のピストンを力 F で $\mathrm{d}x$ だけ移動させるときの仕事について考える．圧力 P は単位面積あたりの仕事，すなわち $F=PA$ であることに注意すると，仕事は次のように表される．

$$\delta W=F\mathrm{d}x=PA\mathrm{d}x=P\mathrm{d}V \tag{3-9}$$

このときの仕事を移動境界仕事とよぶ．図 3-7 のように状態 1 から状態 2 に変化する過程を考えると，このときの仕事は次のように積分の形で表される．

$$W_{12}=\int_1^2 P\mathrm{d}V \tag{3-10}$$

これは PV 線図での面積（図 3-7 色塗部）に相当する．

したがって，式(3-7)，(3-8)の熱力学の第 1 法則は次のように書くことができる．

$$\mathrm{d}U=\delta Q-P\mathrm{d}V \tag{3-11}$$

$$\mathrm{d}u=\delta q-P\mathrm{d}v \tag{3-12}$$

移動境界仕事は経路に依存することに注意が必要である．ここで，状態 1 から経路 A で状態 2 に到達し，経路 B を経て状態 1 に戻るようなサイクルとして動作する場合を考える（図 3-8）．このとき，状態 1→

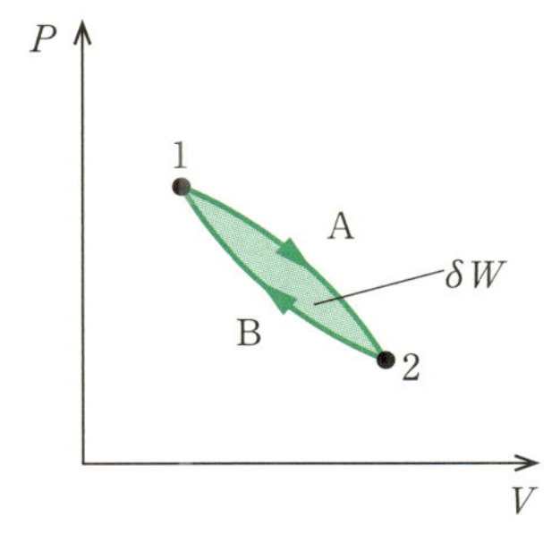

図 3-8　サイクルでの仕事

(経路 A)→状態2の仕事は $\delta W_{12}=\int_1^2 P_A \mathrm{d}V$，状態2→(経路 B)→状態1の仕事は $\delta W_{21}=\int_2^1 P_B \mathrm{d}V$ となる．よって，1サイクルでの**正味仕事（net work）**は以下のようになる．

$$\delta W=\oint P\mathrm{d}V=\int_1^2 P_A \mathrm{d}V+\int_2^1 P_B \mathrm{d}V$$
$$=\int_1^2 (P_A-P_B)\mathrm{d}V \quad (3\text{-}13)$$

これはまさに PV 線図で囲まれた面積に相当し，仕事が経路に依存することに相当する．この $P\mathrm{d}V$ の積分で表される，閉鎖系の仕事を**絶対仕事（absolute work）**とよぶこともある．

[例題 3-1]　圧力 500 kPa，容積 2 m^3 の状態の物質が，圧力一定条件の下でその容積が半分になった．このとき，以下の設問に答えよ．

(1)　系は外部へ仕事を与えたか，それとも与えられたか．また，仕事を求めよ．

(2)　内部エネルギーが 400 kJ 増加したとすると，系を移動する熱エネルギーの変化はいくらか．

(1)　容積が減少したので，外部から仕事を与えられる（仕事の符号は負）．

$W=P\times\mathrm{d}V=P\times(V_2-V_1)$
$=500\times(1-2)=-500$ kJ.

(2)　熱力学の第1法則 ($\mathrm{d}U=\delta Q-\delta W$) より，

$\delta Q=\mathrm{d}U+\delta W=400+(-500)=-100$ kJ.

3.2.6　開放系での熱力学の第1法則

本項では，物質の出入りがある開放系での熱力学の第1法則について学ぶ．開放系では出入りする作動流体の質量について考える必要がある．このとき，単位時間あたりの質量移動量，すなわち**質量流量**（単位は [kg/s]）で考える．

一般に，開放系の熱力学の第1法則は，閉鎖系で考えた境界を横切る熱や仕事に加えて，作動流体の質量移動に伴い系の境界を流入・流出するエネルギーの移動を加味して次のように表すことができる．

$$\mathrm{d}E=\delta Q-\delta W+(\Sigma E_{\mathrm{in}}-\Sigma E_{\mathrm{out}}) \quad (3\text{-}14)$$

ここで，流入出に伴うエネルギーを流動仕事とよぶ．流入口に仮想的なピストンを考えて閉鎖系での移動境界仕事と同様に考えると，流動仕事は $P\mathrm{d}V$ と書ける．この流動仕事以外にも，質量移動を考える場合には，運動エネルギー $mu^2/2$，ポテンシャルエネルギー mgz，さらに閉鎖系と同様に内部エネルギー変化 $\mathrm{d}U$ を考える．結果として，系にエネルギーが蓄積されない場合，すなわち $\mathrm{d}E=0$ の場合，開放系の熱力学の第1法則は次のように表される．

$$\delta Q-\delta W-\left[\mathrm{d}U+P\mathrm{d}V+V\mathrm{d}P+\frac{m(\mathrm{d}u)^2}{2}+mg\mathrm{d}z\right]=0 \quad (3\text{-}15)$$

エンタルピー H を用いて表すと，

$$\delta Q-\delta W-\mathrm{d}H-\left[\frac{m(\mathrm{d}u)^2}{2}+mg\mathrm{d}z\right]=0 \quad (3\text{-}16)$$

しかしながら，系によってはさまざまな制約があり，それらを適切に考える必要がある．例えば，系が断熱されている場合には熱の授受は考える必要はなく ($\delta Q=0$)，検査体積が変化しない場合には仕事は考えない ($\delta W=0$)．流入・流出に関する条件としては，入口と出口で流体の速度が一定の場合には運動エネルギー変化を，高さ変化が無視できる場合にはポテンシャルエネルギー変化を考えなくともかまわない．ここで，速度変化と高さ変化の関係性について考える．1 kJ/kg のエネルギーは，速度に換算すると 0 から 44.7 m/s，あるいは 500 から 502 m/s への速度変化に相当し，高さに換算すると 0 から 102 m の高さ変化に相当する．

開放系での仕事は，閉鎖系での仕事，すなわち絶対仕事に加えて，流動仕事の分も考慮する必要がある．状態1から2への変化を考え，各状態での圧力と体積をそれぞれ P_1，V_1，P_2，V_2 とすると，作動流体を系内に流入させる流動仕事 P_1V_1 が加えられ，系外へ流出させる流動仕事 P_2V_2 が除かれるため，工業仕事 δW_{t12} は，次のようになる．右辺第1項は絶対仕事である．

$$\delta W_{t12}=\int_1^2 P\mathrm{d}V+P_1V_1-P_2V_2 \quad (3\text{-}17)$$

これを PV 線図で考えると，図 3-9 のようになるため，工業仕事は，圧力 P_2 から P_1 まで体積 V を圧力

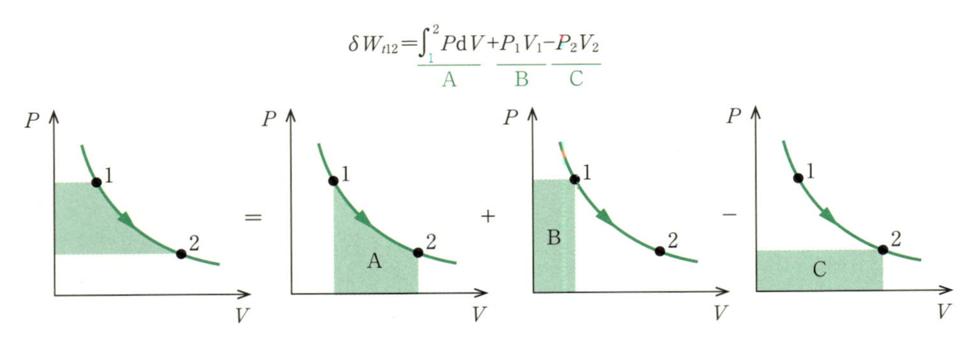

図 3-9　PV 線図における工業仕事

P で積分した面積と等しいことがわかり，$V\mathrm{d}P$ の積分で表すことができる．

$$\delta W_{t12}=\int_2^1 V\mathrm{d}P=-\int_1^2 V\mathrm{d}P \qquad (3\text{-}18)$$

また，第 1 法則の式(3-15)で運動エネルギーと位置エネルギーが無視できる場合を考えると，仕事 δW は工業仕事 δL_t にほかならないので，次のように表される．

$$\mathrm{d}H=\delta Q-\delta W_t=\delta Q+V\mathrm{d}P \qquad (3\text{-}19)$$

このように，開放系ではエンタルピーと工業仕事を用いてエネルギー収支を考えると理解しやすい．

[例題 3-2]　配管の中を気体が加熱されながら通過する系を考える．入口と出口の圧力は一定で，配管通過中に内部の気体に 300 W の熱を加える．管は断熱されており，直径は一定で，高さ変化はないとする．気体の質量流量は 0.25 kg/s，比熱を 1.00 kJ/(kg·K) とするとき，以下の設問に答えよ．

(1)　気体の内部エネルギー変化を求めよ．

(2)　気体の温度変化を求めよ．

(3)　比エンタルピー変化を求めよ．

(1)　開放系での熱力学の第 1 法則を考える．仕事がなく，管の直径が一定のために流速変化もなく，高さ変化がないので位置エネルギーも一定．よって，式(3-15)は，$\delta Q-\mathrm{d}U=0$，すなわち $\mathrm{d}U=\delta Q$ となるので，内部エネルギー変化は与えた熱量と等しく，300 W．

(2)　与えた熱量はすべて内部エネルギー変化，すなわち温度上昇に使われる．比熱と流量から，$\delta Q=mc\Delta T$ の関係より，$\Delta T=300/(0.25\times1\times10^3)=1.2$ K．

(3)　第 1 法則より，$\delta Q-\mathrm{d}W=m(h_{\mathrm{out}}-h_{\mathrm{in}})$．よって $300=0.25\times\mathrm{d}h\rightarrow\mathrm{d}h=1200$ J/kg $=1.20$ kJ/kg．

3.2.7　比熱の関係式

定圧比熱と定積比熱は異なると述べたが，理想気体を対象にして考える．式(3-12)を書き換えて，

$$\delta q=\mathrm{d}u+P\mathrm{d}v \qquad (3\text{-}20)$$

体積一定のまま変化させる定積過程を考えると，$\mathrm{d}v=0$ より，$\delta q=\mathrm{d}u$ となる．定積比熱の定義式(3-4)より，

$$c_v=(\partial u/\partial T)_{v=一定} \qquad (3\text{-}21)$$

続いて，圧力一定のまま変化させる定圧過程を考える．比エンタルピーの式(3-3)を微分すると，$\mathrm{d}P=0$ より，

$$\mathrm{d}h=\mathrm{d}u+\mathrm{d}Pv+P\mathrm{d}v=\mathrm{d}u+P\mathrm{d}v=\delta q \qquad (3\text{-}22)$$

より，$\delta q=\mathrm{d}h$ となる．定圧比熱の定義式(3-5)より，

$$c_p=(\partial h/\partial T)_{P=一定} \qquad (3\text{-}23)$$

が成立する．内部エネルギー，エンタルピーと定積比熱，定圧比熱は深い関係にあり，理想気体の場合，次のような関係式で表すことができる．

$$\mathrm{d}u=c_v\mathrm{d}T \qquad (3\text{-}24)$$

$$\mathrm{d}h=c_p\mathrm{d}T \qquad (3\text{-}25)$$

続いて，定積比熱と定圧比熱の関係について考える．熱力学の第 1 法則の式(3-12)と式(3-24)より，

$$\delta q=c_v\mathrm{d}T+P\mathrm{d}v \qquad (3\text{-}26)$$

ユリウス・ロベルト・フォン・マイヤー

ドイツの医師，物理学者．船医としてインドネシアに行った際，熱と仕事の関連を着想し，熱の仕事当量，エネルギー保存の法則に関する論文をジュールやヘルムホルツに先んじて発表した．(1814-1878)

となる．そして，式(3-11)，(3-12)，(3-24)，(3-25)より，c_v と c_p の間には次の関係式（**マイヤーの関係**）が成立することがわかる．

$$c_p - c_v = R \tag{3-27}$$

理想気体であれば，定圧比熱と定積比熱の差は気体定数と等しくなる．

また，次式で定義される定圧比熱と定積比熱の比は比熱比 κ とよばれる．

$$\kappa = \frac{c_p}{c_v} \tag{3-28}$$

単原子気体の場合は $\kappa = 5/3$，2原子気体の場合は $\kappa = 7/5 (=1.4)$，多原子気体の場合は $\kappa = 4/3$ となる．そして，式(3-27)，(3-28)より，次の関係が導かれる．

$$c_v = \frac{1}{\kappa - 1} R \tag{3-29}$$

$$c_p = \frac{\kappa}{\kappa - 1} R \tag{3-30}$$

3.2.8 さまざまな状態変化

本項では，理想気体を対象に，閉鎖系でさまざまな状態変化が起きた場合の熱力学の第1法則について考える．

a. 等温過程

温度 T を一定に保ちながら変化する過程を**等温過程（isothermal process）**とよぶ．このときの Pv 線図は図 3-10 のようになる．

$$T_1 = T_2 \text{（定義）} \tag{3-31}$$

このとき，状態式より次の関係が成り立つ．

$$Pv = RT = P_1 v_1 = P_2 v_2 = \text{一定} \tag{3-32}$$

内部エネルギーは，温度一定のため，変化がない．

$$\mathrm{d}u = 0 \tag{3-33}$$

熱は，第1法則を表す式(3-12)で，$\mathrm{d}u=0$ より，絶対仕事と同じとなる．これは，加えた熱がすべて仕事に変換されていることを意味する．

$$\mathrm{d}q = P\mathrm{d}v = w_{12} \tag{3-34}$$

絶対仕事は，以下のように色々な形で表すことができる．

$$w_{12} = \int_1^2 P\mathrm{d}v = \int_1^2 \frac{P_1 v_1}{v} \mathrm{d}v = P_1 v_1 \ln \frac{v_2}{v_1}$$
$$= P_1 v_1 \ln \frac{P_1}{P_2} = RT \ln \frac{P_1}{P_2} \tag{3-35}$$

工業仕事は次式のようになり，等温過程では絶対仕事

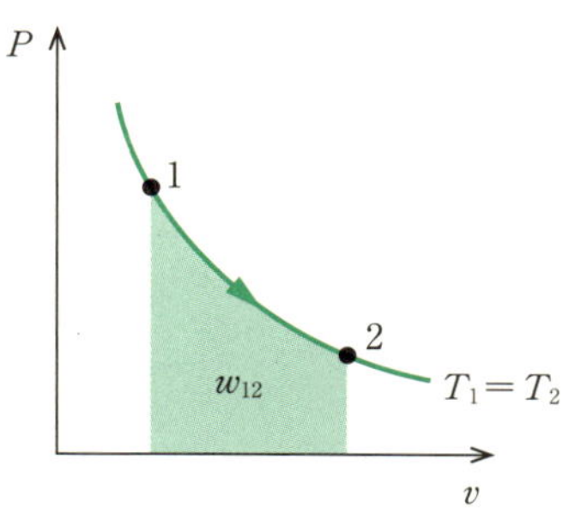

図 3-10 等温過程

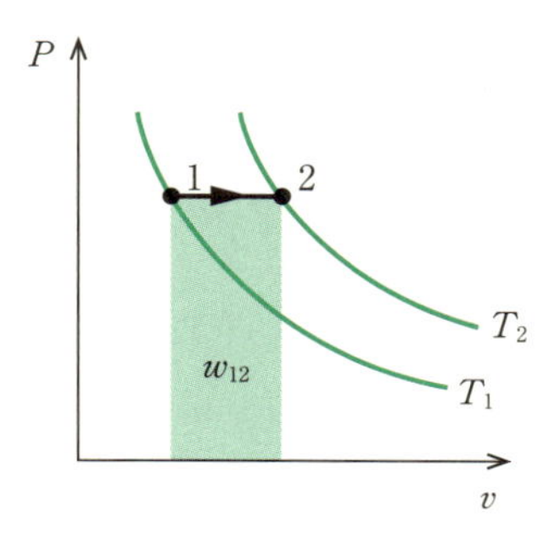

図 3-11 等圧過程

と一致する．

$$w_{t12} = -\int_1^2 v\mathrm{d}P = -\int_1^2 \frac{P_1 v_1}{P} \mathrm{d}P = -P_1 v_1 \ln \frac{P_2}{P_1}$$
$$= P_1 v_1 \ln \frac{P_1}{P_2} = w_{12} \tag{3-36}$$

なお，体積が増加する膨張過程では，v_2/v_1 を**膨張比（expansion ratio）**，体積が減少する圧縮過程では v_1/v_2 を**圧縮比（compression ratio）**とよぶ．両者で分母と分子が異なるのは，1より大きな値で膨張比，あるいは圧縮比を定義するためである．

b. 等圧過程

圧力 P を一定に保ちながら変化する過程を**等圧過程（isobaric process）**とよぶ．図 3-11 は等圧過程の Pv 線図で，圧力一定なので横方向への平行移動となる．

$$P_1 = P_2 \text{（定義）} \tag{3-37}$$

状態式より成立する関係式は次のようになる．

$$\frac{T}{v} = \frac{T_1}{v_1} = \frac{T_2}{v_2} = \text{一定} \tag{3-38}$$

内部エネルギー変化は，次のようになる．

$$\mathrm{d}u = c_v (T_2 - T_1) = \frac{q_{12}}{\kappa} \tag{3-39}$$

熱は，以下のようになり，内部エネルギー変化と流動仕事の和で表され，エンタルピー変化と等しくなる．

$$\mathrm{d}q = c_p (T_2 - T_1) = \mathrm{d}h = c_v (T_2 - T_1) + P(v_2 - v_1)$$

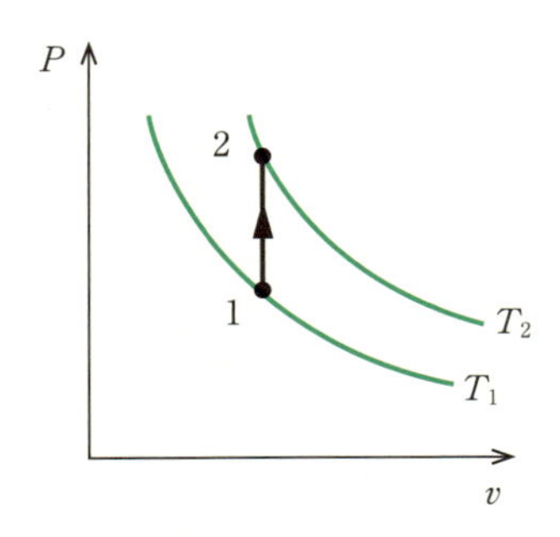

図 3-12　等積過程

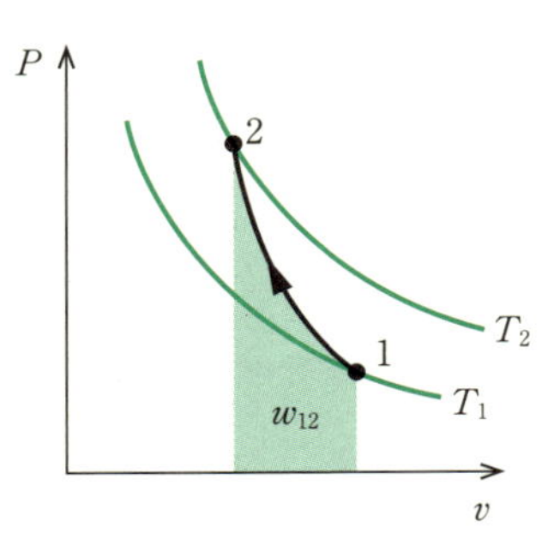

図 3-13　断熱過程

$$=\mathrm{d}u+P(v_2-v_1) \tag{3-40}$$

絶対仕事は，以下のようになる．

$$w_{12}=\int_1^2 P\mathrm{d}v=P\int_1^2 \mathrm{d}v=P(v_2-v_1)=R(T_2-T_1) \tag{3-41}$$

工業仕事は，$\mathrm{d}P=0$ のため，0 になる．

$$w_{t12}=-\int_1^2 v\mathrm{d}P=0 \tag{3-42}$$

c. 等積過程

体積 v を一定に保ちながら変化する過程を**等積過程（isochoric process）**とよぶ．図 3-12 はその Pv 線図を表し，体積一定であるので縦方向への平行移動となる．

$$v_1=v_2\ （定義） \tag{3-43}$$

状態式より成立する関係式は次のようになる．

$$\frac{T}{P}=\frac{T_1}{P_1}=\frac{T_2}{P_2}=一定 \tag{3-44}$$

熱および内部エネルギー変化は等しくなる．これは，加えられた熱量が内部エネルギー変化にのみ用いられることを意味する．

$$\mathrm{d}q=c_v(T_2-T_1)=\mathrm{d}u \tag{3-45}$$

絶対仕事は，$\mathrm{d}v=0$ のため，0 になる．

$$w_{12}=0 \tag{3-46}$$

工業仕事は，

$$w_{t12}=-\int_1^2 v\mathrm{d}P=-v\int_1^2 \mathrm{d}P=-v(P_2-P_1)$$
$$=R(T_1-T_2) \tag{3-47}$$

d. 断熱過程

系の外部との熱の移動がない状態，すなわち熱的に絶縁された状態で変化する過程を**断熱過程（adiabatic process）**とよぶ．図 3-13 はその Pv 線図である．

$$\delta q=0\ （定義） \tag{3-48}$$

そして，温度，体積，圧力の間には以下の関係式が成立する．

$$Pv^{\kappa}=P_1v_1{}^{\kappa}=P_2v_2{}^{\kappa}=一定 \tag{3-49}$$

$$Tv^{\kappa-1}=T_1v_1{}^{\kappa-1}=T_2v_2{}^{\kappa-1}=一定 \tag{3-50}$$

$$\frac{T}{P^{(\kappa-1)/\kappa}}=\frac{T_1}{P_1{}^{(\kappa-1)/\kappa}}=\frac{T_2}{P_2{}^{(\kappa-1)/\kappa}}=一定 \tag{3-51}$$

内部エネルギー変化は第 1 法則より，

$$\mathrm{d}u=\delta q-\delta w=-\delta w \tag{3-52}$$

絶対仕事は，

$$w_{12}=\int_1^2 P\mathrm{d}v=\int_1^2\frac{P_1v_1^{\kappa}}{v^{\kappa}}\mathrm{d}v=P_1v_1^{\kappa}\int_1^2\frac{1}{v^{\kappa}}\mathrm{d}v$$
$$=\frac{P_1v_1^{\kappa}}{-\kappa+1}\left(\frac{1}{v_2^{\kappa-1}}-\frac{1}{v_1^{\kappa-1}}\right)=\frac{P_1v_1}{\kappa-1}\left\{1-\left(\frac{v_1}{v_2}\right)^{\kappa-1}\right\}$$
$$=\frac{P_1v_1}{\kappa-1}\left\{1-\left(\frac{P_2}{P_1}\right)^{(\kappa-1)/\kappa}\right\}=\frac{1}{\kappa-1}(P_1v_1-P_2v_2)$$
$$=\frac{R}{\kappa-1}(T_1-T_2)=c_v(T_1-T_2)=u_1-u_2 \tag{3-53}$$

工業仕事は，以下のようにエンタルピー変化で表され，絶対仕事の κ 倍となる．

$$w_{t12}=-\int_1^2 v\mathrm{d}P=-P_1^{1/\kappa}v_1\int_1^2\frac{1}{P^{1/\kappa}}\mathrm{d}P$$
$$=\frac{\kappa}{\kappa-1}P_1v_1\left\{1-\left(\frac{P_2}{P_1}\right)^{(\kappa-1)/\kappa}\right\}$$
$$=\frac{\kappa}{\kappa-1}P_1v_1\left\{1-\left(\frac{v_1}{v_2}\right)^{\kappa-1}\right\}$$
$$=\frac{\kappa}{\kappa-1}(P_1v_1-P_2v_2)=\frac{\kappa}{\kappa-1}R(T_1-T_2)$$
$$=\kappa w_{12}=c_p(T_1-T_2)=h_1-h_2 \tag{3-54}$$

e. ポリトロープ過程

圧縮機などの熱機関での状態変化は断熱変化に近いが，完全な断熱条件ではない．このように，熱の出入りはあるが断熱過程と類似した過程を**ポリトロープ過程（polytropic process）**とよぶ．ポリトロープ過程では，断熱過程での比熱比 κ をポリトロープ指数 n で置き換えた形で，以下のように表す．

$$Pv^n = 一定 \quad (3\text{-}55)$$

$$Tv^{n-1} = 一定 \quad (3\text{-}56)$$

$$\frac{T}{P^{(n-1)/n}} = 一定 \quad (3\text{-}57)$$

熱は，

$$\delta q = c_v(T_2 - T_1) + \frac{R}{n-1}(T_1 - T_2) = c_v\frac{n-\kappa}{n-1}(T_2 - T_1) \quad (3\text{-}58)$$

となり，$c_v\{(n-\kappa)/(n-1)\}$ はポリトロープ変化の比熱を意味し，n の値の大小で符号が変わり，発熱・吸熱となる．

絶対仕事は，

$$\begin{aligned} w_{12} &= \int_1^2 P\mathrm{d}v \\ &= \frac{P_1v_1}{n-1}\left\{1-\left(\frac{v_1}{v_2}\right)^{n-1}\right\} = \frac{P_1v_1}{n-1}\left\{1-\left(\frac{P_2}{P_1}\right)^{(n-1)/n}\right\} \\ &= \frac{1}{n-1}(P_1v_1 - P_2v_2) = \frac{R}{n-1}(T_1 - T_2) \end{aligned} \quad (3\text{-}59)$$

工業仕事は，以下のようになる．

$$\begin{aligned} w_{t12} &= -\int_1^2 v\mathrm{d}P = -P_1^{1/n}v_1\int_1^2 \frac{1}{P^{1/n}}\mathrm{d}P \\ &= \frac{n}{n-1}P_1v_1\left\{1-\left(\frac{P_2}{P_1}\right)^{(n-1)/n}\right\} \\ &= \frac{n}{n-1}P_1v_1\left\{1-\left(\frac{v_1}{v_2}\right)^{n-1}\right\} \\ &= \frac{n}{n-1}(P_1v_1 - P_2v_2) = \frac{nR}{n-1}(T_1 - T_2) = nw_{12} \end{aligned} \quad (3\text{-}60)$$

このポリトロープ指数 n 値を変化させた場合について考えると，これまでの a～d の状態変化は，n が特定の値の場合に相当することがわかる．図 3-14 にその Pv 線図を示す．$n=0$ は等圧過程，$n=1$ は等温過程，$n=\kappa$ は断熱過程，$n=\infty$ は等積過程を表すことになり，それぞれがポリトロープ過程の特別な場合として表されることになる．

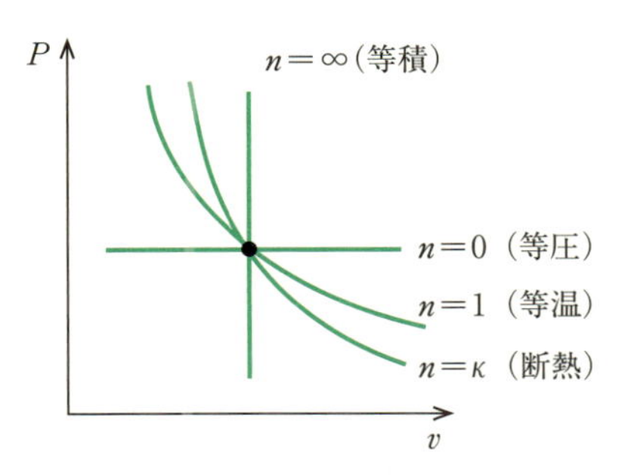

図 3-14 ポリトロープ指数と各種状態変化

[例題 3-3] 状態 1 から状態 3 まで，以下の 2 通りの経路で到達させる．

経路 A 状態 1→状態 2：等温過程，状態 2→状態 3：等積過程

経路 B 状態 1→状態 3：断熱過程

作動気体は比熱比 1.4，定積比熱 0.718 kJ/(kg·K) の理想気体とし，状態 1 の圧力 P_1 は 0.1 MPa，体積 V_1 は 0.05 m^3，温度 T_1 は 500 K で，状態 3 では圧力 P_3 は 0.02 MPa とする．このとき，経路 A および B における仕事，熱，内部エネルギー変化を求めよ．

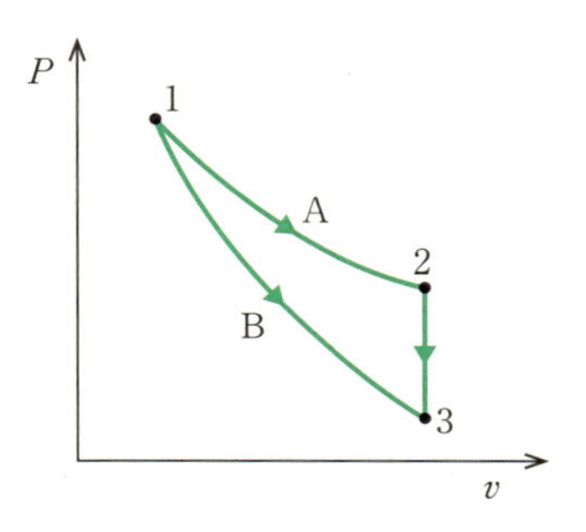

経路 A について考えると，状態 1→2 は等温過程より，$W_{12} = P_1V_1\ln(V_2/V_1)(=Q_{12})$，$U_{12}=0$ で，状態 2→3 は等積過程より，$W_{23}=0$，$Q_{23}=mc_v(T_3-T_2)(=U_{23})$ となる．一方，経路 B は，状態 1→3 は断熱過程より，$W_{13}=mc_v(T_1-T_3)(=U_{13})$，$Q_{13}=0$ となる．このうち未知数は $V_2(=V_3)$，T_3，m．

状態 3 の体積と温度は，断熱過程の関係式より，$V_3 = V_1(P_1/P_3)^{1/\kappa} = 0.158\ \mathrm{m}^3$，$T_3 = T_1(P_3/P_1)^{(\kappa-1)/\kappa} = 315.7\ \mathrm{K}$．質量 m は状態式より，

$$\begin{aligned} m &= \frac{P_1V_1}{RT_1} = \frac{P_1V_1}{(\kappa-1)c_vT_1} \\ &= \frac{0.1\times10^6\times0.05}{(1.4-1)\times718\times500} = 0.0348\ \mathrm{kg} \end{aligned}$$

よって，

経路 A：$W_{12} = P_1V_1\ln(V_2/V_1) = 5.75\ \mathrm{kJ}$．
$Q_{12} = W_{12} = 5.75\ \mathrm{kJ}$．$U_{12}=0$．
$W_{23}=0$．
$Q_{23} = mc_v(T_3-T_2) = -4.60\ \mathrm{kJ}$，
$U_{23} = Q_{23} = -4.60\ \mathrm{kJ}$．

経路全体ではそれぞれの和をとり，$W_{13\mathrm{A}} = 5.75\ \mathrm{kJ}$，$Q_{13\mathrm{A}} = 1.15\ \mathrm{kJ}$，$U_{13\mathrm{A}} = -4.60\ \mathrm{kJ}$

経路 B：$W_{13\mathrm{B}} = mc_v(T_1-T_3) = 4.60\ \mathrm{kJ}$．
$U_{13\mathrm{B}} = -W_{12} = -4.60\ \mathrm{kJ}$．$Q_{13\mathrm{B}}=0$．

3.2 節まとめ

- 内部エネルギー U に温度 P と圧力 V の積を加えたものをエンタルピー H とよぶ．
- 1 kg の物質を 1℃上昇させるエネルギーを比熱とよび，容積一定の場合を定積比熱 c_v，圧力一定の場合を定圧比熱 c_p とよぶ．定圧比熱のほうが常に大きい．
- 閉鎖系における状態 1 から 2 まで，経路 A を経る場合の移動境界仕事：　$\delta W_{12}=\int_1^2 P_{\mathrm{A}}\mathrm{d}V$
- 開放系において，運動エネルギーと位置エネルギーを無視できる場合のエンタルピーと熱，仕事の関係：　$\mathrm{d}H=\delta Q-\delta W_t=\delta Q+V\mathrm{d}P$
- 理想気体の比熱：　$c_v=\frac{1}{\kappa-1}R$，$c_p=\frac{\kappa}{\kappa-1}R$
- 状態変化の過程には等温過程，等圧過程，等積過程，断熱過程，ポリトロープ過程などがある．

3.3　熱力学の第 2 法則

エンジンやタービンなど，熱を加えて機械的仕事を取り出す**熱機関**を人間が作り出す中で，いかに高い効率で変換をすることができるか，つまり，熱エネルギーを仕事に変換する効率を表す**熱効率（thermal efficiency）**に関して，ニューコメンによる蒸気機関の発明の後は，無頓着に開発が進められた．産業革命時におけるその効率は，1% に過ぎないものであったといわれている．つまり，投入する熱エネルギーのうち，99% もの量を無駄にしながら機械的仕事を取り出していたのである．この効率について，人類に道筋を与えてくれたのが，フランスの物理学者であるニコラ・カルノー（Nicolas L.S. Carnot）である．本節では，1824 年にカルノーが自費出版した著作において示した，最も理想的な熱効率（理論最大熱効率）を有する理想的な熱機関の概念を説明し，人間が作り出しうる熱機関がその理想的な熱機関とどのくらい差があるのかを示す熱力学の第 2 法則を学ぶ．さらに，ドイツの物理学者ルドルフ・クラウジウス（Rudolf Clausius）が 1865 年に示した，その差を定量的に表す指標であるエントロピー（entropy），そして，エネルギーをいかに有効に使えるか，使っているかという指針を与えるエクセルギー（exergy）について説明する．

ニコラ・レオナール・サディ・カルノー

フランスの物理学者．熱を仕事に換える熱機関の効率を分析した論文『火の動力』は，のちのクラウジウスやトムソンの研究に大きな影響を与えた．コレラにより 36 歳の若さで死去した．(1796-1832)

3.3.1　サイクル

熱力学の工学的応用として最も重要となるのは，人間や家畜が行ってきた仕事を，熱エネルギーを変換して得た仕事によって代用することである．自動車のエンジンを考えればわかるとおり，その変換は継続的に行われなければ機械として役に立たない．繰り返しエネルギーの変換を行うことで初めて人間の役に立つ機械として成立することになる．図 3-15（左）に示すとおり，状態 1 から状態 2 への変化だけでは 1 回しか仕事を取り出すことができない．繰り返し仕事を取り出すためには，何らかの変化により状態 2 から状態 1 に戻し，そこから再度状態 2 に変化して仕事を取り出すことを繰り返す工夫が必要になる．このように，さまざまな変化を経て元の状態に戻る過程を**サイクル（cycle）**とよぶ．すなわち，熱機関とは，熱を仕事に継続的に変換するサイクルの一つといえる．図 3-15（右）に示した Pv 線図では，状態 1 と状態 2 の間を囲む領域が，サイクルの行う**正味の仕事**を表している．

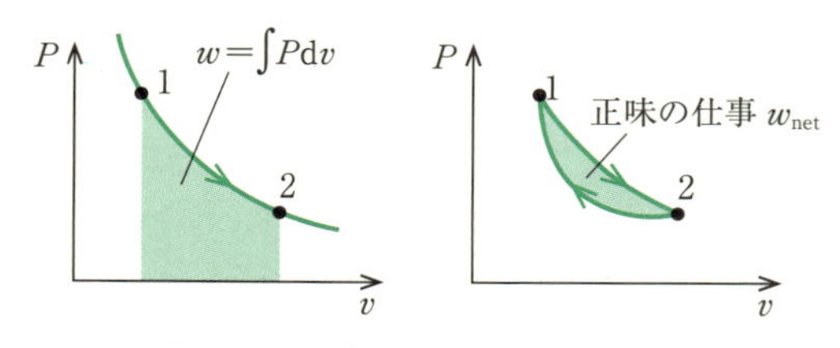

図 3-15　状態変化過程とサイクル

ここで，一点注意することがある．状態 1 から状態 2 に変化することで環境に仕事を行うが，熱機関として仕事を取り出すためには状態 2 から状態 1 に戻る際に，必ず別のルートをたどる．すなわち，状態 1 から 2 に向かう経路の下側（低圧力側）の経路をたどる必要がある．もし同じルートで戻ったとすると，正味の仕事を示す領域の面積が 0，すなわち，仕事を取り出すことができなくなり熱機関として機能しないことになる．Pv 線図では，同一物質を対象とし同じ体積の場合には，圧力の低い方が温度が低いことを示す．つまり，サイクルを作動させるためには温度が高い熱源（heat source，高温熱源）と，温度が低い熱源（低温熱源）が必要となる．サイクルには，熱を受け取って仕事に変換する**熱機関**と，仕事を受け取って熱の移動を行う**冷凍機**，**ヒートポンプ**という装置がある．いずれも高温熱源と低温熱源を必要とする．以下，それぞれの装置を熱力学的にモデル化し，その性能を表す指標を導入する．

a. 熱機関

熱機関とは，高温熱源から熱量 $Q_H(>0)$ を取り入れ，外部への仕事 $W(>0)$ を行い，低温熱源に熱量 $Q_L(>0)$ を放出して連続的に作動する機械を指す．図 3-16 に熱機関のモデル図を示す．中央の丸が熱機関を表している．ここで，この熱機関がどのような状態変化で構成されているかは問わないことにする．自動車のエンジンやタービンがこの熱機関に相当し，高温熱源は燃焼ガスや高温の蒸気など，低温熱源は大気や海などに相当するが，このモデル化の段階では熱源の詳細は考えず，ただ単に温度 T_H の最高温度と，温度 T_L の最低温度で表されるものとする．

ここで，熱機関が熱エネルギーを仕事に変換する性能を表す指標として，**熱効率（thermal efficiency）**を導入する．一般に，記号 η（イータ：ギリシャ文字の一つ）を用いて熱効率を表す．

$$\eta=\frac{\text{熱機関から得られる正味の仕事}}{\text{熱機関に加える熱量}}=\frac{W}{Q_H} \tag{3-61}$$

熱効率はその定義のとおり，エネルギーをエネルギーで割った形になるので，無次元（単位は［−］で示す）となる．

ここで，この熱機関でのエネルギーの入出力を考える．エネルギーの入力として熱量 $Q_H(>0)$ を加え，出力として外部への仕事 $W(>0)$ を行い，また，熱量 $Q_L(>0)$ を放出してるので，エネルギー保存則が成立する．すなわち，

$$Q_H=W+Q_L \tag{3-62}$$

となる．したがって，熱効率 η は次のように変換できる．

$$\eta=\frac{Q_H-Q_L}{Q_H}=1-\frac{Q_L}{Q_H}<1 \tag{3-63}$$

すなわち，熱効率は必ず 1 より小さくなる．ただし，放出する熱量 Q_L を正の値で記述している．

b. 冷凍機・ヒートポンプ

前述の熱機関は，熱を加えることで仕事を取り出していた．今度はこの熱機関を逆向きに作動させることを考えてみる．図 3-17 に冷凍機・ヒートポンプのモデル図を示す．サイクルに仕事を加えることによって，低温熱源から熱を奪う（**冷凍機（refrigerator）**），あるいは高温熱源に熱を与える（**ヒートポンプ（heat pump）**）装置として作動させることができるようになる．つまり，仕事を加えて，熱をどのように移動させるかで装置の性質が変わる．

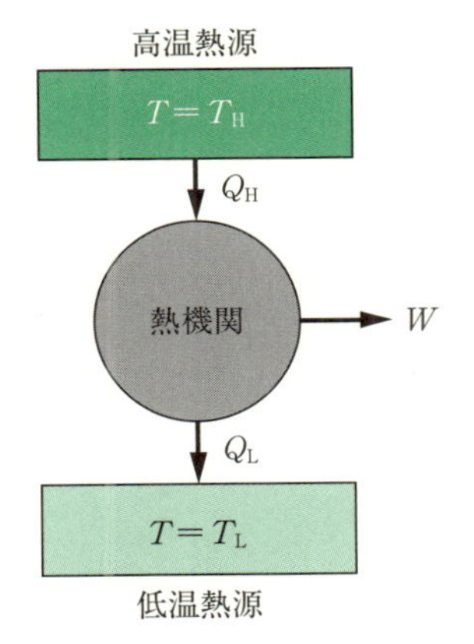

図 3-16　熱機関のモデル図

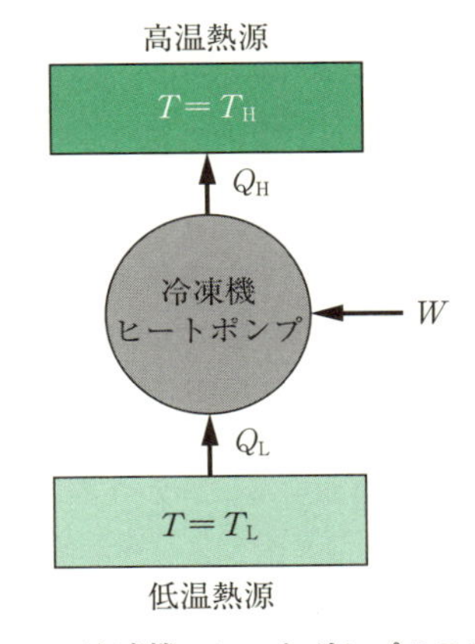

図 3-17　冷凍機・ヒートポンプのモデル図

冷凍機およびヒートポンプの性能は，以下の**動作係数**（または成績係数 **coefficient of performance : COP**）ε（イプシロン：ギリシャ文字の一つ）によって表される．ここでも，低温熱源からの熱量 Q_L を正で記述している．

冷凍機の成績係数 ε_R：

$$\varepsilon_R = \frac{Q_L}{W} = \frac{Q_L}{Q_H - Q_L} = \frac{1}{(Q_H/Q_L) - 1} \tag{3-64}$$

ヒートポンプの成績係数 ϵ_H：

$$\varepsilon_H = \frac{Q_H}{W} = \frac{Q_H}{Q_H - Q_L} = \frac{1}{1 - (Q_L/Q_H)} \tag{3-65}$$

ここで，同じ Q_H と Q_L を伴う冷凍機・ヒートポンプを考えると，二つの動作係数の間には以下の関係が成立する．

$$\varepsilon_H = \varepsilon_R + 1 \tag{3-66}$$

したがって，ヒートポンプの動作係数は常に1より大きくなる．実際に家庭などで使われているヒートポンプは ε_H が3～4の性能を有する．このことは，1の仕事を加えることで，その3～4倍の熱をくみ出して暖房や加熱に使うことができるという，環境にやさしい装置が市場に出ていることを示している．一方，安価なヒータとしてやはり市場に出回っている電気ヒータでは，1の電気を入力することで，1の熱しか得ていない．ただし，ヒートポンプは効率は高いものの，概して値段が高いという一面もある．

3.3.2　可逆過程・不可逆過程

理想的なサイクルを考えるにあたっては，理想的な状態変化を考える必要がある．すでに，高校物理の問題を考えるにあたり，現象の理想化については経験があるだろう．振り子の問題において，支点は非常に滑らかに動く（摩擦がない），重りと支点を繋ぐ糸の重さは考えない，重りが運動する際に空気抵抗は受けない，などである．ここでは，熱力学を学ぶうえで欠かせない概念である二つの過程を考える．

熱力学で用いる理想化した過程を**可逆過程（reversible process）**，自然界のありとあらゆる現象を表す過程を**不可逆過程（irreversible process）**とよぶ．可逆過程とは，考えている系がある状態からある状態へと変化する際に，周囲環境にいかなる影響も残さず，再び元の状態に戻すことができる理想的な過程のことである．ここでは，状態の変化は無限の時間をかけてゆっくり起こっており，平衡状態を保ったまま最終的な状態へと変化する（このような過程を**準静的過程**とよぶ）．一方，不可逆過程では，状態変化が周囲環境に影響を残しながら進んでいき，変化後の状態から変化前の状態に戻すためには何らかのエネルギーを注入する必要がある．不可逆過程となる要素の例としては，摩擦や熱の移動，自由膨張（後述），物質の塑性変形などがある．

3.3.3　カルノーサイクル

フランスの物理学者カルノーは，ニューコメンによる蒸気機関の発明後，人々の多大な努力が蒸気機関の目先の改良のみに払われている状況に強い関心を寄せていた．

カルノーは，最も効率のよい熱機関とはどのようなものか，熱を仕事に変換する効率に限界はあるのか，また，作動流体によってその性能は変化するのか，という着眼をもって熟慮を重ねた．彼はまず，内燃機関のような複雑な機構ではなく，シリンダ内に作動流体を封じ込め，シリンダの外部から熱の出し入れをすることでピストンを動かし仕事を取り出す，という単純な機構を対象にした．

カルノーは，図 3-16 で示したような高温および低温熱源間に構成するサイクルを対象とし，図 3-18 に示すような，状態1を温度 T_H の高温熱源をスタートとして四つの状態間の可逆過程で成り立つ熱機関を考え出した．

- 状態1→状態2：**等温膨張**（温度 T_H 一定の状態で膨張）
- 状態2→状態3：**断熱膨張**（膨張によって温度が T_L まで低下）
- 状態3→状態4：**等温圧縮**（温度 T_L 一定の状態で圧縮）
- 状態4→状態1：**断熱圧縮**（圧縮によって温度が T_H まで上昇）

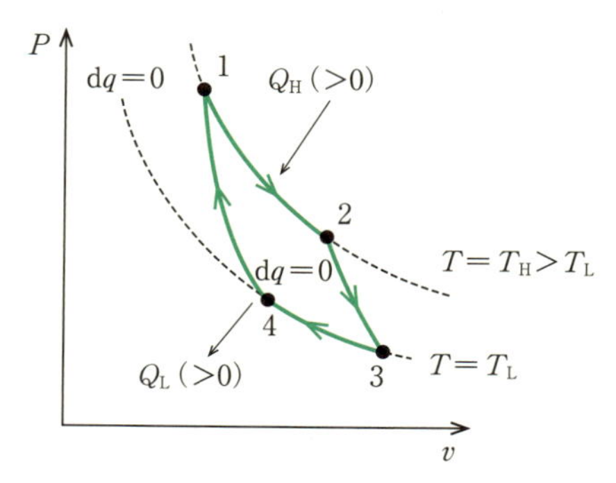

図 3-18　熱機関のモデル図

ここで，3.2節で示した各状態変化での熱や仕事の変化を考慮すると，各状態変化で熱機関が得る熱 Q_{ij}，あるいは行う仕事 W_{ij} は以下のとおりである（添字の i と j は，状態 i から状態 j へと向かう変化であることを示している）．m[kg] の作動流体を対象とすると，

- 状態1→状態2：$W_{12}=Q_{\mathrm{H}}=mRT_{\mathrm{H}}\ln(V_2/V_1)$
- 状態2→状態3：$W_{23}=mc_v(T_{\mathrm{H}}-T_{\mathrm{L}})$
- 状態3→状態4：$W_{34}=-Q_{\mathrm{L}}=mRT_{\mathrm{L}}\ln(V_4/V_3)$
- 状態4→状態1：$W_{41}=mc_v(T_{\mathrm{L}}-T_{\mathrm{H}})$

ここで，W_{ij} は絶対値ではなく，正負をもつものとし，熱機関が「する」仕事を正として考えている．したがって，W_{12} および W_{23} は正，W_{34} および W_{41} は負となっている．これらの状態変化で実現する熱や仕事の移動量から，カルノーサイクル（Carnot cycle）の熱効率 η_{C}，すなわち，理論最大熱効率は以下のように示される．

$$\eta_{\mathrm{C}}=1-\left(\frac{Q_{\mathrm{L}}}{Q_{\mathrm{H}}}\right)_{\mathrm{Carnot}}=1-\frac{T_{\mathrm{L}}}{T_{\mathrm{H}}} \tag{3-67}$$

なお，本式の導出にあたり，状態2→状態3，および，状態4→状態1での断熱過程では，

$$T_i v_i^{\kappa-1}=T_j v_j^{\kappa-1} \tag{3-68}$$

の関係式を用いて，$V_2/V_1=V_3/V_4$ となることを利用している．ここで，カルノーによって得られた理論最大熱効率 η_{C} が高温および低温熱源の温度のみで記述されていることから，カルノーサイクルは作動流体の種類や量によらず高温・低温熱源の温度のみでその効率が決定されることがわかる．

カルノーサイクルで構成された冷凍機やヒートポンプの動作係数（COP）は以下のようになる．

カルノー冷凍機の成績係数 $\varepsilon_{\mathrm{R,C}}$：

$$\varepsilon_{\mathrm{R,C}}=\frac{T_{\mathrm{L}}}{T_{\mathrm{H}}-T_{\mathrm{L}}}=\frac{1}{(T_{\mathrm{H}}/T_{\mathrm{L}})-1} \tag{3-69}$$

カルノーヒートポンプの成績係数 $\varepsilon_{\mathrm{H,C}}$：

$$\varepsilon_{\mathrm{H,C}}=\frac{T_{\mathrm{H}}}{T_{\mathrm{H}}-T_{\mathrm{L}}}=\frac{1}{1-(T_{\mathrm{L}}/T_{\mathrm{H}})} \tag{3-70}$$

3.3.4　熱力学の第2法則とエントロピー

カルノーによって，熱を仕事に変換するうえで大きな制約が存在することが示された．それは，熱効率 $\eta_{\mathrm{C}}=W/Q_{\mathrm{H}}<1$ であることから“熱源から受け取った熱のすべてを，周囲環境になんら影響を及ぼさず（熱を捨てることなく）仕事に変換することは不可能である”ということである．あるいは，“周囲環境になんら影響を及ぼさずに，低温熱源から高温熱源に熱を継続的に移動させることは不可能である”という表現も可能である．これらの内容をまとめて，**熱力学の第2法則（the second law of thermodynamcis）**とよぶ．この法則を定量的に表す指標となるのが**エントロピー（entropy）**である．ここでは，エントロピーの概念を学ぶ．

a. クラウジウスの不等式

任意の熱機関の熱効率 η と，カルノーサイクルの熱効率 η_{C} を比較することで，サイクルにおいて移動する熱 Q と，熱源の温度 T の間の関係を導き出すことができる．以下の説明では，数学的に扱うことを容易にするため，熱の出入りを正負で表す．具体的には，これまで熱機関から低温熱源に放出される熱を $Q_{\mathrm{L}}(>0)$ として表してきたが，ここでは，$Q'_{\mathrm{L}}=-Q_{\mathrm{L}}<0$ という変数を用いる．すなわち，熱機関から外に向かって移動する熱を負の値で示す．

想定している熱機関がカルノーサイクルであった場合を考える．すると，それぞれの熱効率が等しくなり，$\eta=\eta_{\mathrm{C}}$ であるので，

$$1-\frac{Q_{\mathrm{L}}}{Q_{\mathrm{H}}}=1-\frac{-Q'_{\mathrm{L}}}{Q_{\mathrm{H}}}=1-\frac{T_{\mathrm{L}}}{T_{\mathrm{H}}} \tag{3-71}$$

したがって，

$$\frac{Q_{\mathrm{H}}}{T_{\mathrm{H}}}+\frac{Q'_{\mathrm{L}}}{T_{\mathrm{L}}}=0 \tag{3-72}$$

一方，想定している熱機関がいわゆる一般のサイクル（不可逆過程で構成されるサイクル）であった場合は，もちろんカルノーサイクルの熱効率が最大のものとなるので $\eta<\eta_{\mathrm{C}}$，つまり，

$$1-\frac{-Q'_{\mathrm{L}}}{Q_{\mathrm{H}}}<1-\frac{T_{\mathrm{L}}}{T_{\mathrm{H}}} \tag{3-73}$$

したがって，

$$\frac{Q_{\mathrm{H}}}{T_{\mathrm{H}}}+\frac{Q'_{\mathrm{L}}}{T_{\mathrm{L}}}<0 \tag{3-74}$$

となる．以上の2式（式(3-72)と(3-74)）をまとめて一般化すると，高温および低温の二つの熱源間で構成されるサイクルについて以下の式が得られる．

$$\frac{Q_{\mathrm{H}}}{T_{\mathrm{H}}}+\frac{Q'_{\mathrm{L}}}{T_{\mathrm{L}}}\leq 0 \tag{3-75}$$

この式は，二つの熱源間での熱力学の第2法則を示す式である．ここで，n 個の熱源から構成される任意のサイクルを想定する．ここまでは，HとLという添字を用いて熱源の区別をしていたが，添字 i $(=1,\ 2,\ \cdots\cdots,\ n)$ を用いて上式を一般化すると次のようになる（また，簡単のため，これまで Q'_{L} で表していた熱を，符号を考慮したまま Q_i として扱う）．

$$\frac{Q_1}{T_1}+\frac{Q_2}{T_2}+\cdots\cdots+\frac{Q_n}{T_n}=\sum_{i=1}^{n}\frac{Q_i}{T_i}\leq 0 \tag{3-76}$$

さらに，熱源の数を無限個に置き換え，Q_i で表していた熱を δQ（注：熱は状態量ではないことを示すために δ を付けて微小熱量としている），T_i で表していた温度を T で示すと，閉鎖系の任意のサイクルにおける熱力学の第2法則を表す次式が得られる．この式を**クラウジウスの不等式（Clausius inequality）**とよぶ．

$$\oint \frac{\delta Q}{T} \leq 0 \tag{3-77}$$

この不等式においては，前述のとおり，等号によって可逆サイクル（カルノーサイクル）を，不等号によって不可逆サイクルを示している．つまり，$(\delta Q/T)$ という量が熱力学の第2法則を定量的に示す指標になりえそうだとわかる．

b. エントロピー

本項の最初に，熱力学の第2法則を言葉によって表したが，式(3-77)によって数式として表せるようになった．ここで，可逆過程のみで構成されるカルノーサイクルについてこの式を展開する．可逆過程を表す上添字として rev を用いると，式(3-77)より，

$$\oint \frac{\delta Q^{\mathrm{rev}}}{T} = 0 \tag{3-78}$$

この式は，閉鎖系の可逆サイクルでは，$(\delta Q^{\mathrm{rev}}/T)$ という量が経路を一周しても変化しない，すなわち状態量と同等の性質をもっていることを示している．クラウジウスは，この新しい状態量としての物理量をギリシャ語で変化を表す単語 $\tau\rho o\pi\eta$ から**エントロピー（entropy）**S と名付け，以下のように定義した．

$$\mathrm{d}S = \frac{\delta Q^{\mathrm{rev}}}{T} \ [\mathrm{J/K}] \tag{3-79}$$

ここで，状態1から状態2に変化する際のエントロピーの変化量 ΔS は次のように表すことができる．

$$\Delta S = S_2 - S_1 = \int_1^2 \mathrm{d}S = \int_1^2 \frac{\delta Q^{\mathrm{rev}}}{T} \tag{3-80}$$

ルドルフ・クラウジウス

ドイツの物理学者．熱力学の第2法則をケルビン卿とは独立して定式化した．ほかにエントロピーの概念の確立など，熱力学の体系化に寄与した．ベルリンやチューリヒの大学で教授職を歴任した．(1822-1888)

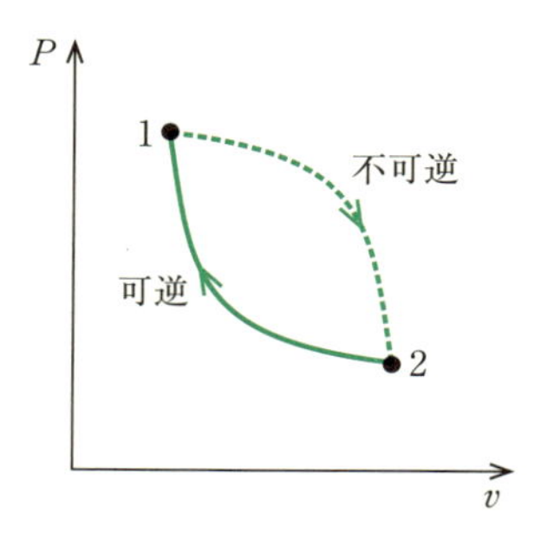

図 3-19　不可逆過程を含むサイクル

T は絶対温度で常に正であるから，この系に熱が加えられれば $(\delta Q^{\mathrm{rev}}>0)$ エントロピーは増大し，逆に熱が奪われれば $(\delta Q^{\mathrm{rev}}<0)$ エントロピーは減少する．

系が受け取る，あるいは放出する熱量は，作動流体の量によって変化するので，エントロピーは示量性状態量となる．したがって，ほかの示量性状態量と同様，作動流体の質量 m [kg] を用いて**比エントロピー（specific entropy）**s を定義することができる．

$$\mathrm{d}s = \frac{\mathrm{d}S}{m} = \frac{\delta Q^{\mathrm{rev}}}{m \cdot T} \ [\mathrm{J/(kg \cdot K)}] \tag{3-81}$$

ここで，エントロピー変化量 ΔS は，すべて可逆過程によって構成される可逆サイクルに関して定義されていることに注意する．

では，一般的なサイクル（不可逆過程を含むサイクル）においては，エントロピーと熱や温度においてどのような関係が生まれるのだろうか．ここでは一般的なサイクルを考えるにあたって，**図 3-19** に示すような状態変化で構成されるもので考えてみる．つまり，状態1から状態2への変化は不可逆過程，状態2から状態1へ戻る変化は可逆過程であるとする．式(3-77)をこのサイクルに適用すると次のように示すことができる．

$$\oint \frac{\delta Q}{T} = \int_1^2 \frac{\delta Q}{T} + \int_2^1 \frac{\delta Q^{\mathrm{rev}}}{T}$$
$$= \int_1^2 \frac{\delta Q}{T} - \int_1^2 \frac{\delta Q^{\mathrm{rev}}}{T} = \int_1^2 \frac{\delta Q}{T} - (S_2 - S_1) \leq 0 \tag{3-82}$$

ここで，式(3-80)を適用した．したがって，

$$\int_1^2 \frac{\delta Q}{T} \leq (S_2 - S_1) \tag{3-83}$$

という関係が成り立つ．この不等式の左辺は不可逆過程による**エントロピー輸送量**とよばれる．不可逆過程のため周積分は0にならない，すなわちこのエントロピー輸送量は状態量ではない．この不等式は，可逆過

程で得られるエントロピー変化量（S_2-S_1）は，同じ経路を不可逆過程でたどった際に得られる $\delta Q/T$ の積分値よりも常に大きくなることを意味する．等号が成立するのは，どちらも可逆過程で構成される場合のみである．ここで，サイクルに含まれる不可逆過程の強さを定量的に示す指標として，**エントロピー生成（entropy production）**S_{prod} を式(3-84)のように定義する．右辺第2項が非状態量であることから，この S_{prod} も（エントロピー S とは異なり）非状態量となる．

$$S_{prod}\,[\mathrm{J/K}]=(S_2-S_1)-\int_1^2\frac{\delta Q}{T}\geq 0 \qquad (3\text{-}84)$$

同じ内容の式は，微分系を用いて次のようにも定義される．

$$\mathrm{d}S_{prod}\,[\mathrm{J/K}]=\mathrm{d}S-\frac{\delta Q}{T}\geq 0 \qquad (3\text{-}85)$$

これらの式から，“あらゆる実現象（不可逆過程）において，エントロピー生成量は常に増大する”というメッセージを得ることができる．

3.3.5　エクセルギー

ここまで，エネルギーに関して，その絶対量に注目して検討を進めてきた．高温熱源からどのくらいの熱 Q_H を受け取るか，低温熱源にどのくらいの熱 $Q_L=-Q'_L>0$ を放出するのか，などで考えてきた Q がそれにあたる．

いま，エネルギーを離れて日常生活の中で例え話をしてみよう．グラスの水を洗面器に入れたときとプールに入れたとき，洗面器とプールではその量の価値は変わってくるだろうか．それぞれが置かれた環境によって，その“相対的な”価値が違うことが想像できるだろう．熱や仕事といったエネルギーに関しても同じことがいえる．このように，熱や仕事に対して，その系から取り出しうる最大値を基準にして考えるエネルギーのことを**エクセルギー（exergy）**E と表す．3.3.1項で学んだ熱機関を例に，エクセルギーの概念を示す．

熱機関では，高温熱源から熱 Q_H を受け取り，外に対して仕事 W を行って，低温熱源に熱 $Q_L(>0)$ を排出する．このエネルギー保存の関係を**図 3-20** に示す．

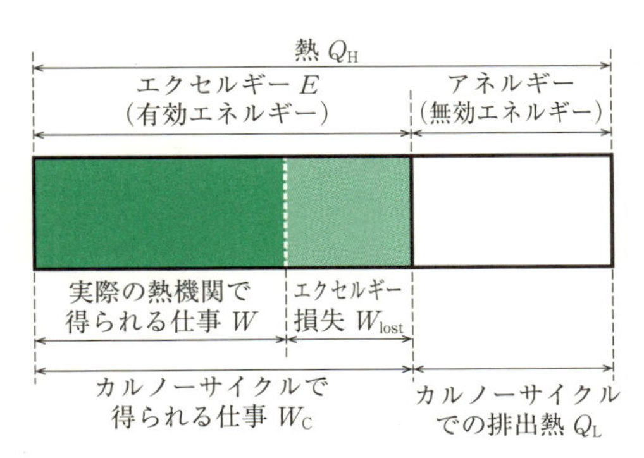

図 3-20　熱のエクセルギー

カルノーが示したとおり，カルノーサイクルを実現した場合に理論最大熱効率を実現する，すなわち，最大の仕事 $W_C=W_{max}$ を取り出すことができる．ありとあらゆる熱機関にとって，この W_C がエクセルギー（熱のエクセルギー，あるいは有効エネルギー）E となる．受け取った熱 Q_H の一部に相当する低温熱源に排出する熱 Q_L は，どうしても使うことができないエネルギーということになる．このように利用することが不可能なエネルギーを**アネルギー（anergy）**（あるいは無効エネルギー）とよぶ．

また，一般の熱機関では，この W_C よりも小さい仕事 W しか実現することができない．したがって，$W_C-W\equiv W_{lost}$ は，その機関が含む不可逆過程によって生じる損失を表すことになる．この W_{lost} に相当するエネルギーを**エクセルギー損失**とよぶ．

さらに，エクセルギーを基準にして新たな熱から仕事への変換効率の指標を定義することができる．この指標を**エクセルギー効率** η_{ex} といい，熱のエクセルギーの場合は次のように定義される．

$$\eta_{ex}=\frac{\text{実際に得られた仕事}}{\text{エクセルギー}}=\frac{W}{E}=\frac{W}{W_C} \qquad (3\text{-}86)$$

このエクセルギー効率は，上記の定義式に従来用いていた熱効率 η を用いて次のように表すことができる．

$$\eta_{ex}=\frac{\eta}{\eta_C} \qquad (3\text{-}87)$$

熱のエクセルギーのほかに，対象とする系によって力学的仕事（体積変化）によるエクセルギー，化学反応に関する化学エクセルギーなどがある．

3.3 節まとめ

- 状態変化を繰り返すために元に戻る過程をサイクルとよぶ．熱を加えて仕事をとり出すサイクルは熱機関，その逆は冷凍機・ヒートポンプである．
- $Q_H(>0)$ の熱エネルギーを加えて仕事 W を取り出し $Q_L(>0)$ の熱エネルギーを排出する熱機関において $Q_H = W + Q_L$ のエネルギー保存則が成立する．
- 熱エネルギーを仕事に変換するときの指標は熱効率とよばれ，$\eta = \dfrac{\text{熱機関から得られる正味の仕事}}{\text{熱機関に加える熱量}} = \dfrac{W}{Q_H} = 1 - \dfrac{Q_L}{Q_H}$ で表される．
- カルノーサイクルより得られる理論最大熱効率：　$\eta_C = 1 - \dfrac{T_L}{T_H}$
- すべての熱を，（周囲）環境に影響を及ぼさず仕事に変換することは不可能である．これを熱力学の第 2 法則とよぶ．
- 熱力学の第 2 法則を表すクラウジウスの不等式：　$\oint \dfrac{\delta Q}{T} \leq 0$　（等号：可逆過程のみ．不等号：不可逆過程を含む）
- 可逆過程において $\dfrac{\delta Q^{\text{rev}}}{T} = \mathrm{d}S$ で定義できる S をエントロピーとよぶ．
- エントロピー生成：　$\mathrm{d}S_{\text{prod}} = \mathrm{d}S - \dfrac{\delta Q}{T} \geq 0$．可逆過程において $\mathrm{d}S_{\text{prod}} = 0$，不可逆過程を含むと $\mathrm{d}S_{\text{prod}} > 0$．
- 得られた仕事の効率をエクセルギー効率 $\eta_{ex} = \dfrac{\eta}{\eta_C}$ とよぶ．

3.4　熱力学の一般関係式

これまで内部エネルギーやエンタルピー，エントロピーといった指標を導入して，現象や過程を熱力学的な観点でみる準備をしてきた．ただし，実際の装置や産業用プラントでは，上記の物理量を直接計測することは非常に困難である．そこで，圧力や温度，体積など，計測が比較的容易な（あるいは可能な）物理量である状態量を用いて，熱力学的指標を求める．本節では，測定可能な状態量と熱力学的指標との数学的関係式を示す．

3.4.1　マクスウェルの関係式

閉鎖系の準静的過程を対象として熱力学の第 1 法則と第 2 法則を組み合わせることにより，圧力，温度，体積，そしてエントロピーの間に次の四つの関係式が得られる．これらをまとめて**マクスウェルの熱力学的関係式**とよぶ．ここでは，圧力 P，温度 T，比体積 v，そして比エントロピー s を用いてまとめてみる．

$$\left(\frac{\partial T}{\partial v}\right)_s = -\left(\frac{\partial P}{\partial s}\right)_v \tag{3-88}$$

$$\left(\frac{\partial T}{\partial P}\right)_s = \left(\frac{\partial v}{\partial s}\right)_P \tag{3-89}$$

$$\left(\frac{\partial P}{\partial T}\right)_v = \left(\frac{\partial s}{\partial v}\right)_T \tag{3-90}$$

$$\left(\frac{\partial v}{\partial T}\right)_P = -\left(\frac{\partial s}{\partial P}\right)_T \tag{3-91}$$

ジェームズ・クラーク・マクスウェル

英国の物理学者．ファラデーの理論から方程式を導き，古典電磁気学を確立した．また電磁波の存在を予言し，その伝播速度が光の速度に等しいことを証明した．ほかに気体運動論，熱力学，統計力学など多くの分野で功績を残した．（1831-1879）

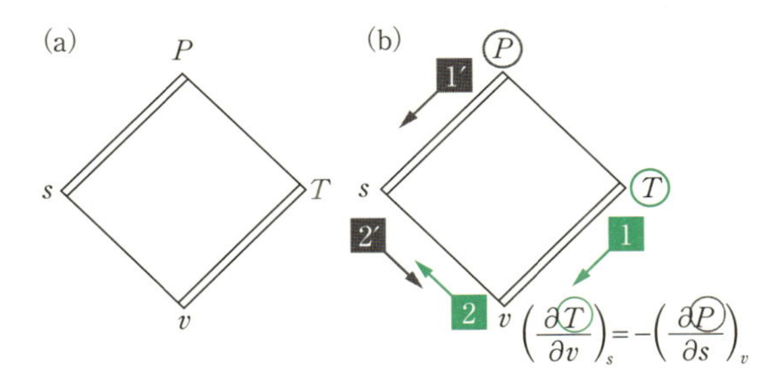

図 3-21 マクスウェルの四辺形

これらの式は，直接の計測が不可能な s と，計測可能な状態量 P，T，v との関係を表す式ともいえる．一般に**マクスウェルの四辺形**とよばれる図形（図 3-21（a））を用いると覚えやすいだろう．各頂点におく物理量と二重線の位置関係さえ覚えてしまえば，四つの関係式を完全に再現できる．例えば，式(3-88)の場合を図 3-21（b）で考えてみる．まず左辺の被微分関数 T をスタート地点とする．そこから左辺の微分変数 v を目指して進み，同じ方向にさらに進むと，偏微分において一定と仮定している変数 s に到達する．右辺を求めるには，スタート地点から微分変数に向かう，T と v に平行なベクトルを四辺形上で探す．すると，スタート地点を P とし，s まで進むベクトルが対面にある．先ほどと同様，P から s に進んだ後，さらに同じ方向に進むと v がある．左辺の偏微分のときと同じルールに従っていまの経路で偏微分を考えると，右辺で示している偏微分の形になっている．スタート地点から最初に進むベクトルを考えるときに，二重線上を進む場合は注意が必要である．この場合は，右辺の偏微分を示す際にマイナスの符号を付けることになる．一本の実線の上を進む場合はマイナスを付けない．あとは，何度もこの四辺形を用いて偏微分の式を作ってみてほしい．

では，これらの関係式はどのように得られるのか．式(3-88)と式(3-89)は，比内部エネルギー u あるいは比エンタルピー h を用いた熱力学の第 1 法則と第 2 法則を連立することで求められる．例として，式(3-89)を導出してみる．

機械的仕事のみを考え，比エンタルピーを用いた熱力学の第 1 法則（エネルギー保存則）の式は次のように示される．

$$\mathrm{d}q=\mathrm{d}h-v\mathrm{d}P \qquad (3\text{-}92)$$

また，熱力学の第 2 法則は，準静的過程を考慮した場合には等号が成立するので，以下の式となる．

$$\mathrm{d}s=\frac{\mathrm{d}q}{T} \qquad (3\text{-}93)$$

表 3-6 自由エネルギーとエクセルギー

	自由エネルギー	エクセルギー
過程	等温・等積（f），等温・等圧（g）	可逆過程であれば何でも
最終状態	平衡・非平衡状態	平衡状態のみ

以上の 2 式を用いると，以下の式が得られる．

$$\mathrm{d}h=T\mathrm{d}s+v\mathrm{d}P \qquad (3\text{-}94)$$

次に，h が s と P の関数である，つまり，$h=h(s, P)$ とすると，h の全微分は次のようになる．

$$\mathrm{d}h=\left(\frac{\partial h}{\partial s}\right)_P\mathrm{d}s+\left(\frac{\partial h}{\partial P}\right)_s\mathrm{d}P \qquad (3\text{-}95)$$

いま，式(3-94)と式(3-95)が任意の s および P に対して成立する，いわゆる恒等式として係数比較をすると，

$$T=\left(\frac{\partial h}{\partial s}\right)_P,\quad v=\left(\frac{\partial h}{\partial P}\right)_s \qquad (3\text{-}96)$$

が成立する．いま，h を連続関数と考えると，$(\partial h/\partial s)_P$ を P で偏微分したものと，$(\partial h/\partial P)_s$ を s で偏微分したものが等しくなる．すなわち，

$$\frac{\partial}{\partial P}\left[\left(\frac{\partial h}{\partial s}\right)_P\right]_s=\frac{\partial}{\partial s}\left[\left(\frac{\partial h}{\partial P}\right)_s\right]_P$$

$$\therefore\quad \left(\frac{\partial^2 h}{\partial P\partial s}\right)=\left(\frac{\partial^2 h}{\partial s\partial P}\right) \qquad (3\text{-}97)$$

この 2 階偏微分の特徴を式(3-96)に適用すると，マクスウェルの関係の一つ，式(3-89)が得られる．では第 3 式，第 4 式はどのように導出するのか．ここでは，自由エネルギーという指標を用いて導出する．

a. 自由エネルギー

系から得られる理論最大仕事を表す指標として，**自由エネルギー（free energy）**がある．同様の定義はエクセルギーを学んだ際にも出てきた．ここで自由エネルギーとエクセルギーの違いを表 3-6 に簡単に示す．自由エネルギーには，等温・等積過程で考えることができるヘルムホルツの自由エネルギー F と，等温・等圧過程で考えることができるギブズの自由エネルギー G の 2 種類がある．それぞれの定義は以下のとおりである．

$$F=U-TS\ [\mathrm{J}] \qquad (3\text{-}98)$$

$$G=H-TS\ [\mathrm{J}] \qquad (3\text{-}99)$$

すなわち，ヘルムホルツの自由エネルギーは，系が有する内部エネルギーから取り出しうる最大の，また，ギブズの自由エネルギーはエンタルピーから取り

出しうる最大の（機械的仕事以外の）仕事を表している．ここで，3.3.5 項で取り上げたエクセルギーを思い出してみる．例えば，熱のエクセルギー $E=W_C$ では，$W_C=Q_H-Q_L$ となり，利用できないエネルギーである Q_L を無効エネルギー（あるいはアネルギー）とよんでいた．自由エネルギーの場合においても，ヘルムホルツ，ギブズの自由エネルギーのいずれも，TS に相当する量はエネルギーとして取り出すことができない量を表している．この TS は，**束縛エネルギー**とよばれ，系自身の状態を維持するために必要なエネルギーを表している．これら自由エネルギーは示量性状態量で，単位質量あたりの量である比ヘルムホルツ自由エネルギー f および比ギブズ自由エネルギー g を定義することができる．

b. 自由エネルギーとマクスウェルの関係式

先に定義した自由エネルギーを用いて，マクスウェルの関係式の残り二つをどのように導くかをみていく．ここでは，比ヘルムホルツ自由エネルギー f を用いて，第 3 式である式(3-90)を導出する．

比ヘルムホルツ自由エネルギーの定義式 $f=u-Ts$ の全微分は，

$$\begin{aligned} df &= du-d(Ts) \\ &= (dq-Pdv)-(Tds+sdT)=-Pdv-sdT \end{aligned} \tag{3-100}$$

となる．ここで，熱力学の第 1 法則より $dq=du+Pdv$，および，第 2 法則より $dq=Tds$ を用いた．ここから先は，マクスウェルの関係式の第 2 式の導出過程と同様に行っていくことで求められる．各自で求めてみてほしい．

自由エネルギーは，マクスウェルの関係式の導出だけでなく，水と蒸気，あるいは水と氷など，液相-気相，液相-固相といった異なる相が共存している系，すなわち「相共存」を表すために大変重要な指標となる．これらの内容については後述する．

3.4.2 比熱の一般関係式

次に，比熱に関する一般関係式を紹介する．この比熱に関する関係式は高校化学ですでに学んでいるかもしれない．それは，定積比熱 c_v と定圧比熱 c_P の間に存在する，

$$c_P-c_v=R \tag{3-101}$$

という理想気体における関係式である．R は気体定数である．さて，大学の熱力学では，より一般的な条件のもとでの関係式を求めていく．

比熱の定義式である，$c=(\partial q/\partial T)$ から定積・定圧比熱に対して熱力学の第 1 法則を適用すると次のようになる．

$$c_v=\left(\frac{\partial q}{\partial T}\right)_v=\left(\frac{\partial u}{\partial T}\right)_v \tag{3-102}$$

$$c_P=\left(\frac{\partial q}{\partial T}\right)_P=\left(\frac{\partial h}{\partial T}\right)_P \tag{3-103}$$

ここで，c_v に関しては $dq=du+Pdv$ において $dv=0$ を適用した式を，c_P に関しては $dq=dh-vdP$ において $dP=0$ を適用した式をそれぞれ代入することで変形している．さらに準静的変化を仮定して熱力学の第 2 法則である $dq=Tds$ を適用すると，それぞれ次のようになる．

$$c_v=T\left(\frac{\partial s}{\partial T}\right)_v \tag{3-104}$$

$$c_P=T\left(\frac{\partial s}{\partial T}\right)_P \tag{3-105}$$

ここでエントロピー s を使って展開していく．$s=s(T,\ v)$ および $s=s(T,\ P)$ と仮定してそれぞれ全微分を求めると，

$$ds=\left(\frac{\partial s}{\partial T}\right)_v dT+\left(\frac{\partial s}{\partial v}\right)_T dv \tag{3-106}$$

$$ds=\left(\frac{\partial s}{\partial T}\right)_P dT+\left(\frac{\partial s}{\partial P}\right)_T dP \tag{3-107}$$

となる．それぞれの両辺に T をかけて，式(3-104)，(3-105)およびマクスウェルの関係式（式(3-90)および(3-91)）を適用すると以下のようになる．

ヘルマン・フォン・ヘルムホルツ

ドイツの生理学者，物理学者．エネルギー保存の法則を確立した一人で，自由エネルギーの概念の提唱者．視覚や聴覚など，生理学での功績も大きい．電磁波を実証したヘルツなど多くの門下生をもつ．（1821-1894）

ウィラード・ギブズ

アメリカの数学者，物理学者．相律や自由エネルギーなど熱力学分野で業績を残した．ベクトル解析や統計集団（ギブズのアンサンブル）の概念など，数学，統計力学分野にも寄与した．（1839-1903）

$$T\mathrm{d}s = c_v \mathrm{d}T + T\left(\frac{\partial P}{\partial T}\right)_v \mathrm{d}v \tag{3-108}$$

$$T\mathrm{d}s = c_P \mathrm{d}T - T\left(\frac{\partial v}{\partial T}\right)_P \mathrm{d}P \tag{3-109}$$

以上2式を連立すると，次の式が得られる．

$$\mathrm{d}T = \frac{T}{c_P - c_v}\left\{\left(\frac{\partial v}{\partial T}\right)_P \mathrm{d}P + \left(\frac{\partial P}{\partial T}\right)_v \mathrm{d}v\right\} \tag{3-110}$$

あとは，マクスウェルの関係式のときと同じように，$T = T(P,\ v)$ として全微分を求めて係数比較をし，相反の関係式として知られる式，

$$\left(\frac{\partial x}{\partial z}\right)_y = \frac{1}{\left(\dfrac{\partial z}{\partial x}\right)_y} \tag{3-111}$$

を用いると次の式が得られる．

$$c_P - c_v = T\left(\frac{\partial v}{\partial T}\right)_P \left(\frac{\partial P}{\partial T}\right)_v \tag{3-112}$$

さらに循環の関係式として知られる式

$$\left(\frac{\partial x}{\partial y}\right)_z \left(\frac{\partial y}{\partial z}\right)_x \left(\frac{\partial z}{\partial x}\right)_y = -1 \tag{3-113}$$

を適用すると，

$$c_P - c_v = -T\left(\frac{\partial v}{\partial T}\right)_P^2 \left(\frac{\partial P}{\partial v}\right)_T \tag{3-114}$$

が得られる．これが比熱の一般関係式である．理想気体の場合には $Pv = RT$ の関係式が存在するので，その関係を導入すると前述のとおり，$c_P - c_v = R$ が成立する．さらに，ここで次に定義する等温圧縮率 α [1/Pa] および体膨張係数 β [1/K] を用いる．

$$\alpha = -\frac{1}{v}\left(\frac{\partial v}{\partial P}\right)_T \tag{3-115}$$

$$\beta = \frac{1}{v}\left(\frac{\partial v}{\partial T}\right)_P \tag{3-116}$$

すると，先ほどの関係式(3-114)は次のようになる．

$$c_P - c_v = \frac{vT\beta^2}{\alpha} \tag{3-117}$$

この式はマイヤーの関係式として知られる．

特に，体膨張係数 β は伝熱工学においても，自然対流あるいは浮力対流でよく使われる値なのでその概念を覚えておくとよいだろう．定義のとおり，元の体積 v に対して，圧力一定で温度が変化したときの体積変化の割合を示しているのが β である．

3.4.3　膨張の一般関係式

気体の膨張は，機械的仕事を取り出す上で非常に大事な過程の一つである．ここでは特に，**自由膨張（free expansion）**と**絞り膨張（throttling expansion）**時における温度変化に注目する．

自由膨張は，外部に仕事をしない膨張過程である．この膨張過程では，内部エネルギー一定（$\mathrm{d}u = 0$）の状態で気体が膨張する．一方，絞り膨張の場合はエンタルピー一定の状態（$\mathrm{d}h = 0$）での膨張となる．それぞれの場合において，膨張に伴う温度変化を表す係数として $(\partial T/\partial v)_u$，$(\partial T/\partial P)_h$ が用いられる．それぞれを熱力学的関数として表すと次のようになる．

$$\left(\frac{\partial T}{\partial v}\right)_u = -\frac{1}{c_v}\left\{T\left(\frac{\partial P}{\partial T}\right)_v - P\right\}_v = -\frac{T^2}{c_v}\left\{\frac{\partial (P/T)}{\partial T}\right\}_v \tag{3-118}$$

$$\left(\frac{\partial T}{\partial P}\right)_h = \frac{1}{c_P}\left\{T\left(\frac{\partial v}{\partial T}\right)_P - v\right\}_P = \frac{T^2}{c_P}\left\{\frac{\partial (v/T)}{\partial T}\right\}_P \tag{3-119}$$

特に注意すべきは，どちらの係数に関しても理想気体（$Pv = RT$）の状態を代入すると値が0になることである．つまり，分子間の相互作用が存在しない理想気体では，自由膨張でも絞り膨張でもその過程において気体の温度は変化しない．しかし，ジュールが行った自由膨張に関する実験，さらに，そのジュールと，ウィリアム・トムソンとの共同研究での絞り膨張に関する実験において，**実在気体（real gas）**では必ずしも0とならないことが明らかになった．

a．ジュール・トムソン係数

エンタルピー一定となる絞り膨張過程において，気体の温度変化の度合いを示す指標（式(3-119)）を特に**ジュール・トムソン係数（Joule-Thomson coefficient）**μ とよび，次のように示される．

$$\mu = \left(\frac{\partial T}{\partial P}\right)_h \tag{3-120}$$

この係数は，前述のとおり理想気体では必ず0となるが，それに加えて，$T(\partial v/\partial T)_P - v = 0$ を満たす条件においても0となる．図3-22に，式(3-119)の模式図を示す．エンタルピー h が等しい条件では上に凸の曲線を描く．この極大となる点を境にしてその左側では $\mu = (\partial T/\partial P)_h > 0$ となり，その右側では逆に $\mu = (\partial T/\partial P)_h < 0$ となる．膨張の場合は一般に圧力が下がるので，圧力が下がる方向で現象をみてみると，$\mu > 0$ の領域では圧力降下（膨張）に伴い温度が降下し，$\mu < 0$ の領域では逆に圧力降下に伴い温度が上昇する．つまり，$\mu = 0$ を境に膨張の際の温度変化の傾向ががらりと変わることがわかる．この，$\mu = 0$ となる点を**逆転温度（inversion temperature）**とよぶ．また，エンタルピーを上げていくとともにこの逆転温度も上昇し，ついには最大値を迎える．この逆転温度を結ぶ線を**逆転温度曲線**，さらにその最大となる値を

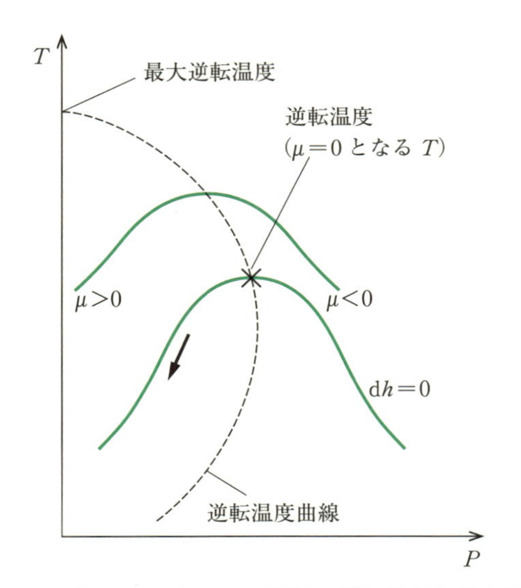

図 3-22　ジュール・トムソン係数：逆転温度と最大逆転温度

最大逆転温度とよぶ．この値は，特に気体や液体の冷却を行う際に非常に重要な指標となる．つまり，最大逆転温度以上の環境においては常に$\mu<0$となり，容易に準備できる膨張過程によって流体を冷却することが不可能になるためである．

3.4.4 クラペイロン・クラウジウスの式

相変化を伴う場合における一般関係式を紹介する．気体と液体の状態を有する流体（つまり実在流体）の気液状態図を図に示す（図 3-23）．飽和液線と飽和蒸気線の間に，圧力および温度一定の領域が存在する．

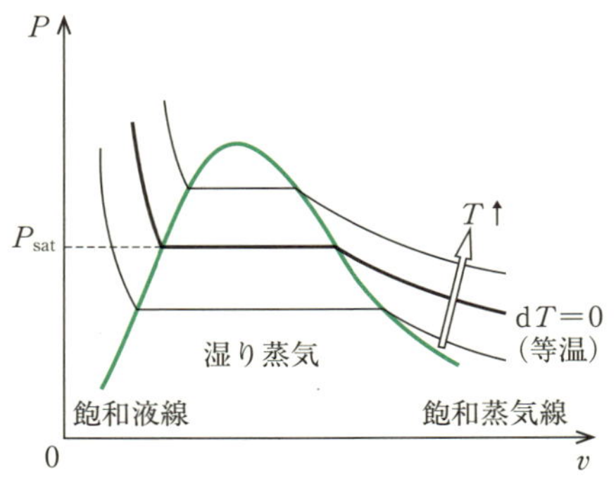

図 3-23　実在流体の気液状態図

この領域は飽和温度の液体と蒸気が共存している領域を示しており，**湿り蒸気**とよばれる状態になる．系の圧力が決まれば飽和温度が決まるので，沸騰を工業的に安定して実現しようとすると，飽和温度と圧力の関係を予測することが重要となる．この関係は，**クラペイロン・クラウジウスの式（Clapeyron–Clausius equation）**として知られている．簡単のために，飽和温度をT，圧力をPとして示す．

$$\frac{\mathrm{d}P}{\mathrm{d}T}=\frac{h_{\mathrm{fg}}}{T(v''-v')} \qquad (3\text{-}121)$$

ここで，h_{fg}は蒸発潜熱であり，$h_{\mathrm{fg}}=h''-h'$，すなわち飽和蒸気のエンタルピーh''と飽和液のエンタルピーh'の差で表される．また，v''およびv'は，それぞれ飽和蒸気，飽和液での比体積を表す．なお，この気液状態図は次節でも触れる．

3.4 節まとめ

- **熱力学の一般的な関係はマクスウェルの関係式にて表される．**
- **系から得られる理論最大仕事を表す指標に自由エネルギーがあり，等温・等積過程で考える際はヘルムホルツ，等温・等圧過程で考える場合はギブズの自由エネルギーを用いる．**
  ヘルムホルツの自由エネルギー：　$F=U-TS$ [J]
  ギブズの自由エネルギー：　$G=H-TS$ [J]
- **比熱の一般関係式は，等温圧縮率**α**と体膨張係数**β**を用いてマイヤーの関係式**$c_P-c_v=\dfrac{vT\beta^2}{\alpha}$**で表される．**
- **エンタルピー一定の絞り膨張過程での気体の温度変化を示す指標ジュール・トムソン係数：**　$\mu=\left(\dfrac{\partial T}{\partial P}\right)_h$
- **クラペイロン・クラウジウスの式：**　$\dfrac{\mathrm{d}P}{\mathrm{d}T}=\dfrac{h_{\mathrm{fg}}}{T(v''-v')}$　**（ただし，ここでは**P**：飽和圧力，**T**：飽和温度）**

3.5 実在気体

これまでは理想気体について考えてきたが，実際の工業的プロセスでは相変化を含む場合が多く現れる．本節では，物質の相変化の熱力学的な取り扱いについて説明する．

3.5.1 物質の相と相変化

物質は温度や圧力の変化に応じて**相**（**phase**）が変化し，**固相**（**solid phase**），**液相**（**liquid phase**），**気相**（**gas phase**）の状態をとる．常温・常圧下では，鉄は固体，水銀は液体，酸素は気体だが，条件が変化すると異なった相となる．続いて，各相を微視的にみてみる．固体中の分子は，分子間距離が非常に短く周期的な格子状に配置されており，その位置が固定され，各分子は絶えず振動し，その振動は温度に依存する．液相の分子間距離は，固相よりわずかに大きく，ある秩序で並んだ分子群が互いの周りを動き回ることができる．気相では，分子は互いに遠く離れ，分子の秩序もなくなり，不規則に動き回る．図 3-24 に 3 相とその間の状態変化を示す．気相-液相間での状態変化を**蒸発**（**evaporation**）あるいは**凝縮**（**condensation**），固相-液相間での状態変化を**融解**（**dissolution**）あるいは**凝固**（**solidification**），気相-固相間での状態変化を**昇華**（**sublimation**）とよぶ．そして，物質は必ず 3 相のいずれかの状態にあるわけではなく，2 相，あるいは 3 相が共存するときもあり，温度や圧力が一様かつ一定であれば，相間の変化が同じ速度で起き，結果としてある割合で各相が安定して存在する．これを**相平衡**（**phase equilibrium**）とよぶ．

図 3-25 のように，大気圧で 25℃の水が入った，自由に動くピストンのふたが付いた容器を考える．この条件では水は液相で，この状態を**圧縮液**（**compressed liquid**），または**サブクール液**（**subcooled liquid**）とよぶ．これを徐々に加熱していくと，100℃に到達するまでは膨張により容積は増加するが液相のままである．100℃になると，この時点ではまだ液体だが，少しでも加熱すると一部が蒸発するようになり，相変化が始まりかけている状態になる．この状態を**飽和液**（**saturated liquid**）とよぶ．そしてさらに熱を加えると，沸騰を始め，このときは，液体が完全に気化するまでは温度は上昇せず一定の値を示し，飽和液と蒸気の混合状態となる．これを**湿り蒸気**（**wet vapor**）とよぶ．液相が完全に気化し終わった状態は**飽和蒸気**（**saturated vapor**）とよばれる．飽和蒸気の状態はわずかでも熱が失われると凝縮する．そして，飽和蒸気をさらに加熱すると，容器内は気相のみで，温度と容積が増加する．この状態を**過熱蒸気**（**superheated vapor**）とよぶ．

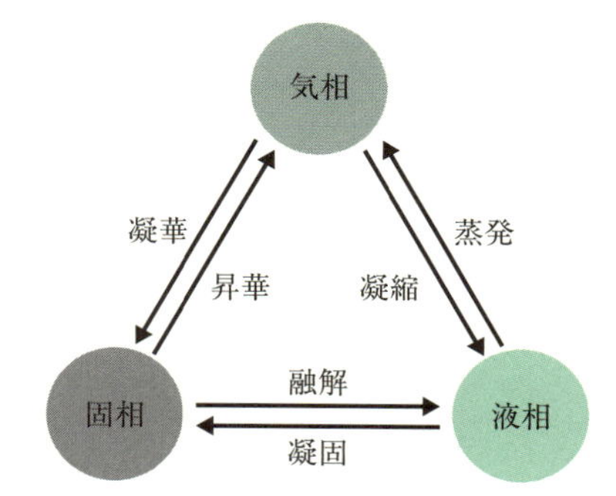

図 3-24　物質の 3 相と各種相変化

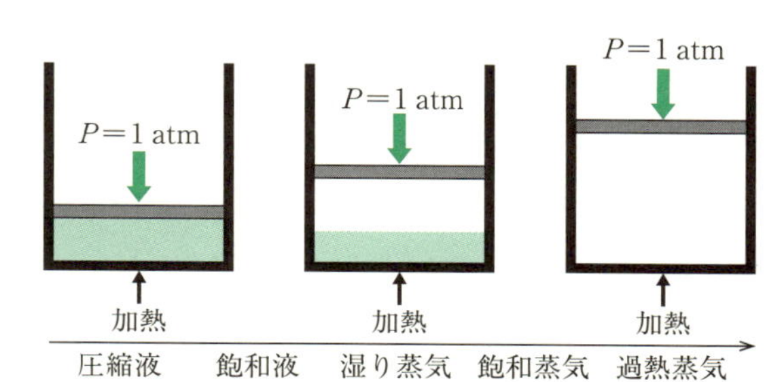

図 3-25　物質の相変化過程

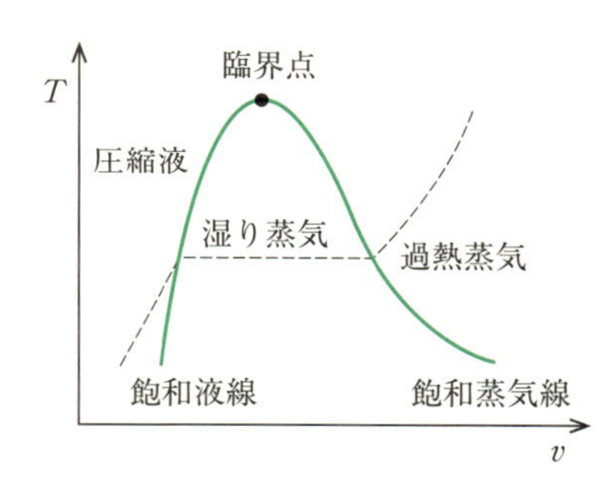

図 3-26　物質の Tv 線図

水が沸騰する温度は大気圧では 100℃だが，高圧では高く，低圧では低くなる．この温度と体積の関係をさまざまな圧力の場合について Tv 線図で示したのが図 3-26 である．図中破線は圧力一定状態での相変化過程を示している．飽和液，飽和蒸気となる位置を線で結ぶとそれぞれ 1 本の線になり，**飽和液線**（**saturated liquid line**），**飽和蒸気線**（**saturated vapor line**）とよぶ．この 2 本の線は上部で一致し，この点を**臨界点**（**critical point**）とよぶ．水の場合は，温度 374.14℃，圧力 22.09 MPa，比容積 0.003 155 m^3/kg になる．臨界点よりも高温，高圧では，明確な相変化が

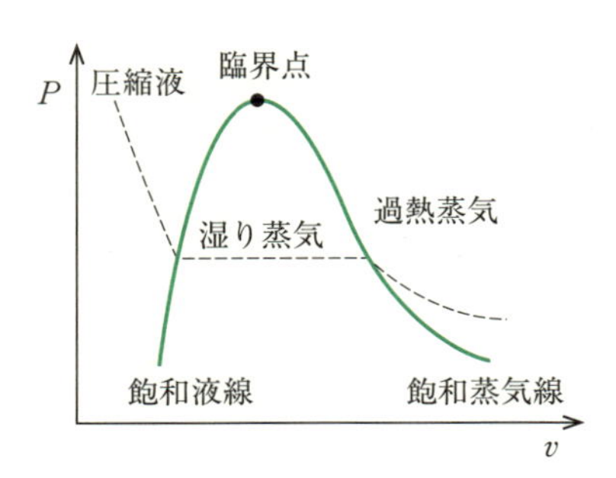

図 3-27　物質の Pv 線図

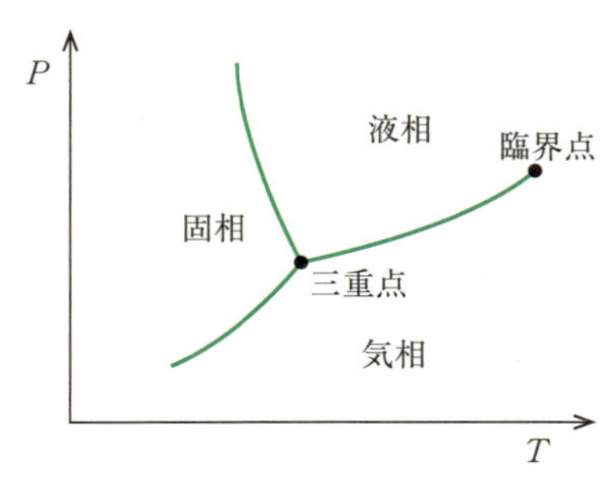

図 3-28　水の PT 線図

生じなくなる．また，この関係を Pv 線図で示したものが図 3-27 である．なお，図中の破線は温度一定状態での相変化過程を示している．

図 3-28 は，水の圧力と温度の関係を固相も含めて示したものである．ある 1 点で固液平衡線，気液平衡線，固気平衡線が交わっており，これを**三重点 (triplet point)** とよぶ．三重点では 3 相すべてが平衡状態を保って共存しており，水の三重点温度と圧力はそれぞれ 273.16 K，0.61 kPa になる．なお，図 3-28 では固液平衡線が三重点から左上に伸びているが，これは水が凝固時に膨張する性質をもつためで，一般の物質では凝固時に収縮するので，右上に伸び，概形は異なる．

3.5.2　湿り蒸気の性質

圧力一定下で単位質量の物質を蒸発させるのに必要な熱量を**蒸発潜熱 (latent heat of vaporization)** とよぶ．熱力学の第 1 法則を考えると，式(3-40)にあるように，等圧過程では熱はエンタルピー変化と等しいことから，この蒸発潜熱は飽和蒸気の比エンタルピーと飽和液の比エンタルピーとの差に等しいことがわかる．

$$h_{\mathrm{fg}}=h''-h' \qquad (3\text{-}122)$$

このように，湿り蒸気の状態量は，飽和液と飽和蒸気の状態量がわかれば求めることができる．そして，飽和液と飽和蒸気の状態量は次項で示す蒸気表から得られる．

湿り蒸気中に含まれる飽和液と飽和蒸気の割合を示す指標として，湿り蒸気質量 1 kg 中の飽和蒸気量として定義される，**乾き度 (vapor quality)** x が用いられる．乾き度は 0 から 1 の範囲で定義され，$x=0$ のときが飽和液，$x=1$ のときが飽和蒸気に相当する．なお，このときの飽和液の質量は $(1-x)$ kg になる．

続いて，比体積を例として湿り蒸気の状態量について考えてみる．飽和液の体積を V'，飽和蒸気の体積を V'' とする．全容積 V は $V=V'+V''$ で，全質量 m，飽和液の質量を m'，蒸気の質量を m'' として，比容積を用いて表すと $mv=m'v'+m''v''$ である．$m'=m-m''$ を代入して m で割ることで次の式が得られる．

$$v=\left(1-\frac{m''}{m}\right)v'+\left(\frac{m''}{m}\right)v'' \qquad (3\text{-}123)$$

ここで，m''/m は乾き度 x のことなので，

$$v=(1-x)v'+xv'' \qquad (3\text{-}124)$$

また，エンタルピー h や内部エネルギー u，エントロピー s もまったく同様に考えることができる．

$$h=(1-x)h'+xh'' \qquad (3\text{-}125)$$

$$u=(1-x)u'+xu'' \qquad (3\text{-}126)$$

$$s=(1-x)s'+xs'' \qquad (3\text{-}127)$$

なお，蒸発潜熱と比エントロピーの間には以下の関係が成立する．

$$s''-s'=\frac{h_{\mathrm{fg}}}{T} \qquad (3\text{-}128)$$

3.5.3　蒸気表

水に対する飽和液と飽和蒸気の物性値は**蒸気表 (steam table)** とよばれる数値表としてまとめられている．蒸気表には，飽和状態の表と，圧縮液または過熱蒸気の表の 2 種類がある．そして，飽和表には温度

ヨハネス・ファン・デル・ワールス

オランダの物理学者．分子の体積と引力を考慮した気体の状態方程式を発見し，1910 年にノーベル物理学賞を受賞した．これは気体の液化技術につながった．分子間力の一つにもその名を残している．(1837-1923)

表 3-7 水の飽和表（圧力基準）の読み方の例

圧力 [MPa]	温度 (℃)	比体積 [m³/kg]		密度 [kg/m³]	比エンタルピー [kJ/kg]			比エントロピー [kJ/(kg·K)]		
P	T	v'	V''	ρ''	h'	h''	$h''-h'$	s'	s''	$s''-s'$
0.70	164.95	0.00110797	0.272764	3.6617	697.14	2762.75	2065.61	1.99208	6.70698	4.71490
⋮	⋮	⋮	⋮	⋮	⋮	⋮	⋮	⋮	⋮	⋮
1.00	179.89	0.00112723	0.194349	5.14539	762.68	2777.12	2014.44	2.13843	6.58498	4.44655
⋮	⋮	⋮	⋮	⋮	⋮	⋮	⋮	⋮	⋮	⋮

あるいは圧力基準の表があり，温度や圧力が与えられれば飽和状態の水や蒸気の物性値を，湿り蒸気の場合は飽和状態の物性値および式(3-124)～(3-127)を用いることで物性値を得ることができる．例えば，圧力 1 MPa での潜熱および飽和液の比エンタルピーを知りたい場合は，**表 3-7** のように，圧力基準の飽和表より値を読みとる．飽和液の比エンタルピーは表より直接読んで 762.68 kJ/kg，潜熱は，式(3-128)より，比エントロピーと温度を用いて，$4.44655 \times 179.89 = 799.8898795 \approx 799.89$ kJ/(kg·K)となる．

3.5.4 実在気体の状態式

前節で学んだ理想気体の状態式は簡潔で扱いが簡単だが，利用できる範囲が限定されている．そこで，より広い範囲で物質の PvT 挙動を表現できる状態方程式がいくつか提案されている．その中で最も基本的なものが以下に示す**ファンデルワールス方程式（van der Waals equation）**である．

$$\left(P+\frac{a}{v^2}\right)(v-b)=RT \qquad (3\text{-}129)$$

この式はファンデルワールスが 1873 年に提案したもので，理想気体の状態式に二つの定数 a，b が導入された形になっている．a/v^2 の項は分子間力を，b は分子自身によって占有される体積を表している．大気圧程度では分子自身の体積は無視できるが，高圧下では無視できなくなり，上式ではその影響を考慮している．なお，定数 a，b は気体種によって決まる．この定数は，**図 3-27** のように，Pv 線図における臨界点で等温線が水平になり，かつ変曲点となることから求めることができる．

$$\left(\frac{\partial P}{\partial v}\right)_{T=T_C}=0 \qquad (3\text{-}130)$$

$$\left(\frac{\partial^2 P}{\partial v^2}\right)_{T=T_C}=0 \qquad (3\text{-}131)$$

式(3-129)に上の 1 階・2 階微分の条件を適用すると，以下のように定数を求めることができる．

$$a=3v_C^2P_C \qquad (3\text{-}132)$$

$$b=\frac{v_C}{3} \qquad (3\text{-}133)$$

また，気体定数 R は，

$$R=\frac{8P_Cv_C}{3T_C} \qquad (3\text{-}134)$$

となるので，式(3-132)～(3-134)を式(3-129)に代入すると，次のように表すことができる．

$$\left[\frac{P}{P_C}+3\left(\frac{v_C}{v}\right)^2\right]\left(\frac{v}{v_C}-\frac{1}{3}\right)=\frac{8}{3}\cdot\frac{T}{T_C} \qquad (3\text{-}135)$$

ここで，温度，比体積，圧力を臨界状態の温度，圧力で割った値をそれぞれ**換算圧力（reduced pressure）** $P_r=P/P_C$，**換算比体積（reduced specific volume）** $v_r=v/v_C$，**換算温度（reduced temperature）** $T_r=T/T_C$ とよび，これらを使って上式をまとめると，次のように，物質の種類に依存しない一般的な状態方程式が得られる．

$$\left(P_r+\frac{3}{v_r^2}\right)\left(v_r-\frac{1}{3}\right)=\frac{8}{3}T_r \qquad (3\text{-}136)$$

このように，換算状態量を用いることで物質によらず一般的な他状態を記述できる性質のことを**対応状態原理（principle of corresponding state）**という．

3.5 節まとめ

- **物質は温度や圧力に応じて，固相，液相，気相の状態をとる．**
- **物質を蒸発させるのに必要な熱量を蒸発潜熱とよぶ．**
- **湿り蒸気中の飽和蒸気量の割合を乾き度とよぶ．**
- **蒸発潜熱と比エントロピーの関係：** $s'' - s' = \dfrac{h_{fg}}{T}$
- **対応状態原理：** $\left(P_r + \dfrac{3}{v_r^2}\right)\left(v_r - \dfrac{1}{3}\right) = \dfrac{8}{3} T_r$

3.6 サイクル

3.3 節で熱機関や熱効率，カルノーサイクルについて学んだが，本節ではさらに踏み込んで，実際のジェットエンジンや発電機などの熱エネルギー機器で用いられているサイクルについて学ぶ．

3.6.1 サイクル・熱機関

熱を仕事に変換する機器のことを**熱機関（heat engine）**とよび，高温の**熱源（thermal reservoir）**から熱を受け取り，その一部を仕事に変換し，残った排熱を低温の熱源に捨てる．熱機関内の**作動流体（working fluid）**がさまざまな変化をして最初の状態に戻る過程を**サイクル（cycle）**とよぶことは 3.3 節でも学んだ．作動流体の例としては，ガソリンエンジンの燃焼ガス，空調や冷凍機の冷媒，蒸気タービンの水蒸気などがある．熱機関には，系外部の熱源から作動流体を加熱する**外燃機関（external combustion engine）**と，燃焼ガスそのものが作動流体となる**内燃機関（internal combustion engine）**がある．

なお，3.3.3 項で学んだカルノーサイクルの熱効率，すなわちカルノー効率は，同じ高温・低温熱源より構成されるあらゆる熱機関の最高効率である（図 3-29）．しかしながら，カルノー効率を現実の熱機関で実現することはきわめて難しく，現実の熱効率はこれよりも大幅に小さい．本節で取り扱うサイクルは単純化のため，次に挙げるいくつかの仮定のもとで考える．サイクルにおいて摩擦は考えず，作動流体の流出入に伴う圧力降下も同様に考えない，すべての過程は準静的過程であるとする．

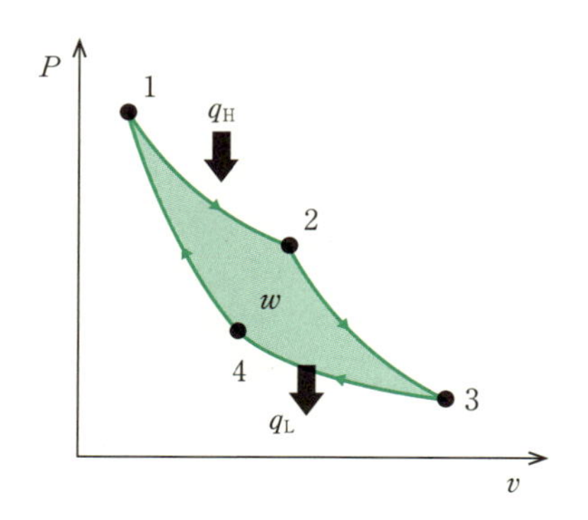

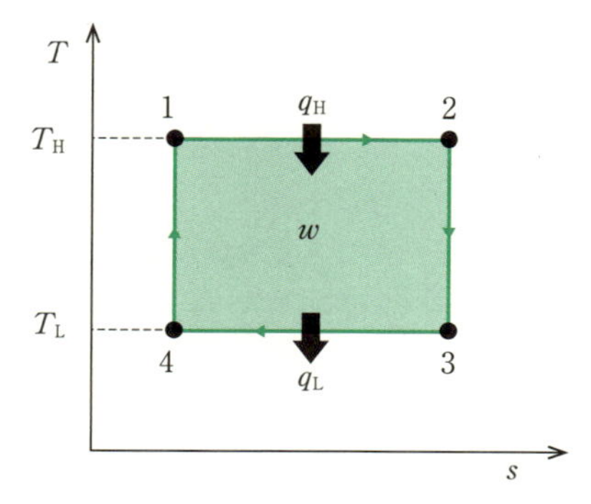

図 3-29　カルノーサイクルの Pv 線図（上）と Ts 線図（下）

［例題 3-4］　気体定数 $R = 287$ J/(kg·K)，比熱比 $\kappa = 1.4$ の理想気体を作動物質とするサイクルについて考える．状態 1 における圧力 P_1，温度 T_1，体積 V_1 はそれぞれ 0.1 MPa, 300 K, 1000 cm^3 で，状態 3 における温度 T_3 は 1500 K で，圧縮比（$= V_1/V_2$）は 10 とする．各状態変化は以下のような過程を経るとして，以下の設問に答えよ．

状態 1→2：断熱変化
状態 2→3：等圧変化
状態 3→4：断熱変化
状態 4→1：等容変化

（1）　状態 2 での圧力 P_2，および温度 T_2 を求めよ．
（2）　状態 2→3 で加えられる熱量を求めよ．
（3）　締切比を求めよ．
（4）　状態 4 での圧力 P_4 と温度 T_4 を求めよ．
（5）　サイクルでの正味の仕事を求めよ．

(6) サイクルの熱効率を求めよ.
(7) 圧縮比，あるいは締切比を高くすると，サイクルの熱効率は増加するか，それとも減少するか．それぞれ答えよ．

ディーゼルサイクルに関する問題である．なお，このサイクルの Pv 線図は図 3-34 となる．

(1) 状態 1→2 は断熱変化より，$P_1V_1^{\kappa}=P_2V_2^{\kappa}$，ならびに $T_1V_1^{\kappa-1}=T_2V_2^{\kappa-1}$ が成立するため，$P_2=P_1(V_1/V_2)^{\kappa}=0.1\times(10)^{1.4}=2.51$ MPa. $T_2=T_1(V_1/V_2)^{\kappa-1}=300\times(10)^{0.4}=753.56=753$ K.

(2) まずは作動物質の質量を求める．状態 1 における状態式 $(P_1V_1=mRT_1)$ より，$m=P_1V_1/RT_1=(0.1\times10^6)\times10^{-3}/287/300=1.16\times10^{-3}$ kg. 流入熱量は，状態 2→3 が等圧過程であることより $Q_{in}=mc_p(T_3-T_2)$ となり，$c_p=R\times\kappa/(\kappa-1)=1005$ J/(kg·K) より，$Q_{in}=mc_p(T_3-T_2)=(1.16\times10^{-3})\times1005\times(1500-753)=870.9$ J.

(3) 締切比は V_3/V_2 で表され，$V_3/V_2=T_3/T_2$ の関係を用いると，$V_3/V_2=1500/753=1.99$.

(4) V_3 は，$1.99\times V_2=1.99\times V_1/10=1.99\times10^{-4}\,\mathrm{m}^3$. 温度は，断熱変化の式 $T_3V_3^{\kappa-1}=T_4V_4^{\kappa-1}$ より，$T_4=T_3(V_3/V_4)^{\kappa-1}=1500\times(1.99\times10^{-4}/10^{-3})^{0.4}=786$ K. よって，状態 4 での圧力は状態式より，$P_4=mRT_4/V_4=261\,675$ Pa $=0.26$ MPa または 262 kPa.

(5) 状態 4→1 での放熱量は，

$$
\begin{aligned}
Q_{out}&=mc_v(T_4-T_1)\\
&=m\times R/(\kappa-1)\times(T_4-T_1)\\
&=(1.16\times10^{-3})\times717.5\times(786-300)\\
&=404.5\ \mathrm{J}.
\end{aligned}
$$

サイクル正味の仕事 W は，

$$W=Q_{in}-Q_{out}=870.9-404.5=466.4\ \mathrm{J}.$$

(6) このサイクルの効率 η は，

$$\eta=W/Q_{in}(\text{または }1-Q_{out}/Q_{in})=0.536.$$

(7) サイクルの熱効率を圧縮比 ε と締切比 σ を用いて表すと，

$$\eta=1-\left(\frac{1}{\kappa}\right)\frac{T_4-T_1}{T_3-T_2}=1-\left(\frac{1}{\varepsilon^{\kappa-1}}\right)\frac{\sigma^{\kappa}-1}{\kappa(\sigma-1)}$$

したがって，圧縮比を大きくすると，熱効率は上昇し，締切比を大きくすると，熱効率は減少する．

3.6.2 ガスサイクル

本項では，サイクルを通じて作動流体が気相の状態を維持するようなガスサイクルの例として，オットーサイクル（Otto cycle），ディーゼルサイクル（Diesel cycle），ブレイトンサイクル（Brayton cycle）などを紹介する．

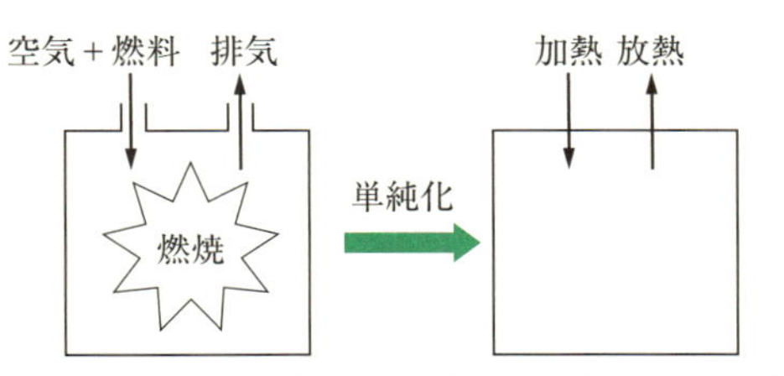

図 3-30 実際のガスサイクルでの給気・排気過程の単純化

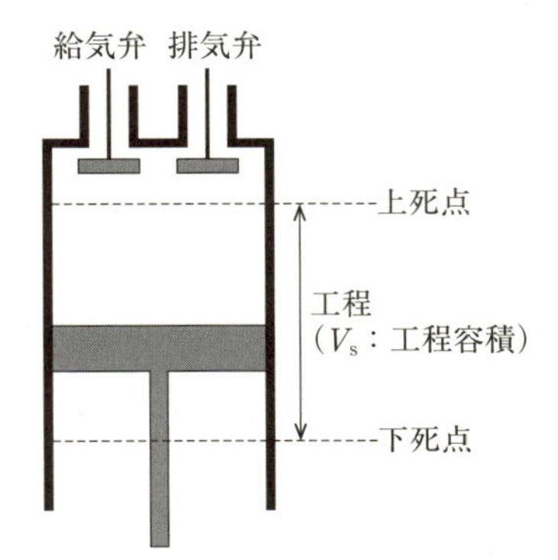

図 3-31 内燃機関の概略図

ほかにも，オットーサイクルとディーゼルサイクルを組み合わせたサバテサイクル（Sabathé cycle），ブレイトンサイクルに再生器と中間冷却器を配置したエリクソンサイクル（Ericsson cycle）など，さまざまなものがある．

自動車のガソリンエンジンなどの内燃機関では，シリンダー内をピストンが往復運動しており，そこに空気と燃料が供給され，燃焼後のガスは外部へと排気される．これを単純化して考える際には，現実の動力サイクルと同様に給気や排気を扱わず，図 3-30 のように，燃焼過程は外部熱源からの加熱過程に，排気過程は作動流体を最初の状態へと戻すための放熱過程と置き換える．

図 3-31 は一般的なピストン・シリンダーから構成される内燃機関の概念図である．シリンダー内容積を最小にするピストン位置を**上死点（top dead center : TDC）**，最大にするピストン位置を**下死点（bottom dead center : BDC）**とよび，両者の距離，すなわちピストンの移動距離を**行程（stroke）**，ピストンの移動により押しのけられる容積を**行程容積**とよぶ．空気あるいは空気と燃料の混合気体は**吸気弁（intake valve）**を通じてシリンダー内に送られ，**排気弁（exhaust valve）**を通って排出される．シリンダー内の容積はピストンが上死点にあるときに最小に，そして

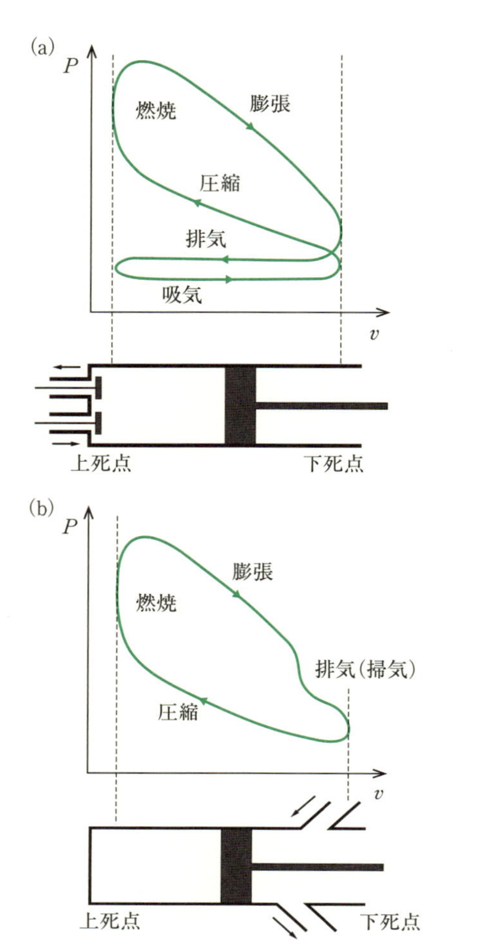

図 3-32　4サイクルエンジン(a)と2サイクルエンジン(b)

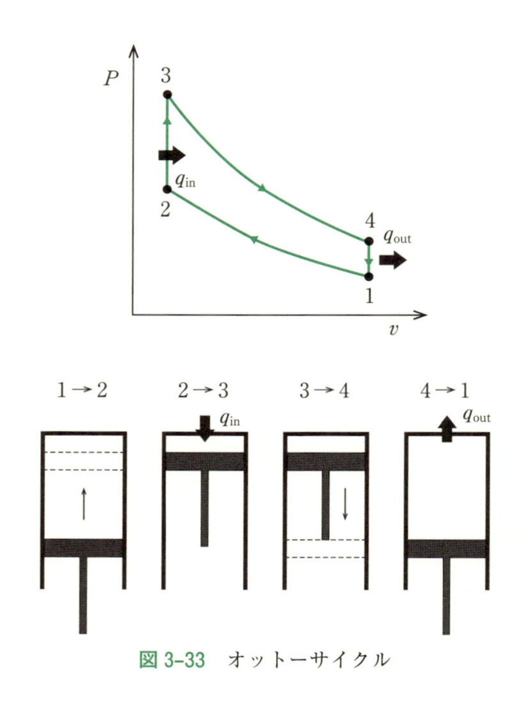

図 3-33　オットーサイクル

下死点にあるときに最大になるが，それらの容積比をエンジンの**圧縮比（compression ratio）**εとよび，次のように定義される．

$$\varepsilon = \frac{V_{max}}{V_{min}} \qquad (3\text{-}137)$$

エンジンは，吸気と排気を独立して行う4サイクル（four-stroke）式，同時に行う2サイクル（two-stroke）式がある．図 3-32 は4サイクル式，2サイクル式エンジンのピストンの動きと Pv 線図を表したものである．4サイクルエンジンでは，**吸気→圧縮→膨張（燃焼）→排気**の4行程を繰り返すことで運転され，1サイクル内でピストンが2往復し，クランク軸が2回転する．一方，2サイクルエンジンでは排気と吸気が同時に行われ，1サイクル内でピストンが1往復し，クランク軸が1回転する．2サイクル式は，排気ガスの排出が完全でなく，排気ガスとともに新鮮な可燃性混合気体の一部が排出されてしまうため，4サイクル式と比べると効率が悪くなるが，構造が簡単で安価で製造できるため，オートバイやチェーンソーなど，小型・軽量が求められる用途に適している．

内燃機関は，シリンダー内の燃焼の開始方式によって，**火花点火エンジン（spark-ignition engine）**と**圧縮点火エンジン（compression-ignition engine）**に大別される．本節では，これらの代表的なサイクルである**オットーサイクル（Otto cycle）**と**ディーゼルサイクル（Diesel cycle）**について紹介する．なお，実際のエンジン内の作動ガスは，サイクル中に組成や温度が大きく変化して，それに伴って比熱などが変化するが，本書では理想気体として取り扱う．

a. オットーサイクル

オットーサイクルは火花点火エンジンの理想サイクルで，1876年にニコラウス・オットー（Nikolaus Otto）によって製作された．図 3-33 にオットーサイクルの Pv 線図と各過程の概念図を示す．このサイクルでは以下の熱力学過程を繰り返して仕事を発生させる．

状態 1→2：断熱圧縮
状態 2→3：等積加熱
状態 3→4：断熱膨張
状態 4→1：等積冷却

まず，ピストンが上方に移動して可燃性混合気体を圧縮する．そして，ピストンが上死点に達して加熱し

(実際にはプラグが着火して混合気体が点火される)，高圧になったガスはピストンを押し下げ，この膨張過程に出力仕事が生み出される．そして冷却されて（実際には新しい未燃混合気体を吸気する）元の状態に戻る．

次にオットーサイクルの熱効率について考える．まず，熱量 q_{in}，q_{out} は，等積過程であることより，

$$q_{\mathrm{in}}=c_v(T_3-T_2) \tag{3-138}$$

$$q_{\mathrm{out}}=c_v(T_4-T_1) \tag{3-139}$$

したがって，サイクルの熱効率は，

$$\eta_{\mathrm{Ot}}=1-\frac{q_{\mathrm{out}}}{q_{\mathrm{in}}}=1-\frac{T_4-T_1}{T_3-T_2}=1-\frac{T_1\left(\dfrac{T_4}{T_1}-1\right)}{T_2\left(\dfrac{T_3}{T_2}-1\right)} \tag{3-140}$$

となる．ここで，状態 1→2 と，状態 3→4 は断熱過程であり，かつ $v_2=v_3$ であるので，次の関係式が成り立つ．

$$\frac{T_1}{T_2}=\left(\frac{v_2}{v_1}\right)^{\kappa-1}=\left(\frac{v_3}{v_4}\right)^{\kappa-1}=\frac{T_4}{T_3} \tag{3-141}$$

この式(3-141)を式(3-140)に代入すると，

$$\eta_{\mathrm{Ot}}=1-\left(\frac{v_2}{v_1}\right)^{\kappa-1}=1-\frac{1}{\varepsilon^{\kappa-1}} \tag{3-142}$$

のようになり，比熱比と圧縮比を用いて表すことができる．圧縮比を高くするほど効率が向上することがわかる．しかし実際には，圧縮比を高くしすぎると燃料の自動発火を引き起こし，ノックとよばれる音が発生し，エンジンを傷めてしまうため，圧縮比は 10 前後となることが多い．

b. ディーゼルサイクル

ディーゼルサイクルは圧縮点火エンジンの理想サイクルで，1890 年代に（Rudolph Diesel）によって提案された．ディーゼルサイクルの Pv 線図を図 3-34 に示す．ディーゼルサイクルでは以下の熱力学過程を繰り返して仕事を発生させる．

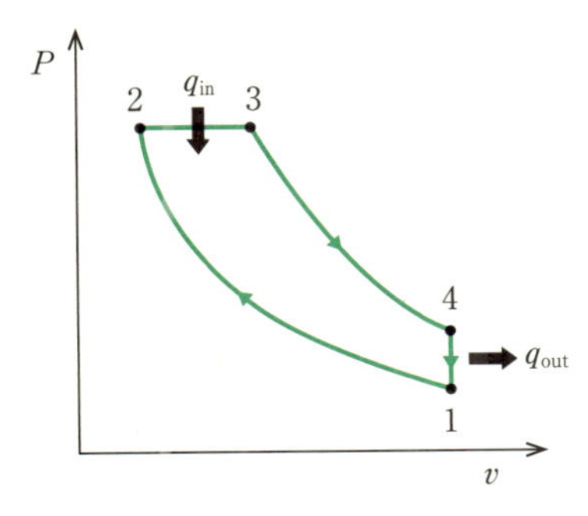

図 3-34 ディーゼルサイクル

状態 1→2：断熱圧縮
状態 2→3：等圧加熱
状態 3→4：断熱膨張
状態 4→1：等積冷却

このサイクルでは，空気のみをシリンダー内で圧縮して高温高圧にして，燃焼を噴射すると自動発火を引き起こす．外部点火によらない燃焼は比較的緩やかなため，燃焼による膨張行程の最初は圧力があまり変化せず，等圧であると考えることができる．

次に熱効率について考える．熱量 q_{in}，q_{out} は，等積・等圧過程であることより，

$$q_{\mathrm{in}}=c_p(T_3-T_2) \tag{3-143}$$

$$q_{\mathrm{out}}=c_v(T_4-T_1) \tag{3-144}$$

よって，サイクルの熱効率は，

$$\eta_{\mathrm{Di}}=1-\frac{q_{\mathrm{out}}}{q_{\mathrm{in}}}=1-\frac{T_4-T_1}{\kappa(T_3-T_2)}=1-\frac{T_1\left(\dfrac{T_4}{T_1}-1\right)}{\kappa T_2\left(\dfrac{T_3}{T_2}-1\right)} \tag{3-145}$$

ここで，燃焼過程の前後でのシリンダー容積比を**締切比（cutoff ratio）**σ と定義する．

$$\sigma=\frac{v_3}{v_2} \tag{3-146}$$

この締切比と断熱変化の関係を用いると，式(3-145)は以下のように求められる．

$$\eta_{\mathrm{Di}}=1-\frac{1}{\varepsilon^{\kappa-1}}\frac{\sigma^{\kappa}-1}{\kappa(\sigma-1)} \tag{3-147}$$

ディーゼルサイクルの熱効率は，オットーサイクルの効率に比熱比と締切比からなる値を掛けたものになっていることがわかり，この値は常に 1 より大きいため，圧縮比が同じ場合には，オットーサイクルの効率はディーゼルサイクルより高くなる．しかしながら，ディーゼルサイクルでは，オットーサイクルとは異なり，空気のみを圧縮していくため，燃料を噴射するま

ルドルフ・ディーゼル

ドイツの技術者，発明家．ディーゼルエンジンの開発者として知られる．ミュンヘン工科大学でリンデの指導を受けた．カルノーサイクルに基づいた内燃機関の実験ののち，圧縮着火式内燃機関を発明した．(1858–1913)

で自動発火，すなわちノックの危険性を回避できる．そのため，オットーサイクルよりも高い圧縮比を実現することができ，実際のエンジンには 20 前後になるものもある．そのため，実際のエンジンの効率を比較すると，ディーゼルエンジンの方が一般的には高くなる．

c. ブレイトンサイクル

ブレイトンサイクル（Brayton cycle）は簡単な開放型ガスタービンの理論サイクルである．**ガスタービン（gas turbine）**は，高速で回転する圧縮機を用いて，空気を連続的に圧縮し，燃料を噴射して燃焼させた高温ガスを**タービン翼（turbine blade）**に吹き付けることでロータを回転させ，仕事を取り出すものである．圧縮機とタービン翼は連結されていることが多く，タービン出力の一部を利用して圧縮機を駆動し，残りを軸仕事として取り出す．このような熱機関は，これまで紹介してきたような容積型の熱機関に比べ，熱効率が比較的低いという欠点を有している．しかしながら，タービンを高速回転させて連続的に仕事を取り出すことができるため，小型かつ軽量ながらも高出力が期待でき，航空機や小型発電機などに用いられている．図 3-35 にガスタービンの概要とブレイトンサイクルの Pv 線図を示す．このサイクルは，燃焼と放熱がともに等圧過程で行われる点に特徴があり，以下の熱力学的過程によって仕事を発生させる．

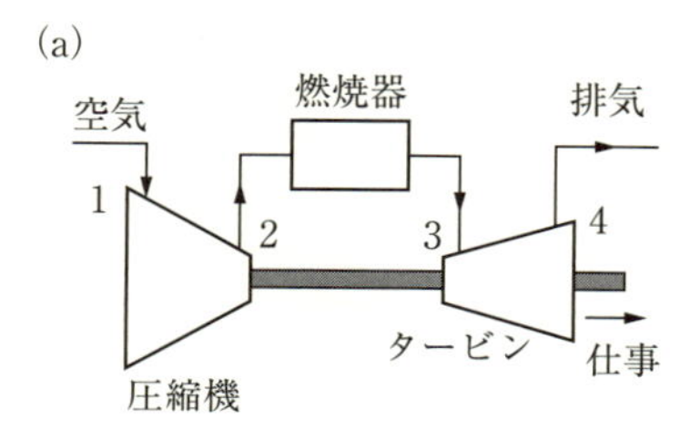

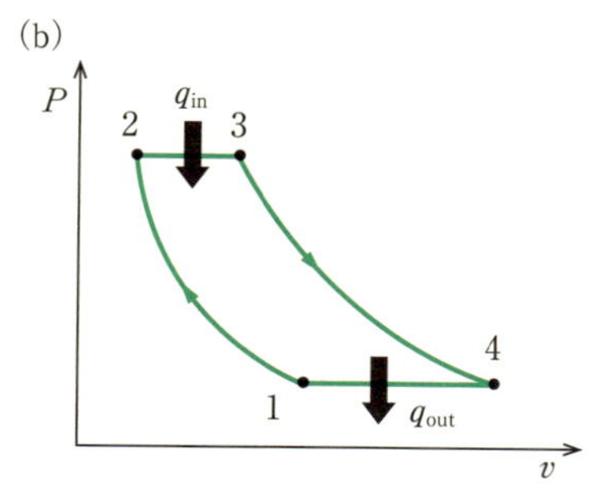

図 3-35　ガスタービンの概要（a）とブレイトンサイクルの Pv 線図（b）

状態 1→2：断熱圧縮
状態 2→3：等圧加熱
状態 3→4：断熱膨張
状態 4→1：等圧冷却

なお，実際の機器は開放系であるが，空気の流入および燃焼ガスの排気を冷却とみなすことで閉鎖系として考えることができる．ほかにも燃焼器での燃料の流入もあるが，空気流量と比べると無視することができるほど小さいのでここでは考えない．

ブレイトンサイクルの熱効率について考える．熱量 q_{in}，q_{out} は，状態 2→3 および状態 4→1 が等圧過程なので，

$$q_{in} = c_p(T_3 - T_2) \tag{3-148}$$

$$q_{out} = c_p(T_4 - T_1) \tag{3-149}$$

サイクルの熱効率 η_{Br} は，次のように表される．

$$\eta_{Br} = 1 - \frac{q_{out}}{q_{in}} = 1 - \frac{T_4 - T_1}{T_3 - T_2} \tag{3-150}$$

また，状態 1→2，状態 3→4 の断熱過程より，

$$\frac{T_1}{T_2} = \left(\frac{P_1}{P_2}\right)^{\frac{\kappa-1}{\kappa}} \tag{3-151}$$

$$\frac{T_4}{T_3} = \left(\frac{P_4}{P_3}\right)^{\frac{\kappa-1}{\kappa}} = \left(\frac{P_1}{P_2}\right)^{\frac{\kappa-1}{\kappa}} \tag{3-152}$$

したがって，熱効率 η_{Br} は，**圧力比（pressure ratio）** $\gamma\,(=P_2/P_1=P_3/P_4)$ を用いて次のように書き換えられる．

$$\begin{aligned}\eta_{Br} &= 1 - \frac{T_4 - T_1}{T_3 - T_2} \\ &= 1 - \frac{T_3\left(\frac{P_1}{P_2}\right)^{\frac{\kappa-1}{\kappa}} - T_2\left(\frac{P_1}{P_2}\right)^{\frac{\kappa-1}{\kappa}}}{T_3 - T_2} \\ &= 1 - \left(\frac{P_1}{P_2}\right)^{\frac{\kappa-1}{\kappa}} = 1 - \left(\frac{1}{\gamma}\right)^{\frac{\kappa-1}{\kappa}} = 1 - \frac{1}{\gamma^{\frac{\kappa-1}{\kappa}}}\end{aligned} \tag{3-153}$$

3.6.3　蒸気サイクル

前項ではガスサイクルを学んだが，本項では，サイクルの一部で気相・液相になるようなサイクルを紹介する．この蒸気サイクルを用いた蒸気動力プラントは，電力生産に用いられており，工業的に非常に重要である．ここでは，最も基本的な蒸気サイクルである**ランキンサイクル（Rankine cycle）**と**蒸気圧縮冷凍サイクル（vapor compression refrigeration cycle）**を取り上げる．

a. ランキンサイクル

図 3-36 はランキンサイクルの構成と Ts 線図を表

している．水は状態1で飽和液としてポンプに入って圧縮されて高圧の圧縮水となり（状態1→2），ボイラーで加熱されて高温高圧の過熱蒸気となる（状態2→3）．その後，タービンで膨張して，発電機に連結した軸を回転させることで仕事を行って低圧の飽和液に戻る（状態3→4）．最終的には復水器で冷却されて元に戻る．このランキンサイクルの4構成要素（ポンプ，ボイラー，タービン，復水器）はいずれも開放系であり，以下の熱力学的過程と考えることができる．

状態1→2：断熱圧縮

状態2→3：等圧加熱

状態3→4：断熱膨張

状態4→1：等圧冷却

ここで，それぞれの熱や仕事の出入りについて考える．なお，このサイクルでは運動エネルギーや位置エネルギーの変化は無視することができる．状態1→2では，断熱変化であるので熱の出入りがなく，熱力学の第1法則より，仕事 w_{12} は，

$$w_{12}=\mathrm{d}h=h_2-h_1 \tag{3-154}$$

である．続いて状態2→3では，ボイラーでは仕事がないため，熱量は，

$$q_{23}=q_{\mathrm{in}}=h_3-h_2 \tag{3-155}$$

となり，状態3→4では，タービンでの断熱膨張は，ポンプと同様に，

$$w_{34}=h_3-h_4 \tag{3-156}$$

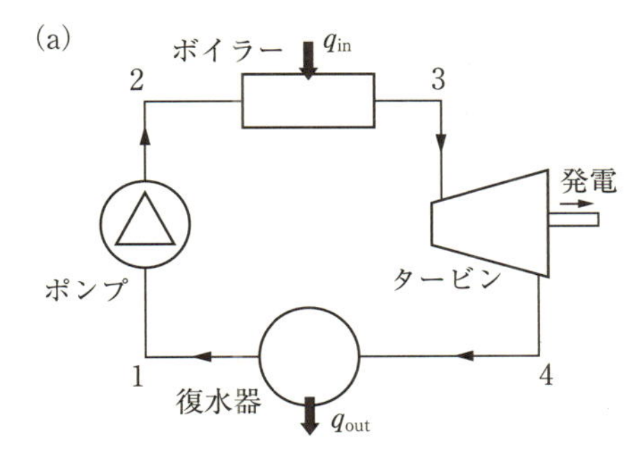

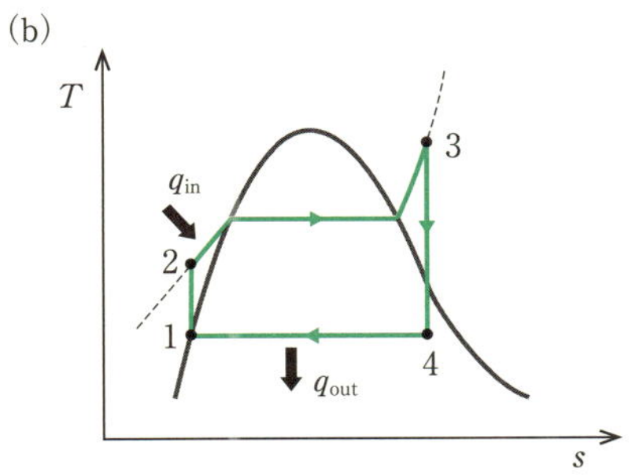

図3-36 ランキンサイクルの概要（上）と Ts 線図（下）

と表され，状態4→1の復水器では，ボイラーの逆と考えてよく，

$$q_{41}=q_{\mathrm{out}}=h_4-h_1 \tag{3-157}$$

のようになる．したがって，ランキンサイクルの熱効率は，

$$\eta=\frac{w_{\mathrm{total}}}{q_{\mathrm{in}}}=1-\frac{q_{\mathrm{out}}}{q_{\mathrm{in}}}=\frac{(h_3-h_4)-(h_2-h_1)}{h_3-h_2} \tag{3-158}$$

となり，これはタービン入口の温度や圧力を高くすると向上する．しかしながら，温度には材料の耐熱性による上限があり，圧力には，出口の乾き度が低下してしまうという問題がある．これらを解決させるため，タービンでの膨張を途中で止め，再度加熱する**再燃サイクル（reheat cycle）**や，タービンで膨張している蒸気を取り出し，ボイラーへの給水を加熱する**再生サイクル（regenerative cycle）**などがあり，さまざまな工夫が実施されている．

b. 蒸気圧縮冷凍サイクル

3.3.1項で，熱機関の逆サイクルとしての冷凍機について学んだが，ここでは，産業的に多く用いられる冷凍機のサイクルについて詳しく学ぶ．図3-37に一般的な蒸気圧縮式冷凍サイクルの構成を示す．サイクルは，圧縮機，凝縮器，膨張弁，蒸発器から構成される．飽和蒸気の冷媒は**圧縮機（compressor）**に吸いこまれて断熱圧縮されて高温高圧の過熱蒸気となる．そして，**凝縮器（condenser）**において放熱することで等圧冷却されて凝縮され，飽和液となる．次に，**膨張弁（expansion valve）**を通り，絞り膨張による等エンタルピー変化により低温低圧の湿り蒸気となる．そして，**蒸発器（evaporator）**において外部から熱を吸入して等圧加熱されて蒸発し，飽和蒸気になる．そして再び圧縮機へと入っていき，冷媒は繰り返して使用され，連続的に物体や空間を冷却することができ

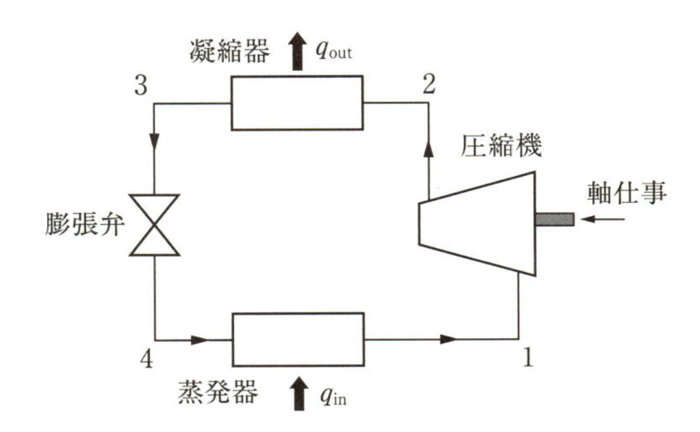

図3-37 蒸気圧縮冷凍サイクルの概要

(a)

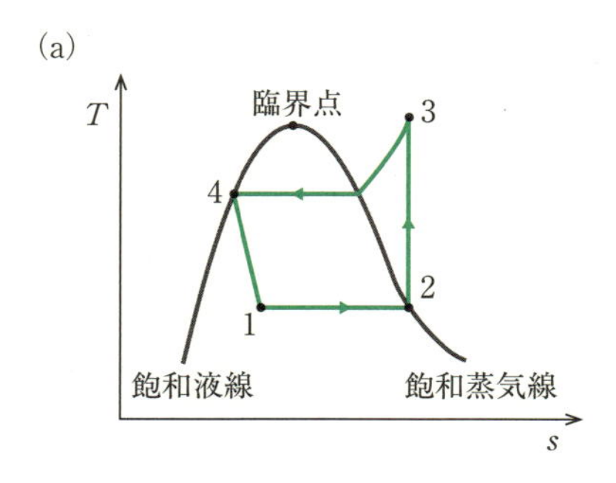

(b)

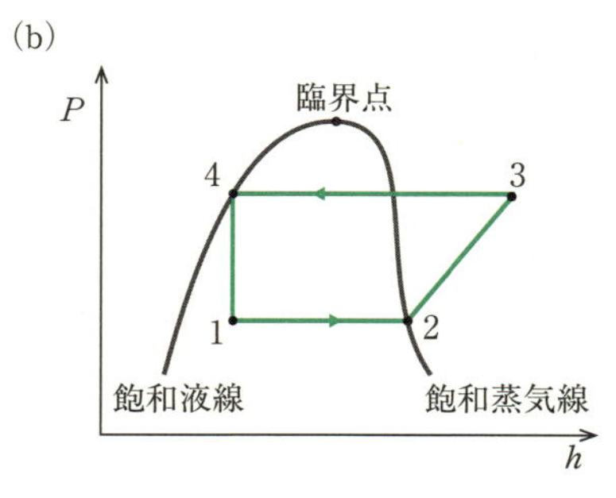

図 3-38　蒸気圧縮冷凍サイクルの Ts 線図 (a) と Ph 線図 (b)

る．この蒸気圧縮式冷凍サイクルは，相変化に伴う潜熱を利用しているために効率が比較的よく，エアコンや冷蔵庫などに広く用いられている．図 3-38 に冷凍サイクルの Ts 線図と Ph 線図を示す．このサイクルは，以下の熱力学的過程より構成される．

状態 1→2：断熱圧縮
状態 2→3：等圧冷却
状態 3→4：断熱膨張
状態 4→1：等圧加熱

次に冷凍サイクルにおける仕事，熱の授受，そして効率について考える．冷媒の単位質量流量を m [kg/s] とすると，圧縮機仕事 w_{12} は，エンタルピー変化と等しく，次式で与えられる．

$$w_{12}=h_2-h_1 \tag{3-159}$$

凝縮器では等圧冷却され，その放熱量 q_{23} は次のようになる．

$$q_{23}=q_{\mathrm{out}}=h_2-h_3 \tag{3-160}$$

膨張弁では外部との熱・仕事の授受はないため，エネルギーは保存される（$h_3=h_4$）．蒸発器では等圧加熱され，受熱量 q_{41} は次式のようになる．

$$q_{41}=q_{\mathrm{in}}=h_1-h_4 \tag{3-161}$$

そして，冷凍機の成績係数（動作係数）は投入エネルギーに対する吸収熱量の比で表され，次式で与えられる．

$$\varepsilon=\frac{q_{41}}{w_{12}}=\frac{h_1-h_4}{h_2-h_1} \tag{3-162}$$

このように，冷凍機の性能評価には比エンタルピーが重要な物性となるため，図 3-38(b)のような Ph 線図（モリエ線図）が，さまざまな冷媒物質について詳細に調べられており，この図を用いて性能評価を行うことができる．

3.6 節まとめ

- **作動流体が気相の状態を維持するガスサイクルにオットーサイクルやディーゼルサイクルなどがある．**
- **サイクルの一部で液相になるようなサイクルを蒸気サイクルとよぶ．**

3.7　伝　熱　の　基　礎

3.7.1　伝熱の 3 形態

これまで，ある状態から状態への変化を熱力学的に捉えてきた．そこでは，熱は温度が高い領域から低い領域に流れるが，いわば無限に近い時間を考えたきわめてゆっくりとした過程（準静的過程）を中心にして現象を捉えてきた．また，変化前の状態と変化後の状態のみで現象を取り扱い，状態間の変化における具体的な過程は問わないというスタンスであった．実際の熱の移動プロセスでは，身近に経験をしているとおり，有限の時間内で起こりうる現象であり，その過程によって温度の時間的空間的分布が異なってくる．ここでは実際に熱が伝わる過程，つまり**伝熱（heat transfer）**現象について紹介する．

伝熱を考えるにあたって，基本的な原理は熱力学で学んだものと同じである．すなわち，“熱は温度の高い領域から低い領域に向かって流れる”，“エネルギーは保存する”である．伝熱の形態には三つある．身近な例として，風呂に入るところを考えてそれらの形態をみていく．

冬の風呂で，少し高めの温度に設定した．手をそっと湯につけると最初は熱く感じるが，湯につかってしばらくするとそれほど熱く感じなくなる．ただ，途中で身体を動かしたり，ざばっと風呂から上がろうとしたときに，熱く感じたことがあるだろう．湯につかって熱く感じなくなるのは，湯から身体に熱が移動し，身体のすぐ周りの湯の温度が下がり，身体の皮膚近くの温度が上がることによる．つまり，水を媒体として熱が移動することにより，皮膚のすぐ近くの領域において温度勾配が小さくなる．ゆっくりつかっているときには身体の周りの湯はほとんど動かないが，ざばっと上がるときには温度が高いままの周りの湯が身体に対して動いていることになる．

前者のように，媒体の中を熱が移動する形態のことを**熱伝導（heat conduction）**あるいは**伝導伝熱（conductive heat transfer）**，後者のように媒体が移動することによって熱が移動する形態のことを**対流熱伝達（convective heat transfer）**とよぶ．いずれも，熱の移動に対して媒体を必要とすることが特徴である．

もう一つの伝熱形態は，冬場の風呂に入った瞬間に体験している．浴室を暖房で暖めずに入った瞬間に寒さを感じたことがあるだろう．一方，湯船の蓋を外して湯を溜めていたり，浴室自体を暖房によって暖めていた場合には，裸の状態でもさほど寒いと感じることはない．これは，浴室中の空気が冷たく，空気と身体との間の熱伝導・対流伝熱によって寒さを感じるだけでなく，浴室の壁と身体の表面との間で電磁波の形で熱が移動していることによる．つまり，壁のもっている熱エネルギーが電磁波に変換されて身体表面まで伝わり，身体表面に到達した時点で電磁波があらためて熱エネルギーに変換されることになる．

このように，水や気体のような媒体を必要とせず，電磁波として熱が移動する形態のことを**ふく射（輻射）伝熱（radiative heat transfer）**とよぶ．ほかの身近な例に，キャンプファイヤーや台所のコンロなど，炎を遠くから眺めると顔がちりちり暖かく感じるが，顔を背けると暖かく感じなくなるという経験をしたことはないだろうか．これもふく射による伝熱の影響である．

なお，教科書によっては，伝熱の形態は熱伝導とふく射の二つであり，媒体の移動による対流熱伝達は形態としてカウントしないものもある．本書においては，対流による熱の移動も形態の一つとして考える．

では，これらの伝熱はどのように扱うのか．伝熱の世界では，単位時間・単位面積あたりの熱の移動量に注目して考えることが多い．この移動量のことを，**熱流束（heat flux）** q [J/(m^2·s)]＝[W/m^2] とよぶ．ここ

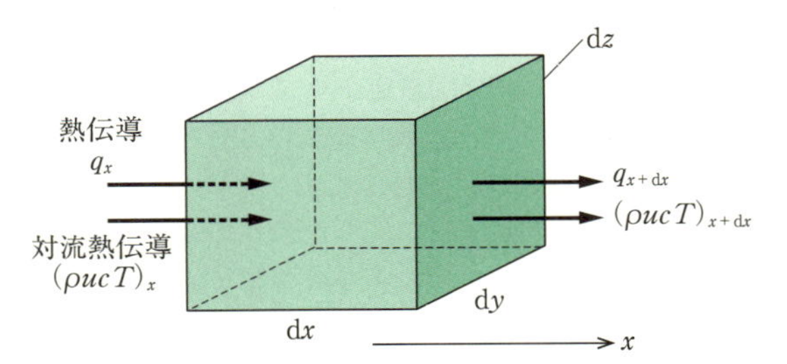

図 3-39 検査体積における 1 次元エネルギーフロー

で，**図 3-39** に示すような**検査体積（control volume）**を考え，この中でのエネルギー保存を考える．簡単のために，まずは x 方向のみの熱の移動，すなわち，1 次元伝熱を考える．熱の移動によって検査体積（体積 $dV = dxdydz$）の単位時間あたりのエネルギー変化は，$\rho c(\partial T/\partial t)dV$ で表される．ここで，密度 ρ [kg/m^3]，比熱 c [J/(kg·K)]，温度 T [K]，そして，時間 t [s] を用いるので，この項全体で単位時間あたりのエネルギー変化量を示していることは一度確認をしてみるとよいだろう．では，この検査体積での単位時間あたりのエネルギー保存を考えるとどのような式になるかをみてみる．ここで，流体の速度を u [m/s]，流体自身が単位時間単位体積あたり発熱する量を ω [J/(m^3·s)] で示す．

$$\rho c \frac{\partial T}{\partial t} dV = (q_x - q_{x+dx}) dydz + \left\{(\rho ucT)_x - (\rho ucT)_{x+dx}\right\} dydz + \omega dV \tag{3-163}$$

右辺の q で示される第 1 項は熱伝導によって検査体積に出入りするエネルギー量を，第 2 項は流体自身の運動（対流）によって検査体積に出入りするエネルギー量を，第 3 項は発熱によるエネルギー量を表している．

ここで，位置 $x + dx$ での物理量を dx が小さいとしてテイラー展開を行い 1 階微分までの項を用いると，式(3-160)は次のようになる．なお，途中の変形で流体力学で学ぶ**連続の式（continuity equation）**を用い，$dV = dxdydz$ を適用している．

$$\frac{\partial T}{\partial t} = -\frac{1}{\rho c}\frac{\partial q}{\partial x} - u\frac{\partial T}{\partial x} + \frac{\omega}{\rho c} \tag{3-164}$$

1 次元での伝熱のみを考慮したこの式をベクトル形式で拡張すると次のようになる．ここで，∇ は空間微分演算子を表す．

$$\frac{\partial T}{\partial t} = -\frac{1}{\rho c}\nabla q - (u \cdot \nabla) T + \frac{\omega}{\rho c} \tag{3-165}$$

時間的に温度が変化しない状態，すなわち，**定常状態（steady state）**では左辺が0に，固体の中での伝熱を考えるのであれば，液体や気体と異なり固体を構成する巨視的な物質は固体中で動かないので右辺第2項が0に，核燃料のように自ら発熱するような物質ではなく，水や空気といった流体を対象とするのであれば右辺第3項が0になるというようにこの式を使う．なお，対流熱伝達に関する項は左辺に移項して表現するのが一般的で，その場合はエネルギー保存式は以下のようになる．

$$\frac{\partial T}{\partial t}+(u\cdot\nabla)T=-\frac{1}{\rho c}\nabla q+\frac{\omega}{\rho c} \qquad (3\text{-}166)$$

ふく射伝熱については，体積ではなく面と面で定義する伝熱形態になるので，考えている系の境界に組み込む，つまり，**境界条件（boundary condition）**として導入する必要がある．では，各伝熱形態についてみていく．

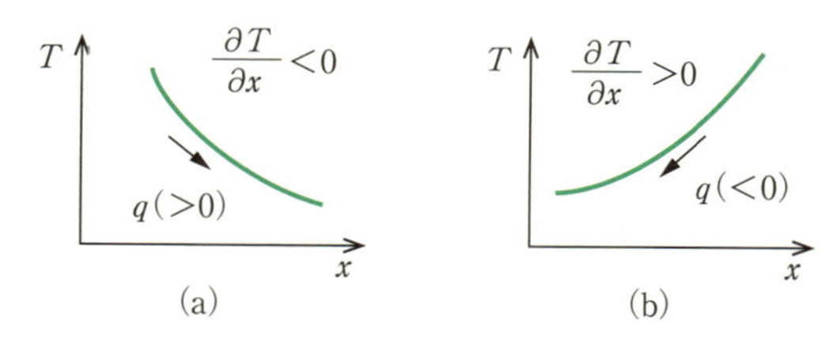

図 3-40　温度勾配と熱の移動方向

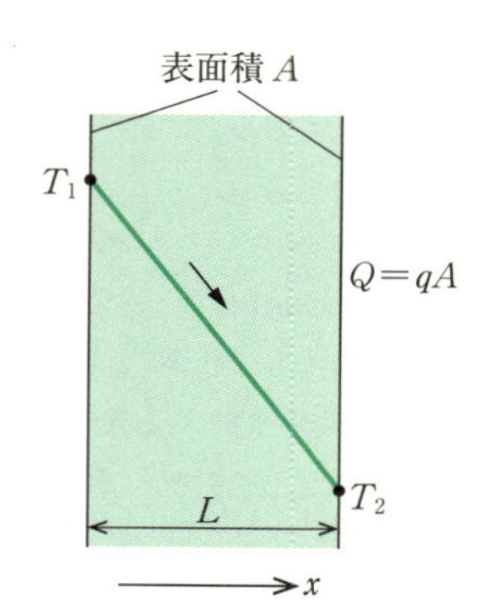

図 3-41　1層の熱抵抗の模式図

3.7.2　熱伝導

熱伝導は，媒体を必要とする伝熱形態の一つであり，物体を構成する原子や分子，あるいは自由電子がエネルギーの運搬を担っている．気体や液体の場合には原子や分子の運動とそれらの衝突によって，また固体では格子の振動と自由電子の運動によって熱が移動する．

熱伝導によって，物体内のある地点において移動する熱量は，その地点の温度変化の割合，つまり温度勾配 $\partial T/\partial n$ [K/m] に依存することが知られている（n は方向を示す変数として用いている）．これは，フランスの数学者・物理学者であるジョゼフ・フーリエ（Jean B.J. Fourier）によって経験的に求められ，**フーリエの法則（Fourier's law）**として知られている．この法則は，後に理論的にも正しいことが証明されている．フーリエの法則は熱流束 q を用いて以下のように表すことができる．

$$q=-\lambda\frac{\partial T}{\partial n} \qquad (3\text{-}167)$$

ここで，比例定数を**熱伝導率（thermal conductivity）** λ [W/(m·K)] とよぶ．熱伝導率は，温度勾配が存在する場合に熱が伝わりやすいか伝わりにくいかを表す物性値である．ただし，右辺にマイナスの符号が付いていることに注意が必要である．図 3-40 に概略図を示すとおり，熱は必ず温度の高いところから低いところに向かって移動する．図 3-40（a）のように，熱が $x>0$ の方向に流れる場合は，x が小さい方が必ず温度が高い，すなわち $\partial T/\partial x<0$ となる．同じく図 3-40（b）のように，熱が $x<0$ の方向に流れる場合は $\partial T/\partial x>0$ となる．したがって，熱の移動方向と温度勾配は“必ず”向きが逆になり，その関係を右辺のマイナスの符号が示す．

このフーリエの法則をエネルギー保存式（式(3-166)）に代入すると，熱伝導率が場所によらず一定の場合には次のような形になる．

$$\frac{\partial T}{\partial t}+(u\cdot\nabla)T=\frac{\lambda}{\rho c}\nabla^2T+\frac{\omega}{\rho c}$$
$$=\alpha\nabla^2T+\frac{\omega}{\rho c} \qquad (3\text{-}168)$$

ここで，$\alpha=\lambda/(\rho c)$ [m^2/s] は**熱拡散率（温度伝導率，thermal diffusivity）**とよばれる物性値で，温度場が

ジョゼフ・フーリエ

フランスの数学者．任意の関数は三角関数の級数（フーリエ級数）で表すことができると論じ，その後の解析学の発展に多大な影響を与えた．ナポレオンのエジプト遠征に同行したのち，イゼール県知事となり男爵位を授けられた．(1768-1830)

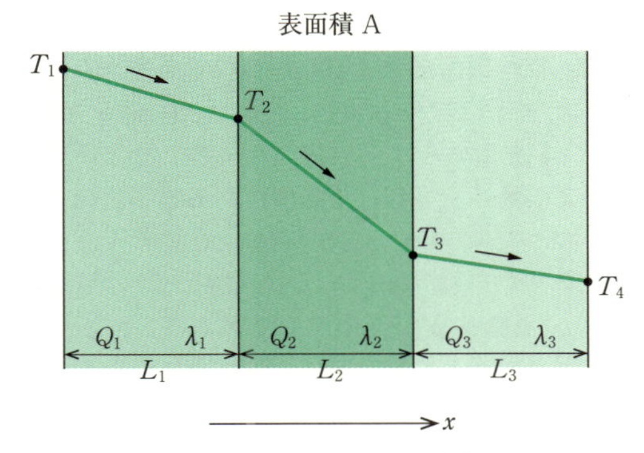

図 3-42 3層の熱抵抗の模式図

物体中で拡がっていく（拡散する）速さを表す指標である．

a. 定常熱伝導

さて，式(3-168)において，対流および発熱がない状態で，かつ，温度場が時間的に不変の状態（定常状態）を考える．すると，エネルギー保存の式は，以下の形になる．

$$0=\nabla^2 T \tag{3-169}$$

この式を2回積分をすれば温度 T の解が得られる．直交座標系での1次元空間でこの問題を解くと，得られる解は次式のとおり，直線状の温度分布となる．

$$T=ax+b \tag{3-170}$$

ただし，a と b は積分定数である．したがって温度分布を正確に求めるためには，二つの境界条件があればよいということになる．

いま，二つの等温面が両端に存在するような1次元定常熱伝導について，別の見方をしてみる．図 3-41 のように，二つの境界面（温度 T_1 および T_2 の等温面）に挟まれた物体内での熱の移動は，境界面の表面積を A，境界面間距離を L とすると，物体内を流れる熱 Q が次のように求まる．

$$Q=qA=-\lambda\left(\frac{\partial T}{\partial x}\right)\cdot A=\lambda\frac{T_1-T_2}{L}\cdot A=\frac{\lambda A}{L}\Delta T \tag{3-171}$$

ここで，$\Delta T=T_1-T_2$ と定義した．さて，ここで，式(3-171)を模式的に理解するために電気回路を思い出してみる．抵抗 R の両端に電位差 $\Delta V=V_1-V_2$ を掛けた場合に流れる電流を I とすると，抵抗・電位差・電流の間に以下の関係式が成立する．

$$I=\frac{1}{R}\Delta V \tag{3-172}$$

式(3-171)とよく似た形である．物体内を流れる熱と電流，物体端面に与えた温度差と電位差，のように対応すると考えると，式(3-171)での $1/\{(\lambda A)/L\}=L/\lambda A$ が電気回路における抵抗に相当すると考えられる．したがって，熱の移動に対する抵抗，すなわち**熱抵抗（thermal resistance）**として次の R_t を定義することができる．

$$R_t=\frac{L}{\lambda A} \tag{3-173}$$

このように熱伝導と電気回路は相似の関係にあり，この関係を“熱伝導と電気伝導のアナロジー”とよぶ．この概念を用いると，たとえば図 3-42 に示すような3層平板間の温度差についても容易に求めることができる．すなわち，各平板の熱抵抗を考え，これらの平板が直列に繋がっていると考える．また，エネルギー保存を考えると $Q_1=Q_2=Q_3=Q$ が成立する．すると，両端面間の温度差 $\Delta T=T_1-T_4$ は次のように求めることができる．

$$\Delta T=QR_t=Q\sum_{i=1}^{3}\frac{L_i}{\lambda_i A}=\frac{Q}{A}\left(\frac{L_1}{\lambda_1}+\frac{L_2}{\lambda_2}+\frac{L_3}{\lambda_3}\right) \tag{3-174}$$

平板のみならず，円筒や球殻についても同様の議論を行うことができる．

b. 非定常熱伝導

次に，温度分布の時間変化がある場合を考える．まずは前項と同様，熱伝導のみが伝熱形態として存在し，対流や発熱は存在しないとする．また，熱伝導率が場所によらず一定だとすると支配方程式は式(3-168)より次のようになる．

$$\frac{\partial T}{\partial t}=\alpha\nabla^2 T \tag{3-175}$$

例えば，1次元の非定常熱伝導問題として考えると，上式の右辺は $\alpha(\partial^2 T/\partial x^2)$ となり，解析的に解ける．いま，時間 t と空間座標 x の両方を含む変数 η を以下のように定義する．

$$\eta=\frac{x}{2\sqrt{\alpha t}} \tag{3-176}$$

この変数を用いて，式(3-175)に適用すると，温度場の一般解は次のように求められる．

$$\begin{aligned}T&=a\cdot\frac{2}{\sqrt{\pi}}\int_0^{\eta}e^{-u^2}\mathrm{d}u+b\\&=a\cdot\mathrm{erf}(\eta)+b\end{aligned} \tag{3-177}$$

ここで，$\mathrm{erf}(\eta)$ は**誤差関数（error function）**あるいは**ガウスの誤差関数**とよばれる関数である．この場合

も未定係数が a と b の二つが残っているので，境界条件を二つ与えることで解くことができる．

さらに，流体力学における境界層厚さの概念と同様に，**温度境界層厚さ（thermal boundary layer thickness）**δ_t をこの解析解から求めることができる．一方の表面を境界面とし，もう一方は無限に拡がる物体，いわゆる半無限物体の両端温度を規定した系においては，誤差関数表を用いて $\delta_t = 3.6\sqrt{\alpha t}$ となる．

多次元の非定常熱伝導問題については，コンピュータが発達する以前は解析的に解く努力がなされてきたが，今後はより複雑な形状や条件も考慮しながら数値計算によってその解を求めることになる．

3.7.3　対流

前項で学んだ熱伝導では，熱を伝える媒体の流動については考えなかった．しかし，媒体が空気や水などの流体の場合は，流動によっても熱エネルギーが輸送されるので，その分も考慮する必要がある．これを対流とよぶ．対流には**自然対流（free convection）**と**強制対流（forced convection）**の 2 種類が存在し，自然対流は密度や表面張力差によって流動が発生する場合を指し，強制対流は外部から流動を発生させる場合を指す．例えば，エアコンで部屋の温度を変化させる場合は強制対流で，たばこや線香の煙が上方に流れていく現象が自然対流である．そして，対流による熱移動のことを**対流熱伝達（convective heat transfer）**とよぶ．一般に，対流熱伝達により移動する熱量は，熱伝導により移動する熱量と比べてはるかに大きい場合が多い（動粘性係数 ν と熱拡散率 α の比で表される無次元数プラントル数 $Pr = \nu/\alpha$ が 1 より大きい場合に成立．流体金属など $Pr < 1$ となる流体では成立しない）．

自然対流，強制対流どちらの場合においても，流体と接している物体表面上での単位面積あたりの熱移動量である熱流束 q [W/m^2] は次のように表すことができる．

$$\frac{Q}{A} = q = h\Delta T = h(T_W - T_\infty) \qquad (3\text{-}178)$$

ここで，T_W は物体表面上の温度，T_∞ は物体表面からやや離れた領域の温度を示す．この h [W/(m^2·K)] は**熱伝達率（heat transfer coefficient）**とよばれ，媒体の物性や流動様式などによって大きく変化する．熱伝達率は，物体表面における流れや状態が一様ではないため，物体表面上のある特定の場所での熱伝達現象を扱う場合には**局所熱伝達率（local heat transfer coefficient）**h_x とよばれる，その場所での熱伝達率を考え，物体表面全体での熱伝達現象を考える場合には，**平均熱伝達率（average heat transfer coefficient）**h_m を用いる．平均熱伝達率のことを単に熱伝達率とよぶ場合も多い．ここで，ある物体表面（表面積 A）についての熱伝達現象について考える．物体表面全体での熱流束 q_A は，各領域における局所的な熱流束 q_x を物体表面全体で積分することで表すことができる．もし $\Delta T = T_W - T_\infty$ が場所によらず一定である場合には，

$$q_A = \frac{1}{A}\int_A q_x \mathrm{d}A = \frac{\Delta T}{A}\int_A h_x \mathrm{d}A \qquad (3\text{-}179)$$

と示すことができる．ここで，式(3-178)の熱伝達率 h を平均熱伝達率 h_m と考えると，上式から，以下のように局所熱伝達率と平均熱伝達率を関係付けることができる．

$$h_m = \frac{1}{A}\int_A h_x \mathrm{d}A \qquad (3\text{-}180)$$

対流熱伝達の特性を表す場合には，流体の熱伝導率を用いて熱伝達率を無次元化した**ヌセルト数（Nusselt number）**Nu を用いる．

$$Nu = \frac{hx}{\lambda} \qquad (3\text{-}181)$$

ヌセルト数は対流熱流束と伝導熱流束の比を表す無次元数である（$Nu = \dfrac{hx}{\lambda} = \dfrac{h\Delta T}{\lambda(\Delta T/x)}$ と書くとわかりやすいだろう）．また，この x [m] は代表長さで，その伝熱現象を象徴する代表的な寸法を用いることが多い．

a. 強制対流

図 3-43 に強制対流のイメージを示す．物体表面と流体に温度差がある場合，物体表面近傍では流体の温度が急激に変化し，その領域では物体表面から流体へ熱伝導によって熱が伝わり，その熱が流れによって輸送される．そして，物体からある程度の距離までは温度勾配が徐々にゆるやかになり，その温度勾配が存在している領域を**温度境界層（thermal boundary layer）**とよぶ．通常，温度境界層は，壁面近傍での温度変化が，無限遠と壁温との温度差の 99% になる領域として定義されることが多い．この温度境界層が薄いほど，温度勾配が急になるため，高い熱伝達率が得られる．図 3-44 に，平板に沿う温度境界層のイメージを示す．

また，一般的な強制対流条件下では，ヌセルト数は以下の関係で表現される．

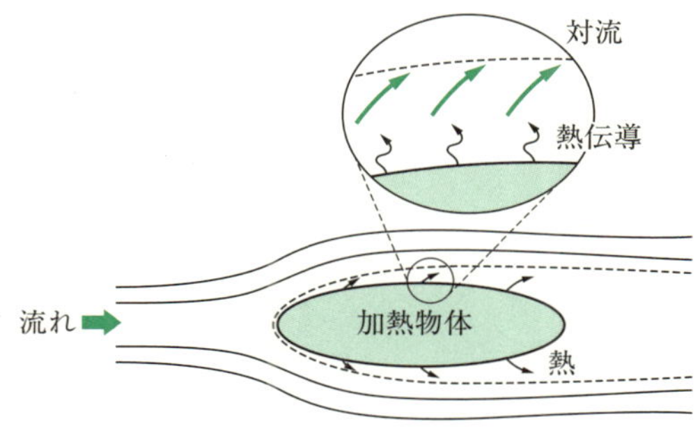

図 3-43 強制対流熱伝達

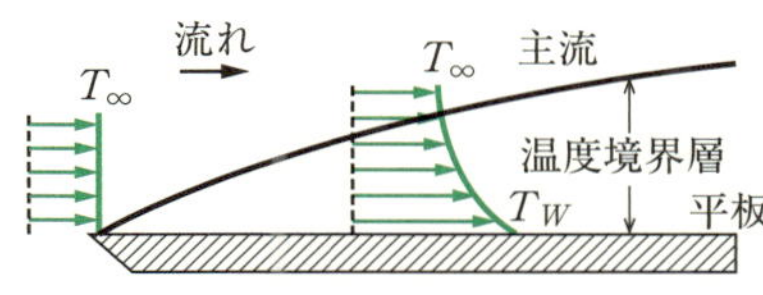

図 3-44 平板周りの温度境界層

$$Nu = C \cdot Re^m \cdot Pr^n \qquad (3\text{-}182)$$

ここで Re, Pr はそれぞれ**レイノルズ数（Reynolds number）**，**プラントル数（Prandtl number）**という無次元数で，レイノルズ数は慣性力と粘性力の比，プラントル数は運動量拡散と温度拡散の比を表しており，流れの代表速度 u，代表長さ x，流体の動粘性係数 ν，流体の熱拡散率 a を用いて次式で定義される．

$$Re = \frac{ux}{\nu} \qquad (3\text{-}183)$$

$$Pr = \frac{\nu}{a} \qquad (3\text{-}184)$$

係数 C，m，n は伝熱面の性状や，流れの状態によって異なる．例えば，層流の場合に加えて，乱流の場合は，渦運動によって熱交換が盛んに行われ，一般にヌセルト数は大きくなる．例えば，層流の場合はレイノルズ数のべき数は $m=0.5$ となることが多い．また，沸騰や凝縮などの相変化を起こす場合には，相変化に伴う潜熱移動が伝熱に寄与するため，よりヌセルト数が大きくなる．

b. 自然対流

図 3-45 に自然対流のイメージを示す．温度差によって生じる密度差が引き起こす自然対流の場合，流れの駆動力は浮力になる．単位体積あたりに働く浮力 F_b は，重力加速度 g と物体近傍の流体と遠方の流体との密度差を用いて，以下のように表すことができる．

$$F_b = g(\rho_\infty - \rho_W) = \rho g \beta (T_\infty - T_W) \qquad (3\text{-}185)$$

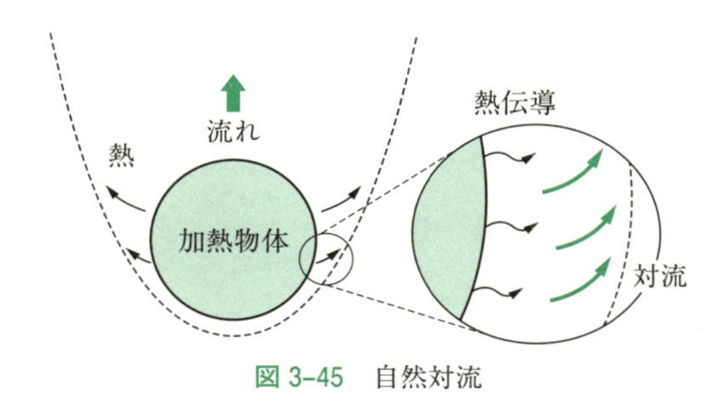

図 3-45 自然対流

ここで β は体膨張率で，式(3-116)で示したとおり，温度が 1 K 変化した際に，体積が変化する割合を指す．

$$\beta = -\frac{1}{\rho}\left(\frac{\partial \rho}{\partial T}\right) = \frac{1}{\nu}\left(\frac{\partial \nu}{\partial T}\right) \qquad (3\text{-}186)$$

そして，この浮力による自然対流を支配する無次元パラメータは**グラスホフ数（Grashof number）** Gr とよばれる．

$$Gr = \frac{g\beta(T_W - T_\infty)x^3}{\nu^2} \qquad (3\text{-}187)$$

グラスホフ数は強制対流によるレイノルズ数に相当する．そして，このグラスホフ数とプラントル数の積は**レイリー数（Rayleigh number）** Ra とよばれ，自然対流の流れの状態，すなわち層流か乱流かを区別する無次元パラメータになる．

$$Ra = Gr \cdot Pr = \frac{g\beta(T_W - T_\infty)x^3}{\nu a} \qquad (3\text{-}188)$$

Ra が 10^9 程度で流れが層流から乱流に遷移する．

また，一般的な自然対流条件下でのヌセルト数は，この Ra を用いて以下のように表現できることが多い．

$$Nu = C \cdot Ra^n \qquad (3\text{-}189)$$

3.7.4 ふく射

冬にたき火やストーブにあたると暖かく感じるのは，空気中の熱伝導や対流伝熱のためではなく，もう一つの伝熱形態であるふく射が関係しているためである．物体内の原子や分子の振動に伴って物体からは電磁波が放出されており，このことを**放射（emission）**，あるいは**ふく射（radiation）**とよぶ．図 3-46 にふく射によるエネルギー輸送のイメージを示す．放射される電磁波はさまざまな波長をもち，速度は光速と同等である．このふく射による伝熱は，伝熱媒体が存在しない真空中でも起き，伝導や対流とはまったく異なる．伝熱に関わる電磁波の波長は，図 3-47 に示すように，可視から赤外線にかけてが主となる．

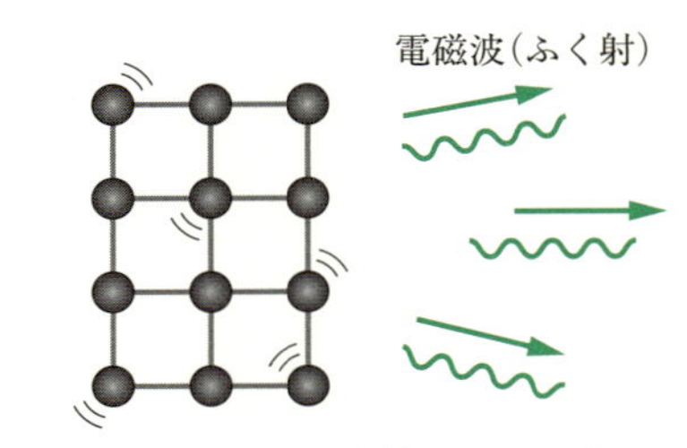

図 3-46　ふく射のイメージ

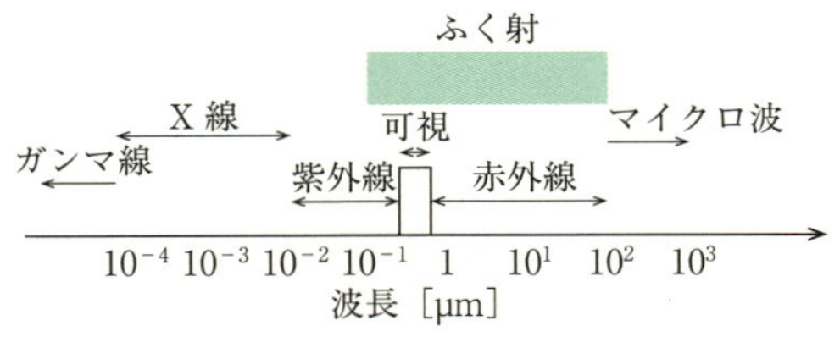

図 3-47　電磁波と波長

ふく射の形で輸送されるエネルギーは，物体に入射されると，反射，透過，吸収のいずれかの形態をとり，吸収された分が温度を上昇させることになる．そして，全エネルギーを 1 としたときの反射，透過，吸収の割合をそれぞれ反射率 R_r，透過率 T_r，吸収率 α とよぶ．

$$R_r+T_r+\alpha=1 \tag{3-190}$$

完全に不透明な物体の場合は $T_r=0$ となる．また，入射されたすべての波長のふく射を吸収する物体のことを特に**黒体（black body）**とよぶ．黒体は $\alpha=1$ である．

ここで黒体のふく射について考える．厳密には量子力学の知識が必要なため，詳細は割愛して結果のみを示すが，絶対温度 T の黒体から放射される波長 λ の単色放射能 $E_{b\lambda}$ は以下の式で表される．

$$E_{b\lambda}=\frac{2\pi h{c_o}^2}{\lambda^5\left[\exp\left(\frac{hc_o}{\lambda kT}\right)-1\right]} \tag{3-191}$$

ここで，h はプランク定数（$=6.6256\times10^{-34}$ J·s），k はボルツマン定数（$=1.3805\times10^{-23}$ J/K），c_o は真空中での光速（$=2.998\times10^8$ m/s）である．この式で表される波長と単色放射能の関係を各温度で示したものが図 3-48 になる．このような分布をプランク分布とよぶ．プランク分布では，温度が高くなるほど放射エネルギーが最大となる波長が短波長側へ移動していることがわかる．そして，放射エネルギーが最大となる波長 λ_{max} は温度 T によって決まり，次のようになる．

$$\lambda_{max}T=2897\ \mu\text{m}\cdot\text{K} \tag{3-192}$$

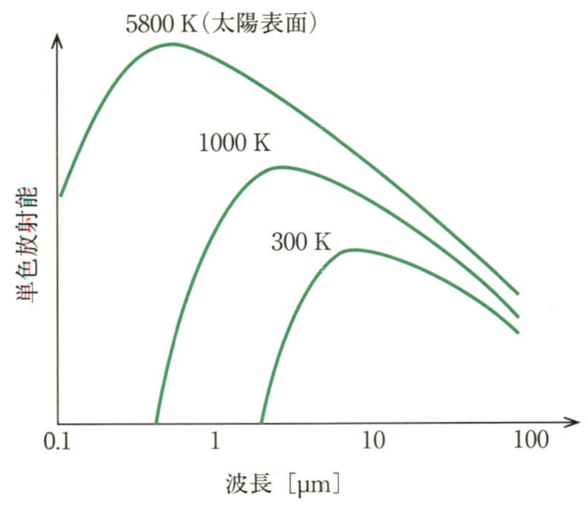

図 3-48　黒体の単色放射能と波長

この関係をウィーンの変位則とよぶ．温度 T が高くなるほど λ_{max} が小さくなることがわかる．ろうそくの炎をみると，温度の低い芯付近は赤く，温度の高い周辺部は青くなっているが，これはこのプランク分布が関係している．

前述の単色放射能をすべての波長について積分し，黒体が放射する全ふく射エネルギーを考えると，全放射能 E_b が得られ，この関係式をステファン・ボルツマンの法則とよぶ．

$$E_b=\int_0^\infty E_{b\lambda}d\lambda=\sigma T^4 \tag{3-193}$$

ここで σ はステファン・ボルツマン定数（$=5.67\times10^{-8}$ W/(m²·K⁴)）という定数で，この式は，黒体から放射される単位面積あたりのふく射エネルギー，すなわち熱流束は，絶対温度の 4 乗に比例することを意味している．

これまでは理想的な黒体のふく射について考えてきた．それでは身の回りの物体表面，すなわち実在面からのふく射エネルギーはどのようになっているのだろ

ルートヴィッヒ・ボルツマン

オーストリアの物理学者．熱平衡状態における分子の各状態の確率分布を示す関係式を示したこと，クラウジウスが導入したエントロピーの概念を明確化したことなどで知られる．原子論を否定するマッハらと激しく対立した．(1844-1906)

うか．一般に，実在面の単色放射能 E_λ は，黒体の単色放射能 $E_{b\lambda}$ との比を用いて考えることが多い．

$$\varepsilon_\lambda = \frac{E_\lambda}{E_{b\lambda}} \tag{3-194}$$

この比 ε_λ を**単色放射率（spectral emissivity）**とよぶ．そしてこれを全波長で積分した ε を**全放射率（total emissivity）**と定義する．そして，二つの物体がふく射によって熱交換を行いつつ熱平衡状態となっている系を仮定すると，ある物体が受け取るふく射エネルギー（$\alpha_\lambda E_{b\lambda}$）と放射されるふく射エネルギー（$\varepsilon_\lambda E_{b\lambda}$）は等しいことから，キルヒホッフの法則が成立する．

$$\alpha_\lambda = \varepsilon_\lambda \tag{3-195}$$

この放射率 ε は 0 から 1 の値をとり，物体の材質や表面性状，汚れ，温度などで変化する値で，金属などの反射が多い物体表面では 0.1 程度，人体や水などの表面では 0.9 程度になる．また，実際の物体の放射率は波長依存性があるが，波長によらず一定だと仮定すると，取り扱いが容易になる．このように放射率が波長に依存しない物体を**灰色体（gray body）**とよぶ．灰色体の全ふく射エネルギー E は，以下のように表される．

$$E = \int_0^\infty E_\lambda \mathrm{d}\lambda = \int_0^\infty \varepsilon_\lambda E_{b\lambda} \mathrm{d}\lambda = \varepsilon \int_0^\infty E_{b\lambda} \mathrm{d}\lambda = \varepsilon\sigma T^4 \tag{3-196}$$

ふく射伝熱を考える際には，上式を用いる．そのとき，熱エネルギーをやり取りする物体表面間の向き，反射や吸収による影響を考える必要がある．

ここで，非常に短い距離だけ離れた，平行に向かい合った面積 A の 2 表面（面 1，面 2）間のふく射による伝熱量について考える．面 1，面 2 の表面温度は一様にそれぞれ T_1，T_2 とする．なお，両者は平行に向き合っているので，ここでは表面間の向きの影響は無視できるとする．両面が黒体の場合（図 3-49 (a)），

ヨーゼフ・ステファン

オーストリアの物理学者．熱放射の実験から，熱損失の割合が絶対温度の 4 乗に比例することを発見した．理論的解析は弟子のボルツマンによってなされた．ウィーン大学で総長，アカデミーの書記，副総裁など要職に就いた．（1835-1893）

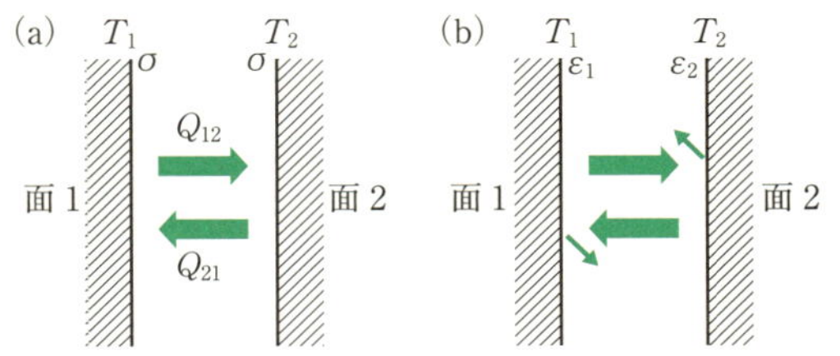

図 3-49　平行平板間でのふく射伝熱．(a) 黒体間，(b) 灰色体間．

両面での伝熱量は，面 1 から面 2 へのふく射伝熱量と面 2 から面 1 へのふく射伝熱量の差となるので，次のように表される．

$$Q = Q_{12} - Q_{21} = \sigma(T_1^4 - T_2^4)A \tag{3-197}$$

一方，両面が灰色体の場合は（図 3-49 (b)），物体表面に到達したふく射熱の一部が反射することを考慮しなければならない．面 1，面 2 の放射率をそれぞれ ε_1，ε_2 とすると，例えば面 1 から放射されたふく射熱 $E_1\ (=\varepsilon_1\sigma T_1^4)$ のうち，$\varepsilon_2 E_1$ は面 2 で吸収され，$(1-\varepsilon_2)E_1$ は反射される．これを互いについて考えると，正味の伝熱量は次のようになる．

$$Q = \frac{\sigma A (T_1^4 - T_2^4)}{\dfrac{1}{\varepsilon_1} + \dfrac{1}{\varepsilon_2} - 1} \tag{3-198}$$

3.7.5 複合伝熱

これまで，媒体を要する伝熱（熱伝導・対流熱伝達）や要しない伝熱（ふく射）を扱ってきた．ここでさらに工業的な応用として重要な伝熱として**相変化（phase change）**を含む伝熱を挙げる必要がある．代表的な現象としては，液相から気相への相変化現象である蒸発を伴う沸騰熱伝達，気相から液相への相変化現象である凝縮を伴う凝縮熱伝達が挙げられる．沸騰熱伝達は，製鉄所などでの溶融金属や原子力発電所の燃料棒などの冷却に用いられている．最近では，単位面積あたりの発熱量が増大しているパソコン内部の CPU や GPU，またクラウド・ネットワークにおける電源冷却など対象が拡がっている．凝縮熱伝達は，蒸気サイクルにおけるコンデンサー（復水器）や，身近なものでエアコンの室外機での凝縮熱交換器などに使われている．また，蒸発・凝縮の両方の現象を含むデバイスとして広く用いられているものに，ヒートパイプとよばれるものがある．

ここでは，蒸発および凝縮の説明に続き，例として沸騰熱伝達の代表的な現象を紹介する．

a. 蒸発・凝縮

まずは巨視的に現象を捉える．**蒸発（evaporation）**とは，液体の状態にある流体が蒸気へと変化する現象である．一方，**凝縮（condensation）**は，蒸気の状態にある流体が液体へ変化する現象である．次に微視的にこれらの現象を捉えてみると以下のように記述できる．蒸発とは，液体の状態にある原子あるいは分子が，十分なエネルギーを得て運動を活発化して，液相から飛び出し気相を構成するようになる現象である．一方，凝縮は，気体の状態にある原子あるいは分子がエネルギーを放出して運動が抑制され，液相の状態の原子あるいは分子群に取り込まれる．このように相の変化を起こすにあたって必要な，外から得る，あるいは外に放出するエネルギーを**潜熱（latent heat）**とよぶ．潜熱の授受においてはその物体の温度は変化しない．例えば，大気圧下で100℃の水が100℃の蒸気に変化する場合やその逆の過程，あるいは0℃の氷が0℃の水に変化する場合やその逆の過程などがある．一方，温度の変化を伴う熱の授受過程も存在する．移動に伴って温度が変化する熱を**顕熱（specific heat）**とよぶ．

b. 沸騰

沸騰（boiling）は生活の中でも身近な相変化を伴う伝熱現象である．やかんで湯を沸かしたり，鍋でパスタなどを茹でたりしたことがあるだろう．ここではやかんや鍋の底での現象を詳しくみてみる．水を溜めたやかんをコンロの火にかけると，炎によってやかんの底に熱が加えられ熱伝導によってやかん全体に熱が伝播する．炎に直接当たっているやかんの底が最も温度が高いので，やかんの中の水はやかんの底に近いところから温度が上がっていく（これが顕熱の影響である）．やがて，やかんの底からぽこぽことあぶくが出始める．さらに加熱を続けると，あぶくが大きくなっていき，ある程度大きくなったものがやかんの底から離れて上昇し，水と空気（と水蒸気）との界面に到達してあぶくが破れる．これが普段，目にしている沸騰現象である．

さて，やかんの底であぶく，すなわち**蒸気泡（vapor bubble）**が形成される過程を考える．前述の蒸発において，特に，自分自身とは異なる物体（ここではやかんの底という固相）と接した液相の中で蒸発が起こり，蒸気泡が形成・成長して離脱していく．この一連の現象を**沸騰**とよぶ．ここで，工学での沸騰現象を考えるにあたり，普段とは逆の考え方をしてみる．日常的にみる沸騰現象について“沸騰＝加熱”というイメージがあるだろう．これは湯を沸かすという意味ではきわめて正しい理解である．では，今度はやかんの立場になって考えてみる．やかんは炎によって常に熱を加えられている．やかんの中に水が入っていなければ，いわゆる空焚きの状態になってやかんの温度はどんどん上がるだろう．ただし，いまはやかんの中に水が入っていて，沸騰が始まると水は潜熱を介して100℃の状態を保つので，やかんは沸騰現象を維持するための潜熱分を常に水に供給する，すなわちやかんは水を介して熱が奪われ続けることになる．したがって，湯を沸かしている状態では，やかんにとっては“沸騰＝冷却”ということになる．工業的には沸騰は冷却技術として用いられていることを覚えておいてほしい．

では沸騰現象が起こっている際にどのような現象が起こっているのかみていく．液体が，加熱されている固体（あるいは混ざり合わない液体．以降，伝熱面と表記する）に接している場合，液体の温度によって沸騰現象は大きく二つに分類できる．

- 飽和沸騰：液体全体が系の圧力の飽和温度の場合
- サブクール沸騰：伝熱面から十分離れた液体が系の圧力の飽和温度よりも低い場合

飽和沸騰（saturated boiling）は，考えている系の圧力下で液体全体が**飽和温度（saturation temperature）**にある状態での現象である．重力下での沸騰において伝熱面で発生・成長した蒸気泡は，ある大きさになると浮力の影響で離脱するが，飽和沸騰においては，発生・成長・浮上時に正味の凝縮が起こらないのが特徴である．普段目にしているやかんや鍋の中での沸騰はこの現象に近い．一方，**サブクール沸騰（subcooled boiling）**は，伝熱面近傍の液体は熱の移動により飽和温度近傍まで温度が上昇しているが，伝熱面から十分離れたところでの温度が飽和温度よりも低い場合を示す．例えば，常に20℃の水を高温の物体に流し続ける場合など，液体が飽和温度よりも低くなるためのエネルギー注入がされている場合にこのような沸騰が実現する．沸騰冷却熱伝達を工業的に応用する場合は，ほとんどがこのサブクール沸騰になる．なお，系圧力の飽和温度よりも低い温度の状態を，**サブクール状態（subcooled state）**とよび，サブクール状態の度合いを示す指標として以下で定義される**サブクール度（degree of subcooling）**ΔT_{sub} が用いられる．

$$\Delta T_{\mathrm{sub}} = T_{\mathrm{sat}} - T_{\infty} \tag{3-199}$$

ここで，T_{sat} は対象とする系圧力下での飽和温度，T_{∞} は伝熱面から十分離れた地点での液体の温度である．

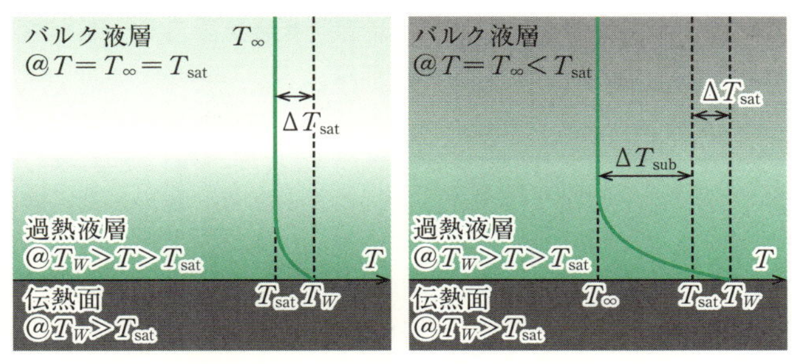

図 3-50　飽和沸騰（左）およびサブクール沸騰（右）における加熱物体表面温度および液体内温度分布の概念図

また，伝熱面近傍で蒸気泡を発生させるためには，表面近傍の液体が**過熱液状態（superheated state）**，すなわち，系圧力の飽和温度よりも高い温度を有する液体状態である必要がある．これは，液体中で有限の大きさを有する蒸気泡を維持するために必要な，熱力学的な条件として説明できる（身近なやかんや鍋の中でも，底に近い水の温度は100℃を超えている）．したがって，沸騰現象を維持するためには，伝熱面温度 T_W を，系圧力下での飽和温度よりも高く設定する必要がある．このときの伝熱面の温度の状態を**伝熱面過熱度（wall superheat）**ΔT_{sat} として，系圧力下での飽和温度との差として表す．

$$\Delta T_{sat}=T_W-T_{sat} \tag{3-200}$$

この定義から，大気圧下での水を用いた沸騰現象で，伝熱面温度が102℃の場合，伝熱面過熱度 ΔT_{sat} は，$\Delta T_{sat}=102-100=2$ K となる．以上の二つの沸騰形態における典型的な温度分布の例を図 3-50 に示す．なお，過熱状態での蒸気泡形成に関する詳細については，専門課程で学ぶ．蒸気泡が伝熱面から離脱することによって，それまで蒸気泡が占めていた伝熱面近傍領域に液体を供給できるようになる．供給された液体が再び過熱され蒸気泡が発生するというサイクルが生まれる．このように沸騰現象を継続的に行うためには，蒸気泡をなんらかの形で伝熱面近傍から離脱させ，フレッシュな液体を供給する機構が必要になる．

沸騰熱伝達の特性を示すためによく用いられるのが，**沸騰曲線（boiling curve）**である．これは伝熱面での熱流束 q [W/m^2] を，伝熱面過熱度 ΔT_{sat} [K] に対してプロットしたもので，通常は両対数で表記される．また，q および ΔT_{sat} は，ともに時空間的に平均した値をとるのが一般的である．図 3-51 に典型的な沸騰曲線を示す．なお，沸騰現象の全貌を一つのグラフで見事に表しているこの曲線は，東北帝国大学（現東北大学）の抜山四郎によって1934年に提唱され，世界的にも抜山曲線（Nukiyama curve）として知られている．

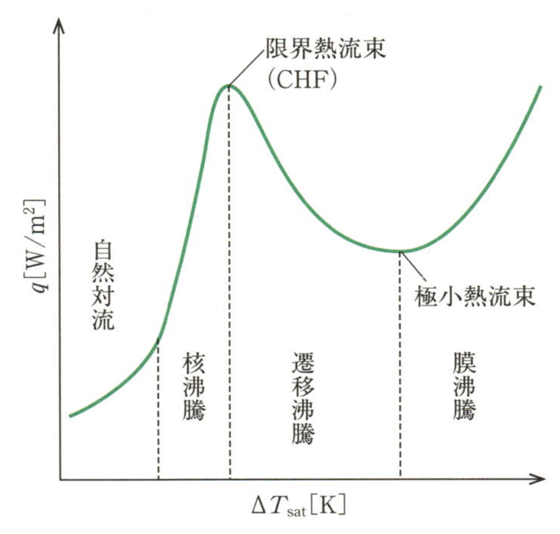

図 3-51　沸騰曲線の概念図

伝熱面過熱度が小さい場合には，沸騰が発生せずに自然対流の状態になる．ある過熱度において沸騰が始まるが，過熱度が小さい状態では，蒸気泡が伝熱面上の単独あるいは複数の**発泡点（nucleation site）**から発生する**核沸騰（nucleate boiling）**が起こる．伝熱面温度がある程度まで小さい場合は，それぞれの発泡点から発生した蒸気泡が孤立した状態で発生する（や

抜山四郎

日本の機械工学者．沸騰伝熱の研究を行い，熱流束と過熱度の関係性を表す曲線（沸騰曲線）を発見し，後世の伝熱工学に指針を与えた．東北帝国大学の熱力学教授，日本伝熱研究会会長を務めた．（1896-1983）

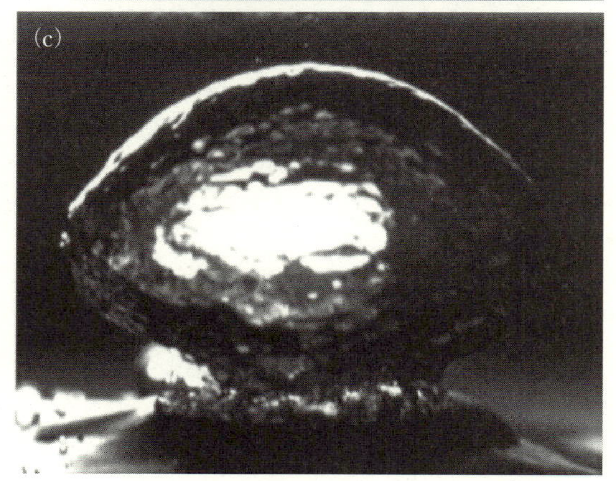

図 3-52　大気圧下でのサブクール・プール沸騰における蒸気泡挙動の例.（写真提供：堀内 和菜氏・安藤 洵氏（東京理科大学大学院 理工学研究科 機械工学専攻）のご厚意による）

かんや鍋の底でみられるのはこの状況に近い）．過熱度が大きくなるにしたがい，隣接する蒸気泡の成長時あるいは伝熱面から離脱した後に合体して伝熱面から浮上するようになる．この核沸騰領域は，きわめてすぐれた伝熱特性を示す．工業的な応用を目指す場合，まずはこの核沸騰領域を継続的に実現しうる状態を作り出すことが重要になる．

さらに伝熱面過熱度を大きくしていくと熱流束 q は極大値をとる，すなわち，良好な伝熱特性が限界を迎える．この極大値となる熱流束を**限界熱流束（CHF：critical heat flux）**とよぶ．伝熱面の種類によっては，この限界熱流束を迎えた後，物体が溶融することがある．特に，金属細線のような加熱物体の場合は，伝熱面が溶断し沸騰現象そのものを実現できなくなる．このような溶断を**バーンアウト（burnout）**とよび，細線沸騰などでは限界熱流束のことをバーンアウト点とよぶこともある．ここで，図 3-52 に示した典型的な沸騰の様子では，直径 10 mm の銅製の伝熱面をやや斜め上方から観察している（図中(a)）．試験流体は水で，図中(b)は比較的低熱流束下での核沸騰時（$q = 0.63$ MW/m^2），図中(c)は CHF 近傍（$q = 2.15$ MW/m^2）での沸騰様相である．いずれも大気圧下での実験で，サブクール度 $\Delta T_{\mathrm{sub}} = 10$ K で行っている．比較的低熱流束の場合は，伝熱面上に複数の蒸気泡が形成しているが，ある程度大きくなるとサブクール状態の周囲液体に冷やされることによって蒸気が凝縮し，蒸気泡が消失している．一方，熱流束を大きくすると，伝熱面上での蒸気泡生成が非常に活発になり，蒸気泡同士が合体して，いわゆる合体蒸気泡を形成する．図 3-52(c)でいまは低サブクール状態にあるため，激しい蒸気生成により合体気泡が伝熱面上に大きく成長しているのがわかる．ただし，この合体蒸気泡は伝熱面から離脱して周囲液体中を浮上するとともに凝縮が起こり，蒸気泡体積は減少し最終的にはすべて液体の状態に戻る．周囲温度を飽和温度から 10 K 下げるだけで，普段やかんや鍋の中での湯沸かしで見ている蒸気泡挙動とは異なっていることに注目してほしい．工業的には最適な冷却条件を見出し，周囲液体の種類やサブクール度，その供給方法を変えて実施している．

さらに伝熱面過熱度を大きくしていくと，今度は一転して過熱度に伴い熱流束が減少していく．この状態は**遷移沸騰（transient boiling）**とよばれ，核沸騰と，後述の膜沸騰が時空間的に入れ替わりながら伝熱面上で沸騰が持続していく．ここで，前述のとおり，沸騰曲線は時空間的に平均化した値をプロットしている．特に遷移沸騰時は，核沸騰と膜沸騰の状態が入れ替わり発生するため，時空間的に局所的な熱流束と過熱度は大きく変動する．

さらに伝熱面過熱度を大きくしていくと，もはや伝熱面表面の温度が高すぎて，液体が接触してもすぐに蒸発が起こるような状況となり，結果的に伝熱面上が蒸気で覆われ，その上に液体が存在するようになる．このように蒸気が膜を形成して伝熱面を覆う状態を**膜**

沸騰（film boiling）とよぶ．この状態では伝熱面過熱度が非常に大きくなるため，特に低融点の物体の場合などは大変危険な状態である．膜沸騰が実現する最も低い伝熱面温度・熱流束の状態を**極小熱流束点（minimum heat flux）**ともよぶ．

以上の内容は，伝熱面温度を上昇させていくことで伝熱面過熱度を変化させた場合の沸騰現象の推移を説明したものになる．すなわち，伝熱面温度が制御パラメータとなる場合である．一方，例えば電気通電加熱で沸騰現象を制御するような場合には，制御パラメータは熱流束となる．この場合は，熱流束を徐々に上げていくにしたがい，自然対流領域から核沸騰領域へと進み，限界熱流束を迎えた直後に，遷移沸騰の状態には至らず，同じ熱流束を維持しながら伝熱面過熱度が大きくジャンプして膜沸騰へと直接遷移する．特に，熱流束を制御パラメータとする場合には，このように限界熱流束点を超えた直後に伝熱面温度が爆発的に増加して大変危険な状態になるので，限界熱流束点の正確な把握が不可欠である．

ここで，沸騰現象を実現する場合，以下のような二通りの形態が考えられる．

- プール沸騰：閉空間内で実現する沸騰．試験流体の移動は自然対流や蒸気泡運動に伴う随伴流のみ
- 強制対流沸騰：伝熱面近傍に強制的に試験流体を供給する沸騰

やかんや鍋の中での沸騰現象が，プール沸騰の典型的な例である．一方で，工業的な冷却効率を考えた場合には，低温の試験流体を伝熱面近傍に強制的に供給する場合の方がはるかに高い伝熱特性を実現できる．コンピュータやネットワーク・システムの冷却などについては，いかにコンパクトかつ高性能な沸騰冷却デバイスを構築できるかが鍵となる．

相変化を伴わない自然対流での冷却と比べて，沸騰現象を実現することによってはるかに大きな熱流束，すなわち，はるかに大きな冷却効率を実現すると認識する必要がある．単位面積あたりの発熱密度が爆発的に増大している現在，大変身近な現象ではあるが，この沸騰現象が果たす役割は今後ますます大きくなっていくであろう．

3.7 節まとめ

- **伝熱には熱伝導，対流熱伝達，ふく射伝熱の 3 種類がある．**
- **媒体を必要とする伝熱形態が熱伝導および対流熱伝達，媒体を必要とせず電磁波によるものがふく射伝熱．**
- **単位時間・単位面積あたりの熱移動量：熱流束** q [W/m^2]
- **熱伝導による熱流束** $q=-\lambda\dfrac{\partial T}{\partial x}$ **（フーリエの法則）** λ**：熱伝導率**
- **熱伝導率：温度勾配が存在するときに熱伝導による熱移動のしやすさを表す．**
  温度拡散率：熱が伝わる速さを表す．
- **潜熱：相の変化を起こすために必要な熱（量）．物体の温度は変化しない．**
- **顕熱：加熱や冷却によって対象となる物体の温度が変化する熱．**

参考文献

[1] 日本機械学会編，蒸気表，(1999)，日本機械学会．
水に対する飽和液と飽和蒸気の物性値がまとめられている．

[2] 日本機械学会編，熱力学（JSME テキストシリーズ），(2002)，日本機械学会．

[3] 谷下市松，工業熱力学 基礎編（SI 単位による全訂版），(1981)，裳華房．

[4] Y.A. Cengel, M.A. Boles, Thermodynamics: An Engineering Approach 8th ed., (2014), McGraw-Hill.

[5] 田崎晴明，熱力学—現代的な視点から（新物理学シリーズ），(2000)，培風館．

[6] イリヤ・プリゴジン，ディリプ・コンデプディ著，妹尾学，岩元和敏訳，現代熱力学—熱機関から散逸構造へ，(2001)，朝倉書店．

以上は熱力学の基本的な書．

[7] 相原利雄，伝熱工学（機械工学選書），(1994)，裳華房．

[8] 庄司正弘，伝熱工学（東京大学機械工学），(1995)，東京大学出版会．

[9] J.P. ホールマン著，平田賢訳，伝熱工学（理工学海外名著シリーズ），ブレイン図書出版.
[10] T.L. Bergman, A.S. Lavine, F.P. Incropera, D.P. Dewitt, Introduction to Heat Transfer 6th ed., (2011), Wiley.
[11] T.L. Bergman, A.S. Lavine, F.P. Incropera, D.P. Dewitt, Fundamentals of Heat and Mass Transfer 7th ed., (2011), Wiley.
以上は伝熱工学の教科書.

4. 流体力学

4.1 流体力学の基礎

本節では，流体力学の基礎事項として，流体とは何か，どのような物性値を利用するかなどを解説する．

4.1.1 流体

自然界における物質の状態は，固体（solid），液体（liquid），気体（gas）の 3 種類に分類される．これを物質の三態とよぶ．

液体と気体は，一般に，その形を変えるのに必要とされる力がとても小さく，自由に変形することができる状態である．また，液体と気体では，流れるときに法線応力（面に垂直な単位面積あたりの力）とせん断応力（面に平行な単位面積あたりの力）が，静止しているときに法線応力のみが作用する．これに対して，固体では，静止しているときにも法線応力とせん断応力が作用する．このように，液体と気体はその性質に類似性があり，両者はまとめて流体（fluid）と総称される．流体の現象を取り扱う学問は**流体力学（fluid dynamics）**とよばれ，特に気体を取り扱う学問を**空気力学（aerodynamics）**とよぶ．なお，流体力学や空気力学では，流体を構成する分子の平均自由行程よりも十分大きな流体の現象を対象とするので，一般に，流体を**等方性連続体（isotropic continuous medium）**と仮定して取り扱う．

4.1.2 流体の物性値

流体力学では，流体の性質を表すために，さまざまな物性値とよばれる量を使用する．ここでは，流体力学で使われる代表的な物性値を挙げ，それぞれ簡単な説明を加える．詳しい数値データについては，理科年表などを参照してほしい．

(i) 密度

単位体積（すなわち 1 m^3）あたりの質量［kg］を**密度（density）**とよぶ．流体は固体のように形が決まらないので，質量を考えるときに密度を使うことが一般的である．単位は kg/m^3，記号 ρ を用いて表す．

表 4-1 1 気圧における密度の温度依存性

温度（℃）	空気［kg/m^3］	水［kg/m^3］
0	1.293	999.8
10	1.247	999.7
20	1.205	998.2
40	1.128	992.2
60	1.060	983.2
80	1.000	971.8
100	0.9464	958.4

表 4-2 さまざまな流体の密度

流体	密度［kg/m^3］	状態
水素	0.090	0℃，1 気圧
ヘリウム	0.179	0℃，1 気圧
メタン	0.717	0℃，1 気圧
窒素	1.250	0℃，1 気圧
一酸化炭素	1.250	0℃，1 気圧
酸素	1.429	0℃，1 気圧
二酸化炭素	1.977	0℃，1 気圧
プロパン	2.020	0℃，1 気圧
オゾン	2.140	0℃，1 気圧
エチルアルコール	789	20℃
メチルアルコール	793	20℃
ガソリン	660-750	室温
灯油	800-830	室温
重油	850-900	室温
海水	1010-1050	室温
牛乳	1030-1040	室温
過酸化水素水	1442	20℃

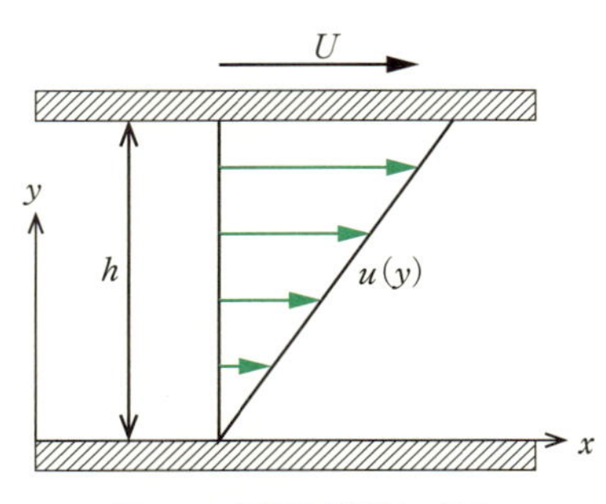

図 4–1　平行平板間の流れ

密度は状態量で，流体の温度と圧力の関数になっている．空気と水の密度の温度依存性を表 4–1 に，さまざまな流体の密度を表 4–2 に示す．

(ii)　粘性係数

オイルや蜂蜜のような流体はドロドロ・ネバネバしていて，粘り気がある．空気のような気体でも小さいながら粘り気があることがわかっている．このような流体の粘り気のことを**粘性（viscosity）**とよび，流動する際の抵抗となるため，流体の挙動を決める重要なパラメータになっている．

ここで，平行な 2 枚の平板間に流体を満たし，一方の板を速度 U で動かし，他方の板を固定した状態を考えてみる（図 4–1）．

十分時間が経つと，2 枚の平板間の流速は直線分布となり，平板の単位面積あたりに作用する摩擦力 τ（すなわち摩擦応力）は，板の移動速度 U に比例し，板の間隔 h に反比例することが実験や理論解析からわかっている．すなわち，

$$\tau \propto \frac{U}{h}$$

という関係が成り立つ．ここで，比例係数を μ とすることにより，

$$\tau = \mu \frac{U}{h}$$

が得られる．また，U/h は速度勾配を表しているので，これを $\mathrm{d}u/\mathrm{d}y$ と表記すると，摩擦応力が次式のように表せる．

$$\tau = \mu \frac{\mathrm{d}u}{\mathrm{d}y}$$

この関係を**ニュートンの摩擦則（Newton's law of viscosity）**とよび，機械で通常用いられる水や空気などの流体はこの法則に従う．比例係数 μ は，**粘性係数**あるいは**粘度（viscosity）**とよばれ，単位は Pa·s である．

表 4–3　水と空気の粘性係数

温度（℃）	水［Pa·s］	空気［Pa·s］
0	1.79×10^{-3}	1.71×10^{-5}
20	1.00×10^{-3}	1.81×10^{-5}
40	6.53×10^{-4}	1.90×10^{-5}
60	4.67×10^{-4}	2.00×10^{-5}
80	3.55×10^{-4}	2.09×10^{-5}
100	2.82×10^{-4}	2.18×10^{-5}

表 4–4　さまざまな気体の μ_0 と S

気体	μ_0［Pa·s］	S
水素	8.8×10^{-6}	72
窒素	1.76×10^{-5}	104
一酸化炭素	1.74×10^{-5}	102
酸素	2.04×10^{-5}	125
空気	1.82×10^{-5}	117
二酸化炭素	1.47×10^{-5}	240

一般に，粘性係数は，流体の種類と温度により変化する．代表的な流体として，水と空気の粘性係数を表 4–3 に示す．温度が上昇すると，水は粘性係数が小さくなり，空気は粘性係数が大きくなる．

気体の粘性係数には，以下のような近似式が提案され，頻繁に使用されている．

サザーランドの式：

$$\mu = \mu_0 \left(\frac{T}{T_0} \right)^{1.5} \frac{T_0 + S}{T + S}$$

マクスウェルの式：

$$\mu = \mu_0 \left(\frac{T}{T_0} \right)^{1.5}$$

ここで，添字 0 は基準温度での値を意味し，S は気体によって決まる定数である．さまざまな気体の μ_0 と S の値を表 4–4 に示す．

(iii)　動粘性係数

粘性係数 μ を密度 ρ で割った値

$$\nu = \frac{\mu}{\rho}$$

表 4–5　水と空気の動粘性係数

温度（℃）	水［m^2/s］	空気［m^2/s］
0	1.79×10^{-6}	1.32×10^{-5}
20	1.00×10^{-6}	1.50×10^{-5}
40	6.58×10^{-7}	1.69×10^{-5}
60	4.75×10^{-7}	1.88×10^{-5}
80	3.65×10^{-7}	2.09×10^{-5}
100	2.95×10^{-7}	2.30×10^{-5}

を**動粘性係数**あるいは**動粘度（kinetic viscosity）**とよび，一般に記号 ν を用いて表記する．動粘性係数は，運動している流体において重要なパラメータで，単位は m^2/s である．1 気圧における水と空気の動粘性係数を表 4–5 に示す．

(iv)　体積弾性係数

流体を容器に閉じ込めて力を加えると体積が変化する．自転車の空気入れなどで身近に体験しているだろう．高速な気体が壁に衝突するような場合にも，気体は圧縮されて，体積が変化する．このように，流体に体積変化が起きる（したがって，密度変化が生じる）性質を**圧縮性（compressibility）**とよび，粘性とともに流体の特性を決める重要なパラメータになっている．

液体の圧力変化 ΔP に対して体積 V が $-\Delta V$ だけ変化するとき，

$$K=-\frac{\Delta P}{\Delta V/V}=-\frac{1}{V}\frac{\mathrm{d}P}{\mathrm{d}V}$$

を**体積弾性係数**あるいは**体積弾性率（bulk modulus）**とよぶ．単位は Pa である．また，体積弾性係数の逆数を**圧縮率（compressibility）**とよぶ．

水の 20℃における体積弾性係数は 2.06×10^9 Pa，空気の 1 気圧における体積弾性係数は 1.4×10^5 Pa である．このように，液体は気体に比べて体積変化が非常に小さいため，実用上は液体の体積変化を無視して取り扱うのが一般的である．

(v)　気体定数

流体力学では，気体の圧力 p，密度 ρ，温度 T の関係を理想気体の**状態方程式（equation of state）**

$$\frac{p}{\rho}=RT$$

によって与えるのが一般的である．ここで，R を**気体定数**あるいは**ガス定数（gas constant）**とよぶ．

気体定数 R は気体の種類によって，

$$R=\frac{8314.3}{m}$$

のように求めることができる．ここで，m は気体の分子量である．表 4–6 にさまざまな気体の気体定数を示しておく．

表 4–6　さまざまな気体の気体定数

気体	気体定数［J/(kg·K)］	気体	気体定数［J/(kg·K)］
水素	4124.9	一酸化炭素	297.0
ヘリウム	2077.2	二酸化炭素	189.0
酸素	259.8	アンモニア	488.3
空気	287.2	メタン	518.7

(vi)　比重量

単位体積あたりの流体の重量（kgf）を**比重量（specific weight）**とよび，

$$\gamma=\rho g$$

のように定義される．ここで，g は重力加速度である．工学単位系を用いる際には，密度よりも比重量を使用することが多い．

(vii)　比体積

単位質量（1 kg）あたりの体積を**比体積（specific volume）**とよび，記号 υ で表す．m^3/kg という単位から明らかなように，比体積は密度の逆数

$$\upsilon=\frac{1}{\rho}$$

になっている．

(viii)　比熱

1 kg の流体を 1℃昇温するのに要するエネルギーを**比熱（specific heat）**とよぶ．単位は J/(kg·K) である．気体の場合，圧力を一定に保って昇温するときの比熱を**定圧比熱（specific heat at constant pressure）**とよび，記号 C_p で，体積を一定に保って昇温するときの比熱を**定積比熱（specific heat at constant volume）**とよび，記号 C_v で表す．

両者の比

表 4-7　液体の比熱

液体	比熱 [J/(kg·K)]	温度（℃）
水	4182	20
海水	3930	17
メチルアルコール	2520	20
テレピン油	1760	20
オリーブ油	1970	7
菜種油	2040	20
パラフィン油	2130	20

表 4-8　気体の比熱と比熱比

気体	定圧比熱 C_p [J/(kg·K)]	定積比熱 C_v [J/(kg·K)]	比熱比
水素	14 200.0	10 075.4	1.41
ヘリウム	5238.0	3160.0	1.66
酸素	915.0	655.1	1.40
空気	1005.0	717.1	1.40
一酸化炭素	1040.3	743.3	1.40
二酸化炭素	816.9	627.9	1.30
アンモニア	2055.7	1567.4	1.31
メタン	2156.2	1637.6	1.32

$$\kappa=\frac{C_p}{C_v}$$

を**比熱比（ratio of specific heat）**とよび，理想気体では，気体定数を R とすると

$$C_p-C_v=R$$

という関係が成り立つ．

水の比熱は常温付近で 4.18 kJ/(kg·K)，空気は 20℃，1 気圧のとき C_p=1.0 kJ/(kg·K)，κ=1.4 である．代表的な液体の比熱を表 4-7 に，気体の比熱と比熱比を表 4-8 に示す．

4.1.3　流線，流脈，流跡，流管

水や空気のように流体は透明なことが多いため，どのように流れているのかを直接見ることができない．このため，流体に関する実験や数値シミュレーションでは，流れの運動状態を判断したり評価したりするために，流れを表す仮想的な線を利用する．

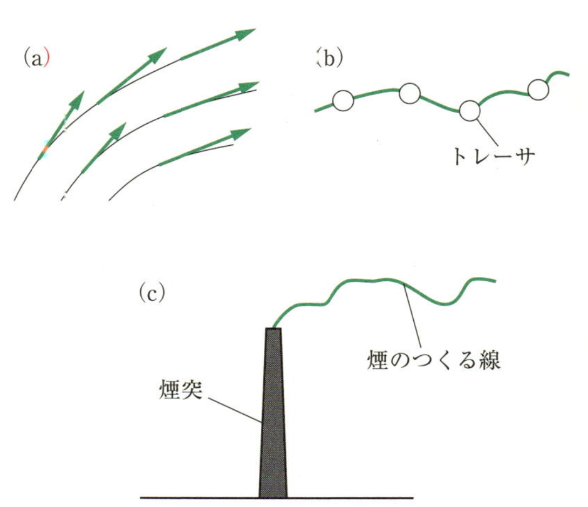

図 4-2　流線（a），流跡線（b），流脈線（c）のイメージ

ある時刻における流体各粒子の速度ベクトルの包絡線を**流線（streamline）**とよぶ．すなわち，ある時刻において，ある曲線上の各点における接線がその点における流体粒子の速度方向と一致するようにとった曲線である．流体の速度が流線の接線方向であるので，流線を横切るような流れは存在しない．ある点における流体の速度が（u，v，w）のとき，dt 秒後には（dx，dy，dz）だけ移動すると仮定すると，

$$\mathrm{d}x=u\mathrm{d}t,\ \mathrm{d}y=v\mathrm{d}t,\ \mathrm{d}z=w\mathrm{d}t$$

が成り立つので，これらの式から流線を表す方程式が次式のように求まる．

$$\frac{\mathrm{d}x}{u}=\frac{\mathrm{d}y}{v}=\frac{\mathrm{d}z}{w}$$

流れの中に一つの閉曲線を考え，この閉曲線上の各点を通る流線を引くと一つの管ができる．この管を**流管（stream tube）**とよぶ．流管は流線から形成されているので，流管の壁を流体が横切ることはない．したがって，流管は固体の管のように考えることができる．

流体各粒子の運動経路を示す曲線を**流跡線（path-line）**とよぶ．例えば，水面に浮きのような目印を置いて，この目印の移動によって作られる線と考えるとよいだろう．実験では，流れに悪影響を与えないような微小な粒子や気泡を注入し，その動きを観測して流体の運動を評価することがある．この場合に観測しているものが流跡線に対応する．なお，実験で用いられる流体中の目印のことを**トレーサ（tracer）**とよぶ．

空間の特定の点を通過したすべての流体粒子を連ね

た線を**流脈線（streakline）**とよぶ．例えば，流れの中に注射器でインクを流したときに，インクの線が形作られるが，このような線が流脈線になる．煙突から煙が線状にたなびいている場合には，煙のすじが流脈線である．特定の点は，注射器の先端や煙突の先端ということになる．

なお，定常流の場合には，流線，流跡，流脈はすべて一致することが知られている．実験やコンピュータ・シミュレーションによって得られる線は流線，流跡線，流脈線のいずれかになるが，この条件があるために，相互に比較することが可能である．

流線，流跡線，流脈線のイメージを図 4-2 に示す．

4.1 節のまとめ

- 流体：液体と気体の総称．
- 密度：単位体積あたりの質量（kg/m^3）．
- 粘性：流体の粘り気．
- 粘性係数（粘度）：粘性の強さを表すパラメータ（Pa·s）．
- 動粘性係数（動粘度）：粘性係数を密度で割った値（m^2/s）．
- 圧縮性：流体が体積変化（あるいは密度変化）を起こす性質．
- 体積弾性係数（体積弾性率）：圧縮性の強さを表すパラメータ（Pa）．
- 流線：ある時刻における流体粒子の速度ベクトルの包絡線．
- 流脈：ある流体粒子の運動経路を示す線．
- 流跡：特定の点を通過した流体粒子を連ねた線．
- 流管：流線で形成された管．

4.2 流れの分類

流体力学では，さまざまな条件により流れを分類し，それぞれに特徴的な名称（専門用語）を付けて流れを区別している．本節では，流れをどのような観点から分類し，どのような名称でよぶのかについて解説する．

4.2.1 定常流と非定常流

時間的に変化しない流れを**定常流（steady flow）**とよび，時間的に変化する流れを**非定常流（unsteady flow）**とよぶ．

例えば，パイプに一定量の流体を流し続けると，管内の流れは時間的に変化せず一定になり，圧力や流速といった物理量が空間のみの関数になる．すなわち，fを任意の物理量とすると，3 次元では

$$f=f(x,\ y,\ z)$$

と表せる．このような場合が定常流である．

一方，物体が一様流中で振動しているような場合，物体周りの流れは時間とともに変化し，圧力や流速は時間と空間の関数になる．したがって，物理量fは

$$f=f(x,\ y,\ z,\ t)$$

と表せる．このような場合が非定常流である．

厳密にいえば，流れは非定常流の場合がほとんどであるが，時間変化が小さい場合，定常流と近似することで解析が容易になるため，しばしば定常流の仮定が用いられている．図 4-3 に定常流と非定常流の例を示す．

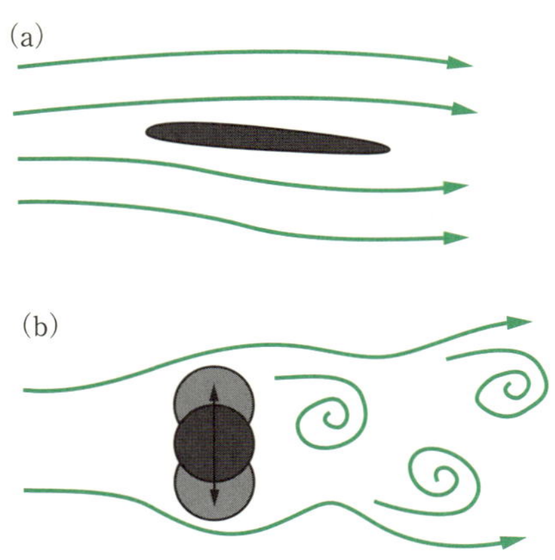

図 4-3　定常流（静止翼周りの流れ，(a)，非定常流（振動円柱周りの流れ，(b)）の例

4.2.2　1 次元流，2 次元流，3 次元流

流れの状態が，一方向のみによって表現できる場合を **1 次元流（one-dimensional flow）** とよぶ．例えば，x 方向に流れる 1 次元流では，速度や圧力といった物理量が次式のように表される．

$$f = f(x,\ t)$$

この近似は流路の断面積変化があっても構わないため，管路やノズル内の流れは，近似的に 1 次元流として扱うことができる．図 4-4 に 1 次元流の近似のイメージを示す．

流れの状態が，一つの平面内で記述できる場合を **2 次元流（two-dimensional flow）** とよぶ．例えば，平面が x-y であるとすると，物理量は，

$$f = f(x,\ y,\ t)$$

で表される．z 方向には一様であり，変化がないことを表している．流れに平行に置かれ，垂直方向に十分な長さを有する平板周りの流れ，十分な長さを有する翼周りの流れ，直管内の流れなどは，1 方向に関する一様性が実用上仮定できるため，2 次元流として取り扱われている．また，1 次元流や 2 次元流の近似を行うことにより，数学的な解析が容易になるため，理論解析などではほとんどこれらの近似が用いられている．図 4-5 に 2 次元流の近似のイメージを示す．

現実の流れは 3 次元的な空間的広がりと方向性をもつため，本来は，それらを考慮しなければならない．このような流れを **3 次元流（three-dimensional flow）** とよぶ．この場合，物理量は，

$$f = f(x,\ y,\ z,\ t)$$

で表される．図 4-6 に 3 次元流の例として，平板上に置かれた立方体周りの流れを示す．図中の線はある瞬間の流線を表している．この図から明らかなように，3 次元性を考慮すると，流れはきわめて複雑になる．

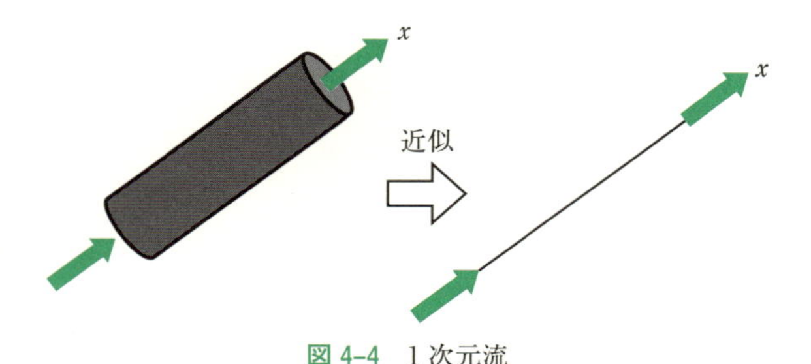

図 4-4　1 次元流

4.2.3　内部流と外部流

周囲を壁面で囲まれた流れを **内部流（internal flow）**，広い領域の中に物体が置かれているような流れを **外部流（external flow）** とよぶ．内部流の例としては，管内流，ポンプや圧縮機などの機械内部の流れがあり，外部流の例としては，航空機や自動車などの周囲の流れがある．図 4-7 に内部流と外部流の例を示す．

4.2.4　単相流と混相流

物質には固体，液体，気体の 3 状態があるが，これらの状態を **相（phase）** とよぶ．流体が液相や気相など単一の相からなっている場合を **単相流（single-phase flow）** とよび，流体が液相，気相，固相のうち 2 種類以上の相から構成されている場合を **混相流（multi-phase flow）** とよぶ．また，流れの主体となっている相を連続相，連続相の中に含まれている別の相を分散相とよぶ．複数の相が共存する混相流の場合，水流中に気泡が混在する場合や気流中に液滴が流れている場合を **気液 2 相流（gas-liquid two-phase flow）**，粉体の空気輸送のような場合を **固気 2 相流（gas-solid two-phase flow）**，石炭や鉄鋼石の水力輸送のような場合を **固液 2 相流（solid-liquid two-phase flow）** とよび，固相，液相，気相がすべて混在する場合を **固気液 3 相流（solid-gas-liquid three-phase flow）** とよぶ．図 4-8 に単相流，2 相流，3 相

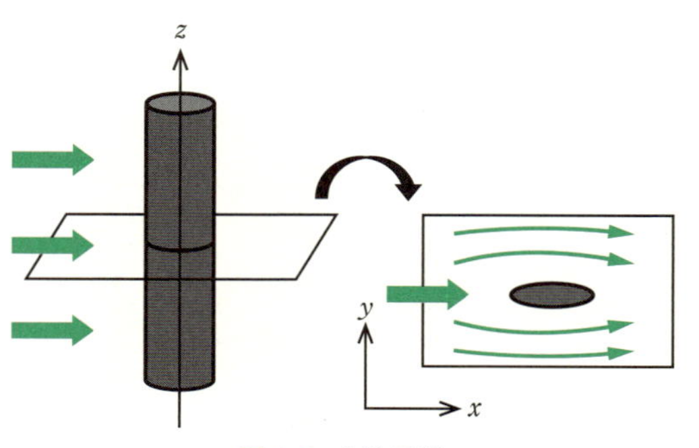

図 4-5　2 次元流

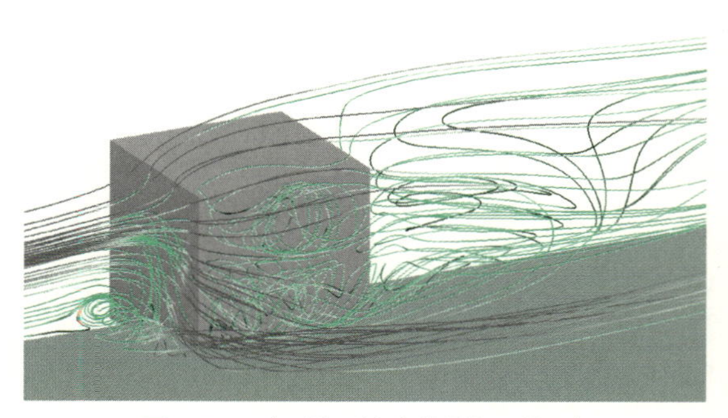

図 4-6　3 次元流（立方体周りの流れ）

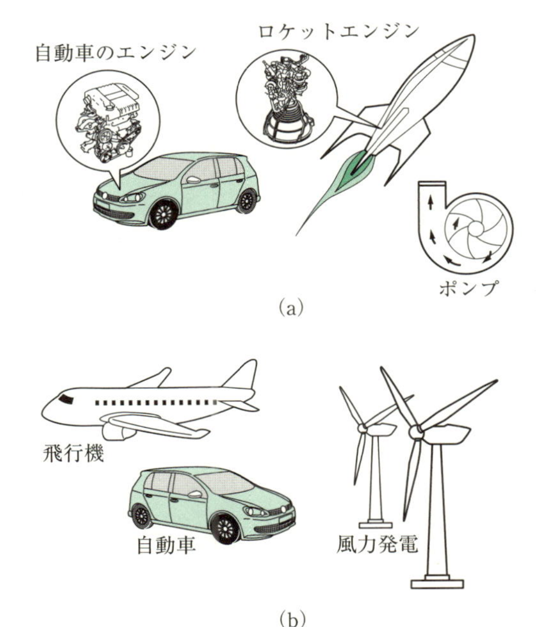

図 4-7 内部流（a）と外部流（b）の例

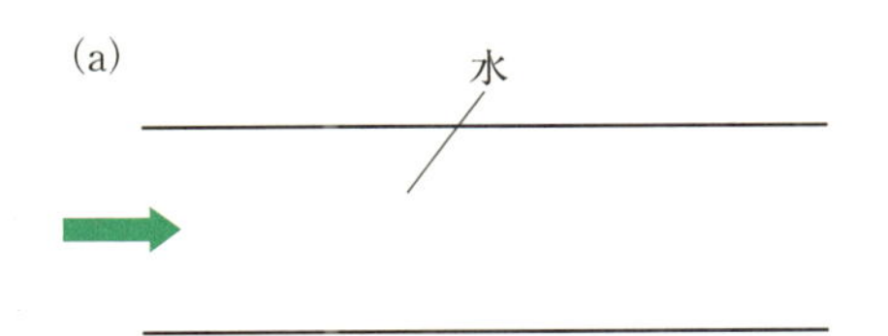

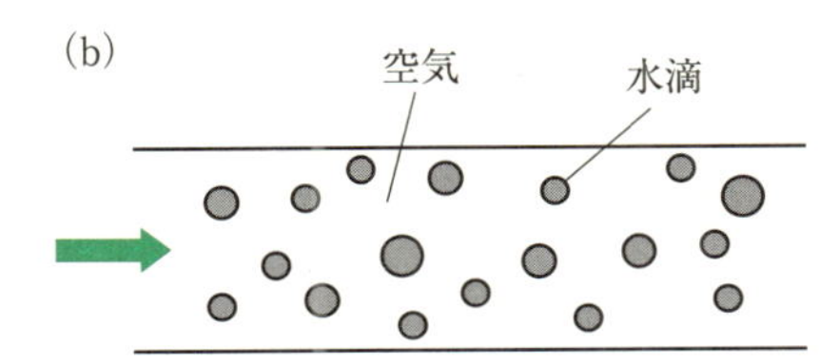

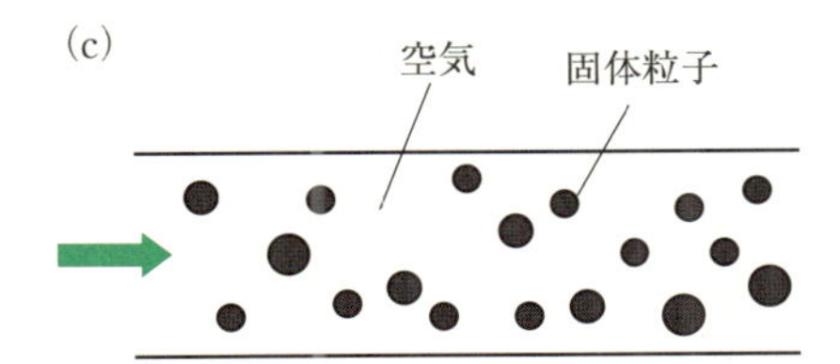

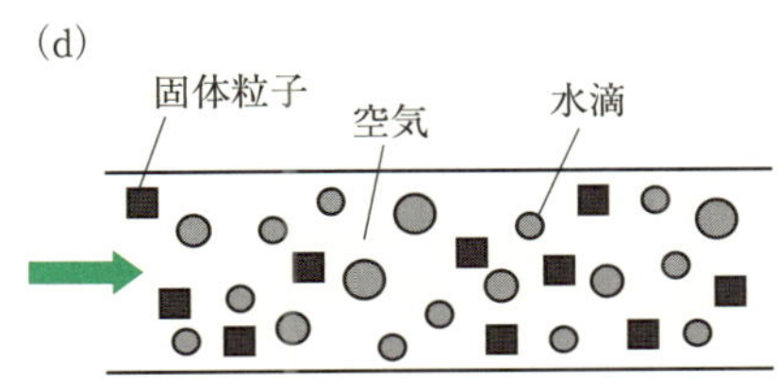

図 4-8 単相流（a），気液 2 相流（b），固気 2 相流（c），3 相流（d）の例

流の例を示す．

4.2.5 層流と乱流

レイノルズ（Reynolds）は円管の中に水を流し，流量を徐々に増していく実験を 1883 年に行った．流量の少ないうちは，流れは整然と層状に流れており，この状態を**層流（laminar flow）**とよぶ．流量が多くなると，流れは乱れ，近似的にランダムな運動を始める．このような乱れた状態を**乱流（turbulent flow）**とよぶ．また，層流から乱流への変化は**遷移（transition）**とよばれる．円管の中にインクを流してこの様子を可視化したものを図 4-9 に示す．なお，工学上あるいは工業上取り扱われる流れは，そのほとんどが乱流になっている．

4.2.6 圧縮性流と非圧縮性流

気体の流れでは，速度が大きくなると体積変化が大きくなり，圧縮性の影響が無視できなくなる．このように圧縮性の効果を考慮しなければならない流れを**圧縮性流（compressible flow）**とよぶ．これに対して，低速の流体では気体，液体を問わず圧縮性の効果がほとんどなく，圧縮性を無視することができる．このような流れを**非圧縮性流（incompressible flow）**とよぶ．

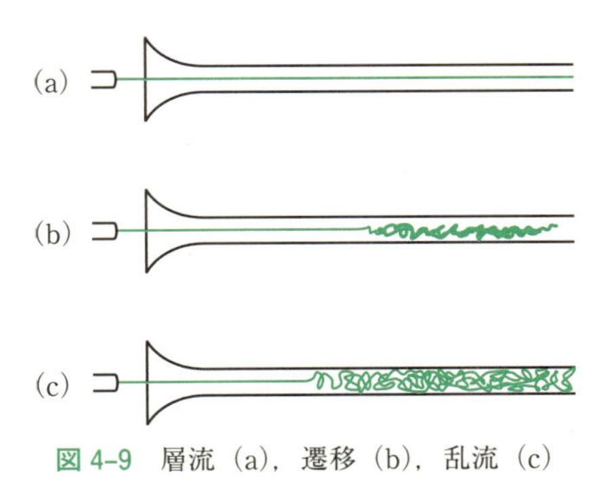

図 4-9 層流（a），遷移（b），乱流（c）

オズボーン・レイノルズ

英国の技術者，物理学者．レイノルズ数など，流体力学と水力学に功績を残した．熱伝導の研究はボイラーや液化装置設計の改善につながった．マンチェスターのオーウェンズカレッジ工学部の初代学長．（1842–1912）

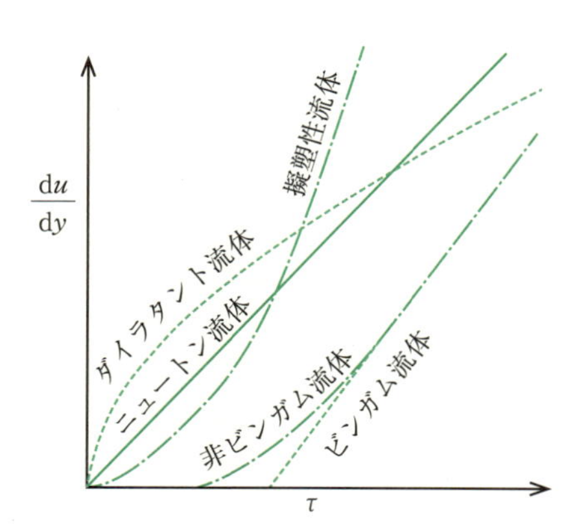

図 4-10　さまざまな流体の摩擦応力とずり速度の関係

圧縮性の影響は，次式で定義される**マッハ数（Mach number）**という無次元量で表される．

$$M=\frac{U}{a}$$

ここで，U は流速，a は流体中の音速である．一般に，マッハ数が 0.3 を超えると，その流体は圧縮性流体として扱わなければならない．常温，常圧における空気の音速は約 340 m/s なので，速度が約 100 m/s を超えた高速空気流は圧縮性流体としての取扱いが必要になる．ジェットエンジンやターボチャージャの中の流れはこのような圧縮性流の例である．一方，水では音速が約 1500 m/s なので，マッハ数が 0.3 以上のような高速になることはほとんどなく，一般に非圧縮性流として取り扱われている．

4.2.7　ニュートン流と非ニュートン流

水，空気，油などの流体は，摩擦応力が速度勾配に比例するというニュートンの摩擦則に従う．このような流体を**ニュートン流（Newtonian flow）**とよぶ．一方，高分子溶液，パルプ液，血液などはニュートンの摩擦則に従わず，**非ニュートン流（non-Newtonian flow）**とよばれる．非ニュートン流には種々の特異な性質があり，**レオロジー（rheology）**という学問分野で扱われている．図 4-10 に，さまざまな流体の摩擦応力 τ と速度勾配 du/dy との関係を示す．この速度勾配は，**ずり速度（shear rate）**または**せん断速度（shear velocity）**ともよばれる．図のように，原点を通る直線になっているのがニュートン流，それ以外が非ニュートン流である．非ニュートン流の場合，図示したように，この直線もしくは曲線の形状によって流体の名称が異なる．

4.2.8　完全流体と実在流体

流体には粘性と圧縮性という二つの特性があり，これらが流体の挙動を決定している．しかし，粘性と圧縮性を完全に考慮すると，流体の運動方程式が複雑となり，数学を用いて理論的に解析することがほとんど不可能になる．このため，流れの状況に応じて流体を近似することが行われている．

流体を最も簡略化して扱う方法として，粘性と圧縮性を両方とも無視することがある．このような粘性と圧縮性のない，すなわち摩擦力がなく，体積変化がない仮想的な流体を**完全流体（perfect fluid）**とよぶ．4.10 節で説明するポテンシャル理論は完全流体を対象としたもので，数学的に解析解を求めることが容易で，流れの近似的な様子を知ることができる．

これに対して，粘性，圧縮性を考慮した流体を**実在流体（real fluid）**とよぶ．実在流体の運動方程式は非常に複雑で（4.3 節参照），数学的に解析解を求めることが困難である．解析解を求めるために，さまざまな近似が導入され，各種機械の基本設計レベルで活用されている．また，現在は，コンピュータ・シミュレーションを用いて近似的な解が求められるようになっており，各種機械の詳細設計に利用されている．

なお，粘性と圧縮性のない流体を**理想流体（ideal fluid）**，粘性はないが圧縮性はある流体を完全流体とよんで区別することもある．

4.2.9　流れの名称

以上のように，流体はさまざまな観点から分類され，それぞれの名称が決まっている．しかし，ただ一つの観点だけから流体をみることは少なく，一般に，複数の観点からの分類を組み合わせて流れの名称としている．例えば，時間変化がなく，2 次元近似が可能で，圧縮性を考慮し，粘性を考慮しない場合には，定常 2 次元圧縮性非粘性流とよばれる．また，時間変化を考慮する必要があり，3 次元で，非圧縮性で，粘性を考慮する場合には，非定常 3 次元非圧縮性粘性流となる．一般に，個別の名称の並び順に決まりはないが，定常／非定常＋次元＋圧縮性／非圧縮性＋粘性／非粘性という順番にすることが多いようである．

4.2 節のまとめ

- 流体力学では，さまざまな条件により流れを分類する．
- 定常流/非定常流：時間変化による分類．
- 1 次元流／2 次元流／3 次元流：空間次元による分類．
- 内部流／外部流：周囲を壁に囲まわれているかによる分類．
- 単相流／混相流：流れを構成する相および相の数による分類．
- 層流／乱流：流れの乱れ状態による分類．
- 圧縮性流／非圧縮性流：流れの圧縮性による分類．
- ニュートン流／非ニュートン流：摩擦則による分類．
- 完全流体／実在流体：粘性と圧縮性の有無による分類．

4.3 支配方程式

本節では，質量と運動量の保存法則に基づいて，流体の運動を記述する**支配方程式（governing equation）**を導出する．それに先立ち，一般的に支配方程式の記述に用いられる**テンソル（tensor）**について，その表記法を解説する．

4.3.1 テンソル表記法

物理現象を記述する支配方程式は**基礎方程式（fundamental equation）**ともよばれ，一般に複雑で長い偏微分方程式群から構成される．一様性などを仮定しなければ，流体の流れは 3 次元的で非線形な物理現象であるため，非線形の偏微分方程式群となる．すべての座標成分（例えば，デカルト座標 x，y，z において，各方向の流速を u，v，w）を用いて，支配方程式を表記すると，式が冗長になってしまう．このため，ベクトル表記法やテンソル表記法を利用して簡略に表現することがよく行われている．

テンソル表記では，ベクトルやテンソルの成分を添字を用いて表す．デカルト座標系の場合，座標 x，y，z をそれぞれ x_1，x_2，x_3 と対応付け，x_i で統一的に表記する．すなわち，

$$(x,\ y,\ z) \Leftrightarrow (x_1,\ x_2,\ x_3) \Leftrightarrow x_i(i=1,\ 2,\ 3)$$

各方向の速度成分 u，v，w は，それぞれ u_1，u_2，u_3 と対応付け，u_i と表記する．応力（stress）などの 3 次元テンソルの場合には，二つの添字を用い，

$$\tau \Leftrightarrow \begin{bmatrix} \tau_{11} & \tau_{12} & \tau_{13} \\ \tau_{21} & \tau_{22} & \tau_{23} \\ \tau_{31} & \tau_{32} & \tau_{33} \end{bmatrix} \Leftrightarrow \tau_{ij}(i=1,\ 2,\ 3\ ;\ j=1,\ 2,\ 3)$$

と表すことになる．

テンソル表記で重要なルールとして，**アインシュタインの総和規約（Einstein's summation rule）**がある．これは**縮約記法（contraction）**ともよばれ，“一つの項の中で同じ添字が二度使われている場合，その添字について空間次数分だけ和をとる”というルールである．なお，総和をとる添字のことを**ダミー・インデックス（dummy index）**とよぶ．例として $a_{ij}b_j$ という項についていえば，j のみがダミー・インデックスであり，3 次元の場合には j を 1 から 3 まで変化させた和

$$a_{ij}b_j = a_{i1}b_1 + a_{i2}b_2 + a_{i3}b_3$$

となり，2 次元の場合には $j=1$ と 2 について総和をとることとなる．

$$a_{ij}b_j = a_{i1}b_1 + a_{i2}b_2$$

このルールは，流体の支配方程式に現れる偏微分項などにも適用される．例えば，3 次元の場合

$$\frac{\partial u_m}{\partial x_m} = \frac{\partial u_1}{\partial x_1} + \frac{\partial u_2}{\partial x_2} + \frac{\partial u_3}{\partial x_3}$$

のように三つの偏微分項の総和を表す．また，**移流（advection）**を表す項のような形であれば

$$u_n\frac{\partial u_m}{\partial x_n} = u_1\frac{\partial u_m}{\partial x_1} + u_2\frac{\partial u_m}{\partial x_2} + u_3\frac{\partial u_m}{\partial x_3}$$

となり，添字 m は一度しか現れていないため総和の必要はないが，m を 1，2，3 と変えた 3 種類の項があることに注意すべきである．すなわち，

$$u_1\frac{\partial u_1}{\partial x_1} + u_2\frac{\partial u_1}{\partial x_2} + u_3\frac{\partial u_1}{\partial x_3},$$

$$u_1\frac{\partial u_2}{\partial x_1} + u_2\frac{\partial u_2}{\partial x_2} + u_3\frac{\partial u_2}{\partial x_3},$$

$$u_1\frac{\partial u_3}{\partial x_1} + u_2\frac{\partial u_3}{\partial x_2} + u_3\frac{\partial u_3}{\partial x_3}$$

の3種類の項を意味する．

4.3.2 質量保存則（連続の式）

古典力学では，質量をもつ特定の物体の運動を追跡し，その運動方程式を記述する．このような運動の記述方法をラグランジュ的といい，分散質点系の運動（いわゆる“質量 M の物体が速度 V で動いているとき……”など）の解析には便利である．一方，流体は連続体であるため，有限の質量をもった質点系として扱うのは困難である．そのため，観測者を空間（座標系）に固定し，任意に設けた検査領域内の質量や運動量の変化に着目する．この観測方法はオイラー的という．これにより，流体の質量保存則の記述においては，具体的な質量を直接に扱うのではなく，単位体積あたりの質量，すなわち密度 ρ を物理量に選ぶ．また，単位時間・単位面積あたりの**質量流量（mass flux）**として ρu_i について考える．

流体（物質）が系の中で生成・消滅することはないため，質量の保存則として，

$$\frac{\partial \rho}{\partial t}+\frac{\partial \rho u_i}{\partial x_i}=0$$

が得られる．これを**連続の式（equation of continuity）**とよぶ．t を時間，x_i および u_i をそれぞれ座標とその方向の速度とする．左辺の第1項は密度の時間変化を表し，非圧縮性流体では密度が不変であるため，その場合には無視できる．気体の圧縮や膨張，気体-液体間の相変化などで，密度が変化する際は，密度変化を考慮する必要がある．左辺第2項は，検査領域への入口と出口における質量流量の差と解釈できる．つまり，検査領域内に入ってくる質量と流出する質量の差を意味している．

図4-11のような2次元空間中の検査領域で考えてみる．検査領域は，流れの中に固定した微小な直方体ABCDで，各辺の長さは Δx, Δy（奥行き方向は単位長さ $\Delta z=1$）とする．面ABおよび面ADを通過して流入する質量は，

$$(\rho u)_{\text{in}}\cdot\Delta t\cdot\Delta y\cdot 1+(\rho v)_{\text{in}}\cdot\Delta t\cdot\Delta x\cdot 1$$

であり，面CDおよび面BCから流出する質量は

$$(\rho u)_{\text{out}}\cdot\Delta t\cdot\Delta y\cdot 1+(\rho v)_{\text{out}}\cdot\Delta t\cdot\Delta x\cdot 1$$

と表せる．これら流入と流出の質量の収支は，検査領域内における（微小時間 Δt で生じた）質量の増加分 Δm に等しくなる．

$$\Delta m=\{(\rho u)_{\text{in}}\Delta t\Delta y+(\rho v)_{\text{in}}\Delta t\Delta x\}-\{(\rho u)_{\text{out}}\Delta t\Delta y+(\rho v)_{\text{out}}\Delta t\Delta x\}$$

これを整理して，

$$\frac{\Delta m}{\Delta x\cdot\Delta y\cdot 1}\cdot\frac{1}{\Delta t}+\frac{(\rho u)_{\text{out}}-(\rho u)_{\text{in}}}{\Delta x}+\frac{(\rho v)_{\text{out}}-(\rho v)_{\text{in}}}{\Delta y}=0$$

となり，微小空間として

$$\frac{\partial(\rho u_i)}{\partial x_i}\approx\frac{(\rho u_i)_{\text{out}}-(\rho u_i)_{\text{in}}}{\Delta x_i}$$

の1次近似が成り立つとすれば，次式の連続の式（2次元）が得られる．

$$\frac{\partial \rho}{\partial t}+\frac{\partial \rho u}{\partial x}+\frac{\partial \rho v}{\partial y}=0$$

以上の導出過程で明らかなように，流れているときも常に流体は連続の式を満たしている．非圧縮性流体の場合を考えると，密度変化はないため，

$$\frac{\partial u}{\partial x}+\frac{\partial v}{\partial y}=0$$

と簡略化でき，テンソル表記であれば，

$$\frac{\partial u_i}{\partial x_i}=0$$

となる．この式を非圧縮性流体の連続の式という．

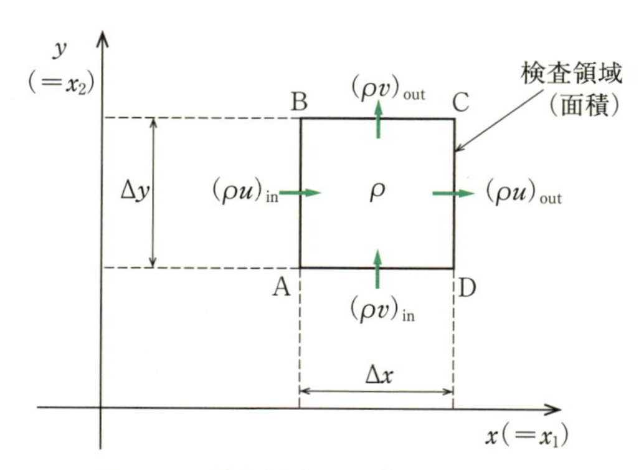

図4-11　検査領域への質量流入と流出

4.3.3 運動量保存則

質点に対するニュートンの運動方程式は運動量保存則と等価であることは知られており，したがって連続体の運動についても検査領域内の運動量保存則から運動方程式を導くことが可能である．先の連続の式を導出した考えと同様にして，保存すべき物理量として i 方向の運動量 ρu_i を選び，境界を介しての出入りと応力による寄与を考える．

以下に，運動量変化に対する各寄与を挙げる．

単位時間あたりの時間変化：　$\dfrac{\partial \rho u_i}{\partial t}$

境界からの流出と流入の差：　$\dfrac{\partial \rho u_i u_j}{\partial x_j}$

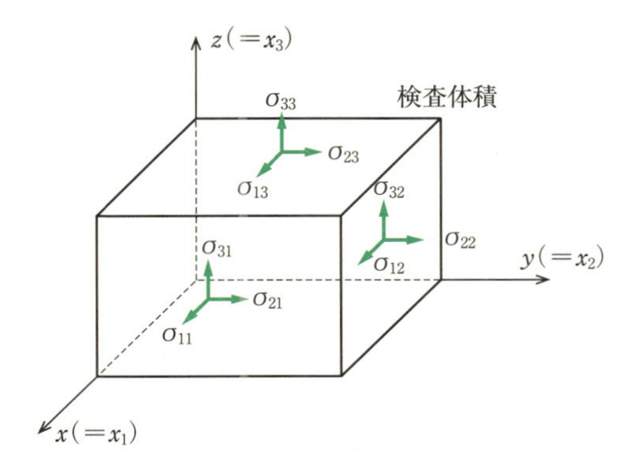

図 4-12 検査体積にかかる応力

境界に作用する応力の寄与： $\dfrac{\partial(-\sigma_{ij})}{\partial x_j}$

体積力の寄与： $-\rho F_i$

圧力や粘性せん断応力などの，境界（面）に作用する応力 σ_{ij}（j 方向の面に作用する i 方向の応力成分，図 4-12 参照）にはマイナスを付して与えるのが慣例となっている．**体積力（body force）**は質量力ともよばれ，領域内の運動量の生成に寄与し，例えば電磁力や重力などが挙げられる．

以上をまとめると，運動量の保存則が導ける．

$$\frac{\partial \rho u_i}{\partial t}+\frac{\partial}{\partial x_j}(\rho u_i u_j-\sigma_{ij})-\rho F_i=0$$

これをコーシーの運動方程式とよび，空気や水などのニュートン流体では，一般に境界面の応力は

$$\sigma_{ij}=-p\delta_{ij}+2\mu\left\{\frac{1}{2}\left(\frac{\partial u_i}{\partial x_j}+\frac{\partial u_j}{\partial x_i}\right)-\frac{\delta_{ij}}{3}\frac{\partial u_k}{\partial x_k}\right\}$$

と与えられる．ここで p は圧力で，δ_{ij} はクロネッカのデルタ，μ は粘性係数である．この式をコーシーの運動方程式に代入すると，

$$\frac{\partial \rho u_i}{\partial t}+\frac{\partial \rho u_i u_j}{\partial x_j}=-\frac{\partial p}{\partial x_i}+\frac{\partial}{\partial x_j}\left\{\mu\left(\frac{\partial u_i}{\partial x_j}+\frac{\partial u_j}{\partial x_i}\right)\right\}-\frac{\partial}{\partial x_i}\left(\frac{2}{3}\mu\frac{\partial u_k}{\partial x_k}\right)+\rho F_i$$

が最終的な方程式の形で，**ナビエ・ストークス方程式（Navier-Stokes equation）**とよばれる．この方程式は圧縮性・非圧縮性を問わず成立する．3 次元の場合，$i=1, 2, 3$ のそれぞれの成分に対して成り立ち，デカルト座標系で表示すると，

$$\frac{\partial \rho u}{\partial t}+\frac{\partial \rho uu}{\partial x}+\frac{\partial \rho uv}{\partial y}+\frac{\partial \rho uw}{\partial z}=-\frac{\partial p}{\partial x}+\frac{\partial}{\partial x}\left[\mu\left\{2\frac{\partial u}{\partial x}-\frac{2}{3}\left(\frac{\partial u}{\partial x}+\frac{\partial v}{\partial y}+\frac{\partial w}{\partial z}\right)\right\}\right]+\frac{\partial}{\partial y}\left\{\mu\left(\frac{\partial u}{\partial y}+\frac{\partial v}{\partial x}\right)\right\}+\frac{\partial}{\partial z}\left\{\mu\left(\frac{\partial u}{\partial z}+\frac{\partial w}{\partial x}\right)\right\}+\rho F_x$$

$$\frac{\partial \rho v}{\partial t}+\frac{\partial \rho uv}{\partial x}+\frac{\partial \rho vv}{\partial y}+\frac{\partial \rho vw}{\partial z}=-\frac{\partial p}{\partial y}+\frac{\partial}{\partial x}\left\{\mu\left(\frac{\partial u}{\partial y}+\frac{\partial v}{\partial x}\right)\right\}+\frac{\partial}{\partial y}\left[\mu\left\{2\frac{\partial v}{\partial y}-\frac{2}{3}\left(\frac{\partial u}{\partial x}+\frac{\partial v}{\partial y}+\frac{\partial w}{\partial z}\right)\right\}\right]+\frac{\partial}{\partial z}\left\{\mu\left(\frac{\partial v}{\partial z}+\frac{\partial w}{\partial y}\right)\right\}+\rho F_y$$

$$\frac{\partial \rho w}{\partial t}+\frac{\partial \rho uw}{\partial x}+\frac{\partial \rho vw}{\partial y}+\frac{\partial \rho ww}{\partial z}=-\frac{\partial p}{\partial z}+\frac{\partial}{\partial x}\left\{\mu\left(\frac{\partial u}{\partial z}+\frac{\partial w}{\partial x}\right)\right\}+\frac{\partial}{\partial y}\left\{\mu\left(\frac{\partial v}{\partial z}+\frac{\partial w}{\partial y}\right)\right\}+\frac{\partial}{\partial z}\left[\mu\left\{2\frac{\partial w}{\partial z}-\frac{2}{3}\left(\frac{\partial u}{\partial x}+\frac{\partial v}{\partial y}+\frac{\partial w}{\partial z}\right)\right\}\right]+\rho F_z$$

となる．

非圧縮性流体として，密度が一定とみなせる場合には，“ρ＝一定”の条件と非圧縮性の連続の式を用いて上の 3 式は簡略化することができる．

$$\frac{\partial u}{\partial t}+\frac{\partial uu}{\partial x}+\frac{\partial uv}{\partial y}+\frac{\partial uw}{\partial z}=-\frac{1}{\rho}\frac{\partial p}{\partial x}+\nu\left(\frac{\partial^2 u}{\partial x^2}+\frac{\partial^2 u}{\partial y^2}+\frac{\partial^2 u}{\partial z^2}\right)+F_x$$

$$\frac{\partial v}{\partial t}+\frac{\partial uv}{\partial x}+\frac{\partial vv}{\partial y}+\frac{\partial vw}{\partial z}=-\frac{1}{\rho}\frac{\partial p}{\partial y}+\nu\left(\frac{\partial^2 v}{\partial x^2}+\frac{\partial^2 v}{\partial y^2}+\frac{\partial^2 v}{\partial z^2}\right)+F_y$$

オーギュスタン＝ルイ・コーシー

フランスの数学者．近代数学の基礎を築いた数学者の一人．解析学の定理の多くにその名を残す．幼少期より非凡な数学的才能を示し，ラプラス，ラグランジュらの関心を集めた．（1789-1857）

クロード・ルイ・マリー・アンリ・ナビエ

フランスの数学者，物理学者．ナビエ・ストークスの方程式は，1822 年にナビエが，その 20 数年後にストークスが導いたため 2 人の名が冠された．エコールポリテクニークなどで教授を務めた．（1785-1836）

$$\frac{\partial w}{\partial t}+\frac{\partial uw}{\partial x}+\frac{\partial vw}{\partial y}+\frac{\partial ww}{\partial z}$$
$$=-\frac{1}{\rho}\frac{\partial p}{\partial z}+\nu\left(\frac{\partial^2 w}{\partial x^2}+\frac{\partial^2 w}{\partial y^2}+\frac{\partial^2 w}{\partial z^2}\right)+F_z$$

この方程式を，非圧縮性流体のナビエ・ストークス方程式とよぶ．また，非圧縮性流体の連続の式に基づいて，

$$\frac{\partial u_i u_j}{\partial x_j}=u_i\frac{\partial u_j}{\partial x_j}+u_j\frac{\partial u_i}{\partial x_j}=u_j\frac{\partial u_i}{\partial x_j}$$

と変形することにより，

$$\frac{\partial u_i}{\partial t}+u_j\frac{\partial u_i}{\partial x_j}=-\frac{1}{\rho}\frac{\partial p}{\partial x_i}+\nu\frac{\partial}{\partial x_j}\left(\frac{\partial u_i}{\partial x_j}\right)+F_i$$

と表現することもできる．さらに，ベクトル表記では

$$\frac{\partial \boldsymbol{u}}{\partial t}+(\boldsymbol{u}\cdot\nabla)\boldsymbol{u}=-\frac{1}{\rho}\nabla p+\nu\nabla^2\boldsymbol{u}+\boldsymbol{F}$$

と簡単になる．後述の無次元化を行うと，右辺第 2 項の動粘性係数 ν は 4.3.4 節に示すレイノルズ数 Re の逆数として無次元化され，体積力を除けば，レイノルズ数のみが支配パラメータとなることがわかる．ここで式中の各項に注目すると，左辺第 1 項は**局所加速度項（local acceleration term）**，次いで第 2 項は**対流加速度項（convective acceleration term）**とよばれる．さらに各項の力学的意味を考えると，左辺第 2 項は**慣性力項（inertia term）**，右辺第 1 項は**圧力項（pressure term）**，第 2 項は**粘性力項（viscous term）**，第 3 項は**外力項（external-force term）**である．

ナビエ・ストークス方程式は流体の粘性を考慮したものであるが，さらに簡単化した非粘性流体の運動を記述した式はオイラー方程式（Euler's equation of motion）とよばれ，次式となる．

$$\rho\left(\frac{\partial u_i}{\partial t}+\frac{\partial u_i u_j}{\partial x_j}\right)=-\frac{\partial p}{\partial x_i}+\rho F_i$$

粘性が無視できる高レイノルズ数の流れ，特に固体壁近くの境界層（4.8 節参照）を無視できる場合に適用できるため，工学的にも物体周りの流れをおおまかに把握するには実用的な運動方程式である．ナビエ・ストークス方程式と同様にして，非圧縮性流体を対象とした場合には，

$$\frac{\partial u_i}{\partial t}+u_j\frac{\partial u_i}{\partial x_j}=-\frac{1}{\rho}\frac{\partial p}{\partial x_i}+F_i$$

または

$$\frac{\partial \boldsymbol{u}}{\partial t}+(\boldsymbol{u}\cdot\nabla)\boldsymbol{u}=-\frac{1}{\rho}\nabla p+\boldsymbol{F}$$

と書ける．外力のない（$\boldsymbol{F}=0$）場合には，非粘性流体であるため慣性力支配の流れ場となり（常に，圧力 p は流れによって一意に決まるため，圧力支配ではない），レイノルズ数などの無次元パラメータが定義されない．この場合，解析対象となる物体または流路の形状によって，流れ方が一つに決定されることになる．

4.3.4　力学的相似

複雑で多様な流体現象をすべて理論的あるいは実験的に解析することは事実上不可能である．単に管内流といっても，マイクロ・スケール（micro scale）の血管内の血流（blood flow）からメートル・スケールの水道や石油パイプライン（pipeline）などが挙げられ，広範なスケールで無数の流動条件での流れが存在する．したがって，一つの円管内流の実験結果から異なる直径の円管内流の特性の推論を行うことができれば，とても合理的といえる．これは，流体機械や輸送機器の設計開発時に重要な手段となる．実規模の航空機を開発段階で組み立て，さらに大規模な風洞（wind tunnel）を用いて航空機の揚力などの特性試験を行うには膨大なコストがかかるが，縮小模型で流れの代替実験が行えれば非常に経済的かつ効率的な試験を遂行できる．しかしながら，実機の流れ（full-scale flow）を模型実験により再現しようとするとき，二つの流れが同等，つまり相似でないと意味がない．ここで，異なる二つの流れが相似となることを保証する法則を**相似則（law of similarity）**とよぶ．

流体の運動は各種条件（境界形状，境界条件，初期

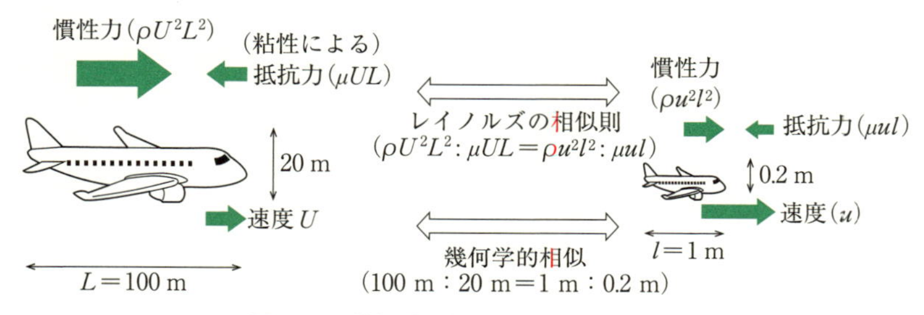

図 4-13　幾何学的相似則と力学的相似則

条件）と物理量（速度，密度，温度など）に関わるパラメータに依存しており，これら条件の組合せで流れの状態が決まる．したがって，流体力学的に二つの流れが相似となるためには，境界形状の幾何学的相似に加えて，運動する流体に働く種々の力の比が同じとなること（力学的相似）が必要になる（図 4-13 参照）．

代表的な力学的相似則として，流体に働く慣性力（inertia force）と粘性力（viscous force）の比に基づく，粘性流体の相似則がある．いま，ある流れの**代表速度（characteristic velocity）**を U，**代表長さ（characteristic length）**を L，密度を ρ，粘性係数を μ としたときの各力の大きさは

$$\text{慣性力}=\text{質量}\times\text{加速度}=\rho L^3\times\frac{U}{L/U}=\rho U^2L^2 \tag{4-1}$$

$$\text{粘性力}=\text{せん断力}\times\text{面積}=\mu\frac{U}{L}\times L^2=\mu UL \tag{4-2}$$

と表せる．両者の比は

$$\frac{\text{慣性力}}{\text{粘性力}}=\frac{\rho U^2L^2}{\mu UL}=\frac{\rho UL}{\mu}=\frac{UL}{\nu}=Re \tag{4-3}$$

となる．この量を**レイノルズ数（Reynolds number）**とよび，粘性流体の流動状態を決める重要な**無次元数（non-dimensional number）**の一つとなっている．“幾何学的に相似な二つの流路（または物体周り）において，流れのレイノルズ数が互いに等しいとき，流体の種類・流路の寸法・流速が異なる場合でも，二つの流れは力学的に相似である”レイノルズ数に基づくこの法則を**レイノルズの相似則（Reynolds' law of similarity）**とよぶ．

なお，その定義より，レイノルズ数の小さな流れは粘性力が支配的であり，レイノルズ数の大きな流れは慣性力が相対的に大きい流れといえる．

ここで，代表速度や代表長さについて述べる．これらは，対象とする流れを特徴付けると考えられる速度や寸法として与えられる．例えば，円管内流であれば管直径と平均速度を，境界層流では境界層厚さと主流速度を選ぶのが慣例となっている．しかし，境界層の場合では，排除厚さや運動量厚さなど，代表長さとしての候補が複数ありえるが，そのつど，どの長さに基づく無次元化あるいはレイノルズ数であるかを断る必要がある．よって，その性質上，レイノルズ数の値自体を異なる流路形態間で比較するのは無意味であるため，幾何学的相似にないときには注意を要する．

ナビエ・ストークス方程式を用いて力学的相似則を数学的に導いてみよう．ここでは簡単のため，体積力のない 2 次元の非圧縮性ニュートン流体を仮定する．このとき，ナビエ・ストークス方程式は，

$$\frac{\partial u}{\partial t}+u\frac{\partial u}{\partial x}+v\frac{\partial u}{\partial y}=-\frac{1}{\rho}\frac{\partial p}{\partial x}+\nu\left(\frac{\partial^2 u}{\partial x^2}+\frac{\partial^2 u}{\partial y^2}\right)$$

$$\frac{\partial v}{\partial t}+u\frac{\partial v}{\partial x}+v\frac{\partial v}{\partial y}=-\frac{1}{\rho}\frac{\partial p}{\partial y}+\nu\left(\frac{\partial^2 v}{\partial x^2}+\frac{\partial^2 v}{\partial y^2}\right)$$

と表せる．ここで，代表速度 U，代表長さ L，密度 ρ を用いて，全変数を

$$x_i^*=\frac{x_i}{L},\quad u_i^*=\frac{u_i}{U},\quad t^*=\frac{tU}{L},\quad p^*=\frac{p}{\rho U^2}$$

のように無次元化する．ナビエ・ストークス方程式（x 方向成分）の両辺に L/U^2 をかけて整理すると，

$$\frac{\partial u^*}{\partial t^*}+u^*\frac{\partial u^*}{\partial x^*}+v^*\frac{\partial u^*}{\partial y^*}=-\frac{\partial p^*}{\partial x^*}+\frac{\nu}{UL}\left(\frac{\partial^2 u^*}{\partial x^{*2}}+\frac{\partial^2 u^*}{\partial y^{*2}}\right)$$

となり，レイノルズ数 $Re=UL/\nu$ を用いれば，

$$\frac{\partial u^*}{\partial t^*}+u^*\frac{\partial u^*}{\partial x^*}+v^*\frac{\partial u^*}{\partial y^*}=-\frac{\partial p^*}{\partial x^*}+\frac{1}{Re}\left(\frac{\partial^2 u^*}{\partial x^{*2}}+\frac{\partial^2 u^*}{\partial y^{*2}}\right)$$

が得られる．同様にして，y 方向成分についても，

$$\frac{\partial v^*}{\partial t^*}+u^*\frac{\partial v^*}{\partial x^*}+v^*\frac{\partial v^*}{\partial y^*}=-\frac{\partial p^*}{\partial y^*}+\frac{1}{Re}\left(\frac{\partial^2 v^*}{\partial x^{*2}}+\frac{\partial^2 v^*}{\partial y^{*2}}\right)$$

これらの式から明らかなように，レイノルズ数 Re が等しい二つの流れはまったく同じ方程式に支配され，幾何形状が相似ならまったく同じ解をもつことがわかる．ただし，“無次元化した変数として同じ解”であることに注意が必要である．有次元化する際には，無次元化に用いた代表量（有次元）を用いて適宜，乗除を行えばよい．

流体運動において，その環境や流体の性質によっては慣性力と粘性力以外の力も働き，それに応じて流れに影響のある無次元数を定義することになる．例え

ウィリアム・フルード

英国の技術者，水力学者，船舶工学者．縮小模型から得られた実験結果より実物大の船舶の挙動を予測できる手法を確立するほか，船舶の安全性予測や水の抗力を求めるための法則を考案した．（1810-1879）

ば，水面の波は重力による力が重要となるため，それと慣性力との比である**フルード数（Froude number）** Fr に基づく相似則を考慮する必要がある．

$$\frac{\text{慣性力}}{\text{重力による力}}=\frac{\rho U^2L^2}{g\rho L^3}=\frac{U^2}{gL}=Fr^2$$

ここで，g は重力加速度である．フルード数の等しい二つの流れは相似であり，これを**フルードの相似則（Froude's law of similarity）**という．

高速の気流では，気体の圧縮性が流れに影響を及ぼし，圧力を介した弾性力が重要となる．

$$\frac{\text{慣性力}}{\text{弾性力}}=\frac{\rho U^2L^2}{\rho a^2L^2}=\frac{U^2}{a^2}=M^2$$

ここで，a は**音速（velocity of sound または sound speed）**であり，**マッハ数（Mach number）** M は音速に対する代表速度の比を表す．圧縮性流体の流れにおいては，レイノルズ数 Re に加えてマッハ数 M も力学的相似の条件となる．なお，$M>1$ のときの流れを超音速流，$M=1$ のときを音速流，$M<1$ のときを亜音速流とよぶ（4.9 節参照）．

4.3.5　エネルギー式

流体がもつエネルギーの保存法則を導く．連続の式とナビエ・ストークス方程式と同様に，まずは保存法則の対象となる物理量として，単位体積あたりの流体の運動エネルギー ρu_i^2 と，温度による内部エネルギー ρe（$e=C_vT$：C_v は定積比熱，T は絶対温度）の和である全エネルギー（total energy）e_t を用いることにする．境界を介しての作用としては，

流入・流出するエネルギー　$\rho\left(\frac{u_i^2}{2}+e\right)u_j=\rho e_t u_j$

境界に作用する応力 σ_{ij} による仕事　$\sigma_{ij}u_i$

境界を介しての熱の流入・流出　q_j

を考えればよい．さらに，領域内でのエネルギー生成として，質量力による仕事 $\rho F_i u_i$ と，ヒータなどの熱源あるいは吸熱源による寄与 Q が考えられる．以上をまとめると，エネルギーの保存則は

$$\frac{\partial \rho e_t}{\partial t}+\frac{\partial}{\partial x_j}(\rho e_t u_j-\sigma_{ij}u_i+q_j)-(\rho F_i u_i+Q)=0$$

となり，これを**エネルギー式（energy equation）**とよぶ．

境界を介しての熱移動には**フーリエの法則（Fourier's law）**

$$q_j=-\lambda\frac{\partial T}{\partial x_j}$$

を用いればよい．ここで，T は絶対温度，λ は流体の**熱伝導率（heat conductivity）**である．なお，エネルギー式を直交座標で表現すると，次式のようになる．

$$\begin{aligned}
&\frac{\partial \rho e_t}{\partial t}+\frac{\partial}{\partial x}\Bigg[\rho e_t u+pu\\
&\quad-2\mu\left\{\frac{\partial u}{\partial x}-\frac{1}{3}\left(\frac{\partial u}{\partial x}+\frac{\partial v}{\partial y}+\frac{\partial w}{\partial z}\right)\right\}u\\
&\quad-\mu\left(\frac{\partial u}{\partial y}+\frac{\partial v}{\partial x}\right)v-\mu\left(\frac{\partial u}{\partial z}+\frac{\partial w}{\partial x}\right)w-\lambda\frac{\partial T}{\partial x}\Bigg]\\
&\quad+\frac{\partial}{\partial y}\Bigg[\rho e_t v+pv-\mu\left(\frac{\partial u}{\partial y}+\frac{\partial v}{\partial x}\right)u\\
&\quad-2\mu\left\{\frac{\partial v}{\partial y}-\frac{1}{3}\left(\frac{\partial u}{\partial x}+\frac{\partial v}{\partial y}+\frac{\partial w}{\partial z}\right)\right\}v\\
&\quad-\mu\left(\frac{\partial v}{\partial z}+\frac{\partial w}{\partial y}\right)w-\lambda\frac{\partial T}{\partial y}\Bigg]\\
&\quad+\frac{\partial}{\partial z}\Bigg[\rho e_t w+pw-\mu\left(\frac{\partial u}{\partial z}+\frac{\partial w}{\partial x}\right)u\\
&\quad-\mu\left(\frac{\partial v}{\partial z}+\frac{\partial w}{\partial y}\right)v\\
&\quad-2\mu\left\{\frac{\partial w}{\partial z}-\frac{1}{3}\left(\frac{\partial u}{\partial x}+\frac{\partial v}{\partial y}+\frac{\partial w}{\partial z}\right)\right\}w-\lambda\frac{\partial T}{\partial z}\Bigg]\\
&\quad-\{\rho(F_x u+F_y v+F_z w)+Q\}=0
\end{aligned}$$

ベクトル表記では，

$$\left[\frac{\partial}{\partial t}+(\boldsymbol{u}\cdot\nabla)\right](\rho e_t)+p(\nabla\cdot u)$$
$$-\tau:\nabla\boldsymbol{u}+\nabla(-\lambda\nabla T)-Q=0$$

となる．ただし，$\tau:\nabla\boldsymbol{u}$ は $\tau_{ij}(\partial u_i/\partial x_j)$ のスカラー量である．

前述した方程式群（連続の式，ナビエ・ストークス方程式，エネルギー式）を用いると，厳密にいえば変数（速度，圧力，密度，温度）をすべて解くためには方程式の数が二つ不足する．そのため，**状態方程式（equation of state）**

$$p=p(\rho,\ T)$$

および，粘性係数の温度依存関係式（例えば，サザー

エルンスト・マッハ

オーストリアの物理学者．特に衝撃波の研究で知られ，マッハ数は彼の名にちなむ．科学史家，哲学者としても多くの影響を与えた．アインシュタインもその一人．プラハ大学とウィーン大学で教授を務めた．（1838-1916）

ランドの式）

$$\mu=\mu(T)$$

の導入が必要となる．等温や断熱を仮定すれば，圧力 p は密度 ρ だけの関数となる**バロトロピー流体（barotropic fluid）**とみなせ，エネルギー式は不要となる．また，流体の運動を厳密に扱えば，温度場が熱応力などの形で（流れ場の）応力に変化を及ぼす可能性はあるが，通常はこれを無視できるため，連続の式とナビエ・ストークス方程式のみにより解が求められる．エネルギー方程式も合わせて解く必要があるのは圧縮性流体の場合である．

非圧縮性流体でさらに熱伝導率が一定であるとき，エネルギー式は

$$\frac{\partial T}{\partial t}+u_j\frac{\partial T}{\partial x_j}=\frac{\lambda}{\rho C_p}\frac{\partial^2 T}{\partial x_j^2}+\frac{Q}{\rho C_p}$$

と簡略化できる．ここで，C_p は定圧比熱であり，右辺第 2 項の熱伝導を表す項にかかる係数 $\lambda/\rho C_p$（$=\alpha$）は**温度伝導率（thermal diffusivity）**もしくは**熱拡散率**とよばれる物性値であり，（動粘度と同様の）m^2/s の次元をもつ．この係数 α を代表長さと代表速度により無次元化すると，

$$\frac{\text{移流による熱移動}}{\text{伝導による熱移動}}=\frac{UT}{\alpha T/L}=\frac{UL}{\alpha}=Pe$$

で定義される**ペクレ数（Peclet number）**となる．さらにペクレ数は

$$Pe=\frac{UL}{\nu}\cdot\frac{\nu}{\alpha}=Re\cdot Pr$$

のように，レイノルズ数と**プラントル数（Prandtl number）**の積で表せる．プラントル数（$P_r=\nu/\alpha$）は，運動量の粘性拡散と熱の拡散の比を表している．

4.3.6 物質移流拡散

河川や海洋に含まれる鉱物や大気中の汚染物質は，流体（水または空気）の流れに乗って下流へ**移流（advection）**し，分子運動による**拡散（diffusion）**を伴って四方八方へ拡がっていき，その水質濃度もしくは大気中濃度が変化している．このような流体中に混在した物質の輸送における支配方程式は，前節までと同様に，その物質の濃度 C についての保存則を考えることで，**移流拡散方程式（advection-diffusion equation）**として導かれる．この方程式は，非圧縮性流体におけるスカラー量としての温度輸送と類似した輸送方程式として次式のように表される．

$$\frac{\partial C}{\partial t}+u_j\frac{\partial C}{\partial x_j}=D\frac{\partial^2 C}{\partial x_j^2}+S$$

ここで，D は**拡散係数（diffusion coefficient）**で空間方向に一定と仮定している．S は物質の発生源・吸収源で生成項である．

4.3 節のまとめ

- **流体運動を支配する基礎方程式は，各種保存式に基づく．**
- **非圧縮性ニュートン流体の支配方程式：**

連続の式（質量保存則）
$$\frac{\partial u_i}{\partial x_j}=0$$

ナビエ・ストークス方程式（運動量保存則）
$$\frac{\partial u_i}{\partial t}+u_j\frac{\partial u_i}{\partial x_j}=-\frac{1}{\rho}\frac{\partial p}{\partial x_i}+\nu\frac{\partial}{\partial x_j}\left(\frac{\partial u_i}{\partial x_j}\right)+F_i$$

- **圧縮性流体ではエネルギー式と状態方程式も考慮する．**
- **熱や物質の輸送は，移流拡散方程式に支配される．**
- **無次元数を用いて力学的相似則が考慮できる．**

4.4 圧 力 と 浮 力

流体の運動のみならず，静止した流体中も圧力は常に作用しており，それがパイプラインの流体を流したり，浮力を生んで船や気球を浮かばせたりする．本節では，圧力の性質と浮力の原理を記す．

4.4.1 圧力の定義

静止流体中の任意の点で，流体はあらゆる方向から力を受けており，隣り合う流体同士で力を及ぼし合っ

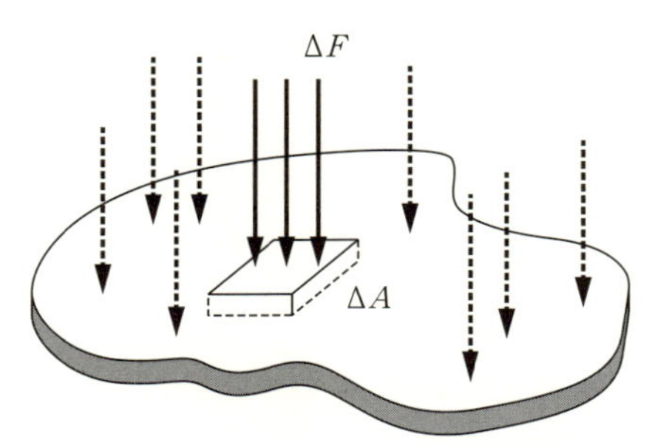

図 4-14　圧力：面に作用する力

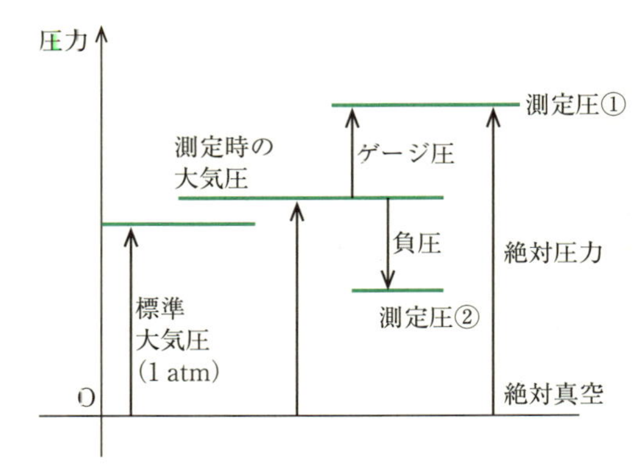

図 4-15　絶対圧とゲージ圧

ている．流体中の任意の面を考えたとき，その面の両側から流体が押し合う垂直力は互いに等しく，作用・反作用の関係にある．同位置で別方向に向く面を仮定しても，面にかかる垂直力の大きさは変わらず，この力を**圧力（pressure）**とよぶ．圧力は単位面積あたりにかかる**垂直応力（normal stress）**として定義され，面積 ΔA の平面に対して垂直な力 ΔF がかかるとき

$$P = \lim_{\Delta A \to 0} \frac{\Delta F}{\Delta A}$$

で定義される．ここで，ΔA は注目している点を含む微小な面積要素であり，この要素内で ΔF は変わらないものとみなせる．流体中の圧力は**一様（homogeneous）**に分布していると限らないが，任意の一点にかかる圧力は**等方的（isotropic）**であるため，一般的に圧力はスカラー量として扱われる．圧力の単位は N/m² あるいは Pa（パスカル）であり，工学単位系では kgf/cm² が用いられる．1 気圧（1 atm）は 101 325 Pa（=1013.25 hPa）または 1 kgf/cm² であり，国際標準大気として定められている．

4.4.2　絶対圧とゲージ圧

圧力の大きさを表すには，完全真空を基準とする場合と，測定時の大気圧を基準とする場合がある．前者の表示方法による圧力を**絶対圧（absolute pressure）**，後者を**ゲージ圧（gauge pressure）**あるいは計器圧とよぶ（図 4-15）．図中の測定圧②のように圧力が測定時の大気圧よりも低い場合には，負のゲージ圧となり，この状態は**負圧（negative pressure）**とよばれる．なお，絶対圧の表記で負となることはありえない．絶対圧が 0 の状態を**完全真空（perfect vacuum）**という．

ブレーズ・パスカル

フランスの数学者，物理学者，宗教哲学者．大気圧の研究が特に有名で，パスカルの原理を発見した．圧力の単位は彼の名に由来する．『パンセ』中の言葉「人間は考える葦である」でも有名．（1623-1662）

4.4.3　圧力の性質

圧力の性質として，以下の三つが挙げられる．

- 流体に接する壁面には垂直に圧力が作用する．
- 流体中の一点における圧力はあらゆる方向で大きさが等しい（圧力の等方性）．
- 密閉容器内の非圧縮性の静止流体において，一部に加えた圧力は瞬時に同じ強さで容器内全体に伝播する（パスカルの原理）．

パスカルの原理（Pascal's law）を応用した例が，図 4-16 に示すような油圧ジャッキである．二つの大小のシリンダは管で繋がっていて，それら容器内に（非圧縮性流体としての）油が充填されている．各シリンダにはそれぞれの直径に応じたピストンが取り付けられている．ピストン A を押すとシリンダ内の油が圧縮されようとするが，液体の非圧縮性によってその体積は維持されるため，ピストン B が持ち上がろうとする．このときの各ピストンに作用する力の大きさは，面積 S_A のピストン A に外部から力 F_A で押したとき，その反作用として油の圧力は ΔP だけ増加する．

$$\Delta P = \frac{F_A}{S_A}$$

パスカルの原理により，この圧力増加は密閉容器内の油のあらゆる場所にそのままの大きさで伝わるため，

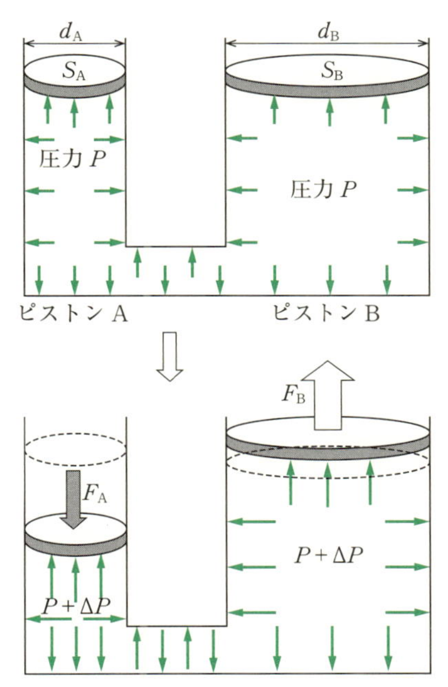

図 4-16 油圧ジャッキ：パスカルの原理の応用例

ピストン B にかかる圧力も ΔP だけ増加することになる．ピストン B の面積 S_B に作用する力 F_B は，

$$F_B=\Delta P\cdot S_B=\frac{S_B}{S_A}F_A=\left(\frac{d_B}{d_A}\right)^2\cdot F_A$$

となる．したがって，d_B/d_A が大きければ，小さな入力 F_A で大きな出力 F_B を生みだすことができる．これが油圧ジャッキの原理である．ここで，力という単位では大きな増幅を得られるが，仕事量としての増幅は起きていないことに注意が必要である．例えば，面積比 S_B/S_A が 4 の場合，ピストン A を 20 mm 押し込むとピストン B は 1/4 倍の 5 mm しか上昇しない．これはシリンダ A から供給された油の量だけピストン B が上昇するためである．つまり，仕事量＝力×移動量はピストン間で保存されることになる．

4.4.4 液体中の深さと圧力の関係

水中に潜ると，大気圧に加えて大きな圧力がさらに加わることが体感できる．この水圧（水の圧力）と水中の深さとの関係について考えてみる．

水面からの深さ z が同じ 2 点では圧力は等しい．これは図 4-17 のように，静止した水中で任意の直方体の検査体積を想定すると考えやすい．水平方向の面 $\mathrm{d}A_{\mathrm{side}}$ には等しく力がかかるため，検査体積内の水は静止を維持する．つまり，力のつり合いが

$$P_1\mathrm{d}A_{\mathrm{side}}=P_2\mathrm{d}A_{\mathrm{side}}$$

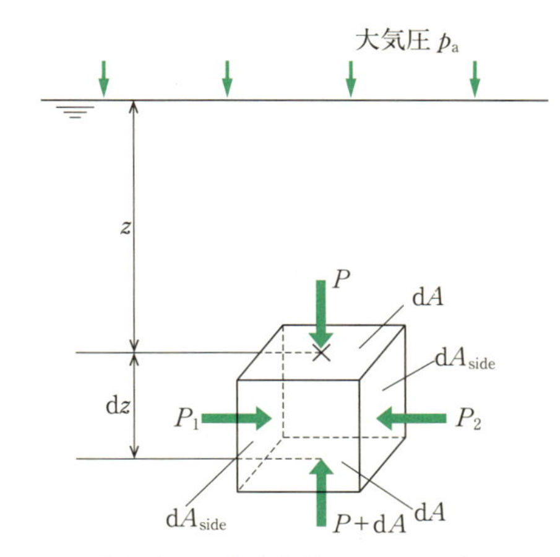

図 4-17 静止水中の検査体積にかかる圧力のつり合い

となることから

$$P_1=P_2 \quad （ただし，z_1=z_2）$$

と導かれる．次に，検査体積にかかる鉛直方向の力のつり合いを考える．水面深さ z の位置にある上面には，圧力 P がかかっているとする．さらに $\mathrm{d}z$ だけ深い所に位置する下面には $P+\mathrm{d}P$ となっているとしよう．この $\mathrm{d}P$ は検査体積内の流体の重さ（＝密度×体積×重力加速度）を支えるのに必要な増分である．つまり，上下面の面積を $\mathrm{d}A$ として

$$P\mathrm{d}A+\rho\cdot(\mathrm{d}z\cdot\mathrm{d}A)\cdot g=(P+\mathrm{d}P)\mathrm{d}A$$

の鉛直方向のつり合いの式が成り立つ．これより，

$$\frac{\mathrm{d}P}{\mathrm{d}z}=\rho g$$

が得られる．これを鉛直方向に 0 から深さ z まで積分すれば，水面での圧力を大気圧 p_a と等しいとすると，深さ z における圧力 p は

$$p=p_a+\rho gz$$

となる．ゲージ圧での表記であれば，$p=\rho gz$ である．

水の密度がおよそ 10^3 kg/m^3（厳密には，20℃のとき 998.2 kg/m^3）で，重力加速度もおよそ 10 m/s^2 とすれば，水深 $z=10$ m における水圧（ゲージ圧）は

$$\rho gz\approx10^5\ \mathrm{Pa}=100\ \mathrm{kPa}$$

と見積もれる．これは標準大気圧に近い値であることから水深の増加 10 m ごとに水圧は 1 気圧分だけ上昇することがわかる．

流体の圧力を測るため，$p=\rho gz$ の関係を適用した**マノメータ（manometer）**による計測方法がある．例えば，図 4-18 に示すように，液体を満たしたタンク A，B 内の圧力 p_A と p_B の差について U 字管マノメータを用いて計測する場合を考える．タンク A と B 内の液体それぞれの密度を ρ_1 と ρ_2 とする．U 字管

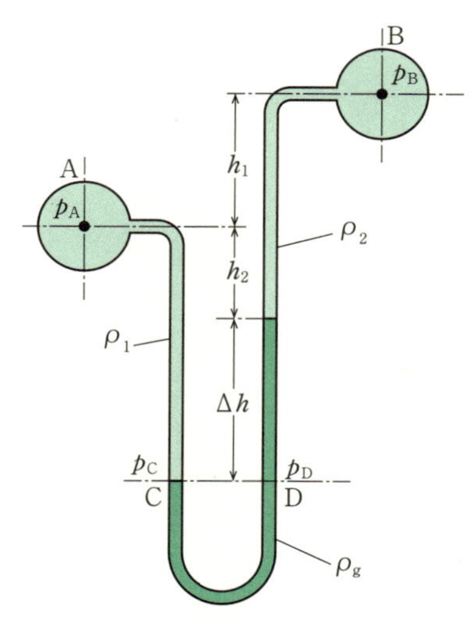

図 4-18　U 字管マノメータ

マノメータ内には別の密度 ρ_g の液体を入れており，C 点と D 点の圧力 p_C と p_D は等しい．各圧力は，A もしくは B の圧力を基準として考えると，

$$p_C = p_A + \rho_1 g(h_2 + \Delta h)$$
$$p_D = p_B + \rho_2 g(h_1 + h_2) + \rho_g g\Delta h$$

と表される．よって，$p_C = p_D$ であることから

$$p_A - p_B = (\rho_g - \rho_1)g\Delta h + (\rho_2 - \rho_1)gh_2 + \rho_2 gh_1$$

となる．これより，各流体の密度が既知であれば，マノメータ中の流体の界面位置を測ることで，圧力差が求められる．タンク A，B を満たす流体が空気であるとき，U 字管マノメータ中に水銀（$\rho_g \gg \rho_1$，ρ_2）を入れたものが古くからよく用いられてきたが，現在は安全性から水に置き換えてマノメータ計測が実施されることが多い．その場合，水と空気の密度差は十分に大きいと考えて，

$$p_A - p_B \approx \rho_g g\Delta h$$

と簡易に圧力差の見積りを行うことがある．

4.4.5　浮力

水中に身を委ねると，水圧により自然と体が持ち上げられる浮力を感じることができる．ここでは，浮力の原理について説明する．

図 4-19 に示すように，静止流体の水面下に浸かっている任意物体が受ける力を考えてみる．このとき，流体の密度は ρ，物体の体積を V とする．物体表面には流体の圧力があらゆる方向から作用するが，鉛直成分の力のつり合いに注目していく．ここで，微小断面積 $\mathrm{d}A$ をもつ仮想の鉛直柱を考え，この柱が物体を貫く箇所の表面積を $\mathrm{d}A_{\mathrm{top}}$ および $\mathrm{d}A_{\mathrm{bottom}}$ とし，これらにかかる圧力をそれぞれ P_{top} と P_{bottom}（$=P_{\mathrm{top}} + \rho g\mathrm{d}z$）とする．各面にかかる圧力の鉛直成分は，$P_{\mathrm{top}}\mathrm{d}A$ と $P_{\mathrm{bottom}}\mathrm{d}A$ になることから，微小鉛直柱と重なった物体内部の体積 $\mathrm{d}V$（$=\mathrm{d}z\cdot\mathrm{d}A$）には

$$\mathrm{d}F = (P_{\mathrm{bottom}}\mathrm{d}A - P_{\mathrm{top}}\mathrm{d}A) = (P_{\mathrm{bottom}} - P_{\mathrm{top}})\mathrm{d}A$$
$$= \rho g\cdot\mathrm{d}V$$

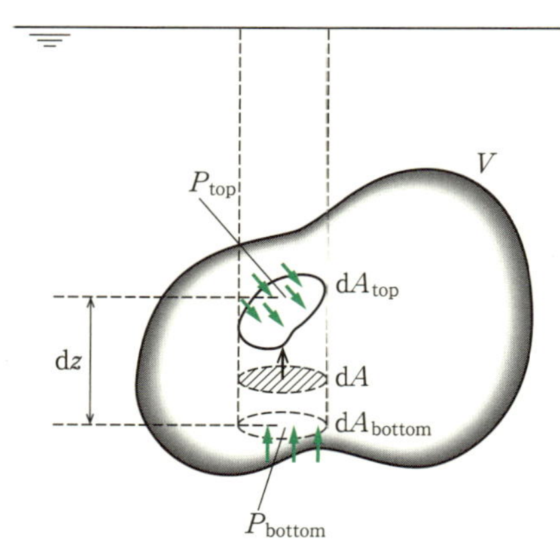

図 4-19　浮力の原理

の鉛直上向きの力がかかっていることに相当する．微小体積 $\mathrm{d}V$ の集合体として体積 V の物体を構成すると考えれば，物体全体にかかる鉛直上向きの力 F は

$$F = \int_V \mathrm{d}F = \int_V \rho g\mathrm{d}V = \rho g\int_V \mathrm{d}V = \rho gV$$

を得る．これを**浮力（buoyancy）**とよぶ．この式が示すところは，浮力は物体自体の形状や質量に関係なく，物体が排除した流体の体積（displacement volume）の重量が浮力として作用するということである．これは**アルキメデスの原理（Archimedes' principle）**としても知られている．浮力は液体中に限らず，周囲が気体においても作用している．その例が気球や風船である．

4.4.6　全圧力と圧力中心

ダム壁や水門などにかかる力，つまり静止流体中の平面壁に働く力について考える．

図 4-20 は，貯水槽の傾斜壁面の一部に平板をはめた状態を示したものである．水（液体）の密度を ρ，傾斜壁面と水面の角度を θ とする．傾斜壁面に沿って z 軸をとり，水面からの深さは z'（$=z\sin\theta$）とする．深さ z' における圧力 p' は

$$p' = p_a + \rho gz'$$

で与えられ，液体側から平板に対して p' で押される．平板の反対側からも大気圧で押されており，p_a の分

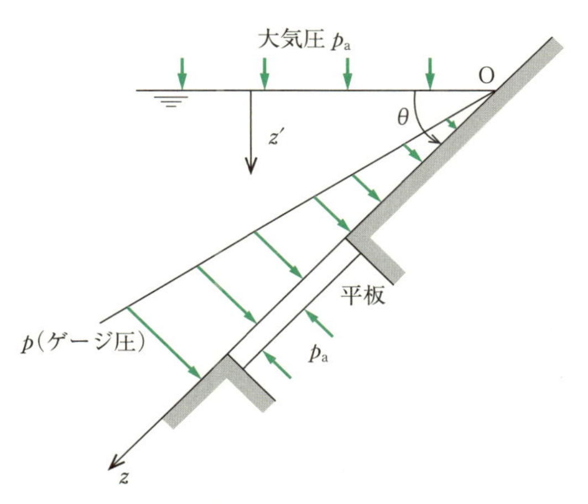

図 4-20 傾斜平面壁にかかる静水圧

だけ相殺される．結果的に，平板にはゲージ圧

$$p=p'-p_a=\rho gz'=\rho gz\sin\theta$$

だけが作用するとみなせる．平板上の微小面積 $\mathrm{d}A$ を考え，これに働く力 $\mathrm{d}F$ は

$$\mathrm{d}F=p\mathrm{d}A=\rho gz\sin\theta\cdot\mathrm{d}A$$

である．平板の全面積 A に対して積分すると，

$$F=\int_A\rho gz\sin\theta\cdot\mathrm{d}A=\rho g\sin\theta\int_A z\cdot\mathrm{d}A$$

の**全圧力（total pressure）** F が得られる．ここで，右辺の積分は図心（幾何学的な重心）の z 座標 z_G を求めることに相当し，

$$\int_A z\cdot\mathrm{d}A=Az_G$$

であることから，図心に作用するゲージ圧 p_G（$=\rho gz_G\sin\theta$）を用いて

$$F=\rho g\sin\theta\cdot Az_G=p_GA$$

と表される．この式より，平板に働く全圧力は，図心に作用するゲージ圧と平板面積を掛ければ求められる（積分操作が不要である）ため，有用な関係式である．

任意の平板に対して働く圧力の総和を全圧力として一つの力にみなせるが，その着力点について考える．図 4-20 のように平板に不均一な圧力がかかっている場合，図心と全圧力の着力点とは一致しないことに注意する．この着力点を**圧力の中心（center of pressure）**というが，この位置 C を図 4-21 に基づいて求めてみる．圧力中心が z_C にあるとすれば，x 軸周りの圧力によるモーメントのつり合いより，

$$z_CF=\int_A z\mathrm{d}F=\rho g\sin\theta\int_A z^2\mathrm{d}A=\rho gI_x\sin\theta$$

となる．ここで，$\mathrm{d}F$ は微小な面積 $\mathrm{d}A$ に作用する圧力による合力であり，I_x は図形の x 軸周りの断面 2 次モーメントである．ここで，$F=\rho gz_GA\sin\theta$ を代

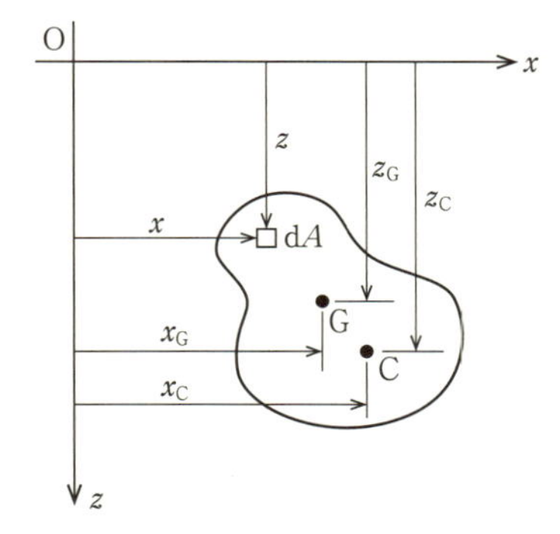

図 4-21 圧力の中心

表 4-9 各種図形の面積特性

図形		面積特性
長方形	a, b	$A=ab$ $I_G=ab^3/12$ $I_{G2}=0$
三角形	a, c, $\frac{2}{3}b$, $\frac{b}{3}$	$A=ab/2$ $I_G=ab^3/36$ $I_{G2}=a(a-2c)b^2/72$
円	R	$A=\pi R^2$ $I_G=\pi R^4/4$ $I_{G2}=0$
半円	R, $\frac{4R}{3\pi}$	$A=\pi R^2/2$ $I_G=\left(\frac{\pi}{8}-\frac{8}{9\pi}\right)R^4$ $I_{G2}=0$

入すれば，次式が導かれる．

$$z_C=\frac{\rho gI_x\sin\theta}{F}=\frac{I_x}{z_GA}$$

さらに，I_x について，図心 G を通り x 軸に平行な軸周りの断面 2 次モーメント

$$I_G=\int_A z_1^2\mathrm{d}A$$

を用いると，平行軸の定理から $I_x=Az_G^2+I_G$ が成立することから，

$$z_C=z_G+\frac{I_G}{z_GA}$$

が導かれる．つまり，図心 G に対して圧力の中心 C は常に z 方向に $I_G/(z_GA)$ だけさらに深い位置にあ

ることを意味している．また，圧力中心の x 座標 x_C は

$$x_C = x_G + \frac{I_{G2}}{z_G A}$$

となる．I_{G2} は G を通り，x 軸と z 軸に平行な軸周りの断面相乗モーメントを表している．左右対称な図形は $I_{G2}=0$ である．表 4-9 に各種図形の面積特性を示す．

4.4 節のまとめ

- **圧力は単位面積あたりに作用する力で，等方的に働くスカラー量として扱われる．**
- **静止液体中では瞬時に同じ強さで圧力が伝播する（パスカルの原理）．**
- **水深 z での圧力の増分は ρgz（流体密度 ρ，重力 g）．**
- **液体中の物体には，物体体積と同じ分の液体重量が浮力として作用する．**
- **水中の任意平面の図重心と圧力中心は必ずしも一致はしない．**

4.5　低レイノルズ数流

レイノルズ数が小さい流れを**低レイノルズ数流（low-Reynolds-number flow）**とよぶ．一般に，低レイノルズ数では流れの状態は層流（laminar flow）であり，ナビエ・ストークス方程式の粘性項（すなわち，拡散効果）の寄与が大きい．本節では，代表的な低レイノルズ数流として，ハーゲン・ポアズイユ流，クエット流，ストークス流を取り上げ，それぞれの流れの特性を解説する．

4.5.1　ハーゲン・ポアズイユ流

低レイノルズ数における直円管内の流れは**ハーゲン・ポアズイユ流（Hagen-Poiseuille flow）**とよばれ，粘性による摩擦力と管軸方向の圧力差による力がつり合うように流れている．図 4-22 のように，x 方向に軸を有する半径 R の円管内の流体要素（円筒）を考える．

この流体要素の半径を r，軸方向長さを L とすると，力のつり合いより，摩擦応力が

$$-2\pi rL\tau = \pi r^2(p_1 - p_2)$$

$$\therefore \quad \tau = -\frac{p_1 - p_2}{L}\frac{r}{2} \tag{4-4}$$

のように求まる．一方，流体の粘性係数を μ，管軸方向の速度を u とすると，ニュートンの摩擦則より，

$$\tau = \mu\frac{\mathrm{d}u}{\mathrm{d}r} \tag{4-5}$$

が成り立つ．したがって，両式より，

$$\frac{\mathrm{d}u}{\mathrm{d}r} = -\frac{p_1 - p_2}{\mu L}\frac{r}{2} \tag{4-6}$$

が導かれ，この式を半径について積分することにより，以下のように速度 u が求められる．

$$u = \int_0^r \frac{\mathrm{d}u}{\mathrm{d}r}\mathrm{d}r = \int_0^r \left(-\frac{p_1 - p_2}{\mu L}\frac{r}{2}\right)\mathrm{d}r$$

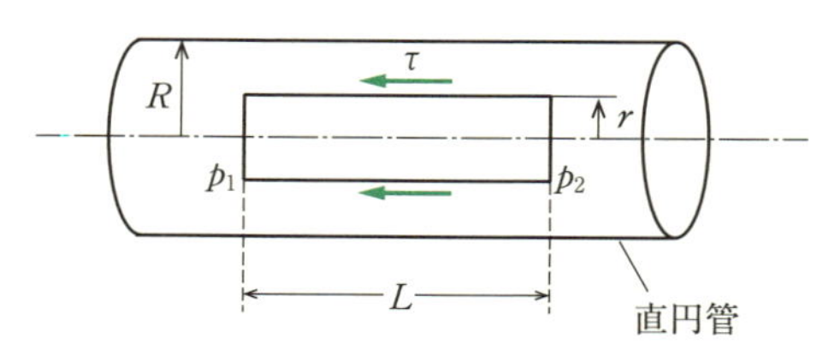

図 4-22　直円管内の低レイノルズ数流れ

ゴットヒルフ・ハーゲン

ドイツの土木技術者．1939 年に非圧縮性ニュートン流体の流れ方に関する法則（ハーゲン・ポアズイユ流れ）を発見した．ドイツ語圏の国において数多くの河川，港湾の開発・設計に携わった．（1797-1884）

ジャン＝ルイ＝マリー・ポアズイユ

フランスの医師，物理学者，生理学者．「ハーゲン・ポアズイユ流れ」をハーゲンの発見の翌年に独自に導き出した．CGS 単位系における粘性係数（粘度）の単位ポアズは彼の名にちなんでいる．（1797-1869）

$$\therefore \quad u=\frac{p_1-p_2}{\mu L}\left(C-\frac{r^2}{4}\right) \tag{4-7}$$

ここで，C は積分定数である．境界条件：$r=R$ で $u=0$ より，積分定数は

$$C=\frac{R^2}{4} \tag{4-8}$$

と求まる．以上より，直円管内の速度は

$$u=\frac{p_1-p_2}{4\mu L}(R^2-r^2) \tag{4-9}$$

となり，放物形の速度分布をもつことがわかる．

また，この速度分布を管断面で積分することにより，次のように体積流量が求められる．

$$\begin{aligned} Q&=\int_0^R 2\pi ru\,\mathrm{d}r \\ &=\int_0^R 2\pi r\frac{p_1-p_2}{4\mu L}(R^2-r^2)\mathrm{d}r \\ &=\frac{p_1-p_2}{8\mu L}\pi R^4 \end{aligned} \tag{4-10}$$

したがって，直円管の体積流量は，圧力差（あるいは圧力勾配）と管の半径の 4 乗に比例し，粘性係数に反比例することがわかる．

4.5.2 クエット流

図 4-23 のように，十分に広い 2 枚の平板が平行に置かれ，一方の平板が静止し，他方の平板が一定速度で移動している場合を考える．平板間にある流体は，粘性によって移動平板に引きずられ，十分時間が経った後には定常一様な速度分布をもつようになる．このような流れを**クエット流（Couette flow）**とよぶ．

クエット流をナビエ・ストークス方程式に基づいて調べてみる．図 4-23 に示すように xy 軸をとり，x，y 方向速度成分をそれぞれ u，v とする．u に関するナビエ・ストークス方程式は，

$$\frac{\partial u}{\partial t}+u\frac{\partial u}{\partial x}+v\frac{\partial u}{\partial y}=-\frac{1}{\rho}\frac{\partial p}{\partial x}+\nu\left(\frac{\partial^2 u}{\partial x^2}+\frac{\partial^2 u}{\partial y^2}\right) \tag{4-11}$$

モーリス・クエット

フランスの物理学者．レオロジーと流体力学分野で業績を残した．流体の粘性係数を測定する同心円筒（回転型）粘度計を設計したことでも知られる．アンジェ・カトリック大学で教鞭をとった．(1858-1943)

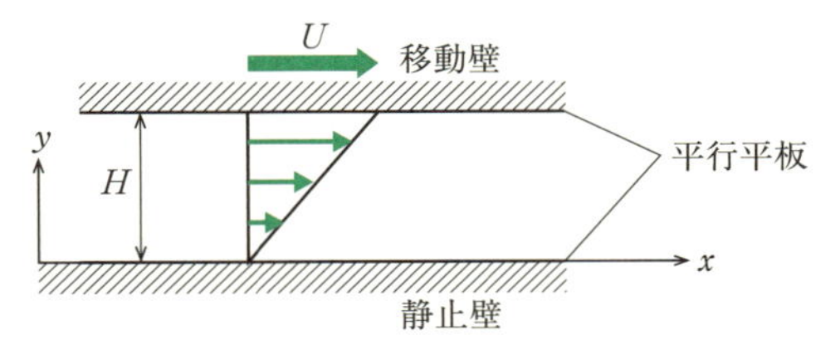

図 4-23 平行平板間の低レイノルズ数流れ

と表せる．ただし，低レイノルズ数流れを考えているので，非圧縮性流体を仮定した．

クエット流は定常で水平方向に一様な流れなので，

$$\frac{\partial u}{\partial t}=\frac{\partial u}{\partial x}=\frac{\partial p}{\partial x}=v=0 \tag{4-12}$$

とみなすことができ，式(4-11)は

$$\frac{\partial^2 u}{\partial y^2}=0 \tag{4-13}$$

に帰着する．u は y のみの関数となっているので，偏微分を常微分にして積分すると，

$$u=C_1y+C_2 \tag{4-14}$$

が導かれる．積分定数 C_1，C_2 は，境界条件：$y=0$ で $u=0$，$y=H$ で $u=U$ より，$C_1=U/H$，$C_2=0$ のように得られる．以上より，クエット流の速度分布は，

$$u=\frac{U}{H}y \tag{4-15}$$

となる．

したがって，クエット流の速度は直線分布をもち，平板の移動速度 U に比例し，平板間距離 H に反比例することがわかる．

また，速度分布式(4-15)をニュートンの摩擦則に代入すると，

$$\tau=\mu\frac{\mathrm{d}u}{\mathrm{d}y}=\frac{U}{H}=\text{一定} \tag{4-16}$$

が導かれ，摩擦応力 τ が位置 y によらず一定になっていることがわかる．

4.5.3 ストークス流

レイノルズ数がきわめて微小な流れを**遅い流れ（creeping flow）**とよぶ．流れの代表速度を U，代表長さを L，動粘性係数を ν としたとき，レイノルズ数は

$$Re=\frac{UL}{\nu} \tag{4-17}$$

と定義できるので，遅い流れは，(i) 流速 U が小さな流れ，(ii) スケール L が小さな流れ，(iii) 粘性 ν が大きな流れ，のいずれかである．

遅い流れの支配方程式を考えてみる．体積力が無視できると仮定すると，連続の式とナビエ・ストークス方程式は次のように記述できる．

$$\frac{\partial u_j}{\partial x_j}=0 \tag{4-18}$$

$$\frac{\partial u_i}{\partial t}+u_j\frac{\partial u_i}{\partial x_j}=-\frac{1}{\rho}\frac{\partial p}{\partial x_i}+\nu\frac{\partial^2 u_i}{\partial x_j^2} \tag{4-19}$$

ここで，u_i は x_i 方向の速度成分，p は圧力，ρ は密度，ν は動粘性係数である．

レイノルズ数は，

$$Re=\frac{\text{慣性力}}{\text{粘性力}}$$

のように，慣性力と粘性力との比を表している．遅い流れではレイノルズ数が微小なので，慣性力の寄与が粘性力の寄与と比べて小さいことを意味している．一方，ナビエ・ストークス方程式の左辺が慣性力を，右辺第 2 項が粘性力を表すことを考慮すると，ナビエ・ストークス方程式の左辺は省略できる．したがって，ナビエ・ストークス方程式は，遅い流れに対して，

$$0=-\frac{1}{\rho}\frac{\partial p}{\partial x_i}+\nu\frac{\partial^2 u_i}{\partial x_j^2} \tag{4-20}$$

のように近似できることになる．この式を書き直すと，

$$\frac{\partial p}{\partial x_i}=\mu\frac{\partial^2 u_i}{\partial x_j^2} \tag{4-21}$$

と表すこともできる．ここで，μ は粘性係数である．すなわち，遅い流れでは，圧力勾配と粘性拡散がつり合うように流れている．また，上式の両辺を x_i で微分し，連続の式(4-18)を用いると，

$$\frac{\partial^2 p}{\partial x_i^2}=\mu\frac{\partial^2}{\partial x_j^2}\left(\frac{\partial u_i}{\partial x_i}\right)=0 \tag{4-22}$$

が得られる．この式は圧力に関するラプラス方程式となっており，遅い流れでは圧力が楕円的な特性を示していることがわかる．

ナビエ・ストークス方程式に対する上記のような近似の仕方を**ストークス近似（Stokes approximation）**，ストークス近似が成り立つ流れを**ストークス流（Stokes flow）**とよぶ．近似の仮定から明らかなように，ストークス近似は，

$$Re\ll 1$$

において成り立つ．なお，Re が 1 程度の遅い流れに対して，**オゼーン近似（Oseen approximation）**という方法も提案されている．

ジョージ・ガブリエル・ストークス

アイルランドの数学者，物理学者．ストークスの法則やベクトル解析におけるストークスの定理など，流体力学，工学，数学の分野での貢献は大きい．ルーカス教授職や王立協会の会長も務めた．(1819-1903)

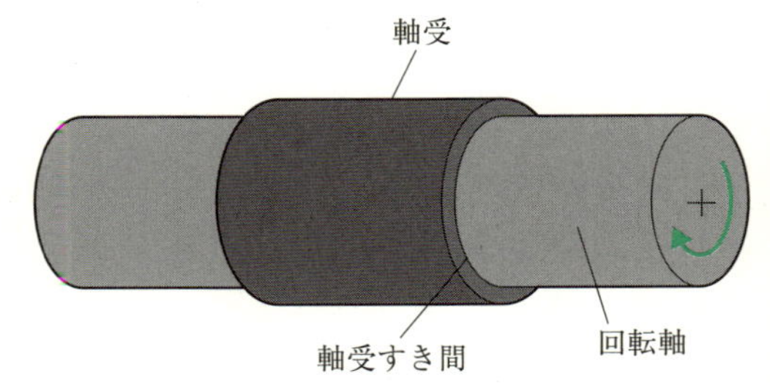

図 4-24　すべり軸受の概略

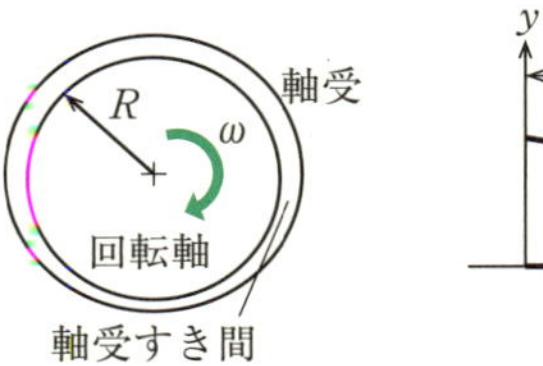

(a) 実際の断面形状

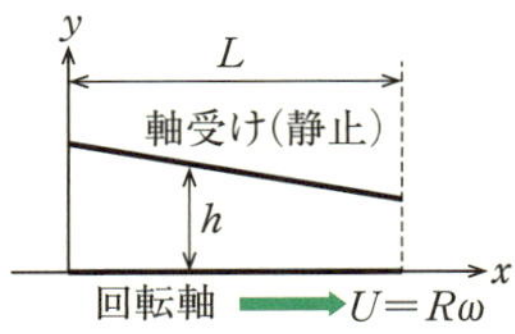

(b) 近似した軸受すき間内の流れ

図 4-25　すべり軸受内の流れの近似

ストークス流の代表的な例として，すべり軸受の流れを説明する．すべり軸受は，図 4-24 のように，回転軸と軸受から構成され，すき間に潤滑流体（油，水，空気など）を流して使用される．軸受すき間に発生する圧力により回転軸を浮上させ，滑らかな回転が得られるように工夫された機械要素である．

すべり軸受内の流れは，軸受すき間がきわめて狭いため，一般に遅い流れとなっている．また，軸受の半径を R，軸受すき間の高さを h とすると，h/R が微小であるため，流れにおける曲率の効果は無視することができる．すなわち，実際には図 4-25（a）のような曲率をもった断面形状であるが，これを図 4-25（b）のような直線的な流れに近似することが可能である．なお，回転軸表面（図 4-25（b）では下側の平板）の移動速度は，角速度を ω とすると，$R\omega$ と与えられる．

x 方向の速度成分を u，y 方向の速度成分を v とすると，$h\ll L$ であるため，$v\ll u$ であることが予想できる．また，軸方向（図 4-25 で紙面に垂直な方向）に

流れがないと仮定すると，連続の式は，

$$\frac{\partial u}{\partial x}=0 \tag{4-23}$$

と簡略化され，u は x によらず y のみの関数になる．

ストークス近似されたナビエ・ストークス方程式(4-21)を成分ごとに書き下すと，

$$\frac{\partial p}{\partial x}=\mu\frac{\partial^2 u}{\partial y^2} \tag{4-24}$$

$$\frac{\partial p}{\partial y}=0 \tag{4-25}$$

が導かれる．式(4-25)は，圧力 p が y によらず x のみの関数であることを意味している．すなわち，任意の x 断面において，圧力 p は一定になっている．

以上より，すべり軸受内の流れは，

$$\frac{\mathrm{d}p}{\mathrm{d}x}=\mu\frac{\mathrm{d}^2 u}{\mathrm{d}y^2} \tag{4-26}$$

という式だけから解析できる．ただし，圧力 p が x の関数，x 方向速度成分 u が y のみの関数であることから，偏微分を常微分に直した．

式(4-26)を y について 0 から h まで 2 回積分すると，

$$u=\frac{1}{2\mu}\frac{\mathrm{d}p}{\mathrm{d}x}y^2+C_1y+C_2 \tag{4-27}$$

が得られる．ここで，C_1，C_2 は積分定数である．

境界条件：$y=0$ で $u=U$（$=R\omega$），$y=h$ で $u=0$ から積分定数を決定することができ，

$$C_1=-\frac{U}{h}-\frac{1}{2\mu}\frac{\mathrm{d}p}{\mathrm{d}x}h,\quad C_2=U$$

が得られる．したがって，軸受すき間内の速度は，

$$\begin{aligned}u&=\frac{1}{2\mu}\frac{\mathrm{d}p}{\mathrm{d}x}y^2-\left(\frac{U}{h}+\frac{1}{2\mu}\frac{\mathrm{d}p}{\mathrm{d}x}h\right)y+U\\&=\frac{1}{2\mu}\frac{\mathrm{d}p}{\mathrm{d}x}(y-h)y-\frac{U}{h}(y-h)\end{aligned} \tag{4-28}$$

となる．

さらに，この速度分布を y について 0 から h まで積分すると，軸受すき間を流れる潤滑流体の体積流量 Q が以下のように求まる．

$$Q=\int_0^h u\,\mathrm{d}y=\frac{Uh}{2}-\frac{h^3}{12\mu}\frac{\mathrm{d}p}{\mathrm{d}x} \tag{4-29}$$

これらの情報は，すべり軸受の設計に活用されている．

4.5 節のまとめ

- **低レイノルズ数では層流であり，粘性が重要．**
- **ハーゲン・ポアズイユ流は，低レイノルズ数の直円管内の流れ．管軸方向の速度分布は放物形．**
- **クエット流は，平行平板間の流れ．低レイノルズ数では，直線状の速度分布をもつ．**
- **レイノルズ数が 1 以下の流れを遅い流れとよぶ．**
- **ストークス流は，遅い流れの典型例．**
- **すべり軸受内の流れはストークス流として近似でき，放物形の速度分布をもつ．**

4.6 非圧縮性流

4.6.1 水力学

最も身近な流体の一つである水などの液体は，一般的に非圧縮性流体として扱われている．そのような流体を対象とした古典的な流体力学の分野は**水力学**（**hydrodynamics**）とよばれ，これに基づいた比較的平易な計算により流体の挙動を解析することができる．特に，後述の境界層や流動抵抗を無視できる非粘性流体と仮定すれば，本節で導入するベルヌーイの定理によって，流れの速度と圧力の空間的変化を求めることができるうえに，流れの状態を直感的に理解することが可能である．

水力学における質量保存則の取扱いには，体積流量および質量流量の概念を理解する必要がある．また，力学的エネルギーの保存則を表したものがベルヌーイの定理である．さらに，運動の方向も考慮した，いわゆる運動量保存則については検査体積（または検査面積）の導入が必要となる．

4.6.2 流量の連続

本項では，任意の流路断面を通った流れの質量保存則に注目する．4.3.2 項では 2 次元（3 次元）的な微小

検査面積（体積）における質量保存則を導入しており，本項で導入するものと矛盾するものではない．ここでは，流れを1次元的なものとみなし，法線方向の流路の広がりは単に流路断面積（cross-sectional area）で表すことにする．

任意の面積を通過する単位時間あたりの流体の総量を**流量（flow rate）**とよぶ．面を通過する流体の体積で評価したものを**体積流量（volume flow rate）**Q_V [m^3/s] とよび，質量に基づくものを**質量流量（mass flow rate）**Q_M [kg/s] とよぶ．前者については実用上，L/min（リットル毎分）が使われることも多い．面積 S の面を流れが通過するとき，面に直交した流れの速度成分 U と流体密度 ρ により，

$$Q_V = US$$
$$Q_M = \rho US$$

と定義される．なお，これらの式は，4.3.2 項で導いた連続の式を積分したものとなっている．

ここで，図 4-26 のような流路に定常流が流れている場合を考えてみる．流路断面1から断面2へ一方的に流れ，それ以外は壁に囲まれているとする．当然，流体は流れている途中で質量を失うことはないため，質量流量は保存されなければならない．したがって，断面1，2における質量流量は，

$$Q_M = \rho_1 U_1 S_1 = \rho_2 U_2 S_2 = 一定$$

という関係を満たしていなければならない．水力学で取り扱う非圧縮性流体（水などの液体や低速の気流）では，密度 ρ が一定であるため，この関係は，

$$Q_V = U_1 S_1 = U_2 S_2 = 一定$$

とも表せる．このように，流路あるいは**流管（stream tube）**に沿って流量が一定になるという関係を**流量の連続（continuity of flow rate）**とよぶ．

4.6.3 ベルヌーイの定理

非圧縮性流体内の1本の流線に沿ってエネルギーの保存を考える．いま，高さ z にある圧力 p，速度 u で運動している（単位体積あたりの）流体は，

運動エネルギー	$\rho u^2/2$
位置エネルギー	ρgz
圧力による仕事（圧力エネルギー）	p

の3種の力学的エネルギーを有するものとみなせる．いずれも単位は J/m^3（=N/m^2）である．この流線に沿ってエネルギーの損失や注入が外部からないとすると，エネルギーの総和は保存され，流線上のいずれの場所でも一定値のままである．したがって，次式が成り立つこととなる．

$$\frac{\rho u^2}{2} + \rho gz + p = 一定$$

両辺を，密度 ρ と重力加速度 g で割り，

$$\frac{u^2}{2g} + z + \frac{p}{\rho g} = 一定$$

とすれば各エネルギーは m（高さ）の次元となり，**水頭（すいとう，hydraulic head）**あるいは**ヘッド（head）**で表されることになる．さらに上式左辺の第1項を速度水頭，以下順に位置水頭，圧力水頭とよぶ．

例えば，図 4-27 のように，流線上にある位置1および2に上式を適用すると，

$$\frac{u_1^2}{2g} + z_1 + \frac{p_1}{\rho g} = \frac{u_2^2}{2g} + z_2 + \frac{p_2}{\rho g}$$

が得られる．また，位置1，2の間に損失 h_{loss} があるときには，

$$\frac{u_1^2}{2g} + z_1 + \frac{p_1}{\rho g} = \frac{u_2^2}{2g} + z_2 + \frac{p_2}{\rho g} + h_{\mathrm{loss}}$$

となる．このエネルギー損失の要因として，固体壁表面での摩擦などが代表例である．これらのエネルギー保存関係を**ベルヌーイの定理（Bernoulli's theorem）**とよぶ．

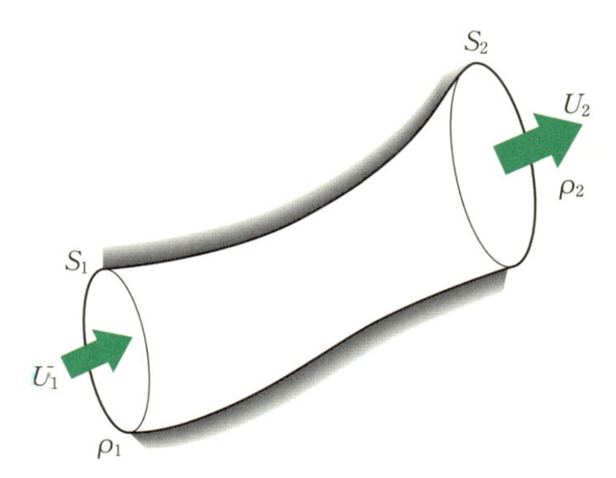

図 4-26　流路における流量の連続

ダニエル・ベルヌーイ

スイスの数学者．流体力学の基礎を築いた．ベルヌーイ家は数学者を多く輩出したが，中でも突出した才を示し，数学以外にも医学や自然科学などで業績を残した．父ヨハンの弟子のオイラーとは友人．（1700-1782）

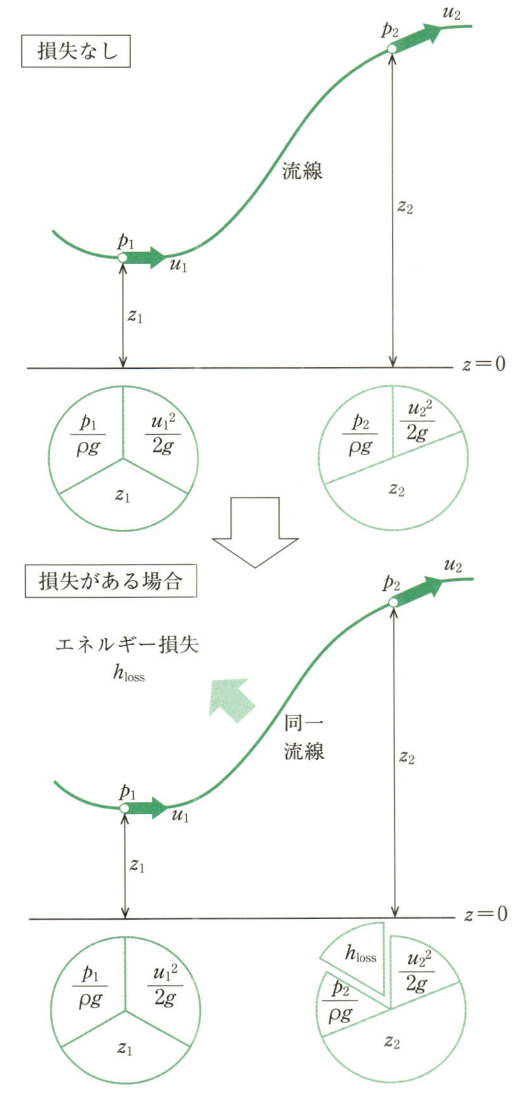

図 4-27 流線上の2位置とベルヌーイの定理

ベルヌーイの定理は，流速や圧力を求めるだけでなく，流れの状態を直感的に理解するためにも役立つ．例えば，高さが同じとみなせる流線上の2点があり，この2点間で流速が増加したとすると，圧力はそれに応じた減少が起きなければならないことを示唆している．

ここで，大きな水槽の下方に開けられた小孔から水が噴出している場合について考える．小孔と水槽内の水面の高さの差を h として，水槽および小孔外部は大気開放として圧力が等しいものとする．また，損失は無視できるものとする．このとき，水槽水面から小孔までの流線を想定すれば，ベルヌーイの定理より，小孔からの噴流速度 U は，

$$h=\frac{U^2}{2g} \qquad \therefore \quad U=\sqrt{2gh}$$

と求められる．これは，位置水頭が等価な速度水頭に変換された場合の速度を示し，**トリチェリの定理**（**Torricelli's theorem**）とよばれる．

4.6.4 ピトー管

前項のベルヌーイの定理より，エネルギー損失がないとき，一つの流線上で圧力がわかれば流速が算出できること，また逆に流速が測定できていれば圧力が求められることがわかる．ここでは，ベルヌーイの定理を適用して流速を求める方法について説明する．

図 4-28 に示すのは**ピトー管**（**Pitot tube**）とよばれる流速測定のための計器で，航空機の対気速度計などに用いられている．図中の点1はピトー管の影響を受けない十分に上流の位置を示しており，点2はよどみ点（流れの速度が0になる位置）を指し，点3はよどみ点を通る同一流線上の下流で速度が十分に回復している位置を示している．点1，2，3は同じ高さにあるとみなして，位置水頭 z の変化はないものと仮定する．密度 ρ も一定とすれば，点1と点2の間でのベルヌーイの定理を適用すれば

$$\frac{u_1^2}{2}+\frac{p_1}{\rho}=\frac{u_2^2}{2}+\frac{p_2}{\rho}$$

が成り立つ．点2はよどみ点のため $u_2=0$ であるから，

$$\frac{\rho u_1^2}{2}+p_1=p_2$$

となる．よって，一様流の速度 u_1 は

$$u_1=\sqrt{\frac{2}{\rho}(p_2-p_1)}$$

として導かれる．ピトー管が十分に細く，点1と点3では同じ圧力と流速になっているものとすれば，

$$u_1=\sqrt{\frac{2}{\rho}(p_2-p_3)}$$

アンリ・ピトー

フランスの水理学者，技術者．流体の流れの速さを測定する計測器，ピトー管を発明した．これはダルシーによって現在の形に改良され，航空機の速度計測などに利用されている．（1695-1771）

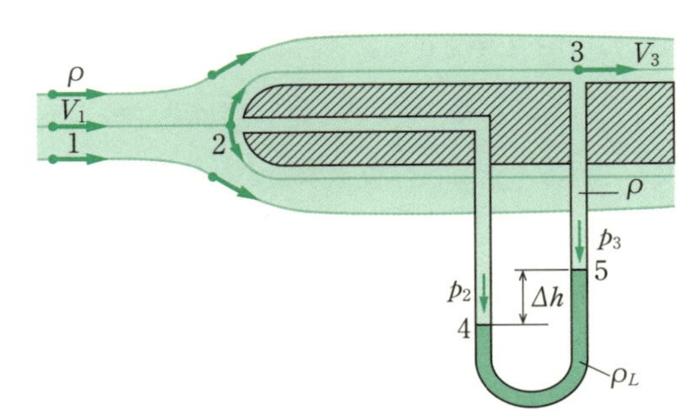

図 4-28　ピトー管（ピトー静圧管）の原理図

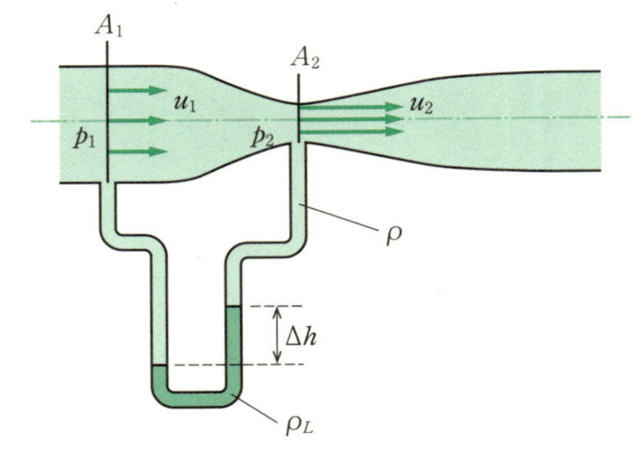

図 4-29　ベンチュリ管の原理図

と置き換えることができる．よって，圧力 p_2 と p_3 の差が測定できれば，u_1 を求めることができる．この圧力差の測定には，例えば図 4-28 のような U 字管マノメータを用いることができる．液体の密度 ρ_L を用いて，液表面 4，5 に作用する圧力差が p_2 と p_3 の圧力差と等しいため，

$$p_2 - p_3 = p_4 - p_5 = (\rho_L - \rho) g \Delta h$$

となる．ただし，計測対象となる流体が気体のときは $\rho_L \gg \rho$ であるから，

$$p_2 - p_3 \approx \rho_L g \Delta h$$

としてもよい．これにより，

$$u_1 = \sqrt{2g\Delta h\left(\frac{\rho_L}{\rho} - 1\right)}$$

または，流体が気体の場合には，

$$u_1 = \sqrt{\frac{2\rho_L g \Delta h}{\rho}}$$

を得る．よって，U 字管マノメータ中の液柱表面高さの差 Δh から，ピトー管に対向する流れの流速 u_1 に換算することができる．なお，管壁に空けられた小孔より取り出される圧力 p_3 を**静圧**（**static pressure**），$\rho u_1^2/2$ を**動圧**（**dynamic pressure**），これらの和を**全圧**（**total pressure**）とよぶ．

4.6.5　ベンチュリ管

管路内の流体の速度測定には**ベンチュリ管**（**Venturi tube**）がよく用いられている．この測定原理もベルヌーイの定理に基づいており，図 4-29 のような流路のため測定器による圧力損失が比較的小さい．

密度 ρ の流体が流れており，管路における断面積，断面平均速度，圧力を A_1，u_1，p_1 として，ベンチュリ管ののど部におけるそれらを A_2，u_2，p_2 とする．この 2 地点間では損失はないものとして，ベンチュリ管が水平に取り付けられていれば，ベルヌーイの定理より，

$$\frac{u_1^2}{2} + \frac{p_1}{\rho} = \frac{u_2^2}{2} + \frac{p_2}{\rho}$$

となる．また，非圧縮性流体の連続の式より，

$$A_1 u_1 = A_2 u_2$$

であるから，これら 2 式より，のど部における速度が

$$u_2 = \frac{1}{\sqrt{1-(A_2/A_1)^2}}\sqrt{\frac{2}{\rho}(p_1 - p_2)}$$

と求められる．流量 Q に置き換えると，

$$Q = \frac{A_2}{\sqrt{1-(A_2/A_1)^2}}\sqrt{\frac{2}{\rho}(p_1 - p_2)}$$

となる．式中の A_1 と A_2 はベンチュリ管の各部寸法として既知であるならば，ピトー管と同様に 2 地点間の圧力差（$p_1 - p_2$）さえ得られれば流量が求められることがわかる．図 4-29 のように U 字管マノメータを接続し，その読みを Δh，マノメータ中の液体密度を ρ_L とすれば，

$$Q = \frac{A_2}{\sqrt{1-(A_2/A_1)^2}}\sqrt{2g\Delta h\left(\frac{\rho_L}{\rho} - 1\right)}$$

が得られる．管路を流れる流体が気体のときには，近似的に，

$$Q = \frac{A_2}{\sqrt{1-(A_2/A_1)^2}}\sqrt{\frac{2\rho_L g \Delta h}{\rho}}$$

となる．

4.6.6　管路の設計

水道管やパイプライン，プラントなどでは，流体を運ぶために複雑で長い管路網が形成される．その設計では，流体を動かす動力または必要な流量があらかじめ与えられたとき，管路の損失エネルギーを先に見積る必要がある．もし管路網での損失水頭（エネルギー損失）が過大であるなら，それを補うに十分なポンプ揚程の流体機器を導入するか，出入口の高低差を大き

くしなければならないためである．ここでは，管路設計の基礎理論，損失エネルギーを見積るための基本事項について述べる．

まず，管路設計において利用されている仮定と理論式，実用上のポイントをまとめておく．管路内の流体は，3 次元的な速度分布をもって流れているが，その取り扱いは煩雑であるため，管路設計においては，流れを管軸に沿った 1 次元流として近似する．このため，管断面の平均流速

$$U=\frac{Q}{S}$$

が代表流速として用いられる．ここで，Q は体積流量，S は管の断面積である．非圧縮性流体を取り扱うため，連続の式として，任意の 2 断面（添字 1，2 で区別）で，

$$Q=U_1S_1=U_2S_2$$

が成り立つ．管内流を 1 次元で近似しているため，管自体（厳密には管軸）が流線となっている．このため，管路の任意の 2 断面においてベルヌーイの定理が満たされる．したがって，2 断面間で発生する損失を考慮することにより，

$$\frac{U_1^2}{2g}+z_1+\frac{p_1}{\rho g}=\frac{U_2^2}{2g}+z_2+\frac{p_2}{\rho g}+h$$

が成り立つ．ここで，U が断面平均流速，g が重力加速度，p が圧力，ρ が流体の密度，h が**損失水頭 (loss)** を意味する．ここで例えば，管路網の入口前は大気開放の貯水槽であるとして，その水面高さを z_0 とする．管路網内の任意の点または出口における速度，高さ，ゲージ圧を U，z，p とすると，

$$z_0=\frac{U^2}{2g}+z+\frac{p}{\rho g}+h$$

が成り立つ．ここでの h は管路網入口から注目している点までの各種損失の総和であり，

$$h=\sum\lambda\frac{L}{d}\frac{U^2}{2g}+\sum\zeta\frac{U^2}{2g}$$

で与えられる．ここに，λ は**管摩擦係数 (pipe friction factor)**，L と d は直管の長さと内径，ζ は**損失係数 (coefficient of head loss)** である．右辺第 1 項と第 2 項はそれぞれメジャー損失とマイナー損失とよばれる．メジャー損失は，まっすぐで均一断面の管路を流体が流れるときの壁面摩擦（wall friction）による損失である．マイナー損失は，流路の断面形や形状の変化に伴い生じる流れのはく離（separation）や渦の発生などのために失われる損失水頭である．

損失係数の評価法について述べる．一言に管路といっても，曲がり管や急拡大管などさまざまな形態の流路が存在し，その形状や流速（レイノルズ数）に応じて発生する損失係数は大きく異なる．損失の特性は，理論解析や実験に基づいて管路要素ごとに詳細に求められており，これらを適切に選択・使用することが肝要である．また，すべての損失が断面平均流速を用いて整理されているため，これを正しく求めることが重要となる．なお，損失の発生原因を正しく理解することは，管路の損失を低減し，より高性能な管路を設計するためにも必要である．以下に，各種流路での損失・損失係数の評価法を説明する．

直円管内の流れは圧力勾配と壁面摩擦力がつり合って流れており，長さ L あたりの圧力降下量 Δp は

$$\frac{\Delta p}{\rho}=\lambda\frac{L}{d}\frac{U^2}{2}$$

で与えられる．ここで，d は管内径，U は断面平均流速を表す．この式を**ダルシー・ワイズバッハの式 (Darcy-Wisebach's formula)** とよぶ．管摩擦係数 λ は，流れの状態に応じて決まる．円管内の流れが層流のとき，管摩擦係数はレイノルズ数 $Re=Ud/\nu$ の関数として，

$$\lambda=\frac{64}{Re}$$

となることが理論的に導かれる．流路が円管の場合には，$Re=2000$ 以下であれば層流とみなしてよい．一方，レイノルズ数が高い場合には流れを乱流とみな

ヘンリー・ダルシー

フランスの技術者．ディジョンの上水道建設・整備に携わる中で，プロニーの式（流体の管摩擦損失の公式）の改良，地下水の流れの解析の法則など，水理学におけるいくつかの重要な発見をした．(1803-1858)

ユリウス・ワイズバッハ

ドイツの数学者，工学者．ダルシーの作った公式を改良し，流れの損失水頭を評価するダルシー・ワイズバッハの式を提案した．フライブルグ工科大学で応用数学，力学，山岳機械の理論で教鞭をとった．(1806-1871)

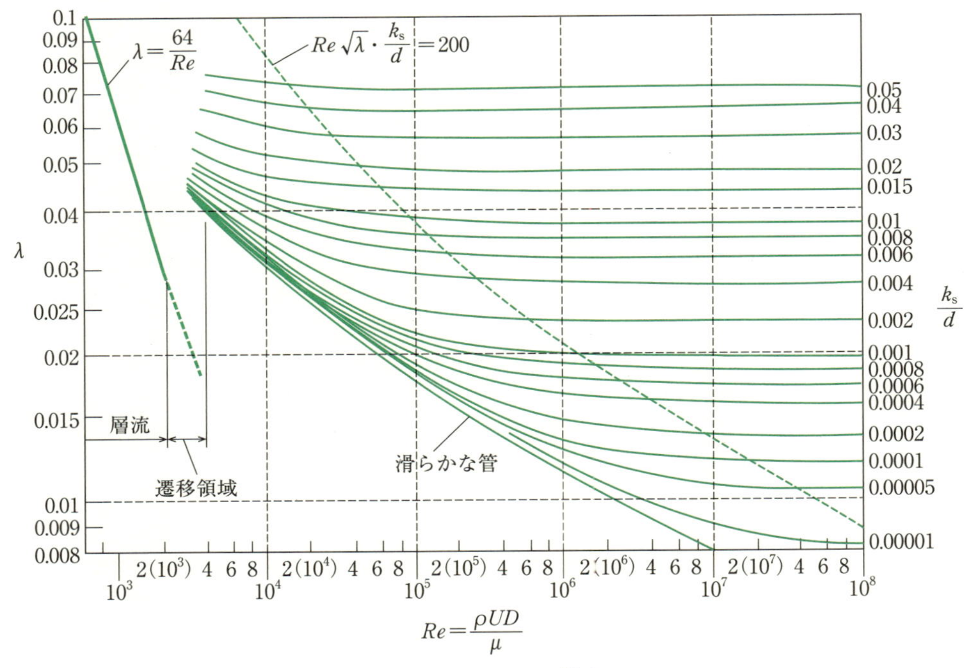

図 4-30　ムーディ線図

し，管摩擦係数はレイノルズ数に応じて実験的（経験的）に得られている**ブラジウスの式（Blasius' formula）**

$$\lambda=\frac{0.3164}{Re^{1/4}} \quad (3\times10^3<Re<10^5)$$

ニクラーゼの式（Nikradse's formula）

$$\lambda=0.0032+0.221Re^{-0.237} \quad (10^5<Re<3\times10^6)$$

または**プラントル・カルマンの式（Prandtl-Kármán's formula）**

$$\frac{1}{\sqrt{\lambda}}=2\log\left(\frac{Re\sqrt{\lambda}}{2.52}\right) \quad (10^5<Re<10^7)$$

などを適用することとなる．なお，これら以外にも類似の実験式が多数提案されている．

管摩擦係数の値は，**壁面粗さ（wall roughness）**などにも影響を受ける．管壁表面が粗いと，特に乱流状態では見掛けの摩擦係数が増大する．粗さの影響も加味した管摩擦係数については，表面粗さ k_s [m] と管直径 d の比をパラメータとして整理されている．レイノルズ数と相対粗さ k_s/d を与えれば，次式の**コールブルックの式（Colebrook's formula）**

$$\frac{1}{\sqrt{\lambda}}=-2.0\log\left(\frac{k_s}{d}+\frac{9.34}{Re\sqrt{\lambda}}\right)+1.14$$

もしくは，**図 4-30** の**ムーディ線図（Moody diagram）**からただちに管摩擦係数 λ が決定できる．ムーディ線図でみられるように粗さ k_s に対して十分大きなレイノルズ数

$$Re\sqrt{\lambda}\cdot\frac{k_s}{d}\geq200$$

では流体力学的に完全粗面とみなすことができ，このとき λ は k_s/d のみの関数となる．

$$\frac{1}{\sqrt{\lambda}}=-2.0\log\left(\frac{k_s}{d}\right)+1.14$$

ムーディ線図は市販されている管に対して，実験と比較的よく合うため広く利用されている．さまざまな実用管における粗さの典型的な大きさを，**表 4-10** に記しておく．

断面が非円形の直管内には，**図 4-31** に示すような断面内速度成分が発生する．この断面内の流れを**2次**

パウル・ブラジウス

ドイツの物理学者．流体力学，特に境界層や乱流の研究者であった．管摩擦係数を求めるブラジウスの式を提唱したことで知られる．プラントルの最初の生徒の一人．ハンブルク大学教授であった．（1883-1970）

表 4-10　実用管の等価粗さ

管の材料・種類	面の状態	k_s [mm]
ガラス管	十分滑らか	0.00162
圧延・引抜き管	圧延面 亜鉛引抜き管	0.02～0.06 0.07～0.10
溶接鋼管	圧延面，長手溶接 セメント塗り	0.04～0.10 約 0.18
使用中の鋼管	軽度な錆 中程度な錆 重度な錆	0.15～0.4 約 1.5 2～4
リベット鋼管	新品 重度な錆	1～9 約 12.5
鋳鉄管	新品 都市下水道の平均値	0.2～0.6 約 1.2
木製管	新品 水，長期使用後	0.2～1.0 0.1
コンクリート管	新品，滑らか仕上げ 新品，粗い	0.3～0.8 2～3

図 4-31　流路断面内に生じる 2 次流れ

流れ（secondary flow）とよび，主流方向の速度分布を変化させ，結果として管摩擦係数に影響を及ぼす．しかしながら，それを正確に予測することは，特に乱流において困難であるため，非円形の断面形状の管を等価な円管に換算して損失を評価することが行われている．圧力損失は，ダルシー・ワイズバッハの式に準じて，

$$\frac{\Delta p}{\rho}=\lambda\frac{L}{D_e}\frac{U^2}{2}$$

と表される．ここで，D_e は水力等価直径（hydraulic equivalent diameter）であり，

$$D_e=4\times\frac{管断面積}{周囲長}$$

と定義される．

断面積が急に変化する管路では，速度の増減に応じて圧力勾配が生じて速度分布が大きく変化するため，管摩擦に影響が生じる．また，はく離や再循環領域（recirculation zone）を発生することもあり，その場合には損失が著しく増大する．以下，典型的な場合について，損失水頭 h の計算式を示す．

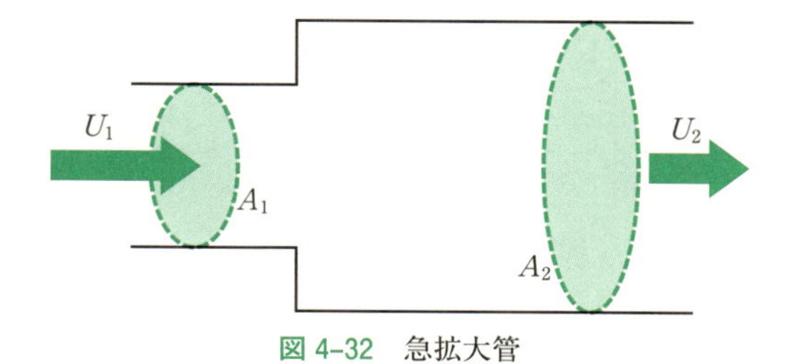

図 4-32　急拡大管

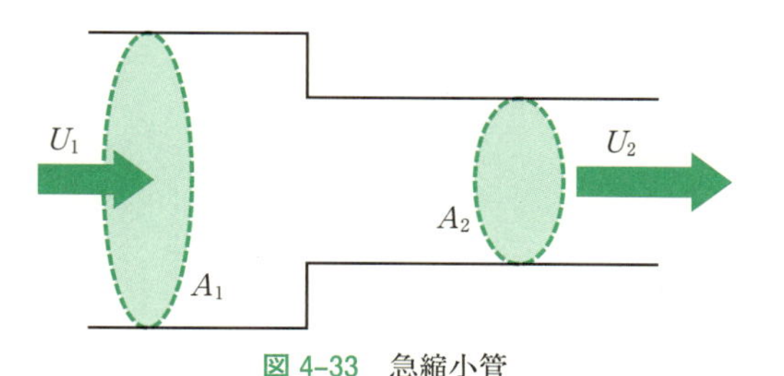

図 4-33　急縮小管

表 4-11　急縮小の損失係数

A_2/A_1	≈0	0.1	0.3	0.5	0.7	0.9	1.0
ζ	0.50	0.41	0.34	0.24	0.14	0.036	0

(i) 急拡大管（図 4-32）

$$h=\xi\frac{(U_1-U_2)^2}{2g}$$

レイノルズ数が大きい場合には，面積比 A_1/A_2 への依存性はあるものの $\xi=1$ に近い値をとる．流路拡大前の速度 U_1 を基準とすれば，

$$h=\zeta\frac{U_1^2}{2g},\quad \zeta=\xi\left(1-\frac{A_1}{A_2}\right)^2$$

となる．

(ii) 急縮小管（図 4-33）

$$h=\zeta\frac{U_2^2}{2g},\quad \zeta=\left(\frac{A_2}{A_1}-1\right)^2$$

損失係数 ζ は面積比に応じて，表 4-11 のように変化する．

貯水槽などの大きい容器から管路に流入するとき $A_2/A_1\to 0$ となるが，流入口形状によって損失係数が異なる．これらの値を図 4-34 に示す．

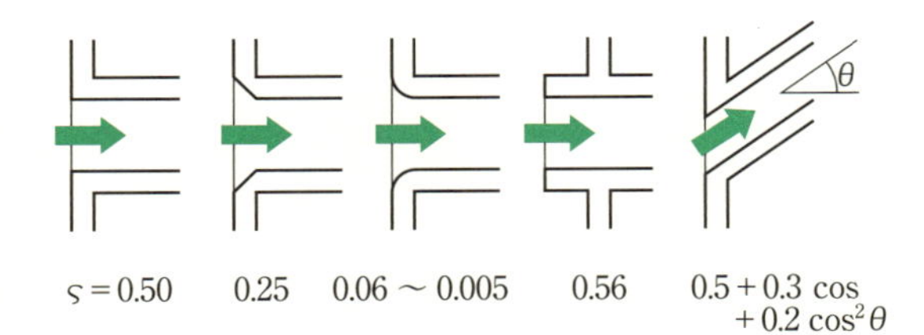

図 4-34　入口形状と損失係数

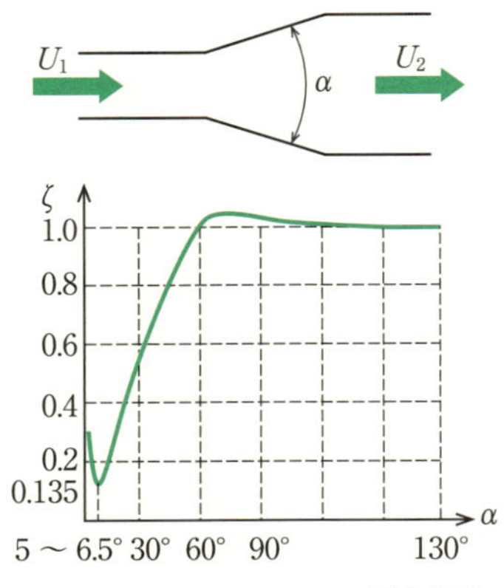

図 4-35　ディフューザの損失係数

(iii) ディフューザ（図 4-35）

断面積が徐々に大きくなる管路をディフューザ（diffuser）とよび，拡大角 α によって損失係数が変化する．

$$h = \xi \frac{(U_1 - U_2)^2}{2g} = \zeta \frac{U_1^2}{2g}$$

(iv) ノズル

断面積が徐々に減少する管路をノズル（nozzle）とよぶ．これについては，はく離による損失はほとんど発生しないため，管摩擦損失のみを考慮すればよい．

(v) 曲がり管

図 4-36 のように緩やかに曲がる管をベンド（bend）とよぶ．このような管内を流れるとき，曲がり部での断面内では遠心力によって内側の圧力が低くなり，逆に外側では圧力が高くなる．そのため，管の中心部（比較的，流速が速い箇所）は遠心力によって外側に向かって流れ，管壁付近は内側にまわりこむように流れる 2 次流れが発生する．またベンドの内側後方部で，はく離を生じることもある．損失係数は，ベンド中心線の曲率半径 R によって変わり（レイノルズ数や壁面粗さにも依存する），$0.5 < R/d < 2.5$ の範囲に対して，

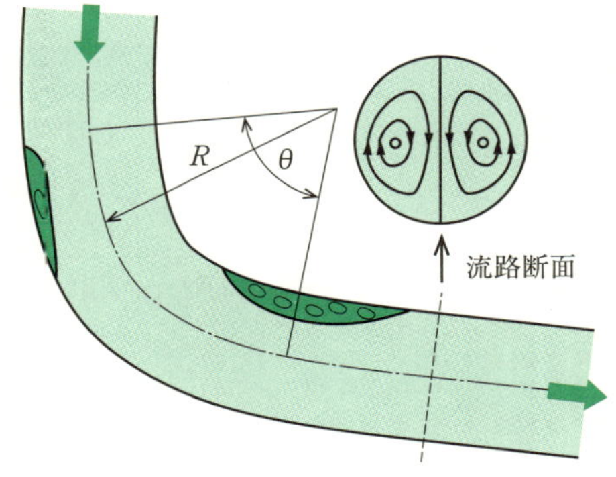

図 4-36　ベンドの流れ

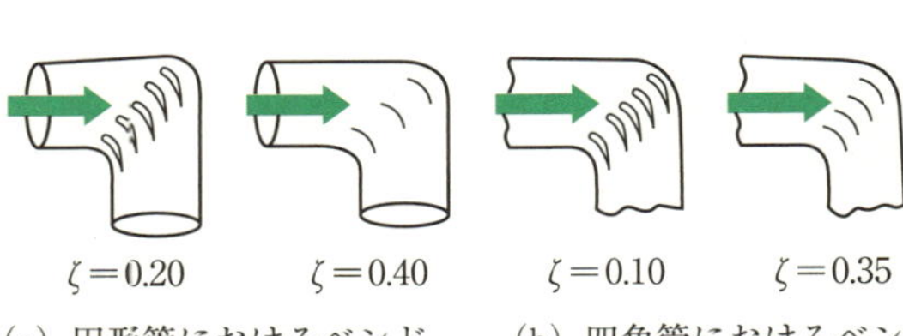

図 4-37　案内羽根の損失係数

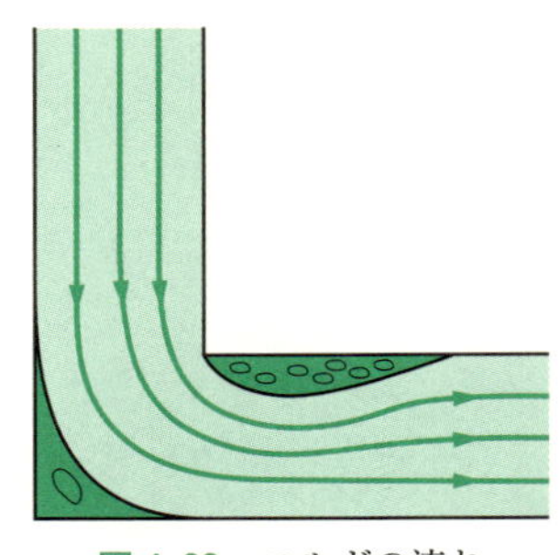

図 4-38　エルボの流れ

$$\zeta = \left\{0.131 + 0.1632\left(\frac{d}{R}\right)^{3.5}\right\}\frac{\theta\,[°]}{90°}$$

によって近似される．θ は曲がりの角度である．

曲がり管の曲率半径が小さくなると損失係数は大きくなるが，案内羽根を数枚入れると速度の一様性がよくなり，損失を著しく軽減できる．図 4-37 に例を示す．

図 4-38 に示すように，急激に曲がる管をエルボ（elbow）とよぶ．エルボは角があるため流れがはく離しやすく，ベンドに比べて大きい損失を生じる．損失係数については，

$$\zeta = 0.946 \sin^2\left(\frac{\theta}{2}\right) + 2.05 \sin^4\left(\frac{\theta}{2}\right)$$

あるいは図 4-39 で与えられる．図中の C の曲線は上式に相当する．

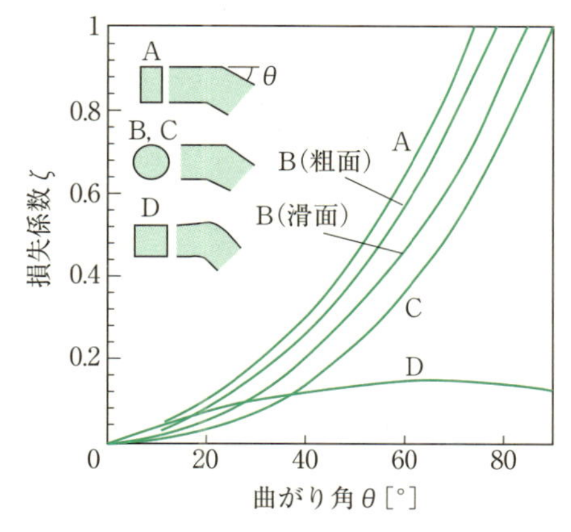

図 4-39　エルボの損失係数

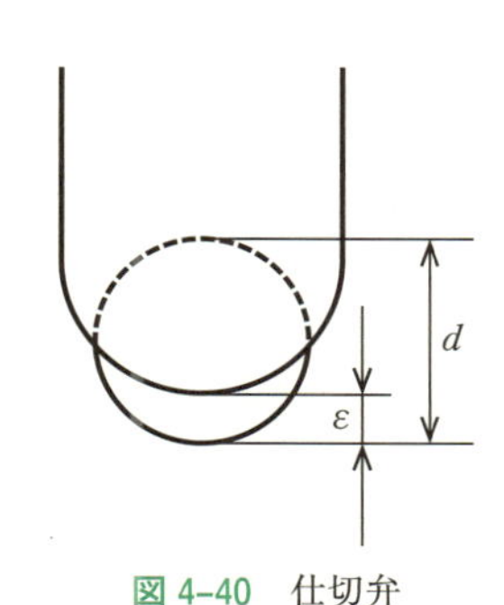

図 4-40　仕切弁

表 4-12　仕切弁の損失係数

ε/d	1/8	1/4	3/8	1/2	3/4	1
ζ	211.0	40.3	10.15	3.54	0.882	0.233

(vi) 弁（図 4-40）

弁における損失水頭は，管の断面平均流速を U とすると，

$$h=\zeta\frac{U^2}{2}$$

で与えられる．損失係数 ζ は，弁の種類によって変化する．一例として，仕切弁の損失係数を表 4-12 に示す．表中の ε および d は，それぞれ弁の開度と管直径である．

4.6.7 運動量の法則

質点系の力学では，運動量（＝質量・速度）の単位時間あたりの変化がそれに作用する力に等しい．この法則を流れの中のある領域に適用すると，**運動量の法則（law of conservation of momentum）**が得られる．本項も，4.3.3 項での運動量保存則に基づく運動方程式（ナビエ・ストークス方程式またはオイラー方程式）の導出と同様の考えに基づくものであることを注意しておく．

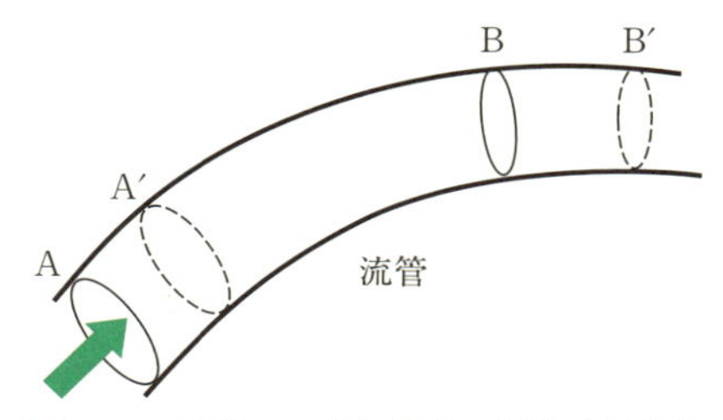

図 4-41　流管内の流体部分の単位時間変位

図 4-41 に示す流管の一部分 AB について，簡単のため定常流を仮定し，運動量の法則を適用する．単位時間後に体積領域 AB は A′B′ に移るが，A′B の部分は共通であることから，AA′ の部分が消失し，BB′ の部分が付加されたとみなせる．この単位時間で消失する質量は $\rho_A U_A S_A$，付加される質量は $\rho_B U_B S_B$ である．これらは流量の連続性から同値

$$m=\rho_A U_A S_A=\rho_B U_B S_B$$

になるべきである．運動量についても同様に，消失する運動量は mU_A，付加される運動量は mU_B である．したがって，単位時間における運動量の変化は

$$mU_B-mU_A$$

で与えられる．この結果から，AB のような定まった流体部分を追跡して運動量変化を考える代わりに，空間に固定された境界面を通って単位時間に変化する運動量を計算すればよいことがわかる．このような境界面から構成される体積を**検査体積（control volume）**とよぶ．なお，検査体積は便宜上のものなので，計算に都合のよいように設定すればよい．

検査体積から単位時間に流出する運動量を $\boldsymbol{M}_{\mathrm{out}}$，検査面に単位時間に流入する運動量を $\boldsymbol{M}_{\mathrm{in}}$，検査体積の境界面上に作用する圧力による力を $\boldsymbol{F}_p$，粘性力による力を $\boldsymbol{F}_v$，検査体積内の全流体に作用する体積力を $\boldsymbol{F}_b$，検査体積内の物体が流体に及ぼす力を $\boldsymbol{F}$ とすると（物体は流体からこの反作用力 $-\boldsymbol{F}$ を受ける），運動量の法則は，以下のように表される．

$$\boldsymbol{M}_{\mathrm{out}}-\boldsymbol{M}_{\mathrm{in}}=\boldsymbol{F}_p+\boldsymbol{F}_v+\boldsymbol{F}_b+\boldsymbol{F}$$

ここで，すべての力はベクトル量であり，各方向成分ごとに上式が成り立つことを注意しなければならない．運動量の法則は，物体が流体から受ける力（$-\boldsymbol{F}$）を求める際に有用であり，流れが定常であれば，どのような場合でも（層流，乱流を問わず，粘性や圧縮性がある場合にも）適用できる．

運動量の法則の応用例を紹介する．図 4-42 のように，直径 d の円形断面の水の噴流（速度 U）が静止

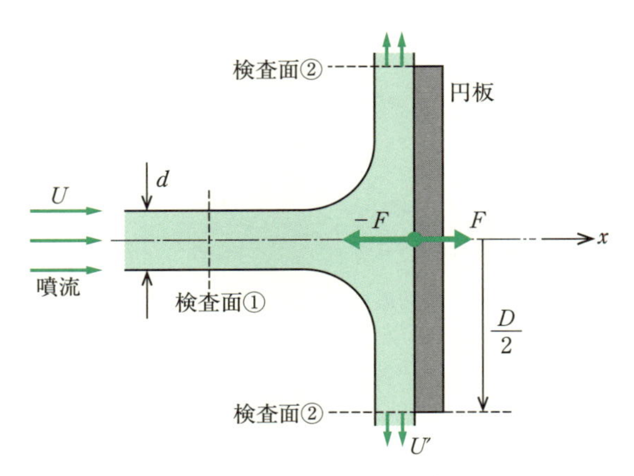

図 4-42　円板に衝突する噴流

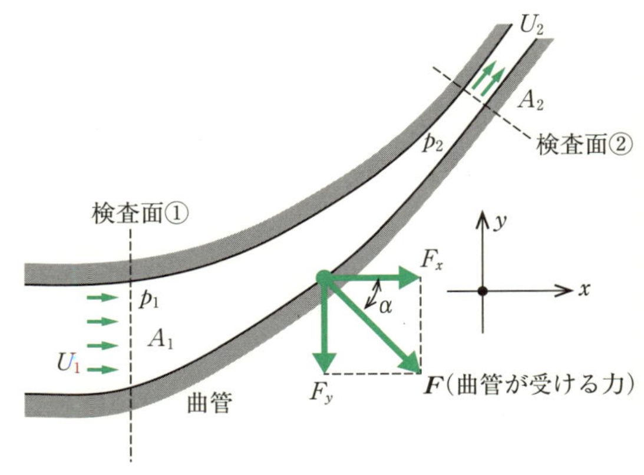

図 4-43　曲管に働く力

円板に対して垂直に衝突するとき，円板（円板直径 $D>d$）が受ける力について考える．噴流方向に x 軸をとり，円板半径方向を r 軸とする．重力が無視できるのであれば，噴流は円板に衝突後，r 方向に放射状に，また均一に流出する．液膜の厚さは周方向に均一であり，半径に反比例して薄くなっていく．運動量の法則の適用に先立ち，まず適当な検査体積・面を設けることが肝心である．ここでは，検査体積を円板に固定してとり，検査面は流入する噴流断面①と，$r=D/2$ での流出流れの流路断面②にとる（図 4-42 参照）．流体の粘性による摩擦損失はないものとする．次に，x 方向の運動量の式を適用するが，

$$\begin{pmatrix}\text{検査面から単位時間あ}\\\text{たりに流出する運動量}\end{pmatrix}-\begin{pmatrix}\text{検査面から単位時間あ}\\\text{たりに流入する運動量}\end{pmatrix}$$
$$=\begin{pmatrix}\text{検査体積内の}\\\text{流体に働く外力}\end{pmatrix}$$

をあてはめると，円板が流体におよぼす力を F とすれば，

$$0-\rho\frac{\pi d^2}{4}U^2=F \qquad \therefore \quad F=-\rho\frac{\pi d^2}{4}U^2$$

を得る．ここで，F がマイナスとなるのは，x 軸の負の方向に力が作用していることを意味する．これと作用・反作用の関係で，円板に対しては x 軸の正方向に $\rho(\pi d^2/4)U^2$ の力が働くことがわかる．

次に，曲がり管に働く力について考えてみる．図 4-43 のような曲管が設置され，流出方向が流入方向から θ だけ傾いている．密度 ρ の流体が体積流量 Q で流れており，曲管の入口の断面積，流速，圧力は A_1，U_1，p_1 として，出口でのそれらは A_2，U_2，p_2 とする．曲管の部分を検査体積にとり，その入口と出口に検査面を設ける．図のように，x 軸を流入方向にとり，それと直交する方向に y 軸を設ける．曲管に働く力 $\boldsymbol{F}$ を成分分解して F_x と F_y で表すと，運動量の法則により，

x 方向：$\rho QU_2\cos\theta-\rho QU_1=p_1A_1-p_2A_2\cos\theta-F_x$

y 方向：$\rho QU_2\sin\theta-0=0-p_2A_2\sin\theta-F_y$

の 2 式を得る．それぞれの式より，

$$F_x=\rho QU_1-\rho QU_2\cos\theta+p_1A_1-p_2A_2\cos\theta$$
$$F_y=-\rho QU_2\sin\theta-p_2A_2\sin\theta$$

と求められる．これらの合力の大きさ $\boldsymbol{F}$ は

$$\boldsymbol{F}=\sqrt{F_x^2+F_y^2}$$

であり，合力 $\boldsymbol{F}$ の向き α は x 軸に対して，

$$\alpha=\tan^{-1}\frac{F_y}{F_x}$$

である．

4.6.8　角運動量の法則

運動量の法則において，運動量を特定軸周りの角運動量，力を同じ軸周りのトルク（モーメント）に置き換えると，**角運動量の法則（law of conservation of angular momentum）**が得られる．

検査体積から単位時間に流出する角運動量を AM_{out}，検査体積に単位時間に流入する角運動量を AM_{in}，検査体積の境界面上に作用する圧力によるトルクを T_p，粘性力によるトルクを T_v，検査体積内の全流体に作用する体積力によるトルクを T_b，流体が検査体積内の物体から受けるトルクを T とすると，角運動量の法則は，

$$AM_{\mathrm{out}}-AM_{\mathrm{in}}=T_p+T_v+T_b+T$$

のように表される．なお，角運動量法則は，ターボ機械の作動原理として利用されている．

4.6.9　物体に作用する力

流れの中に物体があるとき，物体は周囲の流体から

粘性摩擦や圧力差による力を受ける．仮に，速度 U_∞ の一様流（uniform flow）の中にある物体について考えれば，一様流の流れ方向にかかる力とそれに直交する法線方向の力に分解できる．前者の力を**抗力（drag）**，後者は**揚力（lift）**とよぶ．

抗力 D は，**抗力係数（drag coefficient）**C_D を用いて，

$$D=\frac{1}{2}C_D\rho U^2S$$

のように表現される．U は物体と流体との相対速度，S は物体の基準面積である．基準面積 S としては，流れに対する物体の正面投影面積が一般に用いられるが，飛行機の場合には主翼面積が，船の場合には船体体積の 2/3 乗が慣例的に用いられている．上式は，物体表面に向かう単位時間あたりの運動量 ρU^2S に係数 C_D を掛けたものである．抗力係数は物体形状によって変わるが（レイノルズ数依存性も有する），実用的にはおよそ 1 に近い値をとる．例えば，円柱（軸が流れに直角）であれば $C_D=1.2$，球で $C_D=0.42$ が概略値として使われている（後述の表 4-13 も参照）．

抗力は，主に**摩擦抵抗（frictional drag）**と**圧力抵抗（pressure drag）**からなる．後者は**形状抵抗（form drag）**ともよばれる．いま，一様流 U_∞ 中にある物体表面の微小面積 dA に注目し，その点での摩擦応力を τ，圧力を p とすると，物体に作用する摩擦力は τdA で dA の接線方向に作用し，圧力による力は pdA で dA と直角に作用する．図 4-44 のように，一様流の方向とのなす角を θ とすると，それぞれの力の

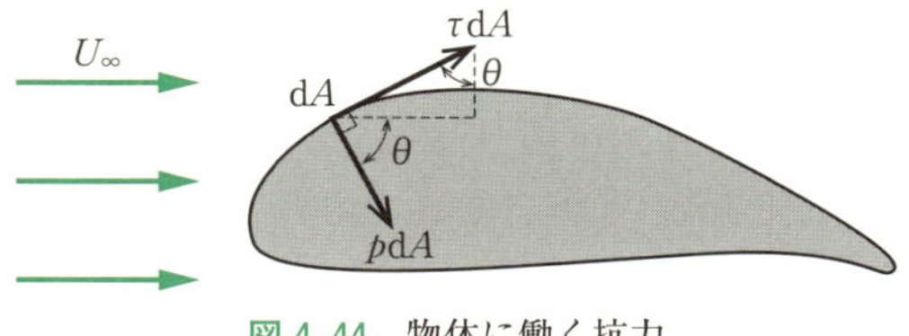

図 4-44　物体に働く抗力

一様流方向の成分を評価することができ，物体表面全体 A について積分すれば，

$$\text{摩擦抵抗：}D_f=\int_A \tau\sin\theta\mathrm{d}A$$

$$\text{圧力抵抗：}D_p=\int_A p\cos\theta\mathrm{d}A$$

と導かれる．物体の**全抵抗（total drag）**は，

$$D=D_f+D_p$$

となる．ちなみに，抗力の種類としては，摩擦抵抗と圧力抵抗のほかに，**誘導抵抗（induced drag）**，**造波抵抗（wave drag）**，**干渉抵抗（interference drag）**がある．

物体の微小面積 dA にかかる二つの力（τdA と pdA）について，一様流の流れ方向と直交する成分を評価し，全表面 A で積分すれば，揚力が得られる．また，抗力 D の式と同様に，

$$L=\frac{1}{2}C_L\rho U^2S$$

のように**揚力係数（lift coefficient）**C_L を用いても表される．揚力係数も物体形状に依存して決まるものだが，通常，円柱や球状の物体においては $C_L=0$ である．

4.6 節のまとめ

- **非圧縮性流体（液体など）は，密度や内部エネルギー変化を無視できるため，平易な支配方程式や定理が用いられる．**
- **流量の連続（体積保存則）：** $Q_V=US=$一定（流速 U，流路断面積 S）
- **ベルヌーイの定理（エネルギー保存則）：** $\dfrac{\rho u^2}{2}+\rho gz+p=$一定
- **ベルヌーイの定理に基づき，ピトー管やベンチュリ管により流速測定が可能．**
- **直管路のメジャー損失として，ダルシー・ワイズバッハの式に基づいて管摩擦が計算され，管摩擦係数の決定には層流における理論式，または乱流の経験則やムーディ線図を用いる．**
- **急拡大管や曲がり管などにおけるマイナー損失については，各損失係数を文献より引用し，それを運動量に乗算して見積る．**
- **物体に作用する抗力や揚力は運動量と各種係数の積で表され，このときの抗力係数や揚力係数も同様に文献値を用いることで，抗力や揚力を推定することができる．**

4.7 乱　流

身の回りで目にする自然界の流れや工業上の流れはほとんどが乱流である．本節では，乱流の特性について現象論の立場から解説し，乱流を解析するために用いられる乱流モデルの代表的なものについて紹介する．

4.7.1 乱流の定義

乱流は身の回りに広くみられる一般的な現象であるが，そもそも乱流を定義することは容易でなく，むしろ，乱流の特性を挙げて説明されることが多い．現在，一般的に考えられている乱流の主な特性は以下の三つである．

- 時間的に不規則（非定常かつ非周期）
- 空間的に不規則で 3 次元的な運動
- 大小広範な渦の存在

ここで，不規則とはいっても，完全なランダムではないことに注意してほしい．連続の式やナビエ・ストークス方程式などの支配方程式に従って流体は運動するのであるから，乱流は無秩序にみえて決定論的（deterministic）であり，確率論的（probabilistic）な物理現象ではない．実際に，複雑な乱流の流れ場でも準秩序的な構造が観察され，統計量の観点でもエネルギースペクトルにみられる普遍則が，さまざまな流れにみられる乱流現象で報告されている．しかし，長期にわたる流れの予測（一例が天気予報）を難しくさせているものは，決定論的カオス（deterministic chaos）の特徴である初期値鋭敏性（initial-condition sensitivity）に由来する．これは，わずかな初期値あるいは既知の情報における不確かさが結果に著しい変化をもたらす性質である．さらに乱流の特徴として，以下が挙げられる．

- レイノルズ数が大きい
- 流れの非線形性が強い
- 運動量，熱，物質などの輸送速度が大きく，強拡散性を有する
- 粘性により運動エネルギーを常に消費（散逸的）

以上の特性をすべて有する流れが乱流と定義される．

乱流がこのようにきわめて複雑な特性をもつため，工業上の乱流の問題を解析的に扱うことはほとんど不可能である．したがって，乱流を知るためには実験もしくは数値計算が利用されている．特に，後者の学問領域は**数値流体力学（computational fluid dynamics : CFD）**とよばれており，さまざまな流体解析ソフトウェアが開発されてきている．

4.7.2 乱れの準秩序構造

1950 年頃までは，乱流中の乱れ（変動）はランダムだと考えられ，また，そう仮定することで乱流の理論的解析が行われていた．しかし，その後の可視化実験や直接数値計算（direct numerical simulation : DNS）により，乱流中にはきわめて特徴的な流れ構造の存在が明らかになった．これらの構造は乱流の特性を決定するうえで重要な役割を担っており，また乱流を制御するための主たる対象となっている．以下では，それら特徴的な構造について紹介する．

噴流，後流，混合層流などでは，流れ（平均せん断が生じている領域）の幅と同程度の長さスケールをもつ渦が存在し，流れの混合過程を支配している．このような大スケールの渦構造を大規模構造とよぶ．図 4-45 に大規模構造の例を示す．大規模構造の中に小スケールの細かい乱れが含まれていることがみて取れる．

乱流境界層を含む**壁乱流（wall turbulence）**において，その壁付近には，壁から離れて主流側へ向かう流れと，主流側から壁へ向かう流れが間欠的・局所的に発生している．静止壁から離れる流れでは，壁近くの主流方向運動量の小さい流体を運ぶため局所的に見掛けの応力（後述のレイノルズ応力）を生む．この流れを**イジェクション（ejection）**とよぶ．一方，静止壁へ向かう流れは運動量の大きい流体を運び，同様にレイノルズ応力が生じる．この壁面に向かう吹き下げを**スウィープ（sweep）**とよぶ．これらの長さスケールは境界層厚に比べれば非常に小さいが，乱流境界層中の乱れの大半を作り出しており，乱流境界層の維持・発達にきわめて重要な役割を果たしている．なお，イジェクションとそれに続いて起きるスウィープをまとめて**バースティング（bursting）**とよぶこともある．また，主流方向に軸をもつ**縦渦（longitudinal vortex）**が壁面付近に頻出しており，これと関係して低速領域と高速領域が交互に並んだ筋状の構造が生成・消滅を繰り返していることも明らかになっている．この筋状構造は**ストリーク（streak）**とよばれる．イジェクション，スウィープ，ストリーク，縦渦を乱流中の準秩

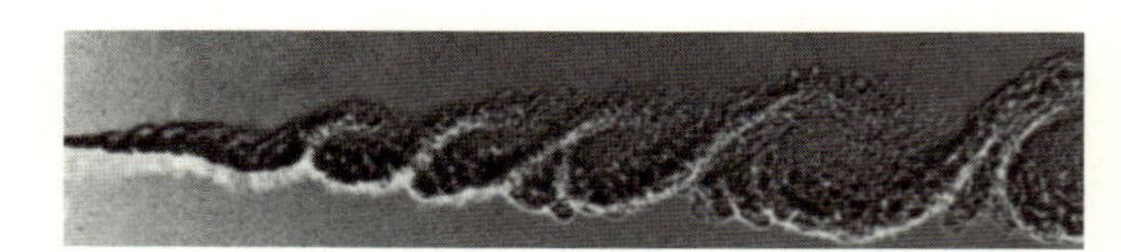

図 4-45　混合層に現れる大規模構造の例（Brown & Roshko, *J. Fluid Mech.*, **64**, pp. 775-816, 1974）

図 4-46　DNS で再現された乱流．壁面近傍の準秩序構造を可視化（濃灰：高速領域，黒：低速領域，白：渦）．

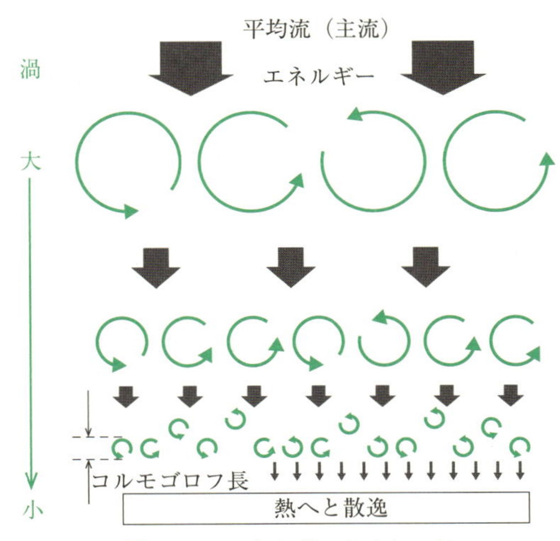

図 4-47　エネルギーカスケード

序だった構造という意味で**準秩序構造（coherent structure）**とよぶ（図 4-46）．

4.7.3　乱れのエネルギー輸送

乱流の中には，流路形状に左右されるような大きなスケールの渦から，マイクロメートル（μm）オーダーの小さなスケールの渦まで存在しており，これらを**渦塊（eddy）**とよぶ．大スケールの渦は，慣性効果が大きいため粘性効果をほとんど受けず，もっぱら非線形効果によって変形または分裂を繰り返し，小さな渦を作り出す．この結果，平均的に，大スケール渦から小さな渦へ運動エネルギーが輸送されることになる．一方，小スケールの渦は，粘性効果が大きいため，運動エネルギーが熱運動に変換され，消滅する．このことは，渦の大きさに最小値が存在し，それ以下のものは粘性効果で変動が平滑化されてしまうことを意味している．このように，大スケール渦から順次，小スケール渦へとエネルギーが輸送（伝達）され，最終的に粘性効果によって熱として失われていく過程を**エネルギーカスケード（energy cascade）**とよぶ（図 4-47）．なお，コルモゴロフ（Kolmogorov）は，次元解析によって，最小渦の大きさ η と速度 υ を以下のように求めている．

$$\eta=\left(\frac{\nu^3}{\varepsilon}\right)^{\frac{1}{4}},\quad \upsilon=(\nu\varepsilon)^{\frac{1}{4}}$$

ここで，ν は動粘性係数，ε は粘性による**乱流エネルギー散逸率（energy dissipation rate）**である．これらを**コルモゴロフ長（Kolmogorov length）**および**コルモゴロフ速さ（Kolmogorov velocity）**とよぶ．

最小スケールの渦は平均として特定の方向性をもたず，かつ平均流の局所的な状態に容易に順応して常につり合い状態にあると考えられる（局所等方性仮説とよばれる）．この仮説に基づき，乱れの（各波数 k の）エネルギースペクトル関数 $E(k)$ が

$$E\propto\varepsilon^{2/3}k^{-5/3}$$

の関係にあることをコルモゴロフが 1941 年に発見した．ここで，k は渦の大きさの逆数に比例する量で**波数（wave number）**とよばれる．この関係を**エネルギースペクトルの −5/3 乗則（Kolmogorov's five-thirds law）**とよび，この関係が成り立つ渦の大きさの範囲を**慣性小領域（inertial subrange）**とよぶ．典型的なエネルギースペクトルの形を図 4-48 に示す．ここでは，コルモゴロフスケールで正規化されており，レイノルズ数へのスペクトルの依存性は低波数側に表れる．

4.7.4　レイノルズ分解とレイノルズ平均

前述のように，乱流は，流れの大小広範囲にわたる渦を伴うが，大きな渦は幾何学形状に左右され，微小渦は比較的に普遍性を有している．これらすべての渦について，その詳細な時間的・空間的な挙動を解析することは難しいが，工業上はその必要性のない場合がほとんどである．そのため，通常は乱流の平均的な運動のみを取り扱う，もしくは流路形状の影響を受けやすい大きな渦までを解析し，それ以下の微細渦による流れの寄与はモデル化してしまうことが多い．

乱流中の速度や圧力といった変数は，以下のように平均量 $\bar{f}$ と変動量 f' に分解できる．

$$f=\bar{f}+f'$$

これを**レイノルズ分解（Reynolds decomposition）**

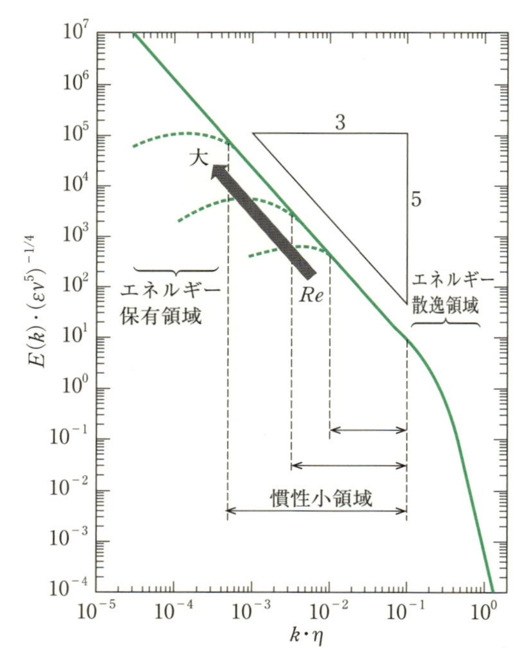

図 4-48　乱れのエネルギースペクトル

という．平均量を定義する方法として，時間平均と空間平均がある．

$$\text{時間平均：}\bar{f}=\frac{1}{T}\int_T f\,\mathrm{d}t$$

ここで，T は任意の時間間隔であるが，一般に，乱れの変動時間に対して十分長い時間をとる．この平均化法は，非圧縮性流体で用いられることが多く，提案者の名にちなんで**レイノルズ平均（Reynolds average）**とよばれる．

$$\text{空間平均：}\bar{f}=\frac{1}{V}\iiint_V f\,\mathrm{d}V$$

ここで，V は任意の体積を表す．この平均化法は，コンピュータ・シミュレーション手法の一つである large eddy simulation（LES）で用いられている．ほかにも，以下の平均量が定義できる．

$$\text{質量加重平均：}\bar{f}=\frac{\frac{1}{T}\int\rho f\,\mathrm{d}t}{\frac{1}{T}\int\rho\,\mathrm{d}t}$$

この平均化法は圧縮性流体で用いられることが多く，**ファーブル平均（Favre average）**ともよばれる．

$$\text{アンサンブル平均：}\bar{f}=\frac{\sum_{n=1}^{N}f}{N}$$

ここで，N は同一条件下での試行回数である．このアンサンブル平均化法は，主に実験データの後処理において用いられる．

なお，エルゴード性（時間平均と集合平均が均質で等しくなる性質）を仮定すると，これらの平均は同じ値となることが知られており，実験結果と数値計算結果とを比較するうえでの前提となっている．また，平均化は物理量分布を粗視化することを意味するため，フィルター（filter）操作と同様であり，**フィルタリング（filtering）**とよばれることも多い．

4.7.5　レイノルズ平均ナビエ・ストークス方程式

ここでは，工業上利用されることの多い時間平均（レイノルズ平均）を用いて，乱流の平均挙動を記述する支配方程式を導くこととする．簡単のため，非圧縮性流体で体積力が作用しない場合を仮定すると，乱流の瞬間値を支配する方程式は，以下に示す連続の式とナビエ・ストークス方程式により与えられる．

$$\frac{\partial u_j}{\partial x_j}=0$$

$$\frac{\partial u_i}{\partial t}+u_j\frac{\partial u_i}{\partial x_j}=-\frac{1}{\rho}\frac{\partial p}{\partial x_i}+\nu\frac{\partial^2 u}{\partial x_j^2}$$

ここで，t は時間，x_i はデカルト座標系，u_i は x_i 方向の速度成分，p は圧力，ν は動粘性係数，ρ は密度を表す．

時間平均の定義を用い，各変数はレイノルズ分解により，

$$u_i=\overline{u_i}+u_i',\quad p=\bar{p}+p'$$

と分解される（密度と動粘性係数は一定）．これを連続の式およびナビエ・ストークス方程式に代入し，式全体を時間平均し，さらに時間平均の定義に基づくルール

$$\left.\begin{array}{l}\bar{\bar{f}}=\bar{f},\ \ \overline{f'}=0,\ \ \overline{f+g}=\bar{f}+\bar{g}\\ \overline{\bar{f}\cdot g}=\bar{f}\cdot\bar{g},\ \ \overline{f'\cdot g'}\neq 0,\ \ \overline{\dfrac{\partial f}{\partial s}}=\dfrac{\partial\bar{f}}{\partial s}\end{array}\right\}$$

を用いて整理すると，

$$\frac{\partial\overline{u_j}}{\partial x_j}=0$$

$$\frac{\partial\overline{u_i}}{\partial t}+\overline{u_j}\frac{\partial\overline{u_i}}{\partial x_j}=-\frac{1}{\rho}\frac{\partial\bar{p}}{\partial x_i}+\nu\frac{\partial^2\overline{u_i}}{\partial x_j^2}-\frac{\partial\overline{u_i'u_j'}}{\partial x_j}$$

という時間平均成分に関する連続の式とナビエ・ストークス方程式が得られる．これらの式を**レイノルズ平均ナビエ・ストークス方程式（Reynolds-averaged Navier-Stokes equation：RANS）**とよぶ．上述の式の右辺最終項は，対流項の非線形性により生じた項で，この新たな未知量 $\overline{u_i'u_j'}$ を**レイノルズ応力（Reynolds stress）**とよぶ（厳密には，これに密度 ρ を掛けた量）．なお，レイノルズ応力は，作用の仕方

の違いにより，$\overline{u_i'^2}$（ただし，総和をとらない）をレイノルズ応力の**垂直成分（normal component）**あるいは**レイノルズ法線応力（Reynolds normal stress）**，$\overline{u_i'u_j'}$（ただし，$i \neq j$）をレイノルズ応力の**せん断成分（shear component）**または**レイノルズせん断応力（Reynolds shear stress）**とよぶ．

レイノルズ方程式中の各項の物理的意味は，左辺第1項が時間的な変化を表す**時間変化項（temporal change term）**，左辺第2〜4項が平均流に流される効果で**対流項（convection term）**もしくは**移流項（advection term）**，右辺第1項が圧力勾配により作用する力で**圧力勾配項（pressure gradient term）**，括弧でくくられた右辺第2項が粘性作用による混合・拡散作用で**粘性拡散項（viscous diffusion term）**，右辺最終項が乱れによる混合・拡散作用で**レイノルズ応力項（Reynolds stress term）**もしくは**乱流拡散項（turbulent diffusion term）**である．

乱流の時間平均的な挙動はこれらの方程式を解くことによって得られるが，レイノルズ平均ナビエ・ストークス方程式は3次元で10従属変数，4方程式の連立方程式系であるために閉じておらず，このままでは原理的に解くことができない．したがって，レイノルズ応力を何らかのモデルによって表現（近似とはよばない）し，変数と方程式の数を一致させて解ける系にすることが必要となる．この操作を方程式系の**完結（closure）**，完結のために用いられる物理モデルを**乱流モデル（turbulence model）**という．

4.7.6 乱流モデル

レイノルズ平均ナビエ・ストークス方程式を解くためには，レイノルズ応力をモデル化して，閉じた方程式系にする必要がある．ここでは，乱流モデルとして工業上頻繁に用いられる渦粘性モデルについて説明する．

ブジネスク（Boussinesq）は，レイノルズ応力を分子粘性（ニュートンの摩擦則）の類推から，

$$-\rho\overline{u_i'u_j'} = \mu_t\left(\frac{\partial \overline{u_i}}{\partial x_j} + \frac{\partial \overline{u_j}}{\partial x_i}\right) - \frac{2}{3}k\delta_{ij}$$

と表した．ここで，$k = \overline{u_i'^2}/2$ を**乱流エネルギー（turbulent kinetic energy）**，μ_t を**渦粘性係数（eddy viscosity coefficient）**，この近似法を**ブジネスク近似（Boussinesq approximation）**，渦粘性を仮定した乱流モデルを**渦粘性モデル（eddy viscosity model）**とよぶ．粘性係数と動粘性係数との関係と同様，渦粘性係数から

$$\nu_t = \frac{\mu_t}{\rho}$$

のように**渦動粘性係数（eddy kinetic viscosity）**ν_t を定義することができる．この渦粘性と渦動粘性係数は，あくまで流体の物性値ではなく，流れの状態で局所的に決まる見掛けの粘性係数であることに注意する．

渦動粘性係数の単位は $\mathrm{m^2/s}$ であり，速度スケール $V\,[\mathrm{m/s}]$ と長さスケール $L\,[\mathrm{m}]$ の積に比例すると考えることができる．すなわち，

$$\nu_t \propto VL$$

となる．つまり，渦動粘性係数を具体的に与えるには，乱れの代表速度スケールと代表長さスケールを適切に選び，かつ比例係数が与えられれば，これら二つのスケールを代数式あるいは偏微分輸送方程式から求めることで，渦動粘性係数を定めることができる．さらにはレイノルズ応力が決定でき，レイノルズ方程式が数値的に解けることとなる．渦粘性モデルは，一般に，これら二つのスケールを求める際に使用される偏微分方程式の数によって，0，1，2方程式モデルに分類される．以下，工業上の利用頻度が高い0方程式モデルと2方程式モデルの代表的なものを紹介する．

4.7.7 0方程式モデル

渦動粘性係数を表すための乱れの代表速度と代表長さスケールについて偏微分輸送方程式を用いずに代数的に決定するのが**0方程式モデル（zero equation model）**である．最も代表的なものに，プラントルの**混合長仮説（mixing length hypothesis）**がある．

混合長モデルでは，2次元乱流境界層に対して，渦動粘性係数を

$$\nu_t \approx l_m \frac{\mathrm{d}\overline{u}}{\mathrm{d}y} \cdot l_m = l_m^2 \frac{\mathrm{d}\overline{u}}{\mathrm{d}y}$$

のように与える．ここで，l_m は**混合長（mixing length）**とよばれ，乱流渦の平均長さスケール（およそ渦の直径に相当）を表している．$\mathrm{d}u/\mathrm{d}y$ は，その場での平均せん断率を表している．2次元平板乱流境界層の場合，混合長に

$$l_m = \begin{cases} \kappa y & (y < \lambda\delta/\kappa) \\ \lambda\delta & (y > \lambda\delta/\kappa) \end{cases}$$

という分布が用いられる．ここで，y は壁面からの垂直方向距離，δ は境界層厚である．モデル定数 κ（カルマン定数）および λ は実験データから決定され，流れの条件によって異なる値が用いられているが，

$$\kappa = 0.41,\quad \lambda = 0.09$$

を採用することが多い．壁近傍の乱れの著しい減衰を表すため van Driest の減衰関数を適用し，

$$l_m = \kappa y\left[1-\exp\left(\frac{y^+}{26}\right)\right] \quad (y < \lambda\delta/\kappa)$$

の壁関数が用いられることもある（y^+ の定義は 4.8.6 項を参照）．レイノルズ応力は主要な成分 $\overline{u'v'}$ のみが考慮され，

$$\overline{u'v'} = -l_m^2\left(\frac{\mathrm{d}\bar{u}}{\mathrm{d}y}\right)\left|\frac{\mathrm{d}\bar{u}}{\mathrm{d}y}\right|$$

と定義される．ここで，速度勾配の絶対値を用いるのは，速度勾配が正（負）のときレイノルズ応力が負（正）になるという実験事実を表現するためである．

混合長モデルは，はく離していない境界層（付着境界層）では良好な結果を与える．また，渦動粘度や混合長の与え方は，境界層，噴流，混合層といった流れごとに異なっており，注意が必要である．なお，プラントルの混合長モデルは，境界層厚 δ が必要であるため，一般的な実用問題では適用しにくい．Baldwin と Lomax（1978）は境界層厚を用いない 0 方程式を提案しており，このモデルは航空宇宙分野の数値計算で現在でも広く利用されている．

なお，LES において広く用いられている Smagorinsky モデルにも混合長仮説を基礎とした SGS（subgrid scale）モデルが導入されている．

4.7.8　2 方程式モデル

速度，長さスケールをともに偏微分輸送方程式から決定するモデルが **2 方程式モデル（two equation model）** である．速度，長さスケールを求めるために乱流エネルギー k およびその散逸率 ε を用いて，

$$V = \sqrt{k}, \quad L = k^{3/2}\varepsilon$$

とおくのが最も一般的で，k-ε モデルとよばれている．

k および ε の輸送方程式の一般形は，次式のように与えられる．

$$\frac{\partial k}{\partial t} + \overline{u_i}\frac{\partial k}{\partial x_i} = P + \frac{\partial}{\partial x_i}\left\{\left(\nu + \frac{\nu_t}{\sigma_k}\right)\frac{\partial k}{\partial x_i}\right\} - \varepsilon + D$$

$$\frac{\partial \varepsilon}{\partial t} + \overline{u_i}\frac{\partial \varepsilon}{\partial x_i} = C_{\varepsilon 1} f_1 \frac{\varepsilon}{k}P + \frac{\partial}{\partial x_i}\left\{\left(\nu + \frac{\nu_t}{\sigma_\varepsilon}\right)\frac{\partial \varepsilon}{\partial x_i}\right\} - C_{\varepsilon 2} f_2 \frac{\varepsilon^2}{k} + E$$

$$P = \nu_t\left(\frac{\partial \overline{u_i}}{\partial x_j} + \frac{\partial \overline{u_j}}{\partial x_i}\right)\frac{\partial \overline{u_i}}{\partial x_j}$$

$$\nu_t = C_\mu f_\mu \frac{k^2}{\varepsilon}$$

$C_\mu = 0.09$，$C_{\varepsilon 1} = 1.44$，$C_{\varepsilon 2} = 1.92$，$\sigma_k = 1.0$，$\sigma_\varepsilon = 1.3$

なお，低レイノルズ数効果を表すための関数 f_μ，f_1，f_2 および付加項 D，E にはさまざまな形式が提案されている．k-ε モデルはさまざまな乱流に対して検証が行われており，完璧とは言いがたいが，数多くの乱流に対して実用上妥当な精度で予測結果を与えられることが明らかとなっている．また，混合長モデルに比べて負荷は大きいが，計算時間の点でも十分に実用性の高いモデルである．しかし，旋回流や 2 次流れを伴う流れの解析は不得意としている．

4.7.9　その他の乱流モデル

前述のように，渦動粘度を乱れの代表速度と代表長さの積で表し，それら代表スケールについての代数式あるいは偏微分輸送方程式をさらに解くことで，方程式系を閉じることができる．ここで，必ずしも代表長さを表すのにエネルギー散逸率を使わなくてもよい．ほかに，有名なモデルとして，渦度 ω に基づく k-ω モデルが Wilcox（1988）により提案された．このモデルは k-ε モデル（低レイノルズ数型）で適用する壁の減衰関数を不要とすることが特徴である．Menter（1992）は壁近傍の領域を k-ω モデルで解き，壁から離れた完全乱流領域で標準的な k-ε モデルを用いるというハイブリッドモデルを提案し，SST k-ω モデルとして産業界で広く使われている．

1 方程式モデルの一つで航空宇宙分野への応用に開発されてきたものに Spalart-Allmaras モデルがある．これは渦動粘性パラメータに関する輸送方程式を解くもので，長さスケールは簡易な代数式（混合長）で与えられ，小さい計算負荷で計算を行うことができる．モデル定数と壁関数はよく調整されており，失速する流れの再現に秀でているため，ターボ機械の流れの予測に有用なモデルとされている．しかし，複雑な流路形状では，長さスケールの定義（壁関数の適用）が難しいため，汎用的な内部流れには適切ではない．

渦粘性を適用せずに，レイノルズ応力の輸送方程式を解き（いくつかの輸送項はモデル化を要する），方程式系を完結させる方法を，**レイノルズ応力方程式モデル（Reynolds stress equation model）** または **2 次モーメントクロージャモデル（second-moment closure model）** とよぶ．複雑な歪み場や大きな体積力を伴う流れの予測には，k-ε モデルでは欠点が露呈するため，レイノルズ応力方程式をより厳密に解いて，レイノルズ応力の評価をより正しく行うものである．最も古典的かつ汎用な手法であるが，計算負荷が非常に大きく（7 本の偏微分方程式が追加される），数値的な収束性に悩まされることが多い一方で，k-ε モデルほどには十分に検証されていないことから，産業分野ではあまり用いられていない．レイノルズ応力方程式

モデルの拡張や改善は，現在でもさかんに研究が進められている．レイノルズ応力方程式を連立代数方程式に簡略化した**代数応力モデル（algebraic stress model）**も提案されている．

4.7 節のまとめ

- **乱流は，大小広範の渦を有し，時間的・空間的に不規則で3次元的な運動であり，非線形性・混合・拡散が強い．**
- **乱流中には，準秩序だった構造や統計的普遍性（エネルギーカスケード）が存在する．**
- **乱れによる平均流への影響はレイノルズ応力に起因するが，このレイノルズ応力の存在により平均流における方程式系は閉じていない．**
- **方程式系の完結には乱流モデルの導入を要する．**
- **多数の乱流モデルが提案されており，渦粘性を用いるものやレイノルズ応力の各成分について解くものなどさまざまであり，解析対象に応じて適当な乱流モデルの選択が肝心である．**

4.8 境界層流

流体が壁に沿って流れるとき，その壁面上には**境界層（boundary layer）**が形成され，境界層の形成や発達を伴った流れを**境界層流（bourdary layer flow）**とよぶ．

4.8.1 層流境界層

境界層内部では外部の主流に比べて流れが減速しており，粘性の影響が無視できなくなる．これは，壁表面での流速（壁に対する相対速度）が0となる**滑りなし（non-slip）**の効果によって，壁付近で速度勾配が生じ，粘性応力が働くためである．実際に，ニュートンの摩擦則によれば，粘性流体（$\mu \neq 0$）の境界層内では速度勾配（$\partial u/\partial y \neq 0$）に比例して粘性応力が働き，流れの運動量低下が引き起こされる．境界層は壁面の前縁（leading edge）から形成が始まり，下流に行くにしたがって徐々にその厚みを増しながら成長する．形成初期は境界層厚さが薄いため，粘性応力のみによって運動量の輸送が行われ，**層流境界層（laminar boundary layer）**とよばれ，厚さの成長も緩やかである．一般的に境界層発達の途中で，流れは不安定（unstable）となり，境界層中に乱れを含んだ乱流境界層へと遷移することが知られている．**乱流遷移（turbulent transition）**を引き起こす要因として，境界層中の障害物や主流に含まれる乱れなどが挙げられる．しかし，平板上の境界層でも，後述するレイノルズ数が10^5〜10^6程度になる位置で境界層流が不安定化することが実験的に知られている．これは，地上の空気が主流速度10 m/sで流れている場合を想定すると，層流境界層の発生点からおよそ1 m下流の位置に相当する．

一方，境界層外部は近似的に非粘性である完全流体の流れとみなせることが多くある．特に，工業上扱う流れの多くは高レイノルズ数であるため，物体付近の境界層のみを粘性流体として扱い，境界層の外側は非粘性流体または完全流体の流れとしてオイラー方程式やポテンシャル理論が適用できる．

4.8.2 境界層の厚さ

物体表面から測った**境界層厚さ（boundary layer thickness）**は境界層内部の流れのレイノルズ数や壁面摩擦を見積るうえでも重要となってくる．粘性の影響によって速度が主流よりも減少している領域を境界層厚さδと考えればよいが，境界層の界面付近では速度が漸近的に主流速度U_∞に近付くため，これを実験

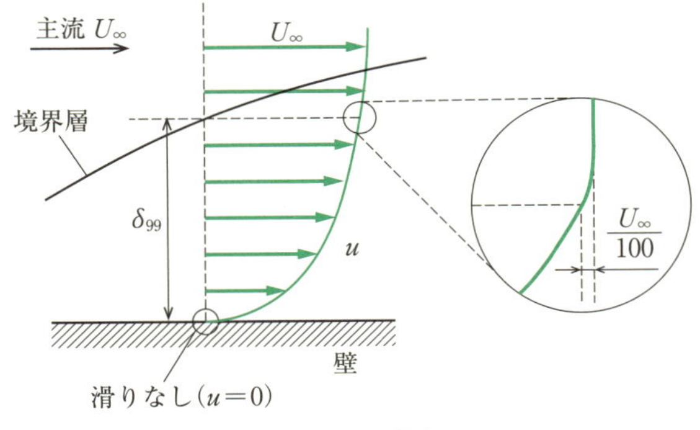

図 4-49 境界層厚さ δ_{99}

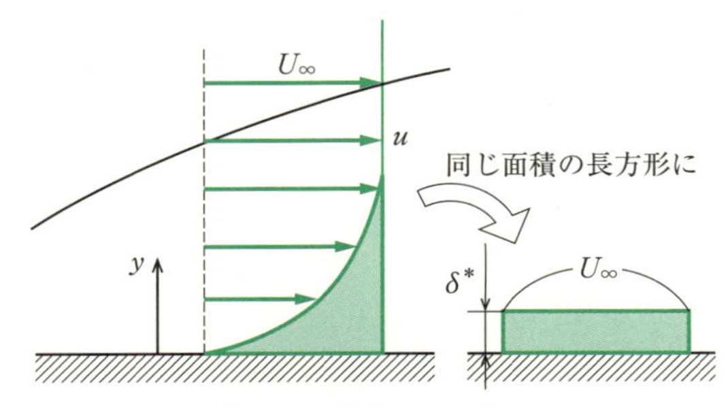

図 4-50　排除厚さの概念

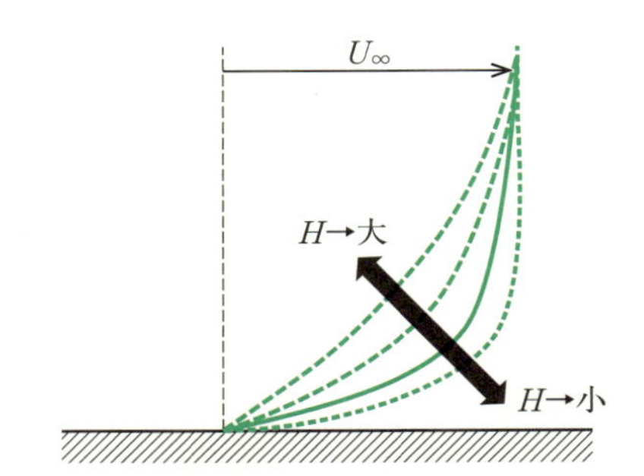

図 4-52　形状係数による速度分布の変化

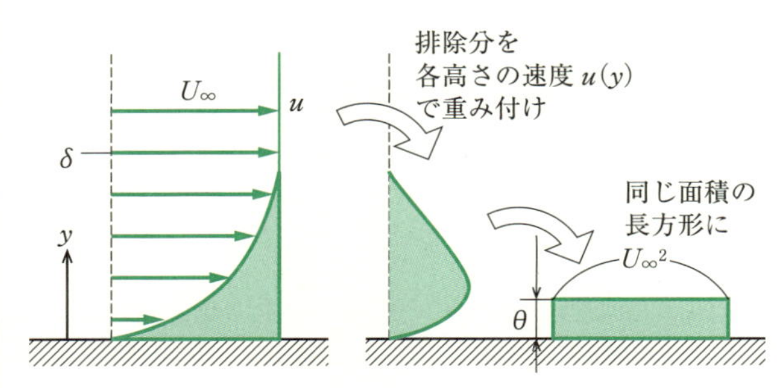

図 4-51　運動量厚さの定義

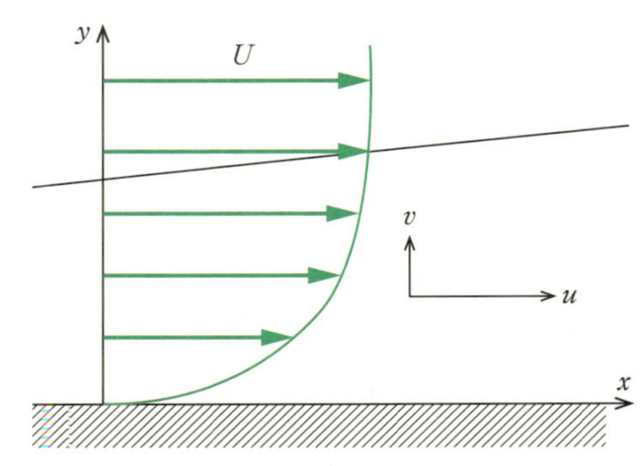

図 4-53　境界層内の速度成分

や数値計算から厳密に決定することは不可能である．そのため，図 4-49 のように，主流速度 U_∞ の 99% になる位置を仮の境界層界面位置として境界層厚さ δ_{99} と定義し，これを境界層厚さ δ の代わりとすることが慣例となっている．しかし，境界層内の速度分布によっては δ_{99} を決定することが無意味な場合もあり，以下の定義による各種厚さを境界層厚さ（粘性の影響が及ぶ代表的な厚さ）として使用する場合も多い．

排除厚さ（displacement thickness）：

$$\delta^*=\frac{1}{U_\infty}\int_0^\infty(U_\infty-u)\mathrm{d}y$$

運動量厚さ（momentum thickness）：

$$\theta=\frac{1}{U_\infty{}^2}\int_0^\infty u(U_\infty-u)\mathrm{d}y$$

エネルギー厚さ（energy thickness）：

$$\theta^*=\frac{1}{U_\infty{}^3}\int_0^\infty u(U_\infty{}^2-u^2)\mathrm{d}y$$

ここで，y は物体表面からの垂直距離，$u=u(y)$ は境界層内の速度分布を意味する．それぞれの厚さの意味として，境界層によって排除された流体の体積，運動量，または運動エネルギーの総量が主流の流体に換算するとどのような厚さ分となるかを表している．図 4-50 に排除厚さの概念図を示す．なお，上式では積分範囲を 0 から∞としているが，境界層の外側では u が U_∞ に一致して積分に寄与しなくなるので，積分範囲を 0 から δ（または δ_{99}）としてもかまわない．図 4-51 は運動量厚さの概念図である．

境界層内の速度分布は，レイノルズ数，圧力勾配，壁面粗さ，壁面の曲率などによって大きく変わる．排除厚さ δ^* と運動量厚さ θ によって定義されるパラメータ

$$H=\frac{\delta^*}{\theta}$$

は，速度分布形状を表す指標として用いられ，**形状係数（shape factor）**とよばれる．境界層内の速度分布が形状係数 H によってどのように変化するかを図 4-52 に示す．形状係数 H の大きい方が境界層内の減速の大きいことがわかる．

4.8.3　境界層方程式

図 4-53 のように，平板上に発達する層流境界層を考える．境界層内の流れが 2 次元非圧縮性流であると仮定すれば，その流体運動は連続の式とナビエ・スト

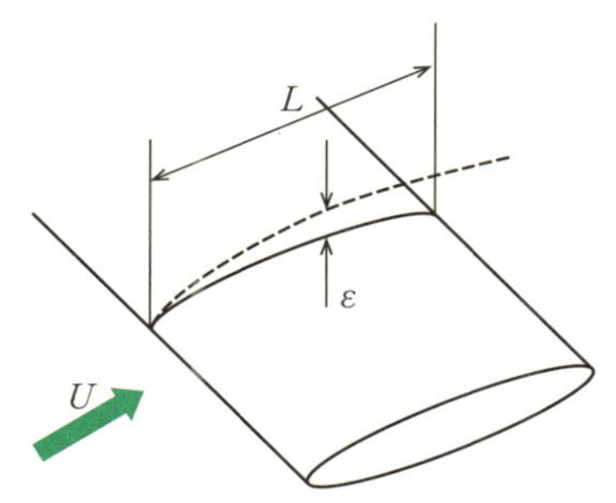

図 4-54 境界層のオーダー

ークス方程式によって記述できる．

連続の式：$\dfrac{\partial u}{\partial x}+\dfrac{\partial v}{\partial y}=0$

ナビエ・ストークス方程式：

$$\frac{\partial u}{\partial t}+u\frac{\partial u}{\partial x}+v\frac{\partial u}{\partial y}=-\frac{1}{\rho}\frac{\partial p}{\partial x}+\nu\left(\frac{\partial^2 u}{\partial x^2}+\frac{\partial^2 u}{\partial y^2}\right)$$

$$\frac{\partial v}{\partial t}+u\frac{\partial v}{\partial x}+v\frac{\partial v}{\partial y}=-\frac{1}{\rho}\frac{\partial p}{\partial y}+\nu\left(\frac{\partial^2 v}{\partial x^2}+\frac{\partial^2 v}{\partial y^2}\right)$$

ここで，u，v は x，y 方向の速度成分，p は圧力，ρ は密度，ν は動粘性係数を表す．これらの方程式は厳密であり，あらゆる境界層において成り立つ．

方程式各項の大きさ（オーダー）を見積ることによって，近似的ではあるが簡略に境界層流を表現する方程式を得ることが可能である．境界層の厚さは流れ方向に発達するが非常に薄いため，$x\sim L$ および $y\sim\varepsilon$（ただし，$\varepsilon\ll L$）であり，境界層内の主流方向速度は $u\sim U$ のオーダーをもつ現象であると仮定できる．ここで，“$\sim$”はオーダー（概略値）を意味する．例えば，航空機の翼面上の境界層流を考えるとすれば，L は翼弦長，U は航空機の飛行速度のオーダーと思えばよい（図 4-54）．

境界層内における各変数（速度や速度勾配など）の変化量は，多かれ少なかれその変数のオーダー程度であると推定できる．例えば，主流方向速度の変化量は $\Delta u\sim U$ である．

連続の式の各項にこれらのオーダーを適用すると，

$$\frac{\partial u}{\partial x}+\frac{\partial v}{\partial y}\sim\frac{\Delta u}{\Delta x}+\frac{\Delta v}{\Delta y}\sim\frac{U}{L}+\frac{v}{\varepsilon}=0$$

となっていることがわかる．ただし，y 方向の速度成分 v のオーダーが不明であるため，そのまま v と記してある（以下同様）．仮に，連続の式の左辺第 2 項が第 1 項よりもずっと小さいオーダーである（つまり $v/\varepsilon\ll U/L$）とすると，第 2 項は第 1 項に対して相対的に省略できることになり，

$$\frac{\partial u}{\partial x}=0 \qquad (4\text{-}30)$$

となる．しかし，この式は“u が x 方向に変化しない”ことを意味しており，境界層が下流方向に減速しながら肥大化するという実験事実に矛盾する．逆に，第 2 項が第 1 項に卓越していると考えても矛盾を生じる．したがって，第 1 項と第 2 項は同程度のオーダーでなければならず，第 2 項のオーダーが U/L となるために，$v\sim U\varepsilon/L$ であることがわかる．

同様に，主流方向成分のナビエ・ストークス方程式に各変数のオーダーを適用すると，

$$\frac{U}{t}+U\frac{U}{L}+\frac{U\varepsilon}{L}\frac{U}{\varepsilon}=\frac{1}{\rho}\frac{p}{L}+\nu\left(\frac{U}{L^2}+\frac{U}{\varepsilon^2}\right)$$

$$\therefore\quad \frac{U}{t}+\frac{U^2}{L}+\frac{U^2}{L}=\frac{p}{\rho L}+\nu\left(\frac{U}{L^2}+\frac{U}{\varepsilon^2}\right)$$

が得られる．左辺第 1 項（時間項），右辺第 1 項（圧力項），右辺第 2 項（粘性項）のオーダーが左辺第 2，3 項（対流項）と同程度と考えられるので，$t\sim L/U$，$p/\rho\sim U^2$，$\nu\sim U\varepsilon^2/L$ であることがわかる．したがって，上式において，粘性項第 1 項の $\nu U/L^2$ だけが他項に比べて小さいため，省略可能である．

最後に，壁垂直方向成分のナビエ・ストークス方程式に各変数のオーダーを適用すると，

$$\frac{U\varepsilon/L}{L/U}+U\frac{U\varepsilon/L}{L}+\frac{U\varepsilon}{L}\frac{U\varepsilon/L}{\varepsilon}$$

$$=\frac{U^2}{\varepsilon}+\frac{U\varepsilon^2}{L}\left(\frac{U\varepsilon/L}{L^2}+\frac{U\varepsilon/L}{\varepsilon^2}\right)$$

$$\therefore\quad \frac{U^2\varepsilon}{L^2}+\frac{U^2\varepsilon}{L^2}+\frac{U^2\varepsilon}{L^2}=\frac{U^2}{\varepsilon}+\left(\frac{U^2\varepsilon^3}{L^4}+\frac{U^2\varepsilon}{L^2}\right)$$

を得る．先の主流方向成分 u についての式では，各項のオーダーが U^2/L であることを考えると，v についての式で相対的に残る項は右辺第 1 項の圧力項だけであることがわかる．

以上より，境界層内の流れの挙動を表現する方程式は，以下のように簡略化できることになる．

連続の式：$\dfrac{\partial u}{\partial x}+\dfrac{\partial v}{\partial y}=0$

ナビエ・ストークス方程式：

$$\frac{\partial u}{\partial t}+u\frac{\partial u}{\partial x}+v\frac{\partial u}{\partial y}=-\frac{1}{\rho}\frac{\partial p}{\partial x}+\nu\frac{\partial^2 u}{\partial y^2}$$

$$\frac{\partial p}{\partial y}=0$$

このように境界層内部の各変数のオーダー比較に基づく単純化を**境界層近似（boundary layer approximation）**とよび，これによる簡略式を**境界層方程式（boundary layer equation）**とよぶ．上記の境界層方程式から境界層内では圧力が壁面垂直方向に一定であり，主流方向のみの関数となっていることがわかる．

境界層方程式は，主流方向に伸びた薄い層という仮

定のみから導かれているため，**混合層（mixing layer）**の流れ，**噴流（jet）**，**後流（wake）**にも適用可能である．

4.8.4 平板上の層流境界層

一様流に対して平行に置かれた平板上に形成する層流境界層において，その平板壁面に働く粘性摩擦力に関して概要を記す．

壁面でのせん断応力は

$$\tau(x)=\mu\left(\frac{\partial u}{\partial y}\right)_{y=0}=\alpha\rho U_\infty\sqrt{\frac{\nu U_\infty}{x}}$$

となるが，ここで α は境界層方程式の漸近解から得られるもので，$\alpha=0.332$ である．一方，無次元の局所摩擦係数 c_f を用いて

$$\tau(x)=\frac{1}{2}c_f\rho U_\infty{}^2$$

による定義に基づけば，

$$c_f=\frac{0.664}{\sqrt{Re_x}}$$

となる．ここで，レイノルズ数 Re_x は

$$Re_x=\frac{U_\infty x}{\nu}$$

であり，平板前縁からの距離 x に基づく無次元数である．一方，99% 境界層厚さについては，

$$\delta_{99}\approx 5.0\sqrt{\frac{\nu x}{U_\infty}}=5.0\cdot x\cdot Re_x{}^{-\frac{1}{2}}$$

と導かれるため，

$$Re_\delta=\frac{U_\infty\delta_{99}}{\nu}\approx 5.0Re_x{}^{\frac{1}{2}}$$

の関係が得られる．この式より，層流境界層の厚さは下流方向への距離 x の 1/2 乗に比例して増加すること，また流速 U_∞ の 1/2 乗に逆比例して成長し，流速が速いほど境界層厚さが薄くなることが示されている．この Re_δ を用いて，局所摩擦係数を表すと，

$$c_f=\frac{3.32}{\sqrt{Re_\delta}}$$

となる．ちなみに 99% 境界層厚さと排除厚さの比は

$$\delta_{99}\approx 2.9\delta^*$$

と約 3 倍であり，運動量厚さに対しては，

$$\theta=\frac{0.664x}{\sqrt{Re_x}}$$

である．この運動量厚さのレイノルズ数（距離 x）に対する関係式は，上記の局所摩擦係数 c_f におけるものとよく似ていることに注意すべきである．摩擦抵抗により運動量が失われるのであるから，必然的な関係式の一致である．これはカルマン（von Kármán）が最初に提唱したもので，“境界層の運動量の変化率は，壁面に及ぼす流体の粘性抵抗と圧力勾配による力の和に等しい”ことを表している．これを定式化したものが，

$$\frac{\partial}{\partial t}(U_\infty\delta^*)+\frac{\partial}{\partial x}(U_\infty{}^2\theta)+\delta^* U_\infty\frac{\partial U_\infty}{\partial x}=\frac{\tau}{\rho}$$

であり，この式を境界層の**運動量積分方程式（momentum-integral equation）**あるいはカルマンの運動量方程式とよぶ．

有限な平板全体にかかる摩擦力 D について考える．長さ l，幅 b の平板として，片面全体にわたって局所摩擦を積分すれば，

$$\begin{aligned}D(l)&=\int_0^l\tau(x)b\,\mathrm{d}x=\alpha\mu bU_\infty\sqrt{\frac{U_\infty}{\nu}}\int_0^l\frac{\mathrm{d}x}{\sqrt{x}}\\&=2\alpha bU_\infty\sqrt{\mu\rho lU_\infty}\\&=2\alpha b\sqrt{\mu\rho l}\cdot U_\infty{}^{3/2}\end{aligned}$$

が得られる．層流境界層の抵抗は流速 U_∞ の 3/2 乗に比例する一方，板の長さの 1/2 乗に比例している．これは，平板先端から遠ざかって境界層が厚くなるにつれて，壁面でのせん断応力が減少することを示している．最後に，平板全体に対する無次元の摩擦抵抗係数 C_f を，

$$C_f=\frac{D(l)}{\frac{1}{2}\rho U_\infty{}^2\cdot bl}$$

の定義により求めれば，

$$C_f=\frac{1.328}{\sqrt{Re_l}}$$

となる．ここで，Re_l は平板長さ l に基づくレイノルズ数である．

4.8.5 境界層の下流方向変化

境界層の成長は物体の前縁から始まるが，その初期段階は一般に層流となっている．これは境界層厚さが非常に薄く，境界層の存在領域が粘性支配である壁のごく近傍に限られるためである．この層流境界層の速

セオドア・フォン・カルマン

ハンガリーの航空工学者．空気力学で業績を残し，航空工学の基礎を築いた．多くの後進を育成し，航空工学の父とも称される．NASA ジェット推進研究所の初代ディレクターで，のちに国際宇宙航行アカデミーの初代会長を務めた．（1881–1963）

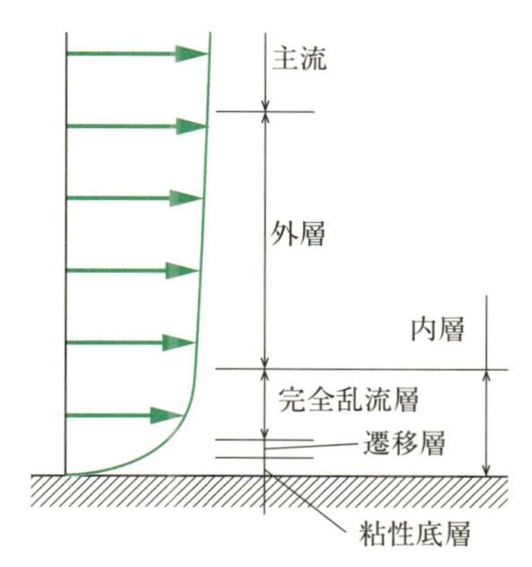

図 4-55 乱流境界層の層構造

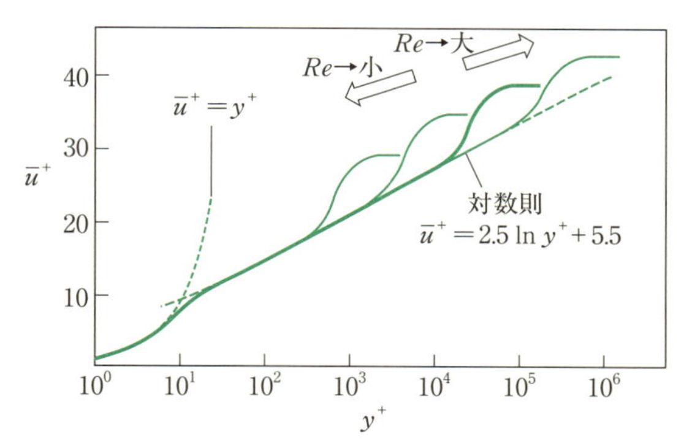

図 4-56 乱流境界層における平均速度分布

度分布は，境界層方程式に基づく解法をブラジウスが提案し，数値計算によって解が求められている．これを**ブラジウス分布（Blasius profile）**とよぶ．

層流境界層は，下流へ流れるにしたがって徐々に成長・肥大化し，乱流状態へと移行する**境界層遷移（boundary layer transition）**を起こし，その下流では**乱流境界層（turbulent boundary layer）**が形成される．ここで，遷移は空間のある一点で急激に起きるのではなく，空間的，時間的に振動しながら幅をもって生じる．遷移が起きるレイノルズ数を**臨界レイノルズ数（critical Reynolds number）**とよぶ．遷移の発生は，主流の乱れ，圧力勾配，表面粗さ，表面曲率，表面の熱伝達などにも強い影響を受けるため，臨界レイノルズ数も条件によって大きく変化する．

境界層内が層流か乱流かによって壁面におけるせん断応力や熱流束が著しく異なる．つまり，摩擦や熱伝達率の値に加えてそのレイノルズ数依存性が大きく変わるため，遷移位置を正しく予測することは工業上きわめて重要な問題となっている．

遷移後の境界層内部は時空間的に乱れた乱流状態で，大小さまざまなスケールの渦が発達し，これらの渦が主流から壁面近くへ運動量やエネルギーを活発に輸送する．このため，層流境界層に比べて壁近くの速度および速度勾配が大きく，壁面せん断応力も強くなる．

乱流境界層の内部構造は，壁面から，次のような順になっている．まず，壁面の存在により乱れが抑制され粘性効果の卓越した**粘性底層（viscous sublayer）**がある．その外側に**遷移層（buffer layer）**とよばれる層があり，完全に乱流状態の層へと続いている．壁面からここまでの層を**内層（inner layer）**とよぶ．内層の厚さは境界層厚さの 15～20% である．さらに，内層の外側には，乱流状態と主流状態とが間欠的に混在する**外層（outer layer）**が存在する．乱流境界層内のこれら層構造を図 4-55 に示す．

4.8.6 乱流境界層の速度分布と壁法則

乱流境界層内の平均速度分布を近似するためには，$1/n$ 乗則と対数法則の 2 種類が知られている．

まず，**$1/n$ 乗則（$1/n$ power law）**あるいは指数法則とよばれる方法では，平均速度 $\bar{u}(y)$ および距離の基準として主流流速 U，境界層厚さ δ を用いる方法であり，

$$\frac{\bar{u}}{U}=\left(\frac{y}{\delta}\right)^{\frac{1}{n}}$$

のように，乱流境界層内の平均速度を与える．ここで，y は壁面からの距離である．また，実用上の流れでは $n=7$ が用いられることが多いため，**1/7 乗則（1/7th power law）**ともよばれる．粗い平面上では n の値は小さくなる．

対数法則は**壁法則（law of wall）**の一部で，壁面せん断応力 τ_w によって定義される**摩擦速度（friction velocity）**

$$u_\tau=\left(\frac{\tau_w}{\rho}\right)^{\frac{1}{2}}$$

および**壁座標（wall unit）**y^+ を用いて，平均速度を

$$u^+=\frac{\bar{u}}{u_\tau}=2.5\ln\frac{u_\tau y}{\nu}+5.5=2.5\ln y^++5.5$$

と表現する．ただし，境界層には外層があるために対数法則から逸脱する領域がかなり広く存在する点に注意を要する．なお，粘性底層内の速度は

$$u^+=\frac{\bar{u}}{u_\tau}=\frac{u_\tau y}{\nu}=y^+$$

という直線分布である．図 4-56 に乱流境界層内の平均速度分布の概略を示す．ここでは壁座標で分布を表

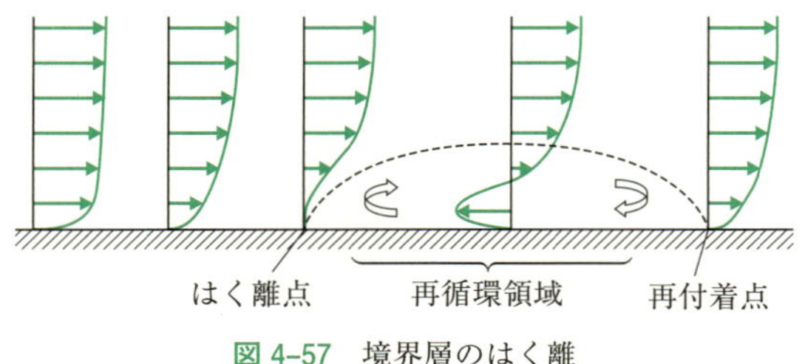

図 4-57　境界層のはく離

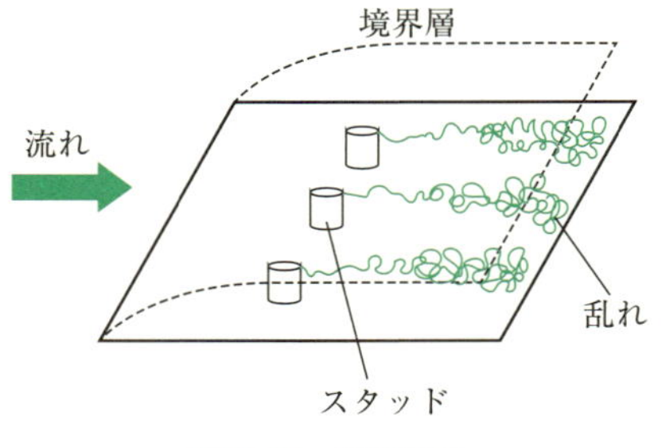

図 4-58　乱流促進

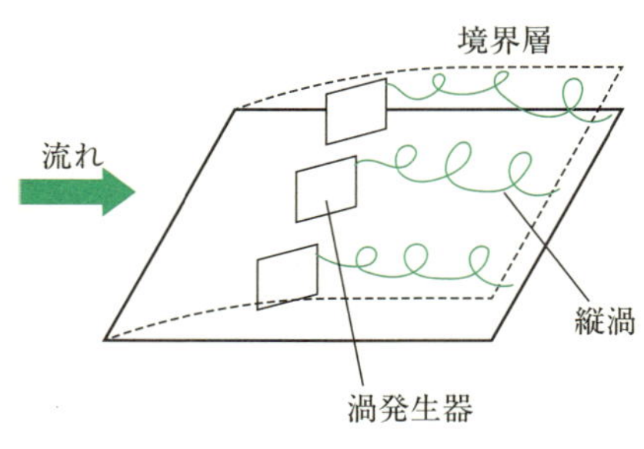

図 4-59　渦発生器

しており，壁法則（対数則）から逸脱する外層部のみが顕著なレイノルズ数依存性を示す．

4.8.7　境界層はく離

境界層内では，速度勾配に基づく粘性摩擦力の発生により，流体の運動エネルギーが熱エネルギーへと変換されるため，速度勾配の最も大きな壁付近の流体から徐々に減速していく．境界層に逆圧力勾配が作用すると，減少した速度勾配が0に達したときに流体は壁面から離れていくことになる．このような現象を**境界層はく離（boundary layer separation）**，はく離を生じた位置を**はく離点（separation point）**とよぶ．境界層はく離が発生すると，境界層厚さが急激に肥大化し，また，その下流側に上流側から流体が供給されなくなるために逆流が生じる．この領域を**再循環領域（recirculation region）**あるいは**はく離泡（separation bubble）**とよんでいる．なお，はく離した境界層は，流れの条件によっては再び壁面に付着する．この現象をはく離の**再付着（reattachment）**，再付着した位置を**再付着点（reattachment point）**とよぶ．境界層のはく離，再付着の様子を図 4-57 に示す．

4.8.8　境界層制御

境界層がはく離を起こすと，大きなエネルギー損失の発生を伴うことになる．したがって，流体機械や流路の設計に際しては，境界層はく離を生じないような配慮が必要となる．境界層のはく離対策として，境界層に制御をかけて流れ場をコントロールすることが行われている．これを**境界層制御（boundary layer control）**とよぶ．以下に代表的な境界層制御法について紹介する．

図 4-58 は**乱流促進（turbulence promotion）**の制御を行った例である．乱流境界層は，層流境界層よりもはく離しにくい特徴がある．これは，境界層内に存在する乱流渦が主流側の運動量を壁付近に活発に輸送・供給（より正しくは境界層全域に分配）するので，減速が起こりにくいためである．したがって，境界層を積極的に乱流化することで境界層はく離を起こしにくくすることができる．これを乱流促進とよぶ．乱流化するための装置としては，層流境界層内に針金（トリップワイヤ），ピン（スタッド），砂粒などを配置する．運動量のみならず熱輸送も活発になるため，伝熱促進を目的として同様の方法が用いられることもある．しかしながら，壁面摩擦も増加することに注意を要する．

図 4-59 のような**渦発生器（vortex generator）**も境界層はく離の抑制や，伝熱促進を図るために頻繁に用いられている．壁面上に境界層厚さ程度の高さをもった小板を，迎え角をもたせて設置すると，板を乗り越える流れが縦渦を形成する．この縦渦が主流側の高エネルギー流体を壁面付近にもち込む効果を利用して，はく離の発生を抑制する装置を渦発生器とよぶ．縦渦を発生すればよいので，さまざまな形状の渦発生器が提案されている．実際に，旅客機の翼上面を見れば，小さい突起のような渦発生器が使われていることがわかるであろう．

図 4-60 は**境界層吹出し（injection）**による流れの制御方法である．壁面にスリットや小孔を設けて壁面接線方向の吹出しを行うことにより，壁面付近の低速流体にエネルギーを供給することができる．このような境界層はく離の抑制方法はスロット翼において実用

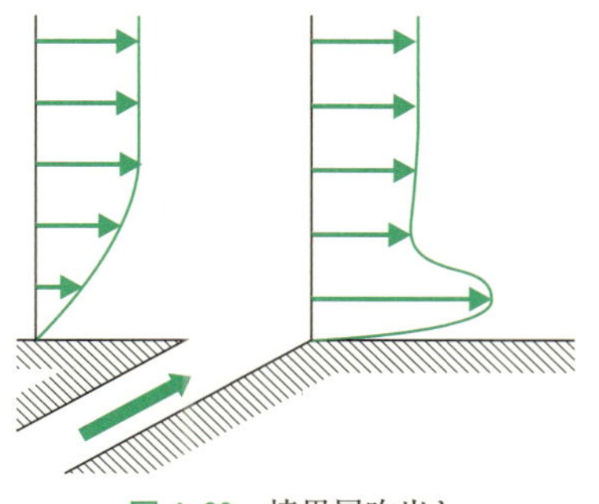

図 4-60 境界層吹出し

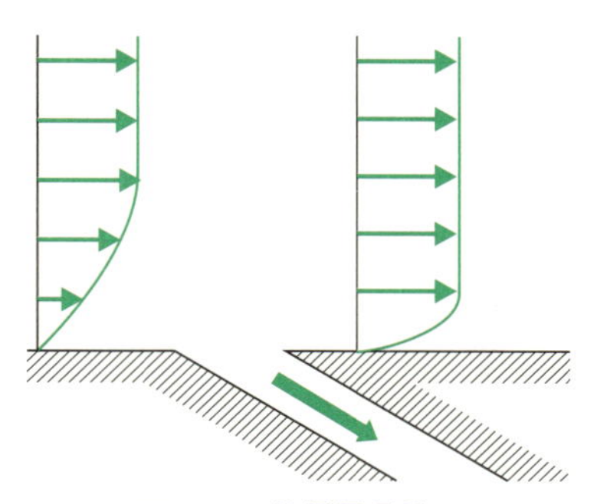

図 4-61 境界層吸込み

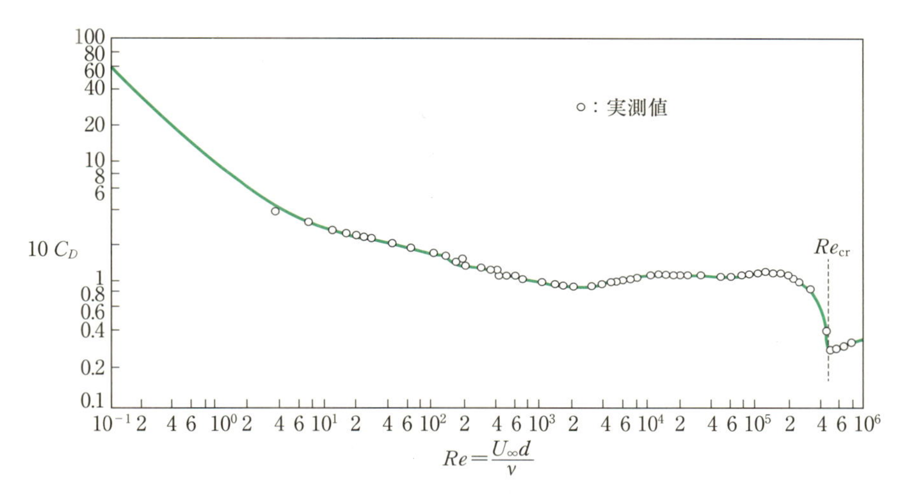

図 4-62 円柱の抗力係数 C_D のレイノルズ数依存性

化されている．壁面から流れを噴出する際，垂直ではなく，壁面に対して傾けることにより，壁面近くに効率的に運動量を供給することができる．

図 4-61 は**境界層吸込み**（suction あるいは bleed）による方法である．境界層吹出しとは逆に，壁面付近の低速流体を壁面にあけた穴から吸出してしまうことによってはく離を抑制する方法である．

現在，流体機械の性能はかなり限界に近いレベルに達しており，さらに性能向上を図るためには積極的な境界層制御が必要となるであろう．上述のような方法以外にも，リブレット，音響・振動制御，プラズマ装置（プラズマ・アクチュエータ）などの実用化研究が進められている．

4.8.9 円柱周りの流れ

本項では，境界層が重要な役割を演じる円柱周りの流れを取り上げる．

円柱周りの流れは，主流速度 U，円柱直径 d，流体の動粘性係数 ν で定義されるレイノルズ数 Re が重要なパラメータとなっている．$Re<6$ の場合，流れは円柱に付着して流れる．$6<Re<40$ の場合には，流れは円柱側面ではく離し，円柱背後に一対の定常な渦を形成する．この渦を**双子渦**（twin vortex）とよぶ．$Re>40$ では，双子渦が安定に存在できず，交互に円柱からはがれて振動流が発生する．円柱からはがれた渦は，円柱下流で一定間隔を保った千鳥状の列を形成する．この渦の列を**カルマン渦**（Kármán vortex）とよぶ．円柱からみたカルマン渦の振動数（すなわち渦放出周波数）f は，円柱直径 d，一様流流速 U から定義される**ストローハル数**（Strouhal number）

$$S_t = \frac{fd}{U}$$

によって，レイノルズ数の関数として整理できることが知られている．ストローハル数はレイノルズ数が 5×10^2 から 2×10^5 の範囲でほぼ一定値 0.2 をとることが知られている．

レイノルズ数の変化によって円柱周りの流れがどのように変化するかをより詳しくみてみる．図 4-62 にはレイノルズ数に対する円柱の抗力係数 C_D の変化を示している．C_D は次式で定義される．

$$C_D = \frac{D}{\frac{1}{2}\rho U_\infty{}^2 \cdot d}$$

ここで，D は単位長さあたりの円柱にかかる抗力である．抗力は摩擦抵抗と形状抵抗からなる．$Re<5$ と十分小さいときには摩擦抵抗が卓越しており，レイノルズ数の増加とともに抵抗係数がゆっくりと減少する．カルマン渦が発生するようになると，円柱前縁から測って約 80° で層流境界層がはく離するため，円柱背面の低圧による形状抵抗が支配的となり，抵抗係数はほぼ一定値 1.2 をとるようになる．$Re=5\times10^5$ 付近に達すると，抵抗係数が急減して約 0.4 となる．これは，円柱表面の層流境界層がはく離した直後に乱流境界層に遷移し，乱流境界層として再付着し，最終的なはく離点が約 120° に後退するために生じたものである．すなわち，はく離点が下流側にずれることによって，円柱背面の低圧領域が狭められ，抗力が減少しているのである．

上に示すように，抵抗係数はレイノルズ数によって変わるが，実用的に頻出するレイノルズ数の範囲から判断して，$C_D=1.2$ として円柱にかかる抵抗を見積ることも有効である．他の 3 次元物体の抵抗係数を表 4-13 に示す．これも目安であって，厳密にはレイノルズ数の関数であることに注意を要する．

表 4-13　3 次元物体の抵抗係数（機械工学便覧による）

物体	寸法の割合	基準面積 A	抵抗係数 $C_D=\dfrac{F_D}{\frac{1}{2}\rho V^2 A}$
円柱（流れの方向）	l/d　0.5	$\frac{\pi}{4}d^2$	1.00
	1.0		0.81
	2.0		0.76
	4.0		0.78
	6.0		0.80
	7.0		0.88
円柱（流れに直角）	l/d　1	dl	0.64
	2		0.69
	5		0.76
	10		0.80
	20		0.92
	40		0.98
長方形板（流れに直角）	a/b　2	ab	1.15
	5		1.22
	10		1.27
	20		1.50
	∞		1.86
半球（底なし）	Ⅰ（凸）	$\frac{\pi}{4}d^2$	0.36
	Ⅱ（凹）		1.44
円錐	α　60	$\frac{\pi}{4}d^2$	0.51
	30		0.33
円板	δ　$0.01\,d$	$\frac{\pi}{4}d^2$	1.12

4.8 節のまとめ

- 物体周りを粘性流体が流れる際，物体壁表面には境界層が形成される．
- 通常，発生直後は層流境界層であるが，下流で乱流境界層となり，壁面により強い摩擦応力が働く．
- 境界層は流れに沿って徐々に成長し，層流に比べて乱流では成長速度が上昇するものの，先端からの距離に比べれば薄い層である．
- オーダー評価によって簡略化した運動量方程式は境界層方程式とよばれ，境界層内の速度分布や摩擦をよく推定できる．
- 壁面付近の平均速度分布は 1/7 乗則や壁法則が提案されており，乱流モデルによる数値計算などに有用である．
- 境界層中で逆圧力勾配が強いと流れがはく離し，逆流・失速・抵抗増加などを引き起こす．
- 境界層はく離を避けるため，渦発生器などの制御方法が実用化されている．

4.9　圧縮性流

流体，特に気体が高速で流れている場合，流体の圧縮性が流れに大きく影響する．本節では，圧縮性流の特性および圧縮性流に特有な現象について解説する．

4.9.1　音速

流体の圧力変動は，縦波として流体中を伝播するが，圧力変動が小さいとき，その圧力波を**音波**（**sound wave**），その伝播速度を**音速**（**sound speed**）という．

静止流体中を圧力波が音速 a で進行する場合を考える．ここで，図 4-63 のような圧力波の波面とともに音速 a で移動する座標をとると，相対的に，圧力波面は静止し，圧力波の進行方向逆向きに流体が音速 a で圧力波面に流入することになる．この圧力波面上にとった検査体積では，圧力 p，密度 ρ の流体が流入し，圧力波前後の圧力差 $\mathrm{d}p$ により流体の密度が $\mathrm{d}\rho$，速度が $-v$ だけ変化して流出する．圧力差 $\mathrm{d}p$ は小さいため，$\mathrm{d}\rho$ も $-v$ も微小量である．

この検査面における質量流量の保存（すなわち流量の連続）を考えると，

$$\rho a A=(\rho+\mathrm{d}\rho)(a-v)A$$

が成り立つ．A は検査体積の断面積である．ここで，圧力変化が小さいことから微小量の 2 乗の項を省略すると，

$$a\mathrm{d}\rho=v\rho$$

が得られる．また，運動量のつり合い（すなわち，運動量法則）から，

$$\rho a\{a-(a-v)\}A=\mathrm{d}pA$$

が成り立つ．以上 2 式から v を消去すると，

$$a=\sqrt{\frac{\mathrm{d}p}{\mathrm{d}\rho}}$$

が得られる．圧力変化が小さいとき，流れは等エントロピー変化と近似できるので，

$$\frac{p}{\rho^{\kappa}}=一定=C$$

が成り立つ．この式より，

$$\frac{\mathrm{d}p}{\mathrm{d}\rho}=C\kappa\rho^{\kappa-1}=\kappa\frac{p}{\rho}$$

が得られる．また，理想気体の状態方程式

$$\frac{p}{\rho}=RT$$

を用いると，

$$\frac{\mathrm{d}p}{\mathrm{d}\rho}=\kappa\frac{p}{\rho}=\kappa RT$$

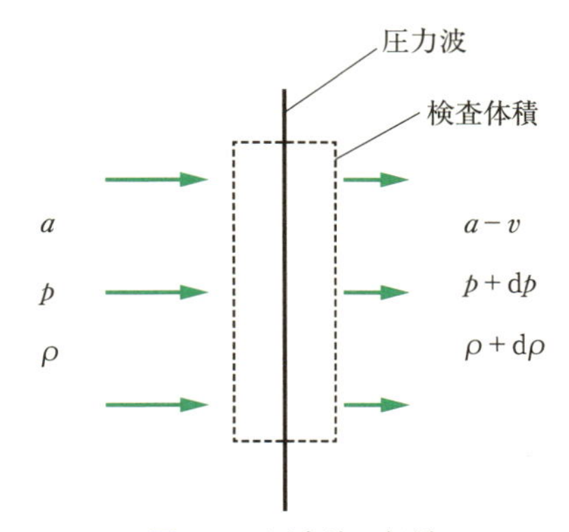

図 4-63　圧力波の伝播

表 4-14　さまざまな気体の音速

気体	音速 a [m/s]	状態
空気	331	0℃，1 気圧，乾燥
水素	1270	0℃，1 気圧
酸素	317	0℃，1 気圧
窒素	337	0℃，1 気圧
水蒸気	405	100℃，1 気圧
アンモニア	415	0℃，1 気圧

が成り立つ．

以上より，流体中の音速は次式で与えられる．

$$a=\sqrt{\kappa\frac{p}{\rho}}=\sqrt{\kappa RT}$$

ただし，κ は比熱比，T は絶対温度，R は気体定数を表す．種々の気体の音速を表 4-14 に示しておく．

4.9.2　亜音速流，音速流，超音速流

流体中のある点から発生した音波は，その位置から音速 a で周囲に伝播する．音波が伝わる流体が音源 P に対して相対的に静止していれば，ある時刻において音波は球面となり，図 4-64 (a) に示すように，その影響はあらゆる方向に等方的に伝播する．しかし，流体が音源に対して相対速度 u で流れている場合には，音波は流れに相対的に音速で伝播する．したがって，流れの方向に $a+u$，流れと反対方向に $a-u$ で伝播することになり，流速の音速に対する比であるマッハ数（Mach number）

$$M=\frac{u}{a}$$

が重要なパラメータとなる．

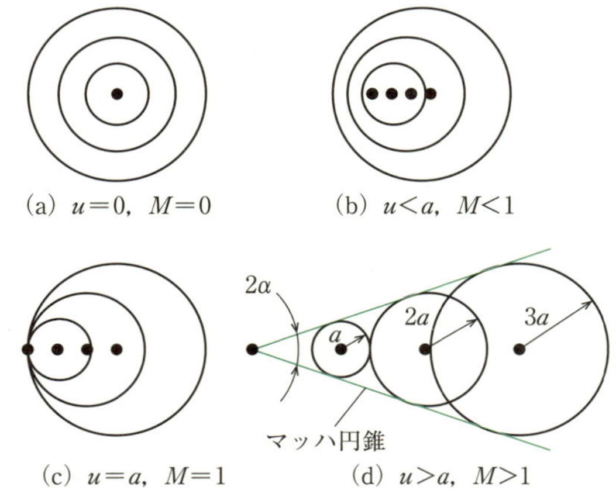

図 4-64　音波の伝播とマッハ数の関係

流速が音速よりも小さい場合（$u<a$ すなわち $0<M<1$）には，図 4-64（b）に示すように，波面の間隔は上流側で密に，下流側で疎になるが，音波は図 4-64（a）と同様にあらゆる方向に伝播することがわかる．このような流れを**亜音速流（subsonic flow）**とよぶ．

流速と音速が等しい場合（$u=a$ すなわち $M=1$）には，上流への伝播速度 $a-u$ が 0 となるので，図 4-64（c）に示すように，音波は上流側へは伝播できず，下流側のみに伝播する．このような流れを**音速流（sonic flow）**とよぶ．

$u>a$ すなわち $M>1$ の場合は，図 4-64（d）に示すように，上流側へ伝播することができないだけでなく，下流側へ流されてしまい，波面の包絡線として**マッハ円錐（Mach cone）**が形成される．このような流れを**超音速流（supersonic flow）**とよぶ．マッハ円錐の半頂角 α は，幾何学的な関係から，

$$\sin\alpha=\frac{1}{M}$$

で与えられ，マッハ円錐の半頂角 α のことを**マッハ角（Mach angle）**とよぶ．

なお，航空機の翼などでは，亜音速流の一部に超音速流の領域が生じることがある．このような流れを**遷音速流（transonic flow）**とよぶ．

4.9.3　1 次元圧縮性流

圧縮性流において，摩擦がなく，流れに伴う状態の変化が断熱的であるとき，その流れは**等エントロピー流（isentropic flow）**とよばれる．ここでは，理想気体（あるいは完全気体）の定常 1 次元流のエネルギー保存について解説する．

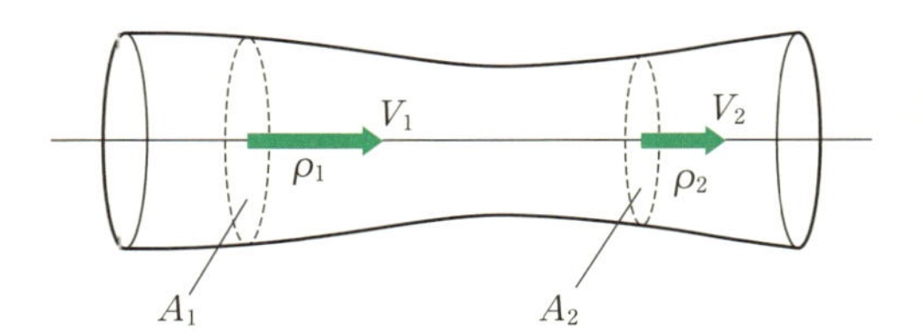

図 4-65　流管を流れる 1 次元圧縮性流

図 4-65 に示すような流管を考えると，流管を通る単位時間あたりの質量流量は，

$$m=\rho_1 A_1 V_1=\rho_2 A_2 V_2$$

と与えられる．ここで，A_i は断面 i の面積である．

断面 1 を通過する流体が保有する単位時間あたりのエネルギーは，運動エネルギー $mV_1^2/2$，位置エネルギー mgz_1，内部エネルギー mu_1，圧力エネルギー $A_1p_1V_1=mp_1/\rho_1$ の総和になる．断面 2 でも同様のことが成り立つので，運動エネルギー $mV_2^2/2$，位置エネルギー mgz_2，内部エネルギー mu_2，圧力エネルギー $A_2p_2V_2=mp_2/\rho_2$ の総和になる．

このようなエネルギーをもつ流体の断面 1-2 間でのエネルギー保存を考えると，次式が得られる．

$$\frac{1}{2}V_1^2+gz_1+u_1+\frac{p_1}{\rho_1}=\frac{1}{2}V_2^2+gz_2+u_2+\frac{p_2}{\rho_2}$$

ただし，断面 1-2 間でエネルギー損失などエネルギーの授受が無視できると仮定した．

ターボチャージャ，ジェットエンジン，ロケットなどのような機械における圧縮性流を考えるとき，流線上の位置エネルギーはほかのエネルギーに比べて十分小さく，位置エネルギーの差が問題になるケースは存在しない．このため，位置エネルギーを省略するのが一般的である．したがって，上式は，

$$\frac{1}{2}V_1^2+u_1+\frac{p_1}{\rho_1}=\frac{1}{2}V_2^2+u_2+\frac{p_2}{\rho_2}$$

となる．

さらに，熱力学の関係式

$$u+\frac{p}{\rho}=C_pT,\quad C_p=\frac{\kappa}{\kappa-1}R,\quad \frac{p}{\rho}=RT$$

を利用して書き換えると，

$$\frac{1}{2}V^2+u+\frac{p}{\rho}=\frac{1}{2}V^2+C_pT$$

$$=\frac{1}{2}V^2+\frac{\kappa}{\kappa-1}\frac{p}{\rho}=一定$$

が導かれる．この関係式を圧縮性流体のベルヌーイの定理とよぶ．

流れがせき止められて流速が 0 となる点を**よどみ点（stagnation point）**とよぶ．よどみ点での圧力と温度は**全圧（total pressure）**，**全温（total temperature）**

とよばれる．これに対して，せき止め状態でない通常の圧力，温度を**静圧（static pressure）**，**静温（static temperature）**とよんで区別している．また，流速がその位置での音速に等しいとき，すなわち局所マッハ数が1となっているとき，**臨界状態（critical state）**とよび，その速度，圧力，温度はそれぞれ**臨界速度（critical velocity）**，**臨界圧力（critical pressure）**，**臨界温度（critical temperature）**とよばれる．

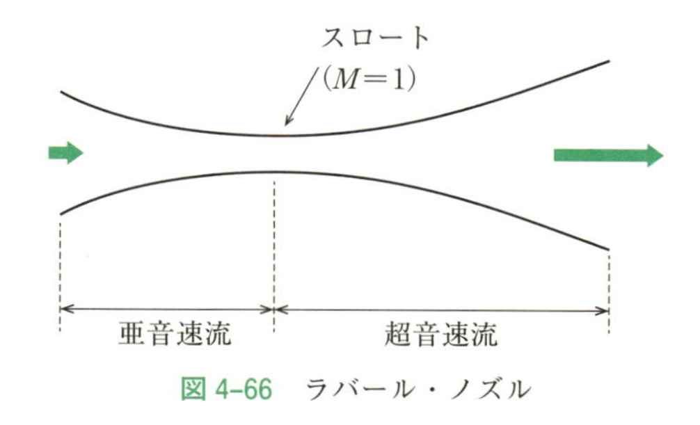

図 4-66 ラバール・ノズル

4.9.4 ラバール・ノズル

圧縮性流体のベルヌーイの定理を用いることにより，流管の断面積変化に対する流れの変化を調べることができる．

圧縮性流体のベルヌーイの定理

$$\frac{1}{2}V^2+\frac{\kappa}{\kappa-1}\frac{p}{\rho}=一定$$

を全微分すると，

$$V\mathrm{d}V+\frac{\kappa}{\kappa-1}\mathrm{d}\left(\frac{p}{\rho}\right)=0$$

が得られる．ここで，

$$\mathrm{d}\left(\frac{p}{\rho}\right)=\frac{\mathrm{d}p}{\rho}-\frac{p}{\rho^2}\mathrm{d}\rho=\frac{\kappa-1}{\kappa}\frac{\mathrm{d}p}{\rho}$$
$$=\frac{\kappa-1}{\kappa}\frac{\mathrm{d}p}{\mathrm{d}\rho}\frac{\mathrm{d}\rho}{\rho}=\frac{\kappa-1}{\kappa}a^2\frac{\mathrm{d}\rho}{\rho}$$

を考慮すると，

$$V\mathrm{d}V+\frac{\kappa}{\kappa-1}\mathrm{d}\left(\frac{p}{\rho}\right)=V\mathrm{d}V+a^2\frac{\mathrm{d}\rho}{\rho}=0 \qquad (4\text{-}31)$$

となる．

一方，質量流量 m は保存されなければならないため，

$$m=\rho AV=一定$$

が成り立つ．ここで，A は流管の断面積を表す．この式の全微分をとると，

$$\mathrm{d}m=\mathrm{d}\rho AV+\rho\mathrm{d}AV+\rho A\mathrm{d}V=0$$

から次式が得られる．

$$\frac{\mathrm{d}\rho}{\rho}+\frac{\mathrm{d}A}{A}+\frac{\mathrm{d}V}{V}=0 \qquad (4\text{-}32)$$

式(4-32)に式(4-31)を代入して整理することにより，

$$\frac{\mathrm{d}A}{A}=\frac{\mathrm{d}V}{V}(M^2-1)$$

という関係が導かれる．この式から明らかなように，亜音速流（$M<1$）では断面積が増加すると速度が減少するが，超音速流（$M>1$）では断面積が増加すると速度が増加する．したがって，タンク内の高圧気体を先細ノズルに導いても，たかだか音速までしか加速できないことがわかる．超音速流を得るためには，いったん断面積が流れ方向に小さくなる先細ノズルで加速し，流れが音速に達した後は，断面積が流れ方向に増加するディフューザでさらに加速する必要がある．ノズルからディフューザに移行する部分では，$\mathrm{d}A=0$ となり，この部分を**スロート（throat）**とよぶ．スロートでは流れは臨界状態になっている．ラバールがこのようなノズルを用いて初めて超音速流を得たので，この種のノズルを**ラバール・ノズル（Raval nozzle）**とよんでいる．図 4-66 にラバール・ノズルの概略を示す．

4.9.5 垂直衝撃波

大きな圧力変動が，圧力波となって流体中を伝播するとき，波面の通過とともに急激に圧力が増加する圧力波を**圧縮波（compression wave）**，逆に，通過とともに圧力が低下する圧力波を**膨張波（expansion wave）**とよぶ．図 4-67 に圧力波の伝播の様子を示す．

圧縮波の場合，圧力波面先端付近よりも後端付近の方が圧縮によって圧力や温度が高く，局所的な音速が大きくなる．このため，音速の大きい後方の波面が前方に追いつき，ついには圧力が不連続的に変化する波面が形成される．このような圧力の不連続面を**衝撃波（shock wave）**とよび，特に，流れ方向と不連続面とが垂直な衝撃波を**垂直衝撃波（normal shock wave）**とよぶ．

いま，図 4-68 に示すように，断面積一定の流路中

グスタフ・ド・ラバール

スウェーデンの技術者．衝動蒸気タービンや蒸気を超音速に加速させるためのノズル（ラバール・ノズル）の開発，酪農用機械の設計などに大きな功績を残した．スウェーデン王立科学アカデミー会員．（1845-1913）

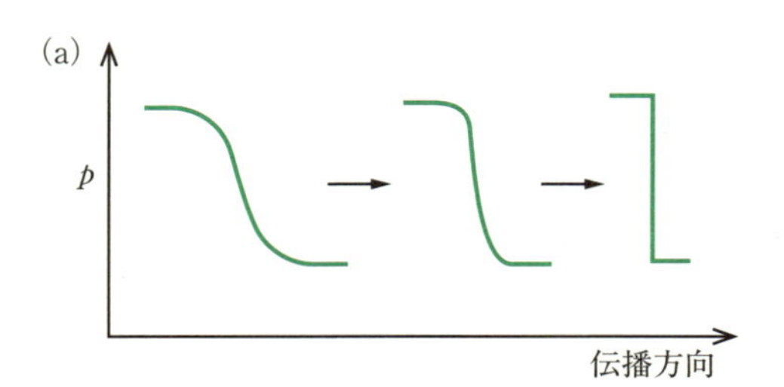

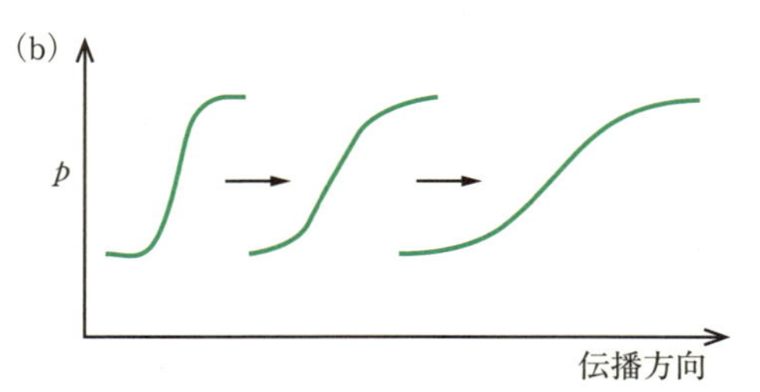

図 4-67　圧力波の伝播．(a) 圧縮波，(b) 膨張波．

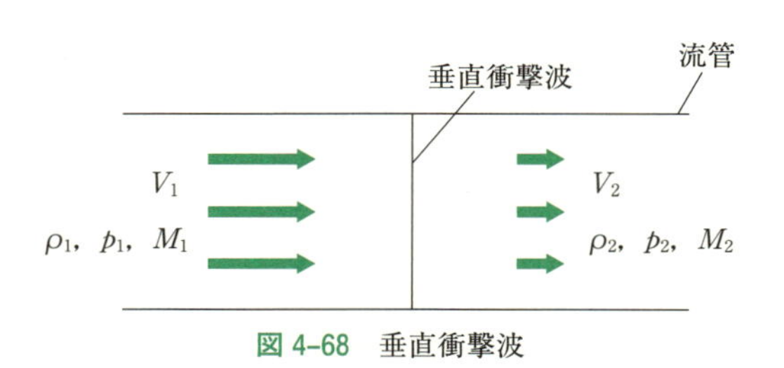

図 4-68　垂直衝撃波

に完全気体の定常で断熱的な流れがあり，そこに垂直衝撃波が定在している場合を考える．

流路断面を単位時間に通過する質量流量は，流路断面積を A とすると，

$$m=\rho_1 V_1 A=\rho_2 V_2 A$$

となる．衝撃波前後の運動量のつり合いを考えると，次の式を得ることができる．

$$(p_1-p_2)A=m(V_2-V_1)$$

さらに，エネルギー保存から，

$$\frac{1}{2}V_1^2+\frac{\kappa}{\kappa-1}\frac{p_1}{\rho_1}=\frac{1}{2}V_2^2+\frac{\kappa}{\kappa-1}\frac{p_2}{\rho_2}$$

ウィリアム・ランキン

英国の技術者，物理学者．熱力学の研究で知られ，その基礎を作った一人とされる．特にランキンサイクルが有名．グラスゴー大学で教授を務めた．スコットランド技術協会の初代会長．(1820-1872)

が得られる．

これらの式を熱力学的な関係式を用いて変形すると，最終的に，次式を得ることができる．

$$\frac{\rho_2}{\rho_1}=\frac{(\kappa-1)p_1+(\kappa+1)p_2}{(\kappa+1)p_1+(\kappa-1)p_2} \tag{4-33}$$

この式を**ランキン・ユゴニオの関係（Rankine-Hugoniot relation）**とよぶ．この式から明らかなように，衝撃波による状態変化は，断熱変化

$$\frac{\rho_2}{\rho_1}=\left(\frac{p_2}{p_1}\right)^{\frac{1}{\kappa}}$$

を満たさなくなっており，したがって等エントロピー流ではなくなっていることがわかる．

また，ランキン・ユゴニオの関係を利用すると，以下のような便利な関係式を導くことができる．

$$M_2=\left\{\frac{(\kappa-1)M_1^2+2}{2\kappa M_1^2-\kappa+1}\right\}^{\frac{1}{2}}$$

$$\frac{T_2}{T_1}=\frac{\{(\kappa-1)M_1^2+2\}(2\kappa M_1^2-\kappa+1)}{(\kappa+1)^2M_1^2}$$

$$\frac{p_2}{p_1}=\frac{2\kappa}{\kappa+1}M_1^2-\frac{\kappa-1}{\kappa+1}$$

すなわち，衝撃波下流側の状態や衝撃波前後の関係が，上流側のマッハ数 M_1 のみから決定できることになる．なお，垂直衝撃波の場合，衝撃波前後で気体は必ず超音速流から亜音速流に変化する．

4.9.6　2 次元圧縮性流

圧縮性粘性流の支配方程式は，4.3 節で述べたように非常に複雑な形をしていて扱いが難しく，また，圧縮性粘性流といっても，粘性の作用する領域は物体近くの境界層内に限られ，その外側は非粘性とみなすことができる．このため，境界層の外側だけを粘性のない等エントロピー流と仮定し，簡略的に扱うことがある．

例えば，2 次元定常ポテンシャル流の支配方程式は，次のような連続の式，運動量式，断熱変化の式，渦なしの条件式から成り立っている．

$$\frac{\partial\rho u}{\partial x}+\frac{\partial\rho v}{\partial y}=0$$

$$\frac{\partial\rho uu}{\partial x}+\frac{\partial\rho uv}{\partial y}=-\frac{\partial p}{\partial x}$$

$$\frac{\partial\rho uv}{\partial x}+\frac{\partial\rho vv}{\partial y}=-\frac{\partial p}{\partial y}$$

$$\frac{p}{\rho^{\kappa}}=一定$$

$$\frac{\partial u}{\partial y}-\frac{\partial v}{\partial x}=0$$

流れがポテンシャル流であるので，渦なしの条件式（第5式）を満足する速度ポテンシャル ϕ が存在し，

$$u=\frac{\partial \phi}{\partial x},\quad v=\frac{\partial \phi}{\partial y}$$

という関係が成り立つ．

以上の式を変形すると，ϕ に関する方程式が次のように求められる．

$$\frac{\partial^2 \phi}{\partial x^2}+\frac{\partial^2 \phi}{\partial y^2}-\frac{1}{a^2}\left\{\left(\frac{\partial \phi}{\partial x}\right)^2\frac{\partial^2 \phi}{\partial x^2}+\left(\frac{\partial \phi}{\partial y}\right)^2\frac{\partial^2 \phi}{\partial y^2}+2\frac{\partial \phi}{\partial x}\frac{\partial \phi}{\partial y}\frac{\partial^2 \phi}{\partial x \partial y}\right\}=0$$

したがって，この式を ϕ について解くだけで流れ場を知ることができる．ただし，流れの中に衝撃波が存在すると等エントロピーの仮定が満たされないので，上式は成り立たないことに注意しなければならない．

4.9.7　斜め衝撃波

流れに対して垂直でない衝撃波を**斜め衝撃波（oblique shock wave）**とよぶ．図 4-69 は，斜め衝撃波前後の速度変化の様子を示したものである．

衝撃波前後の速度を衝撃波に垂直な成分 V_{n1}，V_{n2} と平行な成分 V_{t1}，V_{t2} に分けると，V_{n1} と V_{n2} との間には垂直衝撃波の関係が成り立ち，$M_1=V_{n1}/a_1$ として衝撃波前後の圧力や密度などの関係を求めることができる．したがって，V_{n1} は超音速であり，V_{n2} は亜音速となる．

また，衝撃波に平行な成分 V_{n1} と V_{n2} との関係は，次のように求められる．衝撃波に平行な方向に圧力変化が存在せず，運動量は保存されるため，

$$\rho_1 V_{n1} V_{t1}-\rho_2 V_{n2} V_{t2}=0$$

が成り立つ．さらに，連続の式として，

$$\rho_1 V_{n1}=\rho_2 V_{n2}$$

が成り立つ．これら2式から

$$V_{t1}=V_{t2}$$

が導かれる．したがって，衝撃波通過時に平行な方向の速度成分は変化しないことがわかる．

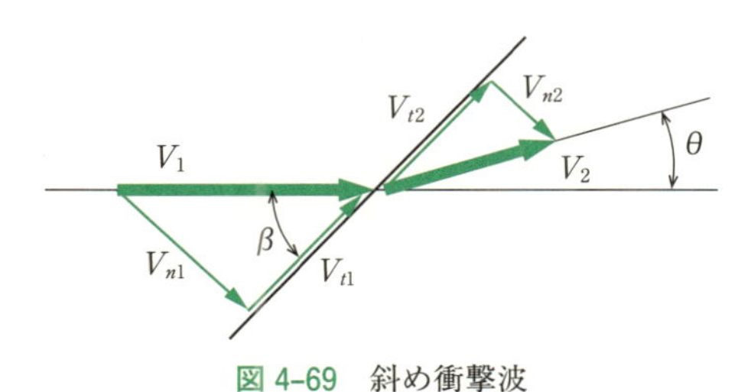

図 4-69　斜め衝撃波

なお，垂直衝撃波の場合，衝撃波前後で気体は必ず超音速流から亜音速流になるのに対して，斜め衝撃波の場合，衝撃波に平行な速度成分が存在するため，衝撃波後が亜音速流になるとは限らない．

いま，斜め衝撃波前のマッハ数を $M_1=V_1/a_1$ とすると，幾何学的な条件から，衝撃波に垂直な成分のマッハ数は $V_{n1}/a_1=M_1\sin\beta$ と表せる．ただし，β は V_1 と衝撃波のなす角，**衝撃波角（shock angle）**である．垂直衝撃波の関係式において，M_1 の代わりに $M_1\sin\beta$ を代入すれば，斜め衝撃波前後の関係式が以下のように求められる．

$$\frac{\rho_2}{\rho_1}=\frac{V_{n1}}{V_{n2}}=\frac{(\kappa+1)M_1^2\sin^2\beta}{(\kappa-1)M_1^2\sin^2\beta+2}$$

$$\frac{T_2}{T_1}=\frac{\{(\kappa-1)M_1^2\sin^2\beta+2\}(2\kappa M_1^2\sin^2\beta-\kappa+1)}{(\kappa+1)^2M_1^2\sin^2\beta}$$

$$\frac{p_2}{p_1}=\frac{2\kappa}{\kappa+1}M_1^2\sin^2\beta-\frac{\kappa-1}{\kappa+1}$$

$$M_2=\frac{1}{\sin(\beta-\theta)}\left\{\frac{(\kappa-1)M_1^2\sin^2\beta+2}{2\kappa M_1^2\sin^2\beta-\kappa+1}\right\}^{\frac{1}{2}}$$

ここで，θ は**偏角（argument）**とよばれ，

$$\tan\theta=\frac{2\cot\beta(M_1^2\sin^2\beta-1)}{M_1^2(\kappa+\cos 2\beta)+2}$$

という関係が成り立つ．

4.9.8　圧縮性流における境界層

一般に，圧縮性流ではレイノルズ数が大きくなるため，物体表面のごく近傍を除いて粘性の影響を無視することができるが，物体表面にはそれでも境界層の発達することが避けられない．また，境界層内では流速が主流に比べて遅くなるとはいえ，マッハ数が 0.3 を超える領域が境界層内に存在するため，圧縮性の影響を考慮する必要がある．例えば，主流が超音速流の場合を考えてみる．壁から離れた境界層外縁付近では境界層内の流速は超音速である．しかし，壁に近づくにつれて，音速から亜音速へと減速していく．さらに壁に近づくと，マッハ数が 0.3 以下となり，非圧縮性の近似が成り立つような低速流になる．

流れが2次元定常の場合，圧縮性流体の支配方程式に境界層近似を施すと，次のような圧縮性境界層方程式が得られる．

$$\frac{\partial \rho u}{\partial x}+\frac{\partial \rho v}{\partial y}=0$$

$$\rho\left(u\frac{\partial u}{\partial x}+v\frac{\partial u}{\partial y}\right)=-\frac{\partial p}{\partial x}+\frac{\partial}{\partial y}\left(\mu\frac{\partial u}{\partial y}\right)$$

$$\rho C_p\left(u\frac{\partial T}{\partial x}+v\frac{\partial T}{\partial y}\right)=u\frac{\partial p}{\partial y}+\frac{\partial}{\partial y}\left(\lambda\frac{\partial T}{\partial y}\right)+\mu\frac{\partial^2 u}{\partial y^2}$$

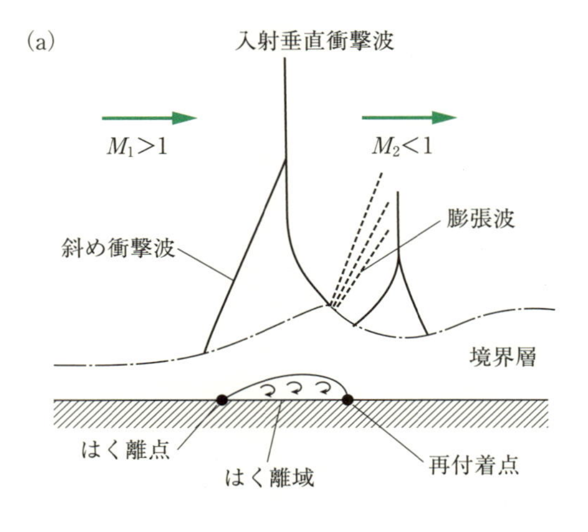

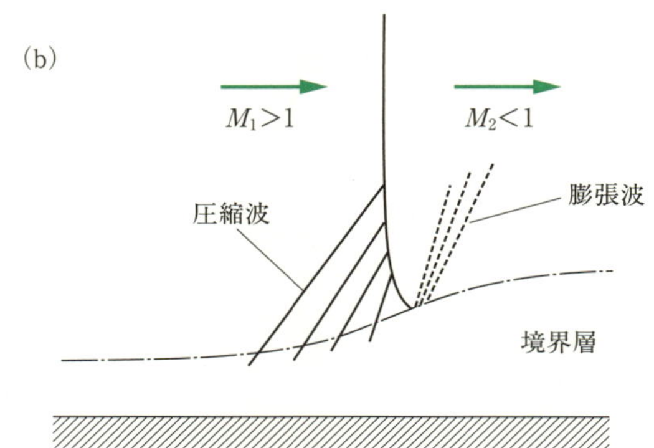

図 4–70　垂直衝撃波・境界層干渉.

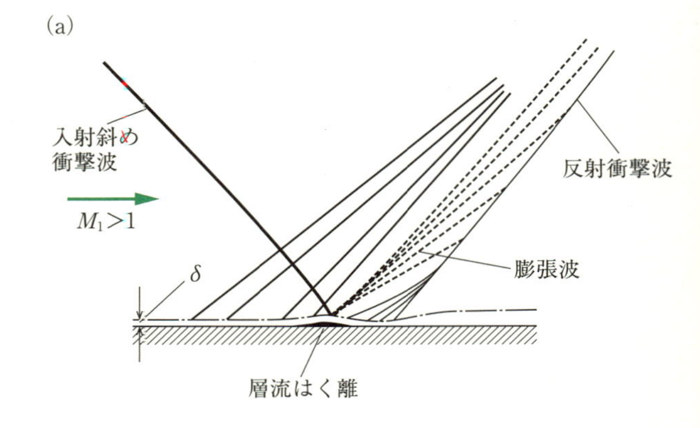

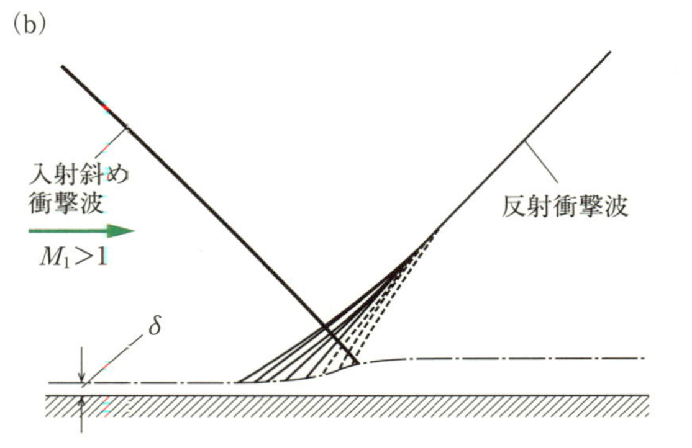

図 4–71　斜め衝撃波・境界層干渉.

ただし，流れは層流を仮定し，λ は熱伝導率を表す．方程式の数と従属変数の数が一致していないので，これらの方程式を解くためには，以下に示す補助方程式が必要になる．

$$\frac{p}{\rho}=RT$$

$$\lambda=\frac{C_p\mu}{Pr}$$

$$\mu=\mu_0\left(\frac{T}{T_0}\right)^{1.5}\frac{T_0+S}{T+S}$$

1 番目の式は理想気体の状態方程式，2 番目の式は熱と運動量の拡散の比を与えるプラントル数 Pr から熱伝導率を求める式である．空気の場合，プラントル数は 0.7 である．3 番目の式は粘性係数を与えるサザーランドの式で，添字 0 は基準温度での値を示し，S は気体によって決まる定数で，空気の場合は 110 K である．

前述のように，境界層の外側が超音速流であっても，境界層内の壁面付近の流れは亜音速であり，衝撃波は壁面まで達することができない．衝撃波が境界層に入射する場合，衝撃波による圧力上昇は境界層内の壁面近傍に存在する亜音速領域を通して上流側に伝わり，衝撃波の入射位置よりも上流から緩やかに圧力が上昇することになる．この圧力勾配はかなり大きいので，境界層の厚さは上流側から急激に増大し，境界層がはく離する可能性すら生じるようになる．層流境界層の場合，特にはく離が生じやすいことが知られている．このような現象を**衝撃波・境界層干渉（shock wave/boundary layer interaction）**とよぶ．衝撃波・境界層干渉が起きると，衝撃波の下流側での境界層の著しい肥大化，はく離の発生などによりエネルギー損失が増大するため，干渉効果を弱めるような工夫が必要になる．

図 4–70 は，境界層に垂直衝撃波が入射する例を示したもので，(a) ははく離が発生する場合，(b) ははく離が発生しない場合である．図 4–71 は，斜め衝撃波が入射する例を示しており，同じく，(a) ははく離が発生する場合，(b) ははく離が発生しない場合である．いずれの場合にも，非常に複雑な現象が発生することがわかるであろう．

4.9 節のまとめ

- 圧力波は流体中を音速で伝播する．
- 圧縮性流は，マッハ数によって亜音速流，音速流，超音速流に分類される．
- エネルギー損失を伴わない圧縮性流を等エントロピー流とよび，ベルヌーイの定理によって流れの状態変化を求めることができる．
- 超音速流を作るためにラバール・ノズルが用いられる．
- 流れに垂直な圧力の不連続面を垂直衝撃波とよび，衝撃波前後の状態量はランキン・ユゴニオの関係により与えられる．
- 流れに垂直でない圧力の不連続面を斜め衝撃波とよぶ．
- 衝撃波が境界層に入射する場合，衝撃波・境界層干渉が起こる．

4.10　ポテンシャル流

圧縮性，粘性のない完全流体（あるいは理想流体）を扱う理論を**ポテンシャル理論（potential theory）**とよぶ．完全流体を仮定することにより，数学的な取り扱いが可能となり，流れの様子を求めることが容易になるため，コンピュータが発達する以前は，よく利用されていた．本節では，ポテンシャル理論について解説する．

4.10.1　速度ポテンシャル

完全流体の流れ場において，ある瞬間に一つの曲線ABを考える．この線上に微小区間 $\mathrm{d}\boldsymbol{r}=(\mathrm{d}x,\ \mathrm{d}y,\ \mathrm{d}z)$ をとり，速度ベクトル $\boldsymbol{v}=(u,\ v,\ w)$ の線積分 F を

$$F=\int_{\mathrm{A}}^{\mathrm{B}}\boldsymbol{v}\mathrm{d}\boldsymbol{r}$$

のように定義する．F が A，B の位置のみで決まり，曲線の形状によらないとすると，次のようなポテンシャル ϕ が与えられることになる．

$$F=\int_{\mathrm{A}}^{\mathrm{B}}\boldsymbol{v}\mathrm{d}\boldsymbol{r}=\int_{\mathrm{A}}^{\mathrm{B}}(u\mathrm{d}x+v\mathrm{d}y+w\mathrm{d}z)=\phi_B-\phi_A$$

この関係から，

$$u=\frac{\partial\phi}{\partial x},\quad v=\frac{\partial\phi}{\partial y},\quad w=\frac{\partial\phi}{\partial z}$$

が得られる．この関数 ϕ を**速度ポテンシャル（velocity potential）**とよび，速度ポテンシャルの定義できる流れを**ポテンシャル流（potential flow）**とよんでいる．

速度ポテンシャルを非圧縮性流体の連続の式

$$\frac{\partial u}{\partial x}+\frac{\partial v}{\partial y}+\frac{\partial w}{\partial z}=0$$

に代入すると，

$$\frac{\partial^2\phi}{\partial x^2}+\frac{\partial^2\phi}{\partial y^2}+\frac{\partial^2\phi}{\partial z^2}=0$$

という**ラプラス方程式（Laplace equation）**が得られる．この方程式を解けば速度ポテンシャル ϕ の空間分布が求まり，したがって，ϕ を空間微分することで速度成分を求めることができ，圧力はベルヌーイの定理を利用して求めることができる．また，この方程式の性質が線形であることから，速度ポテンシャルには重ね合わせが可能という便利な特徴があり，基本的な流れ場に関する既知の解を重ね合わせて目的の流れ場を得ることができる．

4.10.2　渦と循環

渦は，流体力学上とても重要な現象で，ターボ機械の設計にも応用されている．完全流体では，渦の不生不滅の法則が成り立つことがわかっている．このため，上流に渦がなければ，流れ場全体に渦のない流れ

ピエール＝シモン・ラプラス

フランスの数学者，天文学者，物理学者．ダランベールに認められ，士官学校の数学教授を務めた．天体力学のほか，解析学を確率論に応用する研究などで業績を残した．メートル法制定にも尽力した．（1749-1827）

を作ることができる．このような流れを**渦なし流れ（irrotational flow）**とよぶ．

渦を表現する一つの手段として，**渦度（vorticity）**という量が用いられる．渦度は，速度ベクトル $\boldsymbol{v}=(u,\ v,\ w)$ の回転をとることにより，

$$\omega=\left(\frac{\partial w}{\partial y}-\frac{\partial v}{\partial z},\ \frac{\partial u}{\partial z}-\frac{\partial w}{\partial x},\ \frac{\partial v}{\partial x}-\frac{\partial u}{\partial y}\right)=(\xi,\ \eta,\ \zeta)$$

のように定義される．流線と同様，渦度ベクトルを連ねてできる線を**渦線（vortex line）**，小さな閉曲線を通るすべての渦線によって形成される管を**渦管（vortex tube）**，渦管の断面積を 0 にしたものを**渦糸（vortex filament）**とよぶ．ポテンシャル流では，速度ポテンシャルの定義から渦度が 0 になるという特徴がある．

流体内のある閉曲線に沿った速度の線積分

$$\Gamma=\oint\boldsymbol{v}\mathrm{d}r$$

を**循環（circulation）**とよぶ．循環は流れに直角に作用する**揚力（lift）**に比例し，流体力学的に重要な量となっている．ポテンシャル流では，$\Gamma=0$ である．

4.10.3　2 次元ポテンシャル流

2 次元流を仮定すると，ポテンシャル流は数学的に容易に解析することができる．

2 次元流の流線は，

$$\frac{\mathrm{d}x}{u}=\frac{\mathrm{d}y}{v}$$

で表される．この式から，流線に沿って，

$$-v\mathrm{d}x+u\mathrm{d}y=\frac{\partial\psi}{\partial x}\mathrm{d}x+\frac{\partial\psi}{\partial y}\mathrm{d}y=\mathrm{d}\psi=0$$

が成り立つような関数 ψ の存在することがわかる．この関数を**流れ関数（stream function）**とよぶ．流れ関数の値の差は，流線間を流れる流量に等しいことが知られている．流れ関数と速度との関係

$$u=\frac{\partial\psi}{\partial y},\quad v=-\frac{\partial\psi}{\partial x}$$

を 2 次元渦なしの条件

$$\zeta=\frac{\partial v}{\partial x}-\frac{\partial u}{\partial y}=0$$

に代入すると，ポテンシャル流に対して成り立つ流れ関数 ψ についてのラプラス方程式が，次式のように得られる．

$$\frac{\partial^2\psi}{\partial x^2}+\frac{\partial^2\psi}{\partial y^2}=0$$

また，速度ポテンシャルと流れ関数の関係は，

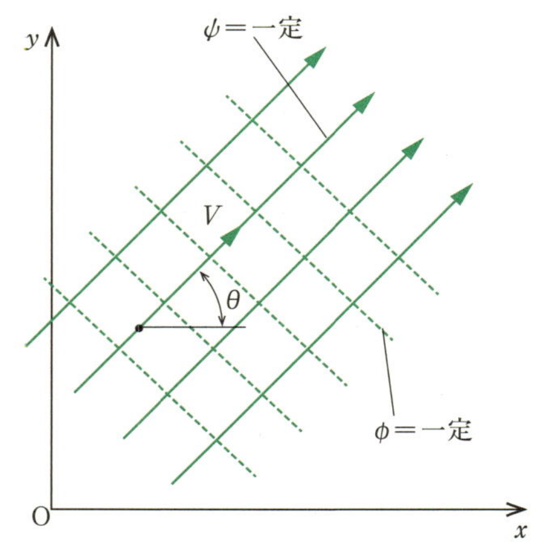

図 4-72　平行流

$$u=\frac{\partial\phi}{\partial x}=\frac{\partial\psi}{\partial y},\quad v=\frac{\partial\phi}{\partial y}=-\frac{\partial\psi}{\partial x}$$

となる．この関係は，速度ポテンシャル ϕ と流れ関数 ψ をそれぞれ実数部と虚数部にもつ複素関数

$$W(z)=\phi+\mathrm{i}\psi,\quad z=x+\mathrm{i}y$$

が解析関数であるための条件となっており，**コーシー・リーマンの式（Cauchy-Riemann equation）**とよばれる．これにより，複素関数のうち解析関数の実数部はすべて速度ポテンシャル，虚数部は流れ関数を示すものとみなすことができ，このような解析関数 $W(z)$ を**複素ポテンシャル（complex potential）**とよぶ．

解析関数 $W(z)$ が既知の場合，速度が次の関係式で求まる．

$$\frac{\partial W(z)}{\partial z}=\frac{\partial W}{\partial x}=\frac{\partial\phi}{\partial x}+\mathrm{i}\frac{\partial\psi}{\partial x}=u-\mathrm{i}v$$

ここで，$u-\mathrm{i}v$ を**共役複素速度（conjugate complex velocity）**とよぶ．

円筒座標の場合には

$$e^{\mathrm{i}\theta}\frac{\partial W(z)}{\partial z}=v_r-\mathrm{i}v_\theta$$

を用いることができる．

基本的な複素ポテンシャルを以下に示す．

(i) 一様流

一様流の速度が V，流れ角が θ の場合，複素ポテンシャルは，

$$W(z)=Ve^{-\mathrm{i}\theta}z$$

のように与えられる．図 4-72 に一様流における速度ポテンシャルと流れ関数の関係を示す．

(ii) 湧出し，吸込み

座標 z_1 に，流量 q の**湧出し（source）**あるいは**吸**

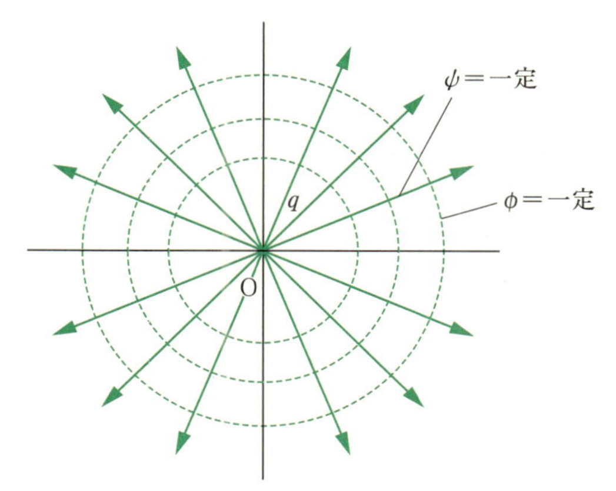

図 4–73 湧出し（吸込みの場合は矢印の向きが逆）

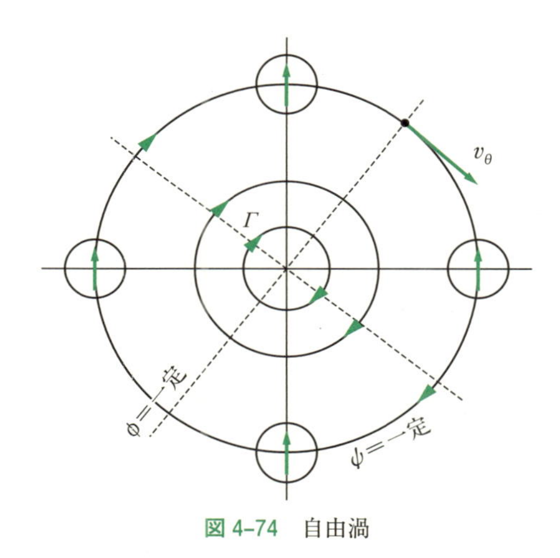

図 4–74 自由渦

込み（sink）がある場合の複素ポテンシャルは，

$$W(z)=\frac{q}{2\pi}\ln(z-z_1)$$

で与えられる．ここで，$q>0$ が湧出し，$q<0$ が吸込みに対応する．図 4–73 に湧出しの速度ポテンシャルと流れ関数の関係を示す．

湧出し，吸込みによる半径方向速度成分 v_r は

$$v_r=\frac{q}{2\pi}$$

のように与えられる．

(iii) 渦

座標 z_1 に，循環 Γ の渦（vortex）がある場合の複素ポテンシャルは，

$$W(z)=\mathrm{i}\frac{\Gamma}{2\pi}\ln(z-z_1)$$

と与えられる．この式で表される渦を自由渦（free vortex）とよぶ．図 4–74 に自由渦における速度ポテンシャルと流れ関数の関係を示す．

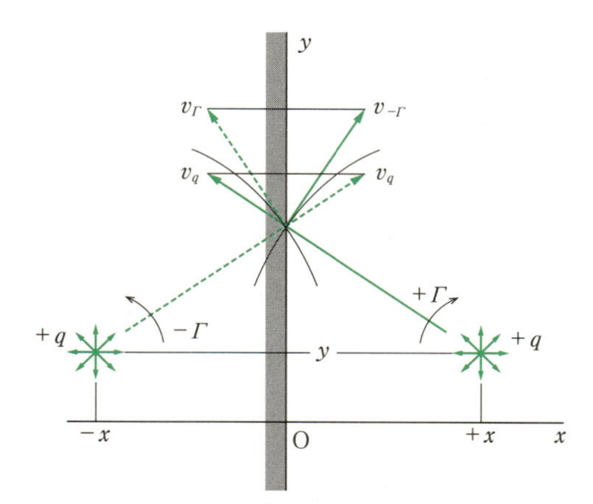

図 4–75 y 軸を壁とする流れ

自由渦の周方向速度成分 v_θ は

$$v_\theta=\frac{\Gamma}{2\pi r}$$

のように与えられる．

なお，ポテンシャル理論の渦は自由渦であるが，流体力学で取り扱う渦には強制渦（forced vortex）とランキン渦（Rankin vortex），あるいはランキンの組み合わせ渦がある．強制渦は流体が剛体回転している場合で，周方向速度成分 v_θ が半径 r と回転角速度 ω に比例する．すなわち，

$$v_\theta=r\omega$$

が成り立つ．バケツの中の水を回転させたような場合には，この強制渦が形成される．

台風や竜巻，あるいは乱流中の渦のような自然界に形成される渦は，渦の中心が強制渦，中心から離れた領域が自由渦になっている．このような渦がランキン渦あるいはランキンの組み合わせ渦である．

4.10.4 複素ポテンシャルの重ね合わせ

ポテンシャル流は線形で解の重ね合わせが可能であるので，前項で紹介した基本的な複素ポテンシャルを足し合わせることによって，色々な流れを表現することができる．

a. 直線壁を境界とする流れ

例として，y 軸を壁面境界とする流れを考える（図 4–75）．このとき，y 軸上での x 方向速度成分はすべて 0 になる必要がある．$x>0$ の領域に置いた湧出し，吸込み，渦などによって y 軸上の x 方向速度成分がすべて 0 となるためには，$x<0$ の領域にも y 軸に関して対称な位置に対称な状態の湧出し，吸込み，渦をお

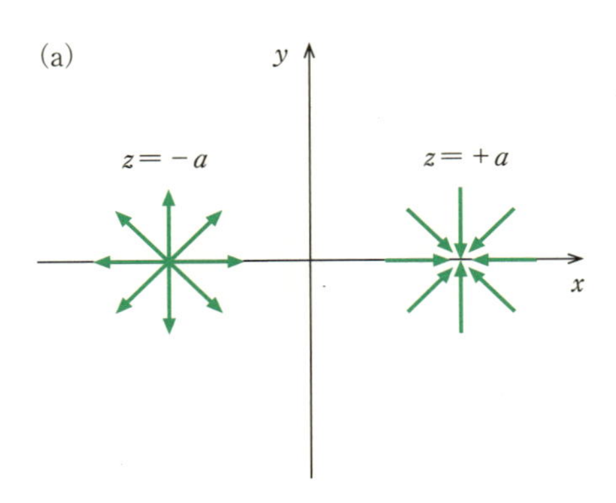

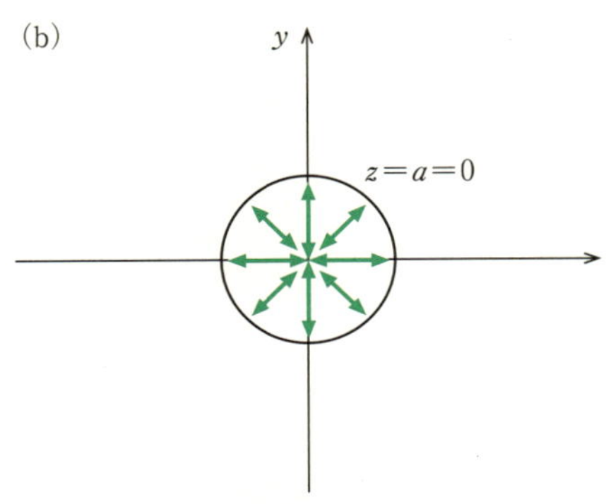

図 4-76　湧出しと吸込みが共存する流れ．(a) 湧出しと吸込み，(b) 二重湧出し．

けばよいことが予想できる．湧出し，吸込みでは同じ強さのものを，渦では循環の大きさが等しく回転方向が逆のものになる．このようなものを**鏡像（mirror image）**とよぶ．

例えば，$z_1=x_1+iy_1$ に流量 q の湧出しと循環 Γ の渦を置いた場合には，各要素の重ね合わせにより，複素ポテンシャルは

$$W(z)=\frac{q}{2\pi}\ln(z-z_1)+\frac{q}{2\pi}\ln(z-z_1{}')$$
$$+i\frac{\Gamma}{2\pi}\ln(z-z_1)-i\frac{\Gamma}{2\pi}\ln(z-z_1{}')$$

となる．ここで，$z_1{}'=-x_1+iy_1$ である．

b. 二重湧出し

x 軸上の $-a$ と $+a$ に強さ q の湧出しと吸込みがある場合の複素ポテンシャルは，

$$W(z)=\frac{q}{2\pi}\ln(z+a)-\frac{q}{2\pi}\ln(z-a)=\frac{q}{2\pi}\ln\frac{z+a}{z-a}$$

で表される．図 4-76 に流れの概略を示す．

a が 0 に漸近するとき，この式は

$$W(z)=\frac{q}{2\pi}\ln\frac{z+a}{z-a}\approx\frac{aq}{\pi}\ln\frac{1}{z}=\frac{m}{2\pi}\ln\frac{1}{z}$$

と近似できる．このような複素ポテンシャルで表される流れを**二重湧出し（doublet）**といい，$m(=2aq)$ を二重湧出しの強さとよぶ．湧出しと吸込みが共存するため，原点から湧き出した流体は，図 4-76 (b) に示したように，原点を一定距離以上離れることができない．

c. 円の周りの一様流

円の周りの平行流は，平行流の複素ポテンシャルと，強さ m の二重吹出しの複素ポテンシャルとの重ね合わせとして

$$W(z)=Vz+\frac{m}{2\pi}\ln\frac{1}{z}$$

のように表すことができる．$z=x+iy$ を代入し，複素ポテンシャルの虚数部のみを取り出すと，流れ関数が

$$\psi=Vy-\frac{m}{2\pi}\frac{y}{x^2+y^2}$$

のように求まる．したがって，$\psi=0$ となる流線は，$y=0$ と $x^2+y^2=m/(2\pi V)$ となり，例えば，半径 R の円を流線とするためには，$m=2\pi VR^2$ とすればよいことがわかる．このとき，複素ポテンシャルは，次式となる．

$$W(z)=V\left(z+\frac{R^2}{z}\right)$$

4.10.5　ブラジウスの法則

定常な 2 次元ポテンシャル流の中に置かれた物体に作用する力を評価する方法として，**ブラジウスの法則（Blasius's law）**が知られている．

この法則によれば，複素ポテンシャル $W(z)$ が求まったとき，物体に作用する力の x，y 方向成分 F_x，F_y は，

$$F_x-iF_y=i\frac{\rho}{2}\oint_C\left(\frac{\mathrm{d}W}{\mathrm{d}z}\right)^2\mathrm{d}z$$

で表される．これを**ブラジウスの第 1 法則（first law of Blasius）**とよぶ．

また，原点周りのモーメント M は，次式で与えられる．

$$M=-\frac{\rho}{2}Real\left\{\oint_C\left(\frac{\mathrm{d}W}{\mathrm{d}z}\right)^2 z\mathrm{d}z\right\}$$

ここで，$Real$ は実数部をとることを意味する．この関係を**ブラジウスの第 2 法則（second law of Blasius）**とよぶ．

なお，複素関数を閉曲線に沿って積分するとき，その内部に特異点を含まなければその積分値は変化しないので，計算に都合のよい閉曲線 C を設定して計算することができる．

4.10 節のまとめ

- ポテンシャル理論では，圧縮性と粘性の無視できる流れを扱う．
- 速度ポテンシャルが定義できる流れをポテンシャル流とよぶ．
- 速度ポテンシャルはラプラス方程式に従う．
- 渦を評価するために渦度と循環が用いられる．
- 速度ポテンシャルと流れ関数により定義される複素ポテンシャルを用いて 2 次元ポテンシャル流を求めることができる．
- 基本的な流れ（一様流，湧出し，吸込み，渦）について複素ポテンシャルが求められている．
- 解の重ね合わせが可能なことを利用して，さまざまな 2 次元ポテンシャル流を定義することができる．
- ブラジウスの法則により，ポテンシャル流の中に置かれた物体に作用する力とモーメントを求めることができる．

参考文献

[1] 日本機械学会，流体力学（JSME テキストシリーズ），(2005)，日本機械学会．

[2] 日本機械学会，演習 流体力学（JSME テキストシリーズ），(2012)，日本機械学会．

[3] 生井武文，松尾一泰監修，演習水力学 新装版，(2014)，森北出版．

[4] 杉山弘，遠藤剛，新井隆景，流体力学（第 2 版），(2014)，森北出版．

[5] 宮井善弘，木田輝彦，仲谷仁志，巻幡敏秋，水力学（第 2 版），(2014)，森北出版．

[6] 中林功一，山口健二，図解によるわかりやすい流体力学，(2010)，森北出版．

[7] 中山司，流体力学—非圧縮性流体の流れ学，(2013)，森北出版．

[8] 富田幸雄，水力学—流れの減少の基礎と構造，(1982)，実教出版．

[9] 前川博，山本誠，石川仁，例題でわかる基礎・演習流体力学，(2005)，共立出版．

以上は水力学と粘性流体を中心とした一般的なテキスト（流体力学の初学者向き）．

[10] 生井武文，井上雅弘，粘性流体の力学（機械工学基礎講座），(2000)，理工学社．
境界層など粘性流体に特化した教科書．

[11] 松尾一泰，圧縮性流体力学—内部流れの理論と解析，(2013)，オーム社．
圧縮性流体に特化した教科書．

[12] 笠木伸英，河村洋，長野靖尚，宮内敏雄編，乱流工学ハンドブック，(2009)，朝倉書店．
乱流に特化した専門書．

[13] 日本流体力学会編，流体力学ハンドブック（第 2 版），(1998)，丸善．

[14] 日野幹雄，流体力学，(1992)，朝倉書店．
流体力学を網羅した専門書．

[15] 管路・ダクトの流体抵抗出版分科会編，管路・ダクトの流体抵抗，(1979)，日本機械学会．
管路設計の専門書．

索　引

く

け

こ

さ

し

す

執筆者一覧

荒井　正行（あらい　まさゆき）[1 章]
1992 年　東京工業大学大学院理工学研究科修了，1998 年　博士（工学）．
1998〜1999 年　米国 Southwest Research Institute 客員研究員，〜2013 年　(財)電力中央研究所を経て，2013 年より東京理科大学工学部第一部機械工学科教授．

髙橋　昭如（たかはし　あきゆき）[1 章]
2003 年　東京大学大学院工学系研究科博士課程（システム量子工学専攻）修了，博士（工学）．
2003 年　東京理科大学理工学部機械工学科助手，2007 年　同・助教，2008 年　同・講師を経て，2012 年より東京理科大学理工学部機械工学科准教授．

林　　隆三（はやし　りゅうぞう）[2 章]
1999 年　東京大学工学部機械工学科卒業，2006 年　東京大学大学院工学系研究科博士課程単位取得退学，博士（工学）．
2007 年　東京農工大学大学院工学研究院助教を経て，2013 年より東京理科大学工学部第一部機械工学科講師．

竹村　　裕（たけむら　ひろし）[2 章]
2003 年　奈良先端科学技術大学院大学博士後期課程短期修了，博士（工学）．
2005 年　東京理科大学理工学部機械工学科助手，2007 年　同・助教，2010 年　同・講師を経て，2014 年より東京理科大学理工学部機械工学科准教授．

上野　一郎（うえの　いちろう）[3 章]
1999 年　東京大学大学院工学系研究科博士課程修了（機械工学専攻），博士（工学）．
1996〜1999 年　(独)日本学術振興会特別研究員，1999 年　東京理科大学理工学部機械工学科嘱託助手，2004 年　同・講師，2009 年　同・准教授を経て，2015 年より東京理科大学理工学部機械工学科教授．

元祐　昌廣（もとすけ　まさひろ）[3 章]
2006 年　慶應義塾大学大学院理工学研究科総合システムデザイン工学専攻博士課程修了，博士（工学）．
2006 年　東京理科大学工学部機械工学科助手，2007 年　同・助教，2010〜2011 年　デンマーク工科大学客員教授，2012 年　東京理科大学工学部機械工学科講師を経て，2015 年より東京理科大学工学部第一部機械工学科准教授．

山本　　誠（やまもと　まこと）[4 章]
1987 年　東京大学大学院工学系研究科（博士課程）単位取得退学．1987 年　石川島播磨重工業株式会社（現 IHI）入社，1988 年　工学博士．
1990 年　東京理科大学工学部第一部機械工学科講師，2004 年　同・教授，2009 年　同・学部長/研究科長を経て，2014 年より東京理科大学副学長．

塚原　隆裕（つかはら　たかひろ）[4 章]
2007 年　東京理科大学大学院理工学研究科博士課程修了，博士（工学）．
2006〜2007 年　(独)日本学術振興会特別研究員，2007 年　スウェーデン王立工科大学客員研究員，2008 年　東京理科大学理工学部助教，この間 2011 年　ダルムシュタット工科大学・客員研究員を経て，2013 年より東京理科大学理工学部機械工学科講師．

理工系の基礎　機械工学

平成 27 年 5 月 30 日　発　行

著作者　山本　誠・荒井正行・髙橋昭如・林　隆三
竹村　裕・上野一郎・元祐昌廣・塚原隆裕

発行者　池　田　和　博

発行所　丸善出版株式会社
〒101-0051 東京都千代田区神田神保町二丁目17番
編集：電話 (03) 3512-3263／FAX (03) 3512-3272
営業：電話 (03) 3512-3256／FAX (03) 3512-3270
http://pub.maruzen.co.jp/

組版印刷・製本／三美印刷株式会社

ISBN 978-4-621-08933-0 C 3353　Printed in Japan